Erich Tylinek: Bild · Gotthart Berger: Text

Landbuch

Das große AFFENBUCH

Das Kapitel Halbaffen schrieb
Uta Hick, Köln.
Die Zeichnungen fertigte
Michael Lißmann, Markkleeberg, an.

Die Titeleiabbildungen zeigen
Seite 1: Junge Sumatra-Orang-Utans
(Pongo pygmaeus abeli)
im Zoologischen Garten Dresden,
Seiten 2 und 3: Javaneraffen
(Macaca irus) im „heiligen Affenwald“
bei Sangeh auf Bali,
Seite 4: einen Katta (Lemur catta)
aus dem Zoologická Zahrada Praha.

Landbuch-Verlag GmbH, Hannover, 1984
ISBN 3 7842 0289 6

Gestaltung: Volker Küster, Leipzig
Gesamtherstellung: Druckerei Fortschritt, Erfurt
Printed in the German Democratic Republic

Inhalt

Vorwort /6/
Einleitung /7/

Menschen und Affen /8/

Frühe Vorstellungen und Affenkult /8/
Affen im Dienste des Menschen /12/
Affen in der biologisch-medizinischen Forschung /12/
Affen bei der Eroberung des Weltalls /18/
Haltung von Affen /21/
Schutz tut not /22/

Beschreibung der Familien, Gattungen und Arten /26/

Herrentiere /26/

Halbaffen /27/

Spitzhörnchenartige /28/
Spitzhörnchen /28/
Buschschwanztupaias /28/
Federschwanztupaias /29/
Lemurenartige /30/
Eigentliche Lemuren oder Makis /30/
Katzenmakis /31/
Mittelgroße Lemuren /32/
Indriartige /51/
Fingertiere /53/
Loriartige /55/
Loris /55/
Galagos oder Bush-Babys /57/
Koboldmakiartige /58/
Koboldmakis /58/

Affen /60/

Neuweltaffen oder Breitnasen /61/
Kapuzinerartige /61/
Nacht- und Springaffen /62/
Sakiaffen /63/
Kapuzineraffen /81/
Brüllaffen /83/
Klammerschwanzaffen /85/
Springtamarins /86/
Springtamarins /86/
Krallenaffen /87/
Altweltaffen oder Schmalnasen /93/
Hundsaffen /93/
Meerkatzenartige /93/
Schlankaffen /160/
Menschenaffen und Menschen /172/
Gibbons /172/
Menschenaffen /185/

Anhang /225/

Systematik der Primaten /226/
Literaturverzeichnis /230/
Sachwortverzeichnis /237/

Vorwort

Raubtiere, Elefanten und Delphine sind imposante, biologisch sehr interessante bestaunenswerte Tiere! Aber Affen? Und gar noch ein großes Buch darüber? Affen, ganz gleich ob Meerkatzen, Rhesusaffen oder Schimpansen, stehen noch im Zwielicht menschlicher Betrachtung. Wir bewundern ihre flinken Bewegungen, Kletterkünste und die Geduld bei der Pflege ihrer Kinder und lachen über ihre lustigen Streiche oder ihr Grimassenspiel. Von ihren beachtenswerten Hirnleistungen und ihrer Gelehrigkeit haben wir schon oft Erstaunliches gehört oder gelesen. Zunächst noch unbewußt drängen sich Vergleiche auf, die logischerweise zu der Erkenntnis führen, daß die so entscheidend höheren geistigen Leistungen und Fähigkeiten des Menschen aus einer Entwicklungstendenz resultieren, die sich schließlich über das Affenstadium hinaushob und zum Menschen führte. In den Körperformen und im instinktiven und erlernten Verhalten der Affen spiegelt sich der stammesgeschichtliche Entwicklungsprozeß wider, in dem sich Affen und Menschen in unterschiedlichem Grade von gemeinsamen Urahnen ableiten lassen. Das erkannte bereits Charles Darwin (1809–1882), der mit seinem Werk « Die Entstehung der Arten durch natürliche Zuchtwahl » die Evolutionstheorie begründete. Sie war auch Ausgangsbasis für die Forschung im Bereich der Zoologie, speziell der Primatologie, der Verhaltenswissenschaft, Psychologie und Anthropologie. Ernst Haeckel (1834–1919) als Verfechter des Darwinismus konstatierte 1898 in einem Vortrag « Über unsere gegenwärtige Kenntnis vom Ursprung des Menschen » anläßlich des Vierten Internationalen Zoologenkongresses in Cambridge: « Die Abstammung des Menschen von einer ausgestorbenen Primatenkette ist keine vage Hypothese mehr, sondern sie ist eine historische Tatsache! »

In meiner jahrelangen Zoopraxis als Tiergärtner gewann ich in zahlreichen Vorträgen und Führungen zu dem Thema « Die Primaten bis zur Grenze zum Menschen » bei Besuchern den Eindruck, daß selbst bei guter naturwissenschaftlicher Bildung die exakt fundierte Stammesgeschichte des Menschen, seine sogenannte « Affenabstammung », noch häufig von emotionalen Empfindungen beeinflußt ist. Beim Anblick der Tupaias oder verschiedener Halbaffen lassen sich mitunter sogar gewisse Zweifel nicht unterdrücken. Jedoch glücklicherweise zeigt diese Einstellung eine merklich abnehmende Tendenz.

Während der letzten Jahrzehnte ist durch Forschungen in zoologischen Gärten, in Labors, aber auch durch umfassende und systematische Freilandbeobachtungen das Wissen um die Biologie und das Verhalten und die Leistungsfähigkeit der Affen um mannigfache neue Erkenntnisse bereichert worden. Man braucht dazu nur Brehms Tierleben aus dem Jahre 1916 mit seiner klassischen Beschreibung der Herrentiere, wie die Primaten genannt werden, oder das klassische Werk von R. M. und A. Yerkes « The Great Apes » (1929) zur Hand zu nehmen. Neue aufsehenerregende Fortschritte, besonders in der Verhaltensforschung, brachten uns die ausgedehnten Arbeiten von Jane van Lawick-Goodall, J. S. Bernstein, I. De Vore, R. A. Hinde, A. Jolly, M. Kamai, A. Kortlandt, M. Moynihan, V. Reynolds, T. E. Rowell, G. B. Schaller, Y. Sugiyama, S. Ripley, B. Rensch, J. T. Sanderson oder S. L. Washburn, die stellvertretend für viele weitere Wissenschaftler genannt werden sollen.

Für den Europäer bleiben in erster Linie die größeren Zoos und Tierparks mit artenreichen Affenbeständen als Erlebnisbereich, Informations- und Bildungsquelle für die Bekanntschaft mit unseren nächsten Verwandten im Tierreich. Das heißt auch « Vorurteile » zu zerstören. Die Affen sind aber nicht nur biologisch interessante, sondern in jeder Hinsicht auch liebenswerte Geschöpfe. Es lohnt sich, ein Buch darüber zu schreiben!

Bei der Niederschrift des Buches war ich bemüht, eine große Stoffbreite zu erreichen. Daher ließen sich auch beträchtliche Kürzungen des bereits verfaßten Manuskriptes nicht vermeiden. Der Inhalt des Buches erhebt deshalb keinen Anspruch auf Vollständigkeit. Es ist vorrangig eine Übersicht über die Vielfalt der Ordnung der Primaten mit einzelnen etwas ausführlicheren Beispielen zum abgegrenzten Belesen und informierenden Nachschlagen. Zum weiteren Verständnis und tieferen Eindringen in die Primatologie gibt das Literaturverzeichnis Hinweise.

Die im Kapitel « Die Primatenverwandtschaft » angewandte systematische Gliederung übernahm ich mit wenigen Änderungen aus « Grzimeks Tierleben », Bd. X und XI, Kindler Verlag Zürich 1967.

Einleitung

Zu einem der wichtigsten und faszinierenden Wissensgebiete der Zoologie ist in den letzten Jahrzehnten die Primatologie geworden. Nicht nur, daß es sich, wie der Name besagt, um die Lehre von einer vorrangigen oder an erster Stelle stehenden Gruppe von Tieren handelt, sondern besonders auch weil sie außer den Affen auch uns Menschen als Lebewesen einschließt. Bereits 1758 schienen dem schwedischen Naturforscher Carl von Linné, dem Begründer der wissenschaftlichen zoologischen und botanischen Systematik, gewisse verwandtschaftsähnliche Verbindungen zwischen Affen und Menschen faßbar. In ihren kausalen Zusammenhängen waren sie jedoch noch nicht klar und folgerichtig zu erkennen. T. H. Huxley konstatierte im Jahre 1863: « Es gibt keine Säugetierordnung, die so außergewöhnlich feine Abstufungen zeigt wie die Ordnung der Primaten. Sie führt uns einerseits direkt zur Krone der Tierschöpfung, andererseits zu Lebewesen, die nur einen Schritt von den niedersten, kleinsten und am wenigsten intelligenten Säugetieren mit Mutterkuchen entfernt zu sein scheinen. » In der Tat umfaßt diese Säugetierordnung eine über die landläufige Vorstellung von Affen weit hinausgehende Vielfalt an Formen, die von den ursprünglichsten rattengroßen und spitzmausähnlichen Vertretern bis zum 250 kg schweren Gorilla und dem sehr menschenähnlichen Schimpansen führen. Es ist also nicht übertrieben, wenn man bei der Revue aller heute lebenden Primatenarten einen Querschnitt durch ihre gesamte Stammesgeschichte sieht. « Evolution », so stellt der Genetiker Th. Dobzhansky fest, « ist eine Verbindung von Determinismus und Zufall, und diese Verbindung macht sie zu einem schöpferischen Akt. . . » Die Affen haben bis in die Gegenwart in vielen flexiblen Varianten Lebensstärke bewiesen und die höchstentwickelten Lebewesen hervorgebracht. Ihre Mutationen und Variationen sind überzeugende Triebkräfte der Evolutionsdynamik innerhalb der Primatenverwandtschaft. Sie fördern das Verständnis für stammesgeschichtliche Beziehungen. Die Biologie der Affen ist daher kaum ohne Seitenblick zum Menschen denkbar. Etwa 190 verschiedene Affenarten in 15 heute noch lebenden Familien werden unterschieden.

Linnés kurze Definition der Primaten hat im wesentlichen noch Gültigkeit: « Vier parallele obere Schneidezähne, je ein Eckzahn, paarige brustständige Zitzen, zum Greifen geeignete Gliedmaßen, Schlüsselbeine als für die Funktion der Arme wichtige Stützelemente, Gang auf vier Beinen, Klettern auf Bäume und Sammeln von deren Früchten. » De Vore sagt es deutlicher: « . . . gibt es tatsächlich nicht ein grundlegendes Kriterium, durch das man die ganze Gruppe definieren könnte . . . Das einzige, was man mit Sicherheit als ein gemeinsames Merkmal aller lebenden und ausgestorbenen Primaten ansehen könnte, besteht in ihrer Anpassung an das Baumleben. » Ergänzend kann hinzugefügt werden; bei den Halbaffen beginnende allmähliche Verlagerung der Augen von den Kopfseiten nach vorn. Damit wurde eine wesentliche Verbesserung des binokular-räumlichen Sehens bewirkt; die Augenhöhlen sind von einem geschlossenen Knochenring umgeben; bei Verbesserung des Sehens Verminderung der Riechfähigkeit; das Großhirn ist stark gefurcht; zumindest ein Gliedmaßenpaar hat gegenüberstellbare erste Finger oder erste Zehen (Daumen bzw. Großzehen); Finger sowie Zehen sind vorwiegend mit Nägeln, weniger mit Krallennägeln ausgestattet; gut ausgebildeter Blinddarm; die Hoden befinden sich in einem sackförmigen Hautgebilde (Scrotum); der Penis in der Ruhephase meist in hängender Lage; hochentwickelte Hirnleistungen bis zu Vorstufen des Denkens, sozialgeprägte gesellige Lebensweise mit mehr oder weniger vorherrschender Rangordnung, Wehrhaftigkeit im Gruppenverband, Pflanzen- oder Allesfresser.

Mindestens vor 30 Millionen Jahren hat sich mit geologischen Vorgängen eine sehr bedeutsame Trennung ergeben, nämlich die Aufteilung in Neuweltaffen (Süd- und Mittelamerika) und Altweltaffen (Afrika und Asien). Die Affen haben sich an die verschiedensten Umweltbedingungen angepaßt (Ernährungsweise, Stärke und Wehrhaftigkeit, Beweglichkeit, Sozialleben, Sinnesleistungen und dgl.) und konnten so überleben.

Menschen und Affen

Frühe Vorstellungen und Affenkult

Tiere waren die ersten Motive, die je Menschenhände an Fels- und Höhlenwände malten, nicht allein, weil sie Jagdbeute und Nahrungsquelle waren, sondern vielmehr auch als andersartige faszinierende Lebewesen, die bessere physische Fähigkeiten besaßen, also stärker oder schneller waren, schwimmen oder gar fliegen konnten. Solche bewunderten Tiere stiegen in den Rang von Göttern oder deren Begleiter auf. In der Menschenähnlichkeit der Affen sahen unsere Urväter sicher keinen Zufall, sondern irgendeine göttliche Gewolltheit, so daß einige Arten in die Mythologie bzw. als heilig verehrt in die Religion verschiedener Völker eingingen. Solche ursprünglichen Deutungen kennen wir vor allem aus den Frühkulturen, weniger aus den weiten bewaldeten Verbreitungsgebieten der Affen im Inneren Afrikas und Südamerikas. Der Tierkult im alten Ägypten, der von der Allbeseeltheit der Natur ausgeht und Götter in Tiergestalt erscheinen läßt, zeigt z. B. den Mantelpavian auf zahllosen Wandbildern und als Plastik in aufrecht sitzender Form. Als heiliges Tier galt er als Diener und Begleiter des Gottes Thoth, der den Menschen Kenntnis und Wissen verlieh und auch der Sprecher des Schöpfers aller Dinge war. Er wurde auch als Schreibgott dargestellt (vgl. hierzu Beschreibung Mantelpavian). Eine Steinplastik der 19. Dynastie (um 1350–1200 v.u.Z.) zeigt zwei die Sonne anbetende Paviane. Das Standbild der Göttin Toëris aus Karnak (Oberägypten) um 500 v.u.Z. gleicht einem aufrecht stehenden Pavian. Auf einem Papyrus versinnbildlicht ein Mantelpavian das Bindeglied zwischen dem großen Auge des Gottes und dem sich demütig neigenden Menschen. In Ägypten waren dem Gott-Tier zur Verehrung prächtige Tempel, Haine und Seen angelegt. Die Gottheiten, denen sie geweiht waren, verkörperten Affen, Ibisse, Schlangen, Katzen und andere. Bei Theben gab es eine Affengruft. Auf welche Weise der Name des Mantelpavians « Hamadryas » mit den zarten Hamadryaden-Baumnymphen der alten Griechen in Zusammenhang steht, ist nicht bekannt. Die griechische Kunst der früheren Zeit hebt bei der Darstellung von Satyrn das äffisch-groteske Element hervor. Erst später wird aus dem Affensatyr ein träumerischer Jüngling. Diodor, der griechische Geschichtsschreiber (1. Jh. v.u.Z.), berichtete nach H. Wendt (1956) vom Affenkult der Ägypter wie folgt: « Die Pane und Satyrn wurden ihres Zeugungstriebes wegen verehrt. Durch ihre bildliche Darstellung wollten die Menschen Dankbarkeit für ihren Kindersegen an den Tag legen. » Diodor gibt auch eine gut beobachtete Beschreibung der afrikanischen Paviane: « Die sogenannten Hundsköpfe sehen der Gestalt nach häßlichen Menschen ähnlich, auch ihre Stimme klingt wie das Gestöhn von Menschen. Diese Tiere sind äußerst wild und ganz unzähmbar, und ihre Augenbrauen geben ihnen ein finsteres Aussehen. Eine höchst auffallende Erscheinung stellt man bei den Weibchen fest – sie tragen nämlich die Gebärmutter immer außerhalb des Leibes. » Mit der letzten Bemerkung hat Diodor wahrscheinlich die typischen periodischen Brunstschwellungen der Pavianweibchen, die häufig wie bösartige Geschwülste anmuten, gemeint. Der ägyptischen Sphinx, in ihrer Gestalt halb Mensch und halb Raubtier, maß man im Mittelalter einen Affenkörper zu. Die Wandlung ihrer Gestalt ist möglicherweise aus verwirrenden Berichten über die Affen entstanden. Noch unbefriedigend erklärt bleiben die rätselhaften Berichte um die Gorgonen, Fabelwesen mit übermenschlichen Kräften, des klassischen Altertums, deren furchterregender Kopf auf vielen bildlichen Darstellungen dieser Zeit zu finden ist. Auf die Frage nach dem Ursprung der menschlich-tierischen Fratze mit großen dolchartigen Eckzähnen und bleckender Zunge geben altgriechische Darstellungen Antwort: Libyen sei das Ursprungsland. Der sich westlich anschließende Teil Nordafrikas stand unter karthagophönizischem Einfluß. Als karthagischer Admiral gelangte Hanno im frühen 5. Jh. v. u. Z. mit einer Flotte bis zur westafrikanischen Küste im Bereich des heutigen Gabun. Nach seinem Bericht gab es eine Begegnung mit wilden Waldmenschen, die der Dolmetscher Gorillas nannte. So ist möglicherweise die Gorgo, die auf einer griechischen Vasenmalerei dargestellt ist, dem Gesicht eines afrikanischen Menschenaffen nachgebildet. Ein weiteres Gorgoneion ist auf dem Henkel einer attischen Amphora um 540 v. u. Z. zu finden. Wir kennen jedoch noch ein wesentlich älteres Beweisstück: eine Silberschale aus einem etruskischen Grab des frühen 7. Jh. v. u. Z., die in Praeneste gefunden wurde und zu einer ganzen Serie von Schalen phönizischen oder karthagischen Ursprungs gehört. Ihr äußerer Fries zeigt eine Reihe von Jagdbildern, unter denen sehr deutlich eine aufrecht gehende, stark behaarte Gestalt auffällt. Sie trägt in der einen Hand einen Stock und in der anderen einen Stein, der in typisch erhobener Armhaltung nach vorn geworfen wird; in Form, Haltung und Aussehen genau so, wie wir es heute von Schimpasen und Gorillas kennen (vgl. A. Kortlandt 1967). Typisch sind hier die für einen großen Menschenaffen zutreffenden Körperproportionen (Gorilla?). «Diese Silberschale gilt heute als eines der frühesten Zeugnisse für die Begegnung des Kulturmenschen mit seinem nächsten Verwandten aus dem Tierreich» (H. Wendt 1971). In den Felsmalereien südalgerischer Bergzüge (Jabbaren) entdeckte man ein Bild aus dem 4. Jahrtausend v. u. Z. Es soll einen «Gorilla-Gott» darstellen. Seine Körperform kommt der Statur des Gorillas tatsächlich sehr nahe. Höchstwahrscheinlich wurde ihm dort kultische Verehrung zuteil. Auch später forderte die Riesengestalt der Gorillas bei afrikanischen Volksstämmen Erfurcht und Demut heraus. Bei den Pygmäen z. B. gab es ähnliche Vorstellungen. Fielen ihnen auf der Jagd Gorillakinder in die Hände, so sollen diese gelegentlich von den Frauen gestillt und aufgezogen worden sein. Die erwachsenen Gorillamännchen sind im Vergleich zu den Pygmäenjägern fünfmal schwerer und doppelt so groß. Sie genießen daher auch bei ihnen kultische Verehrung. Bis in die Gegenwart werden bei entlegenen Stämmen aus bestimmten kultischen Anlässen Affenmasken zur Beschwörung der Dämonen, Waldgeister und dgl. getragen.

Auf Madagaskar sahen früher die Eingeborenen in einigen Halbaffenarten heilige Tiere. Beim Morgen-Sonnenbad wirken die Varis wie auch die Kattas als «Sonnenanbeter», wenn sie aufrecht sitzend die Beine ausstrecken und ihr Gesicht der Sonne zuwenden. Auch die

Cynocephalus – der Mensch mit dem Hundskopf aus einem Naturgeschichtsbuch von 1642

Indris und Sifakas gehören hierzu. Eine Gleichstellung von Affen und Menschen geht häufig auch allein auf die sehr deutliche Menschenähnlichkeit zurück. So sehen die Malaien in dem großen roten Menschenaffen kein Tier, sondern einen «Waldmenschen», malaiisch «Orang-Utan».

«Orang Pendek» bedeutet Zwergmensch, eine zusammenfassende Bezeichnung für die kleinwüchsigen Volksstämme der Ureinwohner, wogegen sich die später einwandernden Malaien zur Abgrenzung von Kultur und Herkunft «Orang Melaju», «Wandermenschen», nannten. Von großen menschenähnlichen Affen wird auch in verschiedenen indianischen Sagen gesprochen, die u. a. von Alexander v. Humboldt zitiert wurden. Zwei steinerne Statuen aus der Maya-Epoche im Museum für Archäologie und Geschichte in Merida (mexikanische Provinz Yukatan) ähneln in ihrer Gestalt überraschend Gorilla und Schimpansen. Von einem anderen mysteriösen Affen existiert ein Foto, das von dem schweizerischen Geologen François de Loys am Ufer des Rio Catatumbo im Urwald von Tarra (Venezuela) zwischen 1917 und 1920 gemacht wurde. Das Tier soll ein rötliches Fell besessen und menschenähnlicher ausgesehen haben als alle anderen venezolanischen Affen. Auch die Größe dieses Affen blieb umstritten. Könnte es ein großes Exemplar eines der dort beheimateten Roten Brüllaffen, das vielleicht auf irgendeine Art und Weise den Schwanz verloren hatte, gewesen sein? Viel wurde darüber diskutiert, doch die Behauptung von der Existenz dieses rätselhaften, Ameranthropoides genannten menschenähnlichen Affen war nicht zu halten. Selbst spätere Berichte über weitere «Affenmenschen» dieser oder ähnlicher Art vermochten nichts an der Unglaubwürdigkeit solcher Angaben zu ändern. Auch schon um die Wende des 20. Jahrhunderts gab es einige sehr einseitig orientierte Zoologen, wie der Argentinier F. Ameghino, der Holländer Bierens de Haan u. a., die sich auf die Intelligenz der Kapuzineraffen und sehr fragwürdige Knochenfunde von «frühen menschenähnlichen Affen» stützten und so die Wiege der Menschheit nach Südamerika verlegen wollten.

Als zu Beginn der Neuzeit die ersten Berichte über menschenähnliche Affen nach Europa gelangten, entstand die weitverbreitete Sage von stark behaarten Tiermenschen, die wohl in genau menschlichen Körperproportionen, aber noch häufig mit langen Schwänzen bildlich dargestellt wurden. Um 1590 erzählte der Engländer A. Battel von seinen Begegnungen mit großen Affen an der Loango-Küste im Gebiet der heutigen Volksrepublik Kongo: «Die Wälder sind derartig überfüllt mit Pavianen (wahrscheinlich Drills und Mandrills, d. Verf.), Meerkatzen, Affen und Papageien, daß sich jedermann fürchtet, sie zu bereisen. Vor allem gibt es hier zwei Sorten von Ungeheuern, welche in diesen Wäldern häufig vorkommen und im höchsten Grade gefährlich sind. Das größte dieser Scheusale wird von den Eingeborenen Pongo, das kleinere Ensego genannt.» Mit dem «Pongo» wird sicher der M'Pungu, der Gorilla, gemeint sein. Der «Ensego» – später im 19. Jahrhundert als «Tschego» bezeichnet – ist der Schimpanse. Bereits 1641 kam der erste lebende Schimpanse nach Europa in die Menagerie des Prinzen von Oranien und wurde nun auch Objekt der Wissenschaft. Noch bis über das Mittelalter hinaus waren Mythologie, Berichte aller Abstufungen über exotische Völkerschaften und Schilderungen von allerlei Affengestalten nur schwer auseinanderzuhalten. Authentischere Berichte gelangten dann in der Epoche der Entdekkungen durch Forschungsreisende, Seefahrer und Handelsleute nach Europa. So liegen z. B. von dem portugiesischen Gesandten F. Alvarez sehr genaue Beobachtungen und Schilderungen von umfangreichen Pavianherden aus Äthiopien vor.

Der bekannteste Affe im Altertum und Mittelalter war der Magot. Eine recht naturgetreue Darstellung finden wir schon bei K. Gesner. Das Wort «Meerkatze» ist bereits aus dem 16. Jahrhundert bekannt. Mit Seefahrern kam die »Markata», der indische Rhesusaffe, nach Europa. Durch Verballhornung dieses Hindi-Wortes entstand der irreführende deutsche Name «Meerkatze»; im Englischen besser Guenon genannt. Früher meinte man daher, es seien «katzenähnliche Affen», die übers Meer zu uns gelangt sind. Ein Bericht des amerikanischen Jägers und Entdeckungsreisenden P. Du Chaillu aus dem Jahre 1855/56 schilderte den Gorilla, rückfallend in frühere Jahrhunderte des von «Dämonen beherrschten» Afrikas, noch als teuflische Bestie. W. Reade und später C. Akeley, M. Johnson und J. v. Oertzen widerlegten diese Greuelmärchen. Die Mythologie Süd- und Ostasiens ist besonders reich an Dämonen von halb Menschen- und halb Affengestalt. So erscheint vielfach der Affenkönig als Retterfigur in Schlachten. Das Motiv des Affenfürsten Hanuman dient vielfach in Burma als Griffigur an Dolchen und indonesischen Krisen. Zusammen mit anderen Tieren sind Affen häufig auf Fresken in den Höhlentempeln von Ajanta dargestellt. Den Affenfürsten und -königen werden in großem Maße mythische Eigenschaften und unbegrenzte Wandlungsfähigkeit zugesprochen. Hanuman soll zudem noch eine gewaltige Flugkraft besessen haben. Das Springen Hanumans und der übrigen Affenfürsten im Ramayana sei als mythisches Motiv dem Flug Garudas gleichzusetzen, denn in Wirklichkeit sei dieses Springen tatsächlich ein Fliegen. So springt Hanuman 100 Meilen weit vom Festland über das Meer nach Lanka und von da aus zum Himalaya und wieder zurück. Im fernöstlichen Schattenspiel, einer Kunst, der die Völker des indischen und chinesischen Kulturkreises mit wahrer Faszination ergeben waren, zeigen sie in Gestalt ihrer Puppen Hanuman, den gewandten Minister des Affengottes Sugriva, der Kampfgenosse und Freund Ramas war. Diese javanischen Wajangfiguren geben Hanuman und dem Affenkönig mit zähnestarrendem Mund ein schreckliches Aussehen. Hanuman ist überhaupt in verschiedenen Abwandlungen auch in balinesischen Plastiken zu erkennen. Im Tempel Vat Benchamabophit in Bangkok ist auf einer mit Perlmutt eingelegten Schrankwand die Elite des Affengeschlechts, voran Affenkönig Sukhrib, Hanuman, Ongkot und Nilaphat bildhaft zu erkennen (Anfang des 18. Jh.). Die frommen Hindus verehren noch heute die Hulmanaffen, wenn auch nicht mehr so ausgeprägt wie früher, als Verkörperung des Affengottes Hanuman (vgl. Beschreibung des Hulmanaffen). Allerdings sind die Rhesus-, Hut- und Hulmanaffen in ihren Verbreitungsgebieten fast zu einer «heiligen Plage» geworden. Im Süden und Südosten Asiens gab es schon sehr lange zwischen den Menschen und Affen enge Beziehungen, die auch z. T. in die Kultur dieser Völker eingingen. In vielen

Wohnungen der Hindus finden wir unter den bunten Bildnissen von Göttergestalten auch die von Hanuman, dem Affengott, der auch die magischen Künste und die Heilkunst beschützt. Konzentrationspunkte der Affen sind besonders Tempel und von Touristen stark aufgesuchte Orte, wo diese Tiere gefüttert werden. Sie sitzen auf Tempelstatuen und Brüstungen, ziehen in Horden durch die Straßen, durchstöbern alle Winkel vor Türen und Geschäften und rauben sogar bei günstiger Gelegenheit bevorzugte Lebensmittel und allerlei Gegenstände. Ihr heiliger Status verbietet jede gewaltsame Abwehr oder Bestrafung. Mitunter werden Makaken eingefangen und in den Wald gebracht. Nicht selten kehren sie jedoch wieder an ihren alten Platz zurück. Dort wo sie besonderen Schutz genießen, z. B. an den Tempeln von Benares am Ganges, im nordindischen Ajodhya, der heiligen Stadt des legendären Königs Rama, oder an anderen aus religiösen Gründen frequentierten Plätzen, sind die Affen oft so dreist und aufdringlich, daß Läden, Wäscheplätze, offene Fahrzeuge usw. vor Eindringlingen bzw. Attacken geschützt werden müssen. Dem Affenkult dienende Einzel- und Massentänze werden auch in Indonesien nicht nur für Gläubige, sondern ebenso für Touristen vorgeführt, so z. B. auf Bali der Hindu-Affentanz zur Verehrung des Affengottes Hanuman.

Nicht nur der Hulman und Rhesus, sondern auch noch andere Makaken, wie der Javaneraffe, genießen ihr Leben unter dem Heiligen-Status. Japanmakaken sind es, die die Lebensweisheit in der buddhistischen Religion symbolisch verkörpern. In dem weitverbreiteten Fuchsglauben in China und Japan spielt der Affe Songoku, der dem Japanmakak sehr ähnelt, mit seinen Zauberkünsten eine wesentliche Rolle. Der Japanmakak ist auf zahlreichen Bildern und Holzschnitten in seinem Heimatland verehrt dargestellt.

Eine andere Berühmtheit hat der Magot als Symboltier im britischen Imperium erlangt. Sie gipfelte mit der alten Überlieferung eines Ausspruchs: «Die Engländer verlieren dann ihre gewaltige Festung am Eingang zum Mittelmeer, sobald der letzte Affe von dort verschwunden ist.» Noch heute unterstehen die Affen dem britischen Kriegsministerium. Es ist auch nicht ausgeschlossen, daß bereits Phönizier, Karthager oder Römer die ersten Magots mit nach Gibraltar gebracht und hier an der «europäischen Säule des Herkules» ausgesetzt haben. In der Mythologie sowie in der Kunst Chinas nahmen die Tiere schon sehr früh einen breiten Platz ein. Bereits 2200 v. u. Z. wurden Affen, die lange Zeit als Fabelwesen galten, auf Vasen dargestellt, aber später als noch lebend entdeckt. So war es beim Goldstumpfnasenaffen. Bei der Beschreibung dieser für die Wissenschaft neuen Art durch den französischen Zoologen A. Milne-Edwards stand allerdings ein Bild aus dem 16. Jh. Pate, das die russische Kurtisane Roxellane zeigte. Weil diese Dame gleichsam rotgoldenes Haar und eine reizende stupsige «Himmelguckernase» besaß, erhielt mit viel Sinn für Humor dieser chinesische Affe ihren Namen: *Rhinopithecus roxellanae*. Waren es nur Gerüchte, oder gab es bereits mehr oder weniger zuverlässige Berichte von Augenzeugen, die einem chinesischen Gemälde aus der Zeit der Ming-Dynastie (15. Jh.) zugrunde lagen? Es zeigt ein menschtierähnliches Wesen mit dunklem, dichtem, langhaarigem Fell. Einem «pelzigen Dämon» gleich erinnert es an eine breitnasige furchteinflößende buddhistische bzw. lamaistische Tempelgestalt. Oder ist es eine frühe Darstellung des rätselhaften Schneemenschen, des Yeti, der in höheren Regionen des Himalaya leben soll? Seitdem gibt es zahlreiche Berichte, Fotos und Zeichnungen von Fährten im Schnee, Erzählungen, Mutmaßungen, ja sogar Begegnungen. Von Osttibet über Bhutan, Sikkim, Nepal bis zum Karakorumgebirge halten sich hartnäckig Gerüchte, genährt durch oft bis ins Groteske gehende Aussagen der Einheimischen. Die Spuren entschleierten sich jedoch nach genauerer Betrachtung als solche von Bären, Berghulmans, Schneeleoparden, lamaistischen Eremiten usw. Andererseits sind aber auch bis an die Glaubwürdigkeit grenzende Angaben von Forschungsreisenden, Bergsteigern vorhanden. Im Jahre 1925 wurde der Italiener A. N. Tombazi während des Versuches, den Zenni-Gletscher im nördlichen Sikkim zu besteigen, von seinen Kulis auf eine dunkle, unbekleidete, menschenartige Gestalt aufmerksam gemacht, die aufrecht zwischen Rhododendronbüschen durchs Tal wanderte. «Ich untersuchte die Fußspur und stellte fest, daß sie der eines Menschen glich, aber nur 18 bis 20 cm lang war. Deutlich konnte ich 5 Zehen und die Sohle erkennen.» Weitere solche und ähnliche Berichte kamen 1936 von dem Völkerkundler und Botaniker R. Kaulback. Doch allmählich begann sich auch die Fachwissenschaft für den rätselhaften Schneemenschen zu interessieren. Auch nach 1945 meldeten sich weiterhin ernst zu nehmende Zeugen: E. Shipton, der Leiter der britischen Mount-Everest-Expedition 1951/52 in Begleitung des späteren Mount-Everest-Bezwingers Hillary und des legendären Sherpa-Trägers Sen Tensing, hatte 1951 in einem 6000 m hohen Tal im Everest-Massiv seltsame Spuren entdeckt, die von Tensing auf Anhieb und sicher überzeugt als vom Yeti stammend bezeichnet wurden. Bis zur Gegenwart gibt es immer wieder derartige Berichte. 1974 entnahmen wir einer Zeitungsmeldung aus Katmandu: «Die nepalesische Polizei macht Fortschritte bei der Suche nach dem Yeti . . ., der am Fuße des Mount-Everest ein 19jähriges Sherpa-Mädchen niedergeschlagen und 5 Yaks getötet haben soll . . .» Der sowjetische Wissenschaftler Pronin, der vor Jahren im Hochland des Pamir einem Yeti begegnet war, fertigte sogar eine Skizze von ihm an. Danach ähnelt er einem stark behaarten Neandertaler. Leider wurden solche Meldungen oft in der Presse sensationell aufgebauscht, übertrieben und z. T. mit Spekulationen verbunden. Trotz vielem Für und Wider überraschte uns Anfang 1982 erneut eine Meldung: Eine indische Militärpatrouille sei im Grenzgebiet zu Bhutan am Chetak-Paß auf primitivste Höhlenmenschen gestoßen. Diesen Wesen seien Kleidung und Gebrauch von Feuer unbekannt. Die Nahrung würde roh verzehrt. Sicher wird es in absehbarer Zeit eine Lösung dieses Rätsels geben. Vielleicht wird dann auch der geheimnisvolle schwarzrote Skalp im Tempel von Pangbotschi eine Erklärung finden. Also selbst in der Gegenwart gibt es noch Fragezeichen im großen Buch der Tierwelt.

Affen im Dienste des Menschen

Die Nützlichkeit der Affen soll schon im alten Ägypten erkannt und in Anspruch genommen worden sein. Mantelpaviane waren bereits die ersten Erntehelfer. Affen unterstützten den Menschen beim Pflücken von Früchten, z.B. Kokosnüssen. Ihre Kletterkunst, Greiffähigkeit und ihre hohe Lernfähigkeit sowie das Unterscheidungsvermögen für reife und unreife Früchte waren natürliche Voraussetzung für diese Tätigkeit. Der Schweinsaffe in Südostasien hat sich in der Kokosnußernte bestens bewährt. Die Methode, hohe Leistungen zu belohnen, wird mit gutem Erfolg angewandt. Ein fleißiger Affe kann es am Tage bis auf 1000 Nüsse bringen. Wer Kokospalmen besitzt, hält sich entweder selbst einen Affen, leiht einen beim Nachbarn aus oder wendet sich an einen Besitzer abgerichteter Affen, der gewerbsmäßig entsprechende Dienste anbietet. Bei ihren Eigentümern genießen die Affen Familienanschluß. Die Kokosnuß, die vorwiegend in den Küstenländern des Pazifiks beheimatet ist, verdankt übrigens ihren Namen dem Affen «macocos» (Makak; vgl. hierzu auch Beschreibung Schweinsaffen). In ihrem ganzen Verbreitungsgebiet finden Paviane heute als Erntehelfer Verwendung. In Thailand, Malaysia und anderen indopazifischen Ländern werden diese Affen auch bei der floristischen Erforschung der Wälder verwendet. Von allen vorkommenden Pflanzen in der Baumregion müssen sie Proben herabwerfen. In Südwestafrika ist es mit Erfolg gelungen, innerhalb kurzer Zeit Bärenpaviane zum Ziegenhüten abzurichten (s. S. 132). Versuche, Schimpansen, die intelligentesten Affen, zu solchen oder ähnlichen nutzbringenden Arbeiten zu befähigen, scheiterten.

Sicher schon sehr früh haben Affen dem Menschen als Fleischnahrung gedient. Selbst heute noch gehören Affen zur Beute von Jägern indianischer Volksstämme. Am häufigsten sind es Kapuziner und Wollaffen, die Giftpfeilen zum Opfer fallen oder in Fallen gefangen werden. Andererseits dienen sie gezähmt als Haustiere, mit denen die Kinder gern spielen, wie vor allem Krallenäffchen. In Süd- und Südostasien werden Affen dort, wo sie keine religiöse oder andere kultische Bedeutung haben, gegessen. Beispielsweise sind dadurch die ohnehin kleinen Bestände an Wanderus und Nilgirilanguren in Südindien bis an den Rand der Ausrottung gebracht worden. Auch in Afrika werden noch Affen gejagt und verzehrt. Das Fell dieser Tiere wurde und wird noch – wenn auch heute infolge strenger Schutzbestimmungen in geringerem Ausmaß – genutzt. Von den madagassischen Lemuren sind es besonders schön gefärbte Affen, wie Katta und Vari, die die Aufmerksamkeit von Fellhändlern fanden. Die schwierige Jagd sowie die ohnehin geringeren Bestände sorgten dafür, daß nur relativ wenig Pelze in den Handel kamen. Dem in Süd- und Südostasien lebenden Plumplori erging es gleichermaßen. Strenge Schutzbestimmungen auf Madagaskar geboten diesem Raubbau Einhalt. Etwa 5000 Felle sollen jährlich in den Rauchwarenhandel gelangt sein. In Südamerika wird der Pelz des Schwarzen Brüllaffen gern zur Herstellung von Mützen, Decken und Beuteln verwendet. Das prächtige langhaarige schwarzweiß gezeichnete Fell der Guerezas, besonders der Bergformen, wäre diesen Tieren fast zum Verhängnis geworden. Um die letzte Jahrhundertwende gerieten die «Scheitel»- oder «Seidenaffen», wie die Guerezas von den Pelzhändlern genannt werden, in das Blickfeld der Mode. Der in den internationalen Modezentren von Paris, London und New York kreierten «Affenmode» fielen bis in den ersten Weltkrieg hinein weit über eine Million Guerezas zum Opfer. Mäntel, Jakken, Westen, Umhänge, Muffe und dgl. wurden modisch zur Schau getragen. Um 1970 schlug ein von Paris ausgehendes «Comeback» dieser Mode dank dem zunehmend organisierten Tierschutz fehl. Allerdings finden diese Felle infolge des stark angewachsenen Tourismus als Souvenirs noch eine relativ hohe Nachfrage (vgl. hierzu Beschreibung Nördlicher Guereza). Nach dem zweiten Weltkrieg kamen besonders in den westlichen Ländern vorwiegend die kleineren südamerikanischen Affenarten wie Totenkopf- und Krallenäffchen in den Handel. Leider waren immer wieder weniger biologisches Interesse als Sozialstatus- oder Prestigedenken Motiv für den Erwerb solch eines «außergewöhnlichen» Heimtieres. Viele dieser empfindlichen Tiere fielen unsachgemäßer Haltung zum Opfer. Bereits während der Barockzeit galt der Besitz eines zierlichen Zwergäffchens beim Adel und in anderen begüterten Kreisen als Standessymbol.

Ähnlich wie Gebrauchshunde, z.B. der Deutsche Schäferhund als Blindenführer, hat man auch versucht, geeignete Affen als Helfer für schwer körperbehinderte Menschen abzurichten. So versorgt z.B. ein speziell hierfür dressierter jung erwachsener Kapuzineraffe (1980/81) einen jungen Mann in Massachusetts (USA), der an Tetraplegie, der Lähmung aller Gliedmaßen, leidet. Das Tier stellt das zu wärmende Essen in einen Mikrowellenherd, nimmt Getränkeflaschen aus dem Kühlschrank, öffnet sie, steckt dem Behinderten ein Saugröhrchen in den Mund, kämmt ihm die Haare und macht noch weitere kleine Handreichungen. Eine solche Assistenz ist natürlich sehr dressuraufwendig, von den Launen sowie der Ablenkbarkeit des vitalen Affen abhängig und somit in der Praxis kaum zu verallgemeinern. Der Wert dürfte vorerst mehr im Grundlagenexperiment liegen, weil es auch noch andere Hilfsmöglichkeiten gibt.

Affen in der biologisch-medizinischen Forschung

Einen sehr breiten Raum nehmen die Primaten heute in der modernen biologisch-medizinischen Forschung ein, so vor allem in der Verhaltensforschung (Ethologie), Physiologie, Psychologie, Anthropologie. Es gilt dabei auch philosophische Schlußfolgerungen aus den Erkenntnissen der modernen Biologie im allgemeinen und der Primatologie im

1 **Javaneraffen** *(Macaca irus)* am Tempel der heiligen Affen in Surabaya auf Java. Infolge ihres uneingeschränkten Schutzes können diese Affen gegenüber dem Menschen sehr aufdringlich werden.

2 Symbolischer Tanz «Kampf mit dem König der weißen Affen» in Sanur auf Bali.

3 In Nikko – etwa 150 km von Tokio entfernt – befindet sich im Nationalpark der Stall für das heilige Pferd. Von den Wandschnitzereien des Künstlers Kano Tany yu (1602–1674) sind die drei Affen, die nichts Böses hören, sprechen und sehen, weltbekannt.

besonderen zu ziehen und weltanschaulich-ethische Probleme zu klären. «Es sind Probleme der ‹Dialektisierung› des biologischen Denkens angesichts der objektiven Dialektik des Lebenden, die durch die biologische Forschung (hier in der Primatologie, d. Verf.) fortschreitend aufgedeckt wird,» wie R. Löther (1980) feststellte. Weil es auch um die humanistisch-ethische Orientierung der Forschungsmethodik geht, muß man sich immer der Verantwortung und der Achtung vor dem Leben moralisch verpflichtet fühlen. Versuche an lebenden Affen in der Medizin und pharmazeutischen Industrie sowie auch in der Weltraumforschung müssen diesen Anforderungen Rechnung tragen, ebenso die biologisch fachgemäße Unterbringung und Haltung der Affen in den Primatenzentren bzw. Zuchtstationen zur «Deckung des Bedarfs an Testmaterial». Viele Affenarten, von den Tupaias (Spitzhörnchen) über die Lemuren, Krallenäffchen, Kapuziner, Meerkatzen bis zu den Schimpansen, finden heute Verwendung als Labortiere. «Primatengetestet» gilt als Gütezeichen für die Qualität, Sicherheit und Zuverlässigkeit eines Präparates.

Daß Versuche an lebenden Affen dem Wohle der Menschheit gedient haben, läßt sich mit beeindruckenden Beispielen belegen. Dennoch sind in jüngster Zeit immer häufiger Forderungen laut geworden, solche Versuche stark einzuschränken oder gar ganz zu unterbinden. Begründet werden diese Forderungen vor allem mit ethischen Bedenken, mit der Verantwortung, die der Mensch gegenüber dem Leben wahrzunehmen hat. Bei Tieren mit höher entwickelten Hirnleistungen ist nicht allein das Schmerzempfinden stark ausgeprägt, sondern auch psychische Faktoren wie Angst, Streß, Bedrohtsein, Aufregung, Schreck, Schock und dergleichen sind es, die die Versuchstiere einer permanenten Qual aussetzen können. Derartige Belastungen sind gravierenden Eingriffen am und im Körper des Tieres bis zur Grenze des Überlebens gleichzusetzen. Der Angst beispielsweise ist das Tier hilflos ausgesetzt, da es nicht flüchten kann, wie es sein Instinkt zwanghaft verlangt. Es gibt heute schon viele Belege dafür, daß bei bestimmten Untersuchungen signifikante Aussagen mit modernen biotechnologischen oder biochemischen Methoden zu erhalten sind, auf Tierversuche also verzichtet werden kann.

Betrachten wir nun einige Ergebnisse der medizinisch-biologischen Forschung genauer. Tausende von jungen Menschen würden z. B. noch an der gefürchteten spinalen Kinderlähmung (Poliomyelitis) sterben, wenn nicht ein Impfstoff zur Behandlung dieser Krankheit entwickelt worden wäre, dessen Wirksamkeit zuerst an Schimpansen erprobt worden ist.

Wie alle Viren wächst auch das Poliovirus nur in lebenden Zellen. Zur Anlegung von Kulturen verwendet man daher frisches Gewebe, vor allem die Nieren von frisch getöteten Rhesusaffen. Mit der Einführung der Schluckimpfung ist diese schreckliche Krankheit praktisch besiegt.

4 Auch unsere Tiergärten schmücken nicht selten künstlerisch gestaltete Affenplastiken. (Zoologická Zahrada Praha)

Im Laboratorium wurde an Rhesusaffen zuerst der nach ihnen benannte Rh-Faktor entdeckt, der sich unabhängig von anderen Blutfaktoren vererbt. Durch diese Entdeckung kann heute bestimmten Fruchtschädigungen vorgebeugt werden. Die biologisch-medizinische Forschung, beispielsweise im Primatenlabor von Oregon (USA), ist schwerpunktmäßig auf die gefährlichsten Erkrankungen des Menschen spezialisiert. So befaßt man sich u. a. mit der Muskeldystrophie, mit Hauterkrankungen, Hormonwirkungen während der Schwangerschaft und danach, Herzkrankheiten, Gehirnelektrizität, Arteriosklerose, Gewebetransplantationen und den Beziehungen zwischen Viren und Krebs. Alle täglichen Kontrolldaten von weit über 1000 Affen werden einem Computer zur Auswertung zugeführt.

Ein ungewöhnliches Experiment mit Rhesusaffen hat mit zur Klärung der hohen «Manager»-Belastung in der heutigen nervenstrapazierenden und neurosefördernden Zivilisation beigetragen. In noch relativ jungen Jahren sterben auffallend viele Menschen, die anhaltend einem hohen Streß ausgesetzt sind. Man sieht die Ursache in dem ungenügenden Abbau und dem Stau der durch hohe Nervenbelastung bedingten starken Adrenalinausschüttungen ins Blut infolge Fehlens ausgleichender körperlicher Anstrengung. Bei Affen folgen zeitweiligen Streßzuständen in der Regel körperliche Anstrengungen als Abreaktion. Die hochvirulenten Erreger der «Marburger Affenseuche», an der 1967 von 22 infizierten Personen 5 starben, wurden – bis zu dieser Zeit noch unbekannt – mit importierten Grünen Meerkatzen aus Uganda eingeschleppt. Namhafte Forschungszentren in Europa und Amerika befaßten sich besonders nach 1976, als im Sudan und in Zaire erneut zahlreiche Todesfälle infolge der hochinfektiösen und stark wandlungsfähigen Viruskrankheit auftraten, mit dieser Seuche. Dabei wurde eine hohe Infektionsintensität der Gewebeproben gegenüber Meerschweinchen festgestellt! In Kapstadt unternahm 1978 der Arzt Dr. Barnard die Transplantation des ersten Schimpansenherzens auf einen herzkranken Menschen. Das Experiment führte jedoch zum Tode des Patienten. Unabhängig davon werden heute auch in anderen Ländern ernsthafte Forschungen zur Überpflanzung von Primatenorganen auf Menschen betrieben. Von der allein in den USA stattlichen Anzahl von Regional Primate Research Centers u.a. in Seattle, Southborough, Beaverton ist das zu Ehren des verdienten Primatologen R. M. Yerkes (1876–1956) benannte Yerkes Regional Primate Research Center der Emary-Universität in Atlanta (USA) eines der größten und berühmtesten. 1973 dienten allein hier über 140 Schimpansen, Orang-Utans und Gorillas der biomedizinischen Forschung. Aber auch auf dem Gebiete der Physiologie und Psychologie hat man in den letzten Jahren umfangreiche Arbeiten und Experimente über die Intelligenz, Persönlichkeitsentwicklung und das Sozialverhalten besonders bei Menschenaffen durchgeführt. In der 1927 gegründeten heute weltbekannten Affenstation des Institutes für experimentelle Pathologie und Therapie der Akademie der Wissenschaften der UdSSR in Suchumi wurden in den letzten Jahren (1979/81) auf 126 ha ca. 2000 Affen in 15 verschiedenen Arten gehalten, darunter viele Paviane. Große Teile der Affenstation selbst sind als öffentliche populärwissenschaftlich-biologische Bildungsstätte weit bekannt geworden.

Hier werden vor allem Krebs, Leukämie, Herz- und Kreislauferkrankungen an den Tieren untersucht, Organtransplantationen vorgenommen. Es gelang z.B. der Nachweis, daß Blutkrebs u.a. durch Viren ausgelöst werden kann. Auch wird sehr intensiv und in internationaler Zusammenarbeit an einem Anti-Krebs-Impfstoff gearbeitet. Außerdem wird in Suchumi Verhaltensforschung betrieben. Akklimatisationsexperimente werden mit etwa 70 Mantelpavianen 350 km nördlich von Suchumi, im Wald am Südwesthang zum Schwarzen Meer durchgeführt (auch Frost und Schnee). Ein wesentlich dichteres und längeres Fell als ihre Artgenossen in Suchumi und eine relativ hohe Nachwuchsquote deuten auf die gute Anpassung der Affen hin.

Mit speziellen ethologischen und physiologischen Forschungen wie psychischen Aktivitäten, Reaktionen und deren Signale und Auslöser, die etwa menschlichen Emotionen vergleichbar sind, befaßte sich H. Harlow im Wisconsin Regional Primate Research Center. Diese Forschungen an vorwiegend jungen Rhesusaffen dienten als Beitrag zur Beantwortung der Frage, wie weit sich Primaten in ihrem Verhalten auch von Gefühlen, Zuneigungen, Empfindungen und Liebe (Mutterliebe) leiten lassen und primär, ob sie überhaupt solche besitzen. Dazu gehörten auch umfangreiche gezielte Forschungen über die Sprachfähigkeit und -begabung, über Lern-, Gedächtnis- und Kombinationsvermögen («Denken ohne Sprache»?), die Abstraktion und vernunftbegabtes Handeln, Sozialstrukturen, Aggressionsverhalten, Werkzeuggebrauch, Kindererziehung, Trainingsleistungen unter Laborbedingungen, Anpassungsprozesse und dergleichen. An der Universität Göttingen werden im Institut für Anthropologie unter Prof. Dr. Chr. Vogel Forschungen an Gruppen von Krallenäffchen vorgenommen, bei denen fortpflanzungsbiologische Fragen im Zusammenhang mit der sozialen Ordnung im Blickpunkt stehen. Kann man Menschenaffen mit Menschen kreuzen, wenn diese Arten so eng miteinander verwandt sind? Solche Versuche werden jedoch aus ethischen Erwägungen von verantwortungsbewußten Genetikern bzw. Medizinern nicht durchgeführt. Ein solcher Kreuzling, wenn überhaupt lebensfähig, könnte sich nicht normal entwickeln, deswegen sind derartige Experimente wohl kaum zu verantworten, wenn sie zu lebenden Feten oder gar Geburten führen sollten. Vergleiche der Spermien von Menschen und Menschenaffen bieten eine Möglichkeit, die stammesgeschichtliche Verwandtschaftsbeziehungen zwischen Mensch, Bonobo, Schimpansen, Gorilla und Orang-Utan näher zu beleuchten. Im Western General Hospital in Edinburgh vorgenommene Vergleiche der Morphologie und des DNS-Gehaltes von Spermien der genannten Arten ergaben neben Übereinstimmungen auch starke Differenzen.

Affen bei der Eroberung des Weltalls

Mit Beginn der Eroberung des Weltraumes wurden neue Aufgaben an die biomedizinische Forschung gestellt. Bevor der Mensch selbst in das All vordrang, wurde zunächst ein «Ersatzmann» benötigt, an dem alle bisher noch unbekannten Auswirkungen der Schwerelosigkeit, der Strahlung, des Druckes, der Beschleunigung usw. festgestellt werden. Neben Mäusen und Meerschweinchen erlangten in der UdSSR die Kosmonautenhunde – z.B. «Laika» 1957 im Sputnik 2 – Weltberühmtheit. Im Jahre 1949 überlebte ein Rhesusaffe einen 134 km hohen Flug in der Kapsel einer ballistischen Rakete der USA. 1959 folgte «Miss Baker», eine Klammeräffin, in der Spitze einer Jupiter-Rakete auf einem ebenfalls ballistischen Flug in den Weltraum. Trotz ihres strapaziösen Astronauten-Ersatzes – sie lebt seitdem in Huntsville (USA) im Raketen- und Raumfahrtsmuseum – erreichte sie 1981 ein Alter von 25 Jahren (Durchschnittsalter 20 Jahre). Der weiteren biologischen Vorbereitung des ersten USA-Weltraumfluges diente die Rhesusäffin «Lizzie». 90 Tage lang wurde sie in einer Kam-

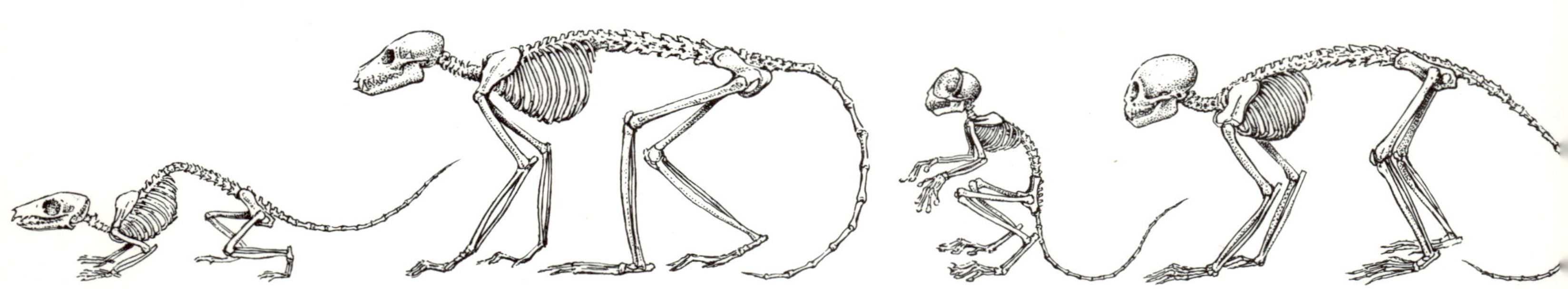

Spitzhörnchen Mohrenmaki Koboldmaki Totenkopfäffchen

mer mit reinem Sauerstoff gehalten. Dabei mußte sie noch zahlreiche Bewegungsübungen und Schalttests absolvieren. Dieser Test diente dazu, ein geeignetes Gasgemisch für die Atmung der künftigen Kosmonauten zu finden. Der vierjährige Schimpanse «Ham» war es, der am 31. Januar 1961 von Cape Kennedy aus als erster «Schimpanaut» der NASA in einer Mercury-Kapsel mit 8000 km/h in eine Höhe von 248 km geschossen wurde; eine Erdumkreisung erfolgte dabei noch nicht. Der Raumflug dauerte lediglich 16 Minuten. «Ham» war mit einer Druckanzug-Montur und zahlreichen biomedizinischen Meßgeräten ausgestattet. Inzwischen ebenfalls 25 Jahre alt (1982), lebt «Ham» im Nationalzoo von Washington. Natürlich war «Ham», ein außergewöhnlich gelehriger und reaktionsfähiger Schimpanse, vorher im Aeromedical Research Laboratory in New Mexiko einem umfangreichen und anstrengenden Ausbildungsprogramm und Training unterzogen worden, das höchste physische und psychische Leistungen abverlangte, aber auch schon Zweifel der Vertretbarkeit solcher extremen Anforderungen aufkommen ließ. Unabhängig von der eigentlichen Zielstellung wurden dabei erstaunlich hohe Intelligenzleistungen, wie z.B. die Beherrschung und logische Betätigung von Steuerungssystemen mit Hebeln und Druckknöpfen nach den Kommandos und sich laufend ändernden Zeichen auf einer Anzeigetafel, festgestellt. Im November 1961 flog noch ein amerikanischer Rhesusaffe «Enos» als Wegbereiter für den Menschen in das All.

Der Mißbrauch von Affen zu Versuchen für militärische Zwecke ist prinzipiell abzulehnen, zumal die Tiere dabei dermaßen geschädigt werden, daß ein Überleben nur in wenigen Fällen erfolgt (z. B. radiobiologische Tests, Kälte- und Hitzeschocks, Leben in Unterdruckkammern bis zum Vakuum und dgl.).

Einige Beispiele des Mißbrauchs aus dem Beitrag von H. Hediger «Ausverkauf der letzten Affen» in «Das Tier» 7/76 sollen noch den «Massenverbrauch» an Primaten veranschaulichen. Die statistischen

Die Skelette verschiedener Primaten verdeutlichen die Unterschiede in Haltung und Größe (nach Jenkins, Hill, Schultz u. a.)

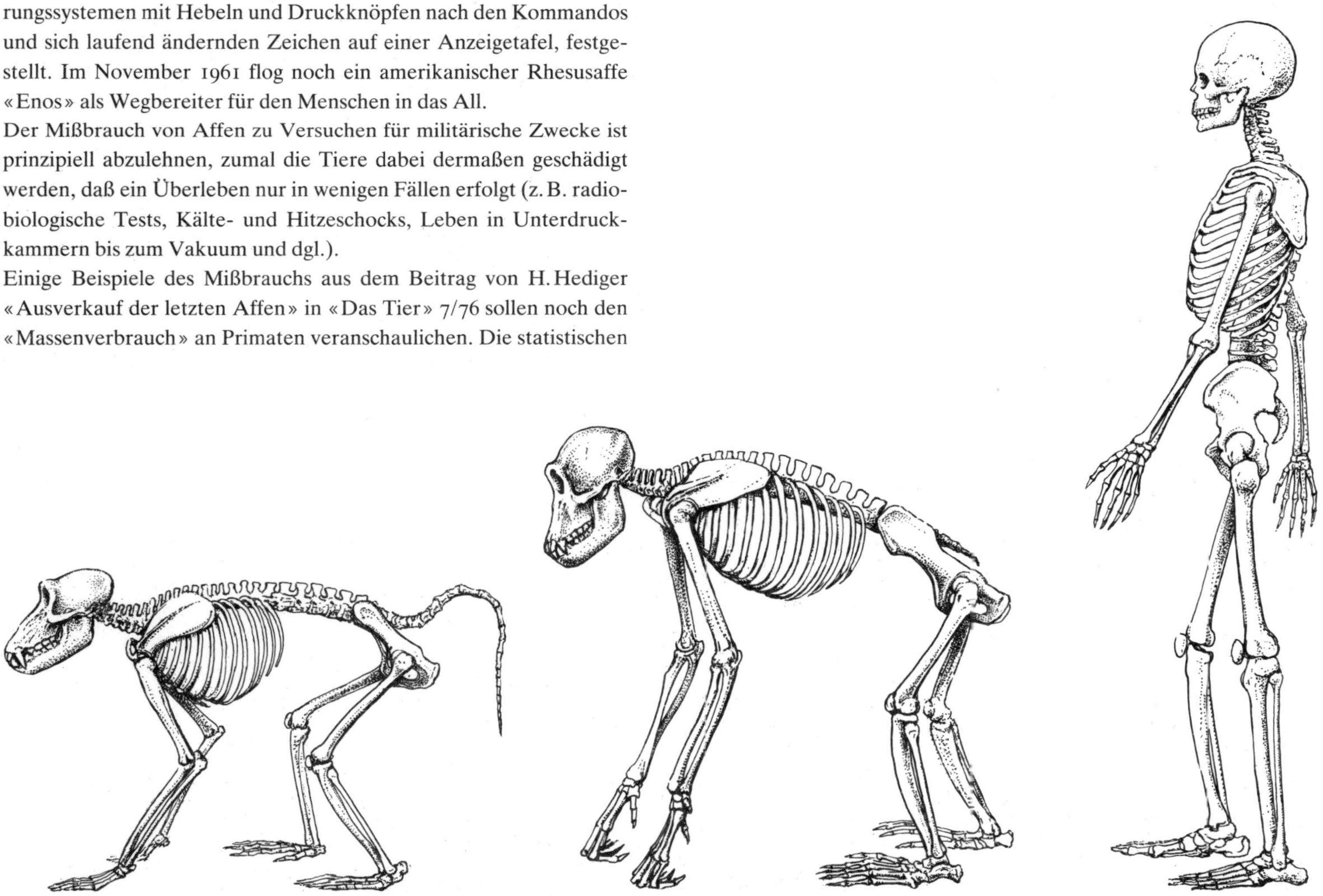

Pavian Schimpanse Mensch

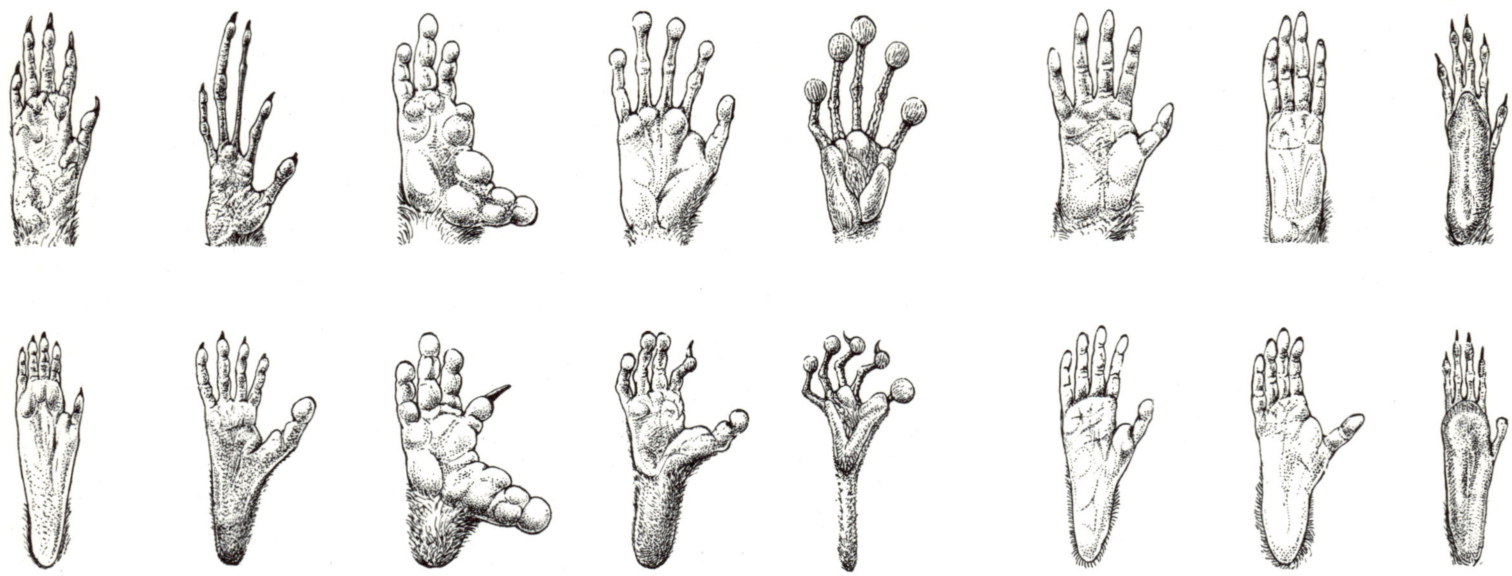

Spitzhörnchen Fingertier Potto Galago Koboldmaki Kapuziner Klammeraffe Löwenäffchen

Hände (obere Reihe) und Füße (untere Reihe) verschiedener Primaten, alle auf die gleiche Länge gebracht (nach Schultz)

Angaben weichen z.T. etwas voneinander ab. Im Jahre 1958 importierte allein ein Land 223000 Affen (W. Starck 1959). Das sind aber nur die amtlich registrierten Transporte. Über die Kanäle des Schwarzhandels gelangen ebenfalls viele Tausende Affen unerfaßt in die Bedarfsländer. Durch den oft recht mangelhaften Transport in sehr engen Behältnissen kommen zahlreiche Tiere um, bevor sie überhaupt den Empfänger erreicht haben, und in den nicht selten unzulänglichen Auffanglagern bzw. Depots gehen infolge Erschöpfung, schlechter hygienischer Verhältnisse und Parasitosen nochmals eine große Anzahl von Tieren zugrunde. Selbst das ist noch nicht alles.

Besonders bei größeren wehrhaften Arten, z.B. Menschenaffen und Pavianen, müssen die Eltern abgeschossen werden, um in den Besitz der gewünschten jüngeren Tiere zu gelangen. Schon 1969 rechneten die Behörden Perus mit 30 bis 50 Prozent Verlusten an Affen bei Fang, Eingewöhnung und Transport (B. Harrison 1976). Nach Feststellung des Pasteur-Instituts in Guinea kommen auf ein einwandfrei exportiertes Schimpansenkind mindestens vier bis sechs erlegte Mütter. Etwa gleiche Zahlen werden auch von J. van Lawick-Goodall für Ostafrika bestätigt. Um zum Zwecke der Leberforschung 125 Schimpansen, davon 100 Weibchen mindestens ein Jahr alt, aus Sierra Leone zu importieren, mußte etwa die doppelte Menge gefangen werden, da ja mit ca. 50 Prozent männlichen Kindern zu rechnen ist. Das bedeutet für dieses Vorhaben den Abschuß von wenigstens 750 Schimpansenmüttern! Allein im Jahre 1978 gingen in einem Forschungszentrum unter großen Qualen 1342 Javaneraffen – alles Wildfänge – zugrunde, um die tatsächliche Toxizität eines Pflanzengiftes zu ermitteln, das vorher schon an Hunden und Ratten geprüft worden war. W. Conway, der Generaldirektor der Zoologischen Gesellschaft New York, warnte schon vor Jahren vor den Folgen des unverantwortlichen Raubbaues am Affenbestand der Länder Südamerikas, Afrikas sowie Süd- und Südostasiens. Nach Conway (1966) war bereits 1966 ein Rückgang der Affenimporte der USA zu verzeichnen. Lieferschwierigkeiten, Begrenzung der Exportgenehmigungen sowie Preiserhöhungen waren die vorwiegenden Ursachen. Hauptausfuhrland für Rhesusaffen, besonders zur Herstellung von Impfstoff gegen die Kinderlähmung, war noch in den sechziger Jahren Indien. 1960/61 waren es jährlich rund 250000, 1963 nur noch 150000, 1964 lediglich noch 11000 Rhesus, wozu auch noch Hutaffen kamen. Bangladesh, ein sehr armes Land, bot später jährlich 3000 Rhesus an. Da Affen in aller Welt zur akuten «Mangelware» geworden waren – nicht nur allein für Laborzwecke –, griff man logischerweise, aber nicht unbedingt «biologischerweise», wie Prof. Starck treffend formulierte, zu anderen Arten. So führte ein ostafrikanischer Staat 1962 rund 25000 Meerkatzen und Ende der 60er Jahre allein 18000 Grüne Meerkatzen aus. Andere Länder schlossen sich mit geringeren Mengen an. Selbst die seltenen Eulenmeerkatzen mußten mit herhalten, und aus Südamerika kamen in erhöhtem Maße Totenkopfäffchen, und auch Schnurrbarttamarine. Mohrenmakaken, Schweins- und Javaneraffen aus Südostasien fanden zunehmend Interesse. Verständlicherweise versuchten seitdem die Hauptbedarfsländer die Zucht von Affen in eigenen Primatenstationen voranzutreiben. Die biologischen Voraussetzungen und Bedingungen sind besonders in klimatisch gemäßigten Ländern sehr aufwendig: erhebliche bauliche Investitionen, Heizung, Haltung, Pflege. Makaken und Meerkatzen werden erst mit fünf bis sechs Jahren fortpflanzungsfähig, und es wird jeweils nur ein Junges im Abstand von mindestens zwei Jahren geboren. Bei Menschenaffen ist dies noch schwieriger. Nach

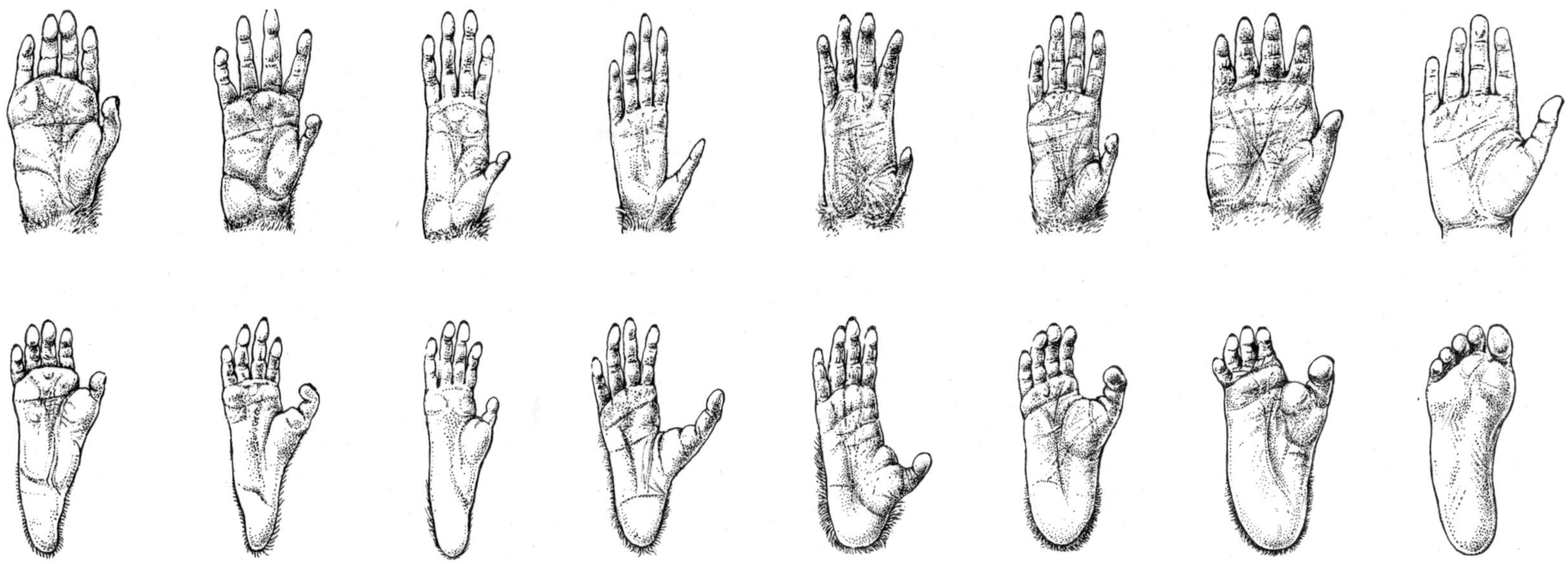

Pavian Meerkatze Hulman Gibbon Orang-Utan Schimpanse Gorilla Mensch

dem Bericht von H. Hediger (1976) wurden im Yerkes Primate Center von 1930 bis 1966 bei den Schimpansen 164 Geburten gezählt. Obwohl Indien z.T. auch aus religiösen Gründen den Export von Rhesusaffen besonders nach den USA wegen Mißbrauchs für militärische Zwecke gesperrt (1978) oder stark gedrosselt hatte, wurde das profitable Geschäft auch über Drittländer getätigt. 1976 wurde geplant, bei Bombay eine Zuchtfarm für Affen unter natürlichen Bedingungen zu errichten, um den Export wieder erhöhen zu können, ohne die empfindlich dezimierten Affenbestände im Land weiter belasten zu müssen. In einigen europäischen Städten sind während der letzten Jahre z.T. sehr umfangreiche Affenzuchtanlagen entstanden. Hier sollen jährlich mehrere hundert Affen, vorwiegend Rhesus, aufgezogen werden. Aus «rationellen» Gründen sind viele der Tiere in engsten Einzelkäfigen untergebracht. Maßlose Einengung oder gar Fixieren ist wohl mit das Schlimmste, was man solchen vitalen, stets bewegungsaktiven und gesellig lebenden Tieren antun kann. Die meisten Affen dieser Zuchten sind für die pharmazeutische Industrie bestimmt. Zuchtanlagen anderer Labors bieten wiederum günstigere Bedingungen für die reproduktive Haltung. In den letzten Jahren wurden von den bisher höchstverbrauchenden Ländern jährlich noch bis zu 20000 Affen importiert. Das sind noch etwa 8 Prozent der Anzahl von 1960. Hoffen wir, daß künftig der Bedarf an Affen für Laborzwecke auf das dringlichste reduziert wird und in absehbarer Zeit gänzlich darauf verzichtet werden kann. «Hüten wir uns, mit dem Leben von Primaten leichtfertig umzugehen. Wir sind die einzige Art dieser Ordnung, die etwas für das Überleben der anderen Arten tun kann. Schließlich haben wir uns selbst die Artbezeichnung Homo sapiens gegeben. Daran sollte man hin und wieder einmal denken.» (H.-E. Schneider 1979)

Aber auch noch auf andere Weise machen sich die Menschen den Affen dienstbar: Früher und auch heute noch, besonders in den südasiatischen Ländern, verdienen sich Schausteller und Bettler auf Märkten und belebten Straßen mit der Vorführung von dressierten Affen, meist Makaken, ihr Brot. Arger Mißbrauch wird von geschäftstüchtigen Fotografen mit über 200 jungen Schimpansen in den touristischen Schwerpunkten an Spaniens Küsten und auf Teneriffa betrieben, weil sich dort Urlauber gern mit einem kleinen Schimpansen auf dem Arm aufnehmen lassen.

Haltung von Affen

In den Tiergärten Ägyptens und Chinas schon v.u.Z. ebenso wie in dem von Montezuma in Mittelamerika im 15. Jh. wurden bereits Affen mit relativ gutem Erfolg gehalten. Diese Tiere gehörten jedoch dort zur Repräsentanz der Herrscher und privilegierten Kreise wie später auch in Europa. Erst nach der Französischen Revolution 1789 wurden der Jardin des Plantes, der erste zoologische Garten, in Paris, und im Jahre danach auch andere Gärten dem Volk zugänglich, wo es u.a. die sonderlichen menschenähnlichen Tiere aus den fernen, noch geheimnisumwitterten Tropen bewundern konnte. In Paris war es auch, wo die französischen Naturforscher G.L.L. Buffon (1707–1788) sowie J.B. Lamarck (1744–1829) und E. Geoffroy de Saint-Hilaire (1772–1844) ihre frühen umstrittenen Entwicklungstheorien der Öffentlichkeit vorstellten, wobei u.a. auch das Aye-aye, das Fingertier, eine Rolle spielte. Die Gründerzeit der neuzeitlichen zoologischen Gärten in Europa begann erst Mitte des 19. Jahrhunderts. Heute stellen alle modernen wissenschaftlich geleiteten Zoos vorrangig natur-

wissenschaftlich-biologische Bildungs- sowie wissenschaftliche Forschungsstätten dar. Die Affensammlungen finden dabei wohl das meiste Interesse. Sie geben einen Überblick über die Vielfalt der Primaten, ermöglichen Vergleiche zum Menschen, ökologische sowie ethologische Feststellungen und Beobachtungen.
Die Haltung und Pflege der Affen in zoologischen Gärten erfolgt nach dem heutigen biologischen Wissensstand. Die Menschenaffen werden z.B. in großen Gruppenräumen von 100 bis 140 m^2 Bodenfläche hinter Panzerglas mit Abschirm- und Trennmöglichkeiten in eigens dafür errichteten Stationen mit abwechslungsreichen Innenausstattungen gehalten. Ebenso gibt es auch Doppel- bzw. Wechselräume mit austauschbarer Einrichtung im Baukastensystem, damit zeitweilig ein Umweltwechsel vorgenommen werden kann. Fernsehprogramme mit beweglichen Bildern sind mit mehr oder weniger Erfolg geeignet, Bewegungsstereotypien und anomale Beschäftigungen mit sich selbst abzumindern. Biologisch vollwertige Nahrung und spezifisches Raumklima tragen zur Gesunderhaltung und langer Lebensdauer bei. Ebenso entsprechen geräumige lichte Primatenhäuser zur Unterbringung der Affen den modernen tiergartenbiologischen Anforderungen. Noch vor 40/50 Jahren waren Tuberkulose, Parasiten und Magen-Darmerkrankungen die häufigste Todesursache bei Primaten im Zoo. Weiträumige Gibbon-Inseln erlauben diesen sehr bewegungsaktiven Akrobaten ihre Schwing-, Hangel- und Sprungkünste vor dem Publikum voll zu entfalten. Auch Klammeraffen können so biotopgerecht gehalten werden. In der Gruppenhaltung von Pavianen auf Pavianfelsen läßt sich das ausgeprägte Sozialverhalten dieser geselligen Tiere beeindruckend beobachten. Ebenso sind für Makaken derartige große Freianlagen gut geeignet, Magots hält man mancherorts in einem «Affenwald», einem größeren mit hohem Elektrozaun umgebenen Wald- und Wiesengelände, durch das ein Besucherrundweg führt. Die Menschen stehen dort den Affen ohne trennendes Gitter unmittelbar gegenüber. Selbst die nur eichhörnchengroßen Krallenäffchen benötigen sehr geräumige Behältnisse, wenn sie lange ausdauern und auch gezüchtet werden sollen. Moderne und erfolgreiche Menschenaffenhaltungen gibt es u.a. in Basel, Frankfurt (Main), Stuttgart, Atlanta, Cincinnati, Chicago (Lincoln Park), Colorado, Memphis, Philadelphia (USA), Dresden, Berlin. H. Hediger (1977) faßt die wünschenswerte Haltung von Primaten und anderen Tieren im Zoo wie folgt zusammen: «Biotopgerechte Unterbringung der Tiere in möglichst natürlichen Territorien und sozialen Gruppen bei möglichst natürlicher Ernährung. . . Ferner eine Beschränkung der Artenzahl auf Kosten von einzeln gehaltenen Individuen zugunsten von Zuchtgruppen namentlich der gefährdeten Arten und das alles gleichzeitig in einer dem Menschen als Erholungsraum dienenden Landschaft. Der optimalen volkstümlichen Belehrung und der wissenschaftlichen Forschung sind großzügige Möglichkeiten einzuräumen – unter gebührender Schonung der Tiere.»

Schutz tut not

Affen sind im allgemeinen keine begehrten Trophäen. Allerdings fielen früher Großwildjägern, z.T. auch aus mangelnder Kenntnis, Menschenaffen zum Opfer. Den farbig schön gezeichneten Affen, z.B. den Guerezas, wird heute noch, wenn auch wesentlich eingeschränkt, nachgestellt. In manchen Gebieten wandern Affen nicht selten in den Kochtopf. Dort, wo diese Tiere in größerer Anzahl als Schädlinge in Plantagen auftreten, werden sie abgeschossen. Einen empfindlichen Tribut, speziell an Makaken, Meerkatzen, Kapuzinern, Krallenäffchen, fordern die jährlich sehr hohen «Entnahmen» aus der Natur für Laborzwecke, speziell für die pharmazeutische Industrie. Die Belieferung mit Affen für Zoos und als Heimtiere durch Tierhändler macht im Verhältnis zum «Gesamtverbrauch» nur einen kleinen Teil aus. Bei allen dringend notwendigen Einschränkungen sollte vor allem auch den Verlusten bei Fang und Transport mehr Aufmerksamkeit geschenkt und wirksamere Kontrollen durchgeführt werden. Der heute fast ausschließlich per Luftfracht vorgenommene Transport der Affen bringt die Tiere vom entlegensten Winkel der Erde in maximal zwei bis drei Tagen an das Ziel. Jedoch die relativ hohen Frachtgebühren führen aus Kosteneinsparung zu sehr kleinen engen Transportbehältern, in denen die Tiere nicht selten zu Schaden kommen. Auf großen Flughäfen mit viel Frachtumschlag gibt es daher Tierbetreuungsstationen, die zwischenzeitlich vor allem Wasser verabreichen.
In den letzten Jahren sind in einer ganzen Reihe von Ländern neue Tierreservate, in denen auch Affen leben, eingerichtet worden, z.B. in Sierra Leone (Schimpansen), Gambia, Ghana. Wir wissen, welche große Bedeutung Forschungsstationen in Schutzgebieten haben. Das gleiche trifft für die Stationen zur Wiedereinbürgerung von gefangenen Orang-Utans auf Sumatra und für Schimpansen in Afrika zu. Bisher hat sich fast ausnahmslos bestätigt, daß sich zurückgegangene Affenbestände in unter Naturschutz gestellten Gebieten wieder gut erholten, wenn die ursprüngliche Umwelt nicht zerstört wurde. Durch die großflächige Vernichtung von Anbau- und Waldflächen durch Herbizide in Vietnam wurden auch die Affenpopulationen stark dezimiert. Ähnlich verhält es sich in Uganda, wo besonders in den Jahren 1979/80 während der militärischen Auseinandersetzungen in den Wildschutzgebieten und den drei großen Nationalparks von Ruwenzori, Kabalega und Kidepo empfindlicher Schaden durch wildernde Soldaten angerichtet wurde. Die tansanische Regierung hat 1980 festgelegt, den Arusha-Nationalpark zu vergrößern. Neu entstehen soll der Mahali-Nationalpark im Südosten des Tanganjika-Sees. Schon mehrere Jahre dort arbeitende Forscher schätzen die Anzahl der in den Mahalibergen lebenden Schimpansen auf 2000. Ebenso soll südlich des Viktoriasees der Burugi-Nationalpark mit 3400 km^2 neu eingerichtet werden. Vor allem Meerkatzen und Stummelaffen sind hier beheimatet.
In Japan haben mißgebildete Affen den Umweltschutz während der letzten Jahre in Alarmstimmung versetzt. In 22 von 61 untersuchten

Affenherden wurde das gehäufte Vorkommen von verkürzten und krummen oder gar fehlenden Gliedmaßen sowie starke Schädigungen der inneren Organe festgestellt. Besonders gravierend waren die Folgen bei einer halbzahmen Makakenherde auf Awaji, die vorwiegend von Menschen gefüttert wurde. Ursache der Mißbildungen waren landwirtschaftliche Chemikalien, z. B. Konservierungsmittel für Äpfel und Zitrusfrüchte, die in dem Affenfutter enthalten waren. Eine besorgniserregende Bedrohung der Affenbestände in allen ihren Verbreitungsgebieten besteht durch die zunehmende Erschließung ihres natürlichen Lebensraumes. Selbst die Serengeti mußte vor Jahren wegen der dort meist extensiv betriebenen Viehhaltung Gebietsopfer bringen. Das unzureichende, etwa nur 22 km^2 umfassende Schutzgebiet für Wanderus im südwestlichen Indien – der Gesamtbestand wird nur noch auf 825 (!) Tiere geschätzt – hat aus dem gleichen Grund noch nicht die dringendst notwendige Erweiterung erfahren.

Nicht mangelnder Bedarf ist die Ursache für den starken Rückgang des Exports von Meerkatzen aus Kenia, sondern die Vernachlässigung des Naturschutzes während der letzen 10 Jahre.

Der Bestand der Halbaffen Madagaskars ist weiterhin hohen Belastungen ausgesetzt. Nach F. Steiner (1973) sind auf der 587000 km^2 großen Insel nur noch 50000 km^2 der ursprünglichen Vegetation erhalten geblieben. Lediglich knapp 10 Prozent sind der Rest der vormaligen Primärvegetation, und reichlich 80 Prozent nehmen nunmehr unfruchtbare Grasflächen als Sekundärvegetation ein, die kaum oder höchstens teilweise dem natürlichen Biotop der Halbaffen entsprechen. Madagaskar ist ein Paradebeispiel für die hemmungslose Vernichtung natürlichen Tropenwaldes. Der Bedarf an tropischen Hölzern ist in vielen Ländern in den letzten Jahren angestiegen. Beängstigende Ausmaße hat der industriell betriebene Holzeinschlag besonders in den Regenwäldern Afrikas, Süd- und Südostasiens sowie Südamerikas angenommen. Das sind die Gebiete, in denen die weitaus meisten Affenarten beheimatet sind. Die ursprünglichen Schätzungen der FAO, der Internationalen Ernährungsorganisation, wonach man jährlich mit etwa 6 Millionen ha Verlust an Regenwald rechnen müsse, sind 1981 von der Akademie der Wissenschaften der USA durch Auswertung von Satellitenfotos widerlegt worden: Jedes Jahr werden es ca. 20 Millionen ha sein! Mit diesem alarmierenden Raubbau würde – geschähe nichts dagegen – in ungefähr 45 Jahren der letzte tropische Urwaldriese fallen! Nach Feststellungen der UNO-Wirtschaftskommission für Lateinamerika wird die Krise 1995 das Ausmaß einer ökologischen Tragödie erreicht haben.

In dem bereits erwähnten großen Gunung-Leuser-Reservat in Indonesien im nördlichen Sumatra können etwa 2000 Orang-Utans eine ungestörte Waldheimat erhalten. Ein 550 km^2 großes Schutzgebiet auf Siberut, einer der Mentawai-Inseln, soll die vier nur dort vorkommenden Affenarten, Kloßgibbon oder Zwergsiamang, den Mentawi-Langur, den Pageh-Schweinsaffen und die Pageh-Stumpfnase, vor dem Aussterben bewahren. In Erkenntnis der Gefahr für die Tierwelt hat die Regierung in Kuala Lumpur beschlossen, für jeden Einzelstaat in Malaysia Nationalparks einzurichten, die auch der Erhaltung vieler Affenarten zugute kommen. Bemühungen zum Artenschutz existieren bereits seit vielen Jahren. Natürlich gibt es auch schon lange in einer Reihe von Ländern, vorwiegend in Europa, spezifische Naturschutzgesetze auf nationaler oder regionaler Ebene, die sich nur mit der einheimischen Tierwelt befassen, doch kaum oder nur in wenigen Fällen mit Affen. Die erste kontinentale Übereinkunft, in die auch Affen einbezogen wurden (Gorilla, alle Primaten Madagaskars), war die 1936 in Kraft getretene International London Convention for the Protection of African Flora and Fauna. Sie wird heute von den meisten Nationalstaaten dieses Kontinents, wenn auch mit Veränderungen, im wesentlichen eingehalten. Nach 1945 kam dann die International Union for Conservation of Nature and Natural Resources (IUCN = Internationale Union zur Erhaltung der Natur und der natürlichen Hilfsquellen) mit ihrem Sitz in Glaudes (Schweiz) zustande. Um wirksame Erhaltungsmaßnahmen einzuleiten, wurde alles erreichbare Informationsmaterial über die rezenten Tierbestände (Survival Service Commission) zusammengetragen. Der 1966 veröffentlichte Säugetierbestand enthielt 277 seltene und gefährdete Arten oder Unterarten. Etwa 70 davon waren auf roten Blättern verzeichnet, aus denen dann das «Red Data Book» hervorgegangen ist, in dem vorrangig die vom Aussterben bedrohten Tierarten und -unterarten erfaßt sind, darunter auch zahlreiche Affenarten. Der weltweite Tierschutz fand besonders während der letzten 25 Jahre ein breiteres Fundament. So befassen sich der World Wildlife Fund (WWF) mit Sitz in Glaudes, International Society for the Protection of Animals (ISPA), London, Fédération Mondiale pour la Protection des Animaux (FMPA), Anvers, American Committee for International Wild Life Protection, New York, UNESCO, Paris, FAO, Rom, der Internationale Verband für Primatenschutz, Berkeley (USA), u.a. mit dieser wichtigen Aufgabe. Von den auf regionaler Ebene operierenden Organisationen ist vor allem die Zoologische Gesellschaft von 1858 Frankfurt (Main) mit ihrer Aktion «Hilfe für die bedrohte Tierwelt» zu nennen, die ebenso wie der WWF schon viele Aktivitäten finanziert hat, z.B. die Rückführung von geschmuggelten Schimpansen nach Afrika.

Es ist Aufgabe und Ehrenpflicht, die Zoos neben den Schutzgebieten zu Refugien und erfolgreichen Nachzuchtstätten auch für alle gefährdeten Primaten zu machen. Gute und optimistisch stimmende Erfolgsbeispiele gibt es bereits bei Makaken, auch Wanderus, Husarenaffen wie auch anderen Meerkatzen, Mandrills, Pavianen, Guerezas, Kapuzinern, Totenkopfäffchen, Kattas, Mongozmakis ebenso wie bei Weißhandgibbons, Schimpansen, Orang-Utans sowie vereinzelt bei Gorillas. Beispielsweise konnte nach Basel, wo Gorillas bereits in zweiter Zoogeneration gezüchtet wurden, 1980 auch Frankfurt (Main) die 10. Gorillageburt – bisher alles Handaufzuchten – melden. Zudem brachte im gleichen Jahr das Bonobo-Weibchen «Margit» ihr 5. Kind (!) zur Welt. Wegen seiner erstaunlichen Erfolge in der Haltung und Zucht von Halbaffen, Neuwelt- und Schlankaffen ist der Kölner Zoo weltbekannt geworden. Weitere solche positiven Beispiele könnten noch hinzugefügt werden. Sie sind geeignet, zunächst den Zoobedarf an Affen weitgehend in eigener «Produktion» selbst zu decken und später Tiere an Schutzgebiete in ihrer Heimat zurückzugeben. Der Internationale Verband der Direktoren von Zoologischen Gärten

(IUDZG) unterstützt sehr aktiv die intensiven Schutzbemühungen. Beispielsweise werden keine illegalen Wildfänge der Ursprungsländer erworben. Der Reiz und die hohen Profite des illegalen Handels werden dadurch empfindlich eingeschränkt. Eine große Errungenschaft und von sehr hohem Wert sind die internationalen Zuchtbücher für die vom Aussterben bedrohten Tierarten. Die jährlichen Bilanzen vermitteln einen exakten Überblick über das Zuchtgeschehen und den jeweiligen Bestand. Zuchtbücher werden geführt im National Zoological Park Washington für das Goldgelbe Löwenäffchen; in San Diego State University, San Diego, für den Kleideraffen; in Woodland Park Zoo für den Wanderu; in der Zoological Society of San Diego für den Orang-Utan; im Zoologischen Garten Frankfurt (Main) für den Gorilla; im Antwerp Zoo, Antwerpen, für den Bonobo.

In dem jährlich erscheinenden höchst informativen «International Zoo Yearbook» (London) sind jeweils die Zahlen der seltenen Tiere in Obhut der Menschen und ihre Nachzucht in Menschenhand verzeichnet. Ein sehr wirksamer und auch entscheidender Schritt zum Schutz der gefährdeten Tier- und Pflanzenarten wurde mit der Washingtoner Convention, dem Übereinkommen vom 3. März 1973 über den internationalen Handel mit gefährdeten Arten freilebender Tiere und Pflanzen, dem bis 1981 62 Länder beigetreten sind, getan.

Die bedrohten Arten sind in drei Anhängen aufgeführt:

Anhang I enthält alle von der Ausrottung unmittelbar gefährdeten Arten. Exemplare dieser Arten sind daher einer besonders strengen Regelung unterworfen. Nur in wenigen Ausnahmefällen dürfen Fang und Verkauf zugelassen werden.

Anhang II enthält alle Arten, die von der Ausrottung bedroht werden können, wenn der Handel mit Exemplaren dieser Arten nicht einer strengen Regelung unterworfen wird, und Arten, die im Handel bereits unter Kontrolle gebracht werden können.

Anhang III beinhaltet Arten, die in ihrem Verbreitungsgebiet einer besonderen Regelung unterliegen, um die Ausbeutung zu verhindern oder zu beschränken, und bei denen die Mitarbeit anderer Vertragsparteien bei der Kontrolle des Handels erforderlich ist.

Alle Halbaffen- und Affenarten gehören je nach Grad der Gefährdung dem Anhang I oder II an. Ergeben sich im Laufe der Zeit Veränderungen im Bestand von positiver oder negativer Tendenz, so können die betreffenden Arten von dem einen in den anderen Anhang umgesetzt werden. Dem Anhang I sind folgende Arten bzw. Formen zugeordnet (Stand 6.6.1981):

Ungefähre Übersicht über die Verbreitung der Affen und Halbaffen in der Gegenwart

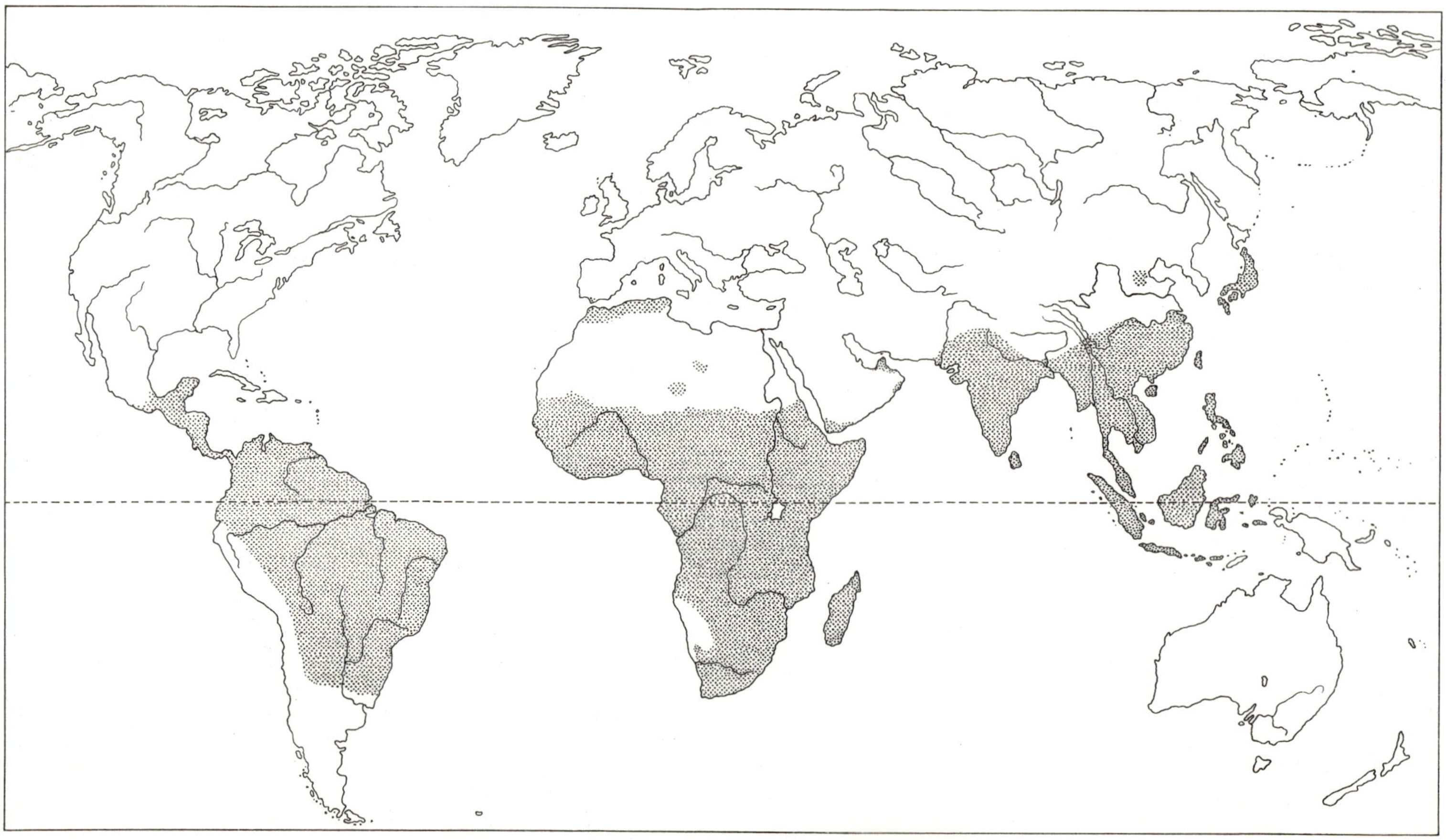

Familie Lemuren: Alle Arten.
Familie Indriartige: Alle Arten.
Familie Fingertiere: Die einzige Art der Familie.
Familie Springtamarins: Die einzige Art der Familie.
Familie Krallenaffen: Weißohrseidenäffchen, Gelbkopfbüscheläffchen, Zwergseidenäffchen, Goldgelbes Löwenäffchen, Goldkopflöwenäffchen, Rotsteißlöwenäffchen, Manteläffchen, Weißfußäffchen, Lisztäffchen, Panamaperückenäffchen.
Familie Kapuzinerartige: Roter Uakari, Scharlachgesicht, Schwarzkopfuakari, Schwarzer Uakari, Weißnasensaki, Gelbes Totenkopfäffchen, Mantelbrüllaffe, Spinnenaffe, Geoffroy-Klammeraffe, Panamaklammeraffe.
Familie Meerkatzenartige: Tana-Haubenmangabe, Wanderu, Dianameerkatze, Drill, Mandrill.
Familie Schlankaffen: Hulman, Schopflangur, Gee's Langur, Mentawilangur, Kleideraffe, Pagehstumpfnasenaffe, Nasenaffe, Rotkopfstummelaffe, Sansibarstummelaffe.
Familie Gibbons: Alle Arten.
Menschenaffen: Alle Arten.

Das Zustandekommen und der Beitritt zu diesem Abkommen ist der erste Schritt, seine lückenlose Durchsetzung und wirksame Kontrolle aber die entscheidende Phase. Leider gibt es immer noch Faktoren, die den internationalen Schmuggel mit Tieren und den Handel mit Fellen, Häuten und anderen Körperteilen geschützter Tiere erleichtern. Noch heute werden z.B. in Sierra Leone Schimpansen in größerer Anzahl gefangen und unkontrolliert außer Landes gebracht. Abnehmer finden sich immer noch genügend. Immer häufiger gelangen solche illegal eingeführten Tiere nach der Beschlagnahme zurück nach Afrika in Wiedereinbürgerungsstationen. In den meisten Fanggebieten ist der Artenschutz zwar eine staatliche Prestigepflicht, aber noch kein von tieferer Einsicht geprägtes Anliegen. Dadurch werden den Zoll- und Überwachungsbehörden in Europa ihre Aufgaben erschwert. Auch heute noch werden z. B. Gorillas für 70000 Mark pro Tier, Bonobos für 12000 Mark, Schimpansen für 5000 Mark von Geschäftemachern angeboten.

Die Internationale Gesellschaft für Primatologie, die sich ebenfalls im hohen Maße für den Schutz der Affen einsetzt, fand sich 1979 in Bengalur (Indien) zu ihrem 7. Kongreß zusammen. Nach der letzten Bestandsaufnahme der Arten ist bereits die Hälfte der rund 180 Primatenarten vom Aussterben bedroht. Um dem entgegenzuwirken, wurden u.a. größere Anstrengungen zum Studium ihrer Lebensbedingungen gefordert. Gerade wegen der Notwendigkeit, auch für medizinische Zwecke noch Affen zur Verfügung zu haben, ist ihr Schutz von allgemeinem Interesse. Dieser Schutz – so M. Kavanagh und D. Chivers (1979) – stellt die Umweltfachleute vor fast unlösbare Probleme, solange es nicht gelingt, größere tropische Waldgebiete unter absoluten Naturschutz zu stellen. So gibt es z.B. in Bangladesh nur noch drei größere geschlossene Wälder, von denen keiner geschützt ist. Die dort früher so häufigen Hulmanaffen und andere Languren dürften bereits ausgestorben sein, zumal sie hier nicht wie in Indien unter religiösem Schutz stehen. Besser war es zumindest bisher noch in den immergrünen Regenwäldern Malaysias, wo eine ganze Reihe von Gibbons, Makaken, Languren und Halbaffen ein relativ günstiges Lebensgebiet fanden bzw. finden. Trotz drohender Abholzung – das Land ist etwa zur Hälfte mit Wald bedeckt – hofft man, die Waldreserven auf 45 Prozent des Territoriums im Wissen um die katastrophalen Folgen einer hemmungslosen Ausbeutung ihres unwiederbringlichen Naturschatzes erhalten zu können. Es gibt dort, wie bereits angedeutet, ein organisiertes System von Wildhege und Nationalparks sowie das nötige Forschungs- und Schutzpersonal. Der wirksame Artenschutz darf nicht allein nur einzelnen Organisationen, internationalen Verträgen und regionalen Gesetzen überlassen bleiben, sondern muß zur echten Sache der Bevölkerung werden. Dem Menschen allein obliegt die Pflicht, sich seiner hohen Verantwortung gegenüber der Natur, dem Leben bewußt zu werden und es zu schützen und zu bewahren.

Beschreibung der Familien, Gattungen und Arten

Herrentiere (Ordnung Primates)

Halbaffen (Unterordnung Prosimiae)

Zu Beginn des Paleozäns, vor etwa 60 Millionen Jahren, erschienen die Primaten als eigene Säugetiergruppe. Der älteste bekannte Primat *Plesiadapis* wurde in Europa und Nordamerika gefunden.

Die Primaten des Paleozäns waren kleine, kurzbeinige Tiere mit langem Schwanz und langer Schnauze, die auf einen gut entwickelten Geruchssinn hinweist. Das Sehvermögen war wenig ausgeprägt, da die kleinen Augen sich noch seitlich befanden. An allen Fingern und Zehen befanden sich Krallen. Diese spitzhörnchenähnlichen Tiere lebten ausschließlich auf Bäumen. Die Anpassung an das Baumleben ist überhaupt das gemeinsame Merkmal aller lebenden und ausgestorbenen Primaten.

Durch Fossilfunde und Untersuchungen rezenter Formen wissen wir, daß sich die Halbaffen im Verlauf von vielen Millionen Jahren aus den Insektenfressern entwickelt haben. Deshalb läßt auch die moderne Säugetiersystematik die Herrentiere unmittelbar auf die Insektenfresser folgen. Der Begriff «Halbaffe» macht die Stellung des Prosimiers unter den Primaten deutlich, da er in seiner Entwicklung zwischen Insektivoren und Affen steht.

Die vielgestaltigen Prosimier werden in vier Teilordnungen mit sieben Familien gegliedert: Spitzhörnchen, Lemuren, Indris, Fingertiere, Loris, Galagos und Koboldmakis. Manche Arten stehen den Insektenfressern recht nahe, andere sind sehr affenähnlich. Im Gegensatz zu den stark geruchsabhängigen Insektenfressern sind die Halbaffen vorwiegend Augentiere. Die Nasen springen bei ihnen weniger vor als bei den Insektivoren. Ein fast allgemeines Kennzeichen der Halbaffen ist das Rhinarium. Die Nasenlöcher sind von haarloser, drüsiger und feuchter Haut umgeben. Ein solches Rhinarium gibt es bei vielen Säugetieren, es ist aber bei den Koboldmakis und allen Affen verschwunden. Im Gehirn ist das Sehzentrum größer als das Geruchszentrum ausgebildet. Die Augen sind mehr nach vorn gerichtet, so daß sich die Gesichtsfelder überschneiden und ein räumliches Sehen ermöglichen. Für einen baumbewohnenden Primaten ist es lebensnotwendig, beim Springen und Klettern Entfernungen genau zu schätzen. Die Zahnformel lautet, mit Ausnahme der Spitzhörnchen und abgesehen von einigen Abweichungen, $\frac{2 \cdot 1 \cdot 3 \cdot 3}{2 \cdot 1 \cdot 3 \cdot 3}$. Die Halbaffen haben eine dichte Behaarung und meist einen langen Schwanz, der nicht zum Greifen geeignet ist. Die langen, schlanken Finger und Zehen der Prosimier sind bis auf die zweite Zehe mit Nägeln versehen. Während andere baumbewohnende Säugetiere ihre Krallen in die Äste pressen, klammern sich die Halbaffen mit Fingern und Zehen daran fest. Hände und Füße sind durch weiche und breite Fingerbeeren affenartig gestaltet. Frei bewegliche Daumen und große Zehen ermöglichen einen Klammergriff, wodurch die Gefahr des Abstürzens vermindert wird.

Die Augen der Halbaffen sind auffallend groß, vor allem bei den nächtlich lebenden Arten. Der Gehörsinn ist hochentwickelt. Oft sind auffällig große Ohrmuscheln vorhanden. Bei vorwiegend springenden Formen sind Fußwurzelknochen, Fersenbein und Kahnbein verlängert. Die noch primitive Form des zweihörnigen Uterus ist typisch für die Halbaffen. Es gibt meist bestimmte Fortpflanzungszeiten. Die ein bis drei Jungen werden entweder im Nest abgelegt oder von der Mutter am Bauch mitgetragen.

Die Halbaffen breiteten sich als Baumbewohner über Nord- und Südamerika, Europa und Afrika bis nach Asien aus. Bisher wurden in allen Teilen der Welt mehr als 60 ausgestorbene Halbaffenarten gefunden. Die Mehrzahl der fossilen Reste gehört zu der Gruppe der *Lemuriformes* und *Tarsiiformes*.
Langsam verloren die Halbaffen ihre Vorherrschaft an die Affen. Man findet nur noch in Afrika und Asien einige Arten, die aufgrund ihrer nächtlichen Lebensweise nicht mit den tagaktiven echten Affen zu konkurrieren brauchen. Eine Halbaffengruppe fand in Madagaskar ein Refugium, in dem sich mehrere Familien entwickeln konnten, ohne daß sie durch Affen oder Raubtiere bedroht wurden.

Spitzhörnchenartige (Teilordnung Tupaiiformes)

Spitzhörnchen (Familie Tupaiidae)

Auf den ersten Blick hält man die Spitzhörnchen wegen ihres ursprünglichen und einfachen Körperbaus eher für hörnchenähnliche Insektenfresser. Deshalb wurden diese Tiere des tropischen Südostasiens und der umliegenden Inseln früher auch der Ordnung der Insektivoren zugerechnet. Nach Untersuchungen durch Le Gros Clark und H. Sprankel stellt man die Spitzhörnchen auf Grund ihrer knöchernen Augenringe, der elastischen, z.T. knorpeligen Unterzunge, einiger Eigentümlichkeiten im Bau der Fortpflanzungsorgane, der Muskeln und des Schädels an die Wurzel des Primatenstammbaumes und betrachtet sie als Bindeglied zwischen den Insektenfressern und den Primaten. Diese Einordnung ist auch heute noch umstritten. Manche Wissenschaftler wollen diese altertümliche Tiergruppe unter Hinweis auf Fortpflanzung und Embryonalentwicklung wieder von den Primaten trennen.
Tupaia entstammt dem malaiischen Wort «Tupai», mit dem in ihrer tropischen Heimat alle eichhornähnlichen Tiere bezeichnet werden. Die kleinen, 10 bis 23 cm langen, sehr beweglichen Baumbewohner besitzen einen schlanken Körper und langgestreckte Schnauzen. Sie haben nackte Ohren und einen langen, buschigen Schwanz. Ihr Fell ist dicht, kurz und weich. Die kleinen Hände und die langen Füße tragen fünf mit Krallen besetzte Finger und Zehen. Der Daumen kann den anderen Fingern nicht gegenübergestellt werden, er ist also zum wirkungsvollen Greifen noch unfähig. Die Nahrung der Tupaias umfaßt außer Insekten auch Früchte, Blätter, Vögel, Eier und sogar kleine Nagetiere.
Zwei Unterfamilien mit sechs Gattungen, 47 Arten und etwa 100 Unterarten werden innerhalb dieser Familie unterschieden.

Buschschwanztupaias (Unterfamilie Tupaiinae)

Tupaias (Gattung *Tupaia*)

Gewöhnliches Spitzhörnchen *(Tupaia glis)*. Von den 14 Arten ist diese die bekannteste und am besten erforschte Art. Körperoberseite dunkel mit unregelmäßigen grauen, braunen oder schwarzen Flecken, die

Verschiedene Bewegungsphasen beim Spitzhörnchen (*Tupaia* spec.) (nach Jenkins)

Körperunterseite weiß oder beige gefärbt. Die Kopf-Rumpf-Länge beträgt 14 bis 23 cm, der buschig behaarte Schwanz ist körperlang. Die Hinterbeine sind etwas länger als die Vorderbeine. Das Gewicht beträgt ca. 170 Gramm. Das Verbreitungsgebiet umfaßt Hinterindien und Südchina.

Die einzeln oder paarweise lebenden Spitzhörnchen sind tagaktiv. Ihre Hauptnahrung besteht aus Insekten und anderen Wirbellosen. Zusätzlich werden Eier, Früchte und Blätter genommen. Nach einer Tragzeit von 41 bis 50 Tagen werden ein bis vier (durchschnittlich zwei) Jungtiere geboren. Sie kommen in einer Baumhöhle zur Welt, die vorher mit Laub ausgepolstert wurde. Sie werden nackt und blind geboren und haben bei einer Kopf-Rumpf-Länge von 6 cm ein Geburtsgewicht von 11 bis 15 Gramm. Die jungen Spitzhörnchen werden nach Sprankel nur zwei- bis dreimal täglich, nach Martin sogar nur alle 48 Stunden gesäugt. Am 15. Tag öffnen sich die Augen, am 20. Lebenstag nehmen sie bereits festes Futter zu sich. Im Alter von drei Monaten sind sie ausgewachsen, mit vier Monaten geschlechtsreif.

Die geruchliche Orientierung spielt bei diesen Halbaffen eine große Rolle. Die Männchen markieren ihr Revier häufig mit dem Drüsenfeld ihres Vorderkörpers, das eine ölige, stark riechende, klebrige Masse absondert. Weiterhin markieren sie, indem sie immer wieder tropfenweise Urin absetzen. Es kommt auch vor, daß die Tiere, wie die Galagos, die Hand- und Fußflächen mit Urin benetzen. Akustisch verständigen sich die Spitzhörnchen mit einer Vielzahl von Lauten. In Europa wurden Spitzenhörnchen zuerst im Kölner Zoo und im Frankfurter Max-Planck-Institut für Hirnforschung gezüchtet. Besondere Erfolge verbuchten die zoologischen Gärten von Dresden und Leipzig, denen sogar die künstliche Aufzucht von Tupaias gelang.

Weitere Arten der Gattung Tupaia, die in Südostasien leben, sind: **Günthers Spitzhörnchen** *(Tupaia minor)* auf Sumatra; **Gebirgsspitzhörnchen** *(Tupaia montana)*, Kalimantan; **Nicobar Spitzhörnchen** *(Tupaia nicobarica)* und **Javaspitzhörnchen** *(Tupaia javanica)*.

Malaiische Tupaias (Gattung *Tana*)

Tana *(Tana tana)*. Dieses Spitzhörnchen lebt als Waldbewohner mehr auf dem Boden als in den Bäumen. Es ernährt sich in der Hauptsache von Würmern, Insekten und einigen Früchten. Das 16 bis 24 cm lange Tier hat einen körperlangen Schwanz und ein Gewicht von 160 bis 260 Gramm. Auffallend ist in dem dunkelrot-braunen Fell der schwarze Strich über dem Rücken. Das weibliche Spitzhörnchen hat zwei Paar Zitzen. Nach einer Tragzeit von 44 Tagen werden die 9 bis 11 Gramm schweren Jungtiere geboren. Beheimatet ist diese Art auf Kalimantan, Sumatra und den angrenzenden Inseln.

Indische Tupaias (Gattung *Anathana*)

Elliots Tupaia *(Anathana ellioti)*. Die einzige Art ist tagaktiv und in Vorderindien beheimatet, wo sie tropischen Regenwald bewohnt.

Philippinentupaias (Gattung *Urogale*)

Everetts Spitzhörnchen *(Urogale everetti)*. Die einzige Art dieser Gattung lebt in dichten Wäldern auf den Philippinen. Dieses tagaktive Spitzhörnchen zeichnet sich äußerlich durch auffallende Größe, lange Schnauze und einen kurzbehaarten Schwanz aus. Als Nahrung dienen Insekten, kleine Eidechsen, Vogeleier und Frösche.

Bergtupaias (Gattung *Dendrogale*)

Auffallend ist bei den kleinen Bergtupaias die eng anliegende Schwanzbehaarung. Das Gesicht weist mehr oder minder auffällige Zeichnungsmuster auf, der Schulterstreifen fehlt. Die tagaktive Gattung *Dendrogale* bewohnt einige Areale in Südchina und auf Kalimantan. Wir unterscheiden hier die beiden Arten *Dendrogale murina* und *Dendrogale melanura*.

Federschwanztupaias (Unterfamilie Ptilocercinae)

Federschwanztupaias (Gattung *Ptilocercus*)

Federschwanz- oder **Fahnenschwanz-Spitzhörnchen** *(Ptilocercus lowii)*. Die einzige bekannte Art lebt in den Bäumen der südostasiatischen Urwälder. Auffallend ist der dunkle Streifen seitlich der Schnauze. Große Augen und ziemlich große bewegliche Ohren lassen auf Nacht- oder Dämmerungsaktivität schließen. Charakteristisch ist der nackte, beschuppte, mit einem Haarbusch versehene Schwanz, der beim gewandten Klettern in den Bäumen als Balancierorgan dient. Auf dem Boden bewegt sich der Federschwanz springend, wobei der Schwanz nach oben gehalten wird. Beim Schlafen schlingen die Tiere den Schwanz so um den Körper, daß das federartige Ende wie ein Fächer über dem Kopf hängt. Im Freileben wird *Ptilocercus* normalerweise paarweise angetroffen, man hat aber auch schon tagsüber vier Tiere in einem Nest gefunden. Der Federschwanztupaia ernährt sich in der Hauptsache von Insekten. Über das Freileben ist nur sehr wenig bekannt. Außerhalb ihrer Heimat sind die Federschwänze noch nie in menschlicher Obhut gepflegt worden. Die beiden bekannten Unterarten sind:

Lows Federschwanz *(Ptilocercus lowii lowii)* aus Kalimantan und **Festlandsfederschwanz** *(Ptilocercus lowii continentis)* aus Malaya.

Lemurenartige (Teilordnung Lemuriformes)

Die Verbreitung der Lemuren ist auf Madagaskar und die Komoren beschränkt. Wie Australien gilt auch Madagaskar als eine «zoologische Raritätenkammer», von der französische Naturforscher des letzten Jahrhunderts sagten, sie sei «le paradis des naturalistes». Durch den Kanal von Mozambique, der sich erst im Oligozän, vor etwa 40 Millionen Jahren bildete, ist Madagaskar etwa 390 km von Afrika getrennt. Deshalb fehlen dort alle Säugetiere, die erst später in Afrika einwanderten, auch die höheren Affen, und es haben sich Säugetiergruppen erhalten und entfaltet, die auf dem afrikanischen Festland längst von anderen verdrängt wurden.

Von den Lemuren existieren noch etwa 20 Arten in 11 Gattungen. Unter den fossilen Halbaffen finden sich neben vielen kleineren Formen auch relativ große Arten. Bekannt wurde der gigantische Riesenmaki *Megaladapis*, der die Größe eines Esels hatte. Einige dieser großen Formen haben noch zusammen mit den heutigen Arten existiert und starben erst in den letzten 3000 Jahren aus. So verschwanden 14 Großhalbaffenarten. Heute ist die Mehrzahl der endemischen Säugetiere Madagaskars durch die Veränderung der Vegetation außerordentlich gefährdet. Weite Teile Madagaskars, besonders der Westen und Südwesten, haben beinahe Wüstencharakter. Große Flächen des ursprünglichen Waldbestandes sind bereits verschwunden. Wenn die noch existierenden Wälder nicht gegen alle Gefahren verteidigt werden, wird Madagaskar auch seine urtümlichen Primaten verlieren. Bisher richtete man in verschiedenen Teilen des Landes 12 Gebiete als Naturreservate ein. Leider ist es aber kaum möglich, die Einhaltung der Schutzbestimmungen zu kontrollieren. Madagaskar ist auf internationale Unterstützung angewiesen, um die einzigartige Natur für die Zukunft zu erhalten.

Theoretisch sind alle Madagaskar-Primaten durch die London Convention von 1936 (s. S. 23) voll geschützt. Seit vielen Jahren besteht ein strenges Ausfuhrverbot, so daß die meisten Arten verhältnismäßig selten in Zoos gehalten werden. Die Gattungen *Phaner, Hapalemur, Indri* und *Daubentonia* sind heute in ihrem Fortbestehen besonders stark bedroht.

Eigentliche Lemuren oder Makis (Familie Lemuridae)

Die springlebendigen und possierlichen Madagaskar-Lemuren erhielten ihren Namen von französischen Forschungsreisenden, obwohl sie weder unheimlich noch gespensterhaft wirken, wie sich die Römer die Geister der Verstorbenen, die Lemuren, vorstellten. Wahrscheinlich wurden die Forscher durch das klagende, oft unheimliche Rufen oder die nachts leuchtenden Augen der Tiere dazu veranlaßt.

Die Lemuren sind maus- bis katzengroß, besitzen einen rundlichen Kopf mit mehr oder weniger spitzer Schnauze, großen Augen und kleinen Ohren, einen dichten Pelz und einen buschigen Schwanz. Sie tragen flache Nägel, am zweiten Zeh hat sich eine Kralle erhalten, die im Zusammenwirken mit den Schneidezähnen als Putzwerkzeug gebraucht wird. Gegenseitige Fellpflege ist bei den gesellig lebenden Madagaskar-Lemuren häufig zu beobachten. Die kräftigen Hinterbeine befähigen die Tiere zu weiten Sprüngen. Es gibt tag- und nachtaktive, einzeln lebende und gesellige Vertreter. Wir kennen Arten, die Allesfresser sind, andere, die nur Früchte fressen, und solche, die sich hauptsächlich von Kerbtieren ernähren. Lemuren reagieren mehr auf Geruchssignale als auf augenfällige Zeichen. Es findet sich bei ihnen ein ursprünglicher Fortpflanzungstyp, denn es kommt keine Menstruation vor. Die Fortpflanzung ist an eine bestimmte Jahreszeit gebunden.

Katzenmakis (Unterfamilie Cheirogaleinae)

Zwergmakis (Gattung *Microcebus*)

Die nachtaktiven, baumbewohnenden Zwergmakis sind die kleinsten Vertreter der *Lemuridae*. Sie erinnern in ihrem Äußeren an Galagos, die großen Ohren sind jedoch nicht zusammenfaltbar. Zwergmakis sind hauptsächlich insektivor, sie fressen aber auch Früchte und gummiartige Baumsäfte.

Mausmaki *(Microcebus murinus)*. Der braun oder grau gefärbte Halbaffe hat eine Körpergröße von 11 bis 13 cm, eine Schwanzlänge von 12 cm und ein Gewicht von 50 bis 60 Gramm. Charakteristisch ist der helle Streifen auf der kurzen, spitzen Nase. Während der Regenzeit, in der ein überreiches Nahrungsangebot besteht, speichert der Mausmaki an den Hinterbeinen und an der Schwanzwurzel Fettpolster. In der Trockenzeit verfällt er in einen gewissen Starrezustand und zehrt dann von seiner Fettschicht. Mausmakis bauen sich Nester aus Zweigen und Laub, in die das Weibchen nach einer Tragzeit von 59 bis 62 Tagen ein bis drei Jungtiere ablegt. Neugeborene Mausmakis sind 3,7 bis 5 cm lang, der Schwanz mißt 3 cm, das Gewicht beträgt 2,7 bis 4,3 Gramm. Der Körper ist mit graubraunen Haaren bedeckt, die Augen öffnen sich erst nach vier Tagen. Zum Transport ergreift die Mutter die Jungtiere mit den Zähnen. Im Alter von 12 Tagen können Mausmakis springen, mit 15 Tagen klettern sie, die Säugezeit dauert 45 Tage, und im Alter von zwei Monaten sind die Jungtiere unabhängig.
Der kletterfähige und sprunggewandte Baumbewohner lebt in feuchten Hochwäldern, in Schilfbeständen und in Euphorbienbüschen der Trockensteppen entlang der Küste im Osten und Westen Madagaskars. In modernen Nachttierhäusern bekommt man die Primatenzwerge häufiger zu sehen. In Zoos ist eine Lebensdauer von sechs bis zehn Jahren nachgewiesen worden.
Wir unterscheiden zwei Unterarten:
Microcebus murinus murinus, West- und Südost-Madagaskar und *Microcebus murinus smithii*, Nordost- und Ost-Madagaskar.

Coquerels Zwergmaki *(Microcebus coquereli)*. Die graubraun gefärbte Art hat etwa die Körpergröße eines Europäischen Eichhörnchens und kommt in Südwest- und Nordwest-Madagaskar vor. Sie hat einen runden Kopf, eine kurze, zugespitzte Schnauze, große Augen, ziemlich kleine Ohren und einen buschigen, ca. 28 cm langen Schwanz. Der Coquerels Zwergmaki wurde bisher selten in zoologischen Gärten gehalten, er gilt heute auch als gefährdet.

Echte Katzenmakis (Gattung *Cheirogaleus*)

Die drei Arten der Echten Katzenmakis tragen ein dichtes, wolliges Haarkleid. Die im Fell versteckten Ohren sind nur zum Teil behaart. Sinkt die Außentemperatur, so fällt auch die Körpertemperatur der Katzenmakis ab. Die Stoffwechselaktivität wird vermindert, die Tiere fallen in einen «lethargischen Starrezustand» und leben dann von dem an Hinterbeinen, unter der Schwanzwurzel oder im Schwanz angespeicherten Fett. Die Nahrung umfaßt hauptsächlich Früchte, Insekten werden aber auch genommen. Die gesamte Gattung *Cheirogaleus* gilt heute als unmittelbar bedroht.

Großer Katzenmaki *(Cheirogaleus major)*. Die braunrot oder grau gefärbten Tiere leben in den Feuchtwäldern des östlichen Madagaskars. Bei einer Körperlänge von 19 bis 27 cm, einer Schwanzlänge von 16,5 bis 25 cm wiegt der Große Katzenmaki 350 Gramm. Er legt in Baumkronen Nester aus Blättern an, in denen mehrere Tiere zusammen den Tag verbringen. In der kalten Jahreszeit werden öfter Ruhephasen mit Absinken der Körpertemperatur auf fast Umgebungstemperatur eingeschaltet. In einigen Gegenden soll auch ein wochenlanger Winterschlaf in Baumstämmen festgestellt worden sein. Große Katzenmakis markieren ihre Reviere mit Urin oder mit Kot, den sie auf Astflächen verreiben.
Nach einer Tragzeit von 70 Tagen werden zwei bis drei etwa 15 bis 20 Gramm schwere Junge geboren, deren Augen sich am zweiten Lebenstag öffnen. Der Speiseplan dieser Halbaffen umfaßt Früchte, Blüten, Kerbtiere und kleine Wirbeltiere.
Die beiden bekannten Unterarten sind *Cheirogaleus major major*, Südosten Madagaskars, und *Cheirogaleus mayor crossleyi*, West-Madagaskar.

Mittlerer Katzenmaki oder **Fettschwanzmaki** *(Cheirogaleus medius)*. Diese rattengroße Art ist in den Trockenwäldern des westlichen und südlichen Madagaskars beheimatet. Die Haarfarbe des 250 Gramm schweren Halbaffen ist braunrot oder grau, seine Körperunterseite ist beinahe weiß. Auffallend sind der buschige, 20 cm lange Schwanz und die großen, dicht beieinander stehenden Augen. In der Trockenzeit oder bei kühlen Temperaturen fällt der Fettschwanzmaki für mehrere Wochen in einen reaktionslosen Schlafzustand. Auch er zehrt in dieser Zeit von seinem Fettvorrat.

Kleiner Katzenmaki oder **Büschelohriger Katzenmaki** *(Cheirogaleus [Allocebus] trichotis)*. Nur 30 cm beträgt die Gesamtlänge dieses Makis, davon kommt etwas mehr als die Hälfte auf den Schwanz. Charakteristisch sind die stark ausgebildeten Haarbüschel an den Ohren und die schmal gekielten und spitz endenden Nägel. Nähere Angaben über den Kleinen Katzenmaki aus den Bergwäldern Ost-Madagaskars fehlen, bisher wurden nur vier Exemplare bekannt.

Phaner (Gattung *Phaner*)

Sie unterscheidet sich von *Cheirogaleus* durch die stark verlängerten, schräg gestellten oberen Schneidezähne. Neben den Eckzähnen des Oberkiefers steht je ein Vorbackenzahn, der ähnlich wie ein Eckzahn aussieht. Auch die großen, nackten, abgerundeten Ohren sind charakteristisch.

Gabelstreifiger Katzenmaki *(Phaner furcifer)*. Größe und Gestalt der einzigen bekannten, im Norden und Westen Madagaskars beheimateten Art ähneln denen des Großen Katzenmakis, jedoch sind die Beine länger und die Ohren größer. Der waldbewohnende «Waluwy», wie der Halbaffe von den Eingeborenen genannt wird, hat seinen Namen nach dem Aalstrich, der sich am Hinterkopf gabelförmig aufteilt und jederseits mit einem schwarzen Augenring verschmilzt. Der lebhafte, nachtaktive Lemur lebt einzeln oder paarweise in niedrigen Waldgebieten, ist sehr flink und kann meterweit springen. Mit seinen langen, spitzen Krallen hält er sich an der Rinde großer Baumstämme. Die Männchen haben ein nacktes Drüsenfeld unterhalb des Halses, mit dem sie markieren. Die Nahrung des Gabelstreifigen Katzenmakis schließt Nektar, Gummi-Exsudate und Sekrete von Insekten ein. Zur Regenzeit wird ein Junges geboren, das zuerst in einer Baumhöhle Schutz findet, dann am Bauch der Mutter getragen wird und später auf ihrem Rücken reitet. Weitere Einzelheiten sind nicht bekannt. In menschlicher Obhut wurde *Phaner* erst selten gehalten, nachgezüchtet wurde er noch nie.

Mittelgroße Lemuren (Unterfamilie Lemurinae)

Echte Makis (Gattung *Lemur*)

Kennzeichen der Makis sind «Fuchsgesichter» und lebhaftes Temperament. Die tag- und dämmerungsaktiven Baumbewohner sind mittelgroße, etwa 2 kg schwere Tiere, die gesellig in Gruppen zusammenleben. Die Hinterextremitäten sind länger als die Vorderextremitäten, der Schwanz ist länger als der Körper. Die sechs Arten der Gattung leben auf Madagaskar und den Komoren – auch in großer Höhe – in Trocken- und Feuchtwäldern. Sie ernähren sich hauptsächlich von Früchten, Blättern und Blüten. Unter den madagassischen Halbaffen sind die Echten Makis am wenigsten spezialisiert.

Brauner Maki *(Lemur fulvus)* Die Vertreter dieser Art sind sehr unterschiedlich gefärbt. Ihre Systematik ist umstritten. Sie sind echte Baumbewohner, die in allen bewaldeten Gebieten Madagaskars, mit Ausnahme der Südspitze, vorkommen. Wir unterscheiden sechs Unterarten:

Brauner Maki *(Lemur fulvus fulvus)*. Individuen variieren in der Fellfarbe beträchtlich. Leben in Gruppen von ca. 12 Tieren an der Ostküste Madagaskars einträchtig zusammen.

Rotstirnmaki *(Lemur fulvus rufus)*. Vorderkopf des männlichen Tieres rot. Beim Weibchen zwei weiße Flecken über den Augen. Ernähren sich in der Trockenzeit hauptsächlich von Blättern, Schoten, Stengeln, Blüten, dem Saft und der Rinde von Tamarindus indica. Leben in Trupps von 4 bis 17 Tieren in den trockenen Gebieten im westlichen Teil Madagaskars.

Weißkopfmaki *(Lemur fulvus albifrons)*. Beim Männchen auffallend weiße Gesichtsumrandung, die sich stark vom schwarzen Maul abhebt. Weibchen schlicht graubraun gefärbt. Nach einer Tragzeit von 130 bis 133 Tagen werden ein bis zwei Jungtiere geboren und von der Mutter quer am Bauch getragen. Lebt in den Wäldern des nördlichen Teiles von Madagaskar.

Sanfords Maki *(Lemur fulvus sanfordi)*. Männliches Tier trägt kurze weiße Ohrbüschel. Bewohnt das Amber-Gebirge an der Nordspitze von Madagaskar.

Schwarzkopfmaki *(Lemur fulvus collaris)*. Fellfarbe mittelgraubraun, Körperunterseite heller. Der Kopf des Weibchens ist anthrazitfarben, der des Männchens schwarz behaart. In Südwest-Madagaskar beheimatet.

Mayottemaki *(Lemur fulvus mayottensis)*. Fellfärbung sehr unterschiedlich. Besonderes Kennzeichen ist der Backenbart, der beim männlichen Tier ausgeprägter ist. Die ein bis zwei, 50 bis 70 Gramm schweren Jungtiere werden nach einer Tragzeit von rund 130 Tagen geboren und quer am Körper der Mutter getragen. Vorkommen ausschließlich auf der 366 km² großen Insel Mayotte, nordwestlich von Madagaskar.

Mohrenmaki *(Lemur macaco)*. Von dieser Art kennen wir folgende Unterarten:

Mohrenmaki *(Lemur macaco macaco)*. Das Männchen hat ein tiefschwarzes Haarkleid mit ebensolchen Haarbüscheln an den Ohren. Beim gelb bis rostbraun gefärbten Weibchen sind Wangenbehaarung und Ohrbüschel weiß. Der Mohrenmaki, der «Akumbo» der Eingeborenen, markiert auffallend viel. Dazu benutzt er sowohl Afterdrüsen als auch Drüsenfelder, die über den Handgelenken liegen. Mohrenmakis leben gesellig in Gruppen von 6 bis 15 Tieren. Die Zahl der Männchen liegt immer höher als die der Weibchen, die aber über die männlichen Tiere herrschen. Nach einer Tragzeit von 127 bis 130 Tagen wird ein grauschwarzes Jungtier geboren. Im Alter von zwei Wochen beginnen die Jungtiere, die von Geburt an am Körper der Mutter getragen werden, auf ihren Rücken zu klettern, mit sechs Monaten sind sie selbständig. Der Kontaktruf der Mohrenmakis ist ein tiefes

5 **Spitzhörnchen** *(Tupaia glis)*.
Obwohl die Spitzhörnchen noch viel Ähnlichkeit mit den Insektenfressern aufweisen, stellt man sie heute an die Wurzel des Primatenstammbaumes. (Zoologická Zahrada Praha)

6/7 Mausmakis *(Microcebus murinus)*.
Der Mausmaki zählt auf Madagaskar noch zu den häufigsten Lemurenarten. (Zoologischer Garten Köln)

8 Mittlerer Katzenmaki oder **Fettschwanzmaki** *(Cheirogaleus medius)*.
Die bis zu 2 cm dicke Fettschicht im Schwanz dient als «Vorratskammer» für kühle und trockene Tage. (Zoologischer Garten Köln)

9 Schwarzkopfmaki *(Lemur fulvus collaris)* mit Jungtieren. (Zoologischer Garten Köln)

10 Mohrenmaki *(Lemur macaco)*.
Die stark entwickelten Ohrbüschel und die fransenartige, bartähnliche Wangenbehaarung sind Erkennungszeichen für die Mohrenmakis. (Zoologischer Garten Köln)

11 Schwarzkopfmaki
(Lemur fulvus melanocephalus).
Weibchen mit Jungtieren. (Zoologischer Garten Köln)

12 Weißkopfmaki *(Lemur fulvus albifrons)*.
Nur das männliche Tier besitzt diese auffallend weiße Gesichtsumrandung. (Zoologischer Garten Köln)

13/14 Kronenmakis *(Lemur coronatus)*.
Der Kronenmaki wurde früher für eine Unterart des Mongozmaki gehalten, auf Grund vieler Unterschiede gilt er seit 1975 als eigene Art.
Links: Jungtiere. (Zoologischer Garten Köln)

15 Weißkopfmaki *(Lemur fulvus albifrons).*
Das leuchtende Weiß von Krone, Wangen und Bart verleiht den männlichen Tieren ein attraktives Aussehen. (Zoologischer Garten Köln)

16/17 Mayottemakis *(Lemur fulvus mayottensis).*
Unten links: Zwei Monate alter, handaufgezogener Mayottemaki. (Zoologischer Garten Köln)
Rechts: Der charakteristische Backenbart ist beim männlichen Tier noch ausgeprägter. (Zoologischer Garten Köln)

18 Mohrenmaki *(Lemur macaco)*.
Bei den Mohrenmakis sind die Geschlechter unterschiedlich gefärbt. (Zoologischer Garten Köln)

19 Mongozmaki *(Lemur mongoz)*.
Männchen. (Zoologischer Garten Köln)

20 Kronenmaki *(Lemur coronatus)*.
Wie auch bei anderen Halbaffen wird das Junge des Kronenmaki quer am Bauch der Mutter getragen. (Zoologischer Garten Köln)

21–24 Kattas *(Lemur catta).*
Oben: Kattas sind gesellige Tiere und bilden mit bis zu 22 Mitgliedern die größten Trupps unter den Lemuren. Beim Laufen auf allen vieren hält der Katta seinen langen Schwanz nach oben gerichtet, eine Signalbedeutung für den Kontakt der Gruppe. (Zoologischer Garten Köln)
Oben rechts: Severočeská Zoologická Zahrada Liberec
Unten rechts:
Die charakteristische und beliebte Stellung des Katta, beim Sonnenbaden den Oberkörper zu erheben und die Arme weit auszubreiten, wirkt besonders reizvoll. (Zoologická Zahrada Praha)

Rechte Seite:
Gut erkennbar sind die langen spitzen Eckzähne und das Drüsenfeld am rechten Unterarm. (Zoologischer Garten Köln)

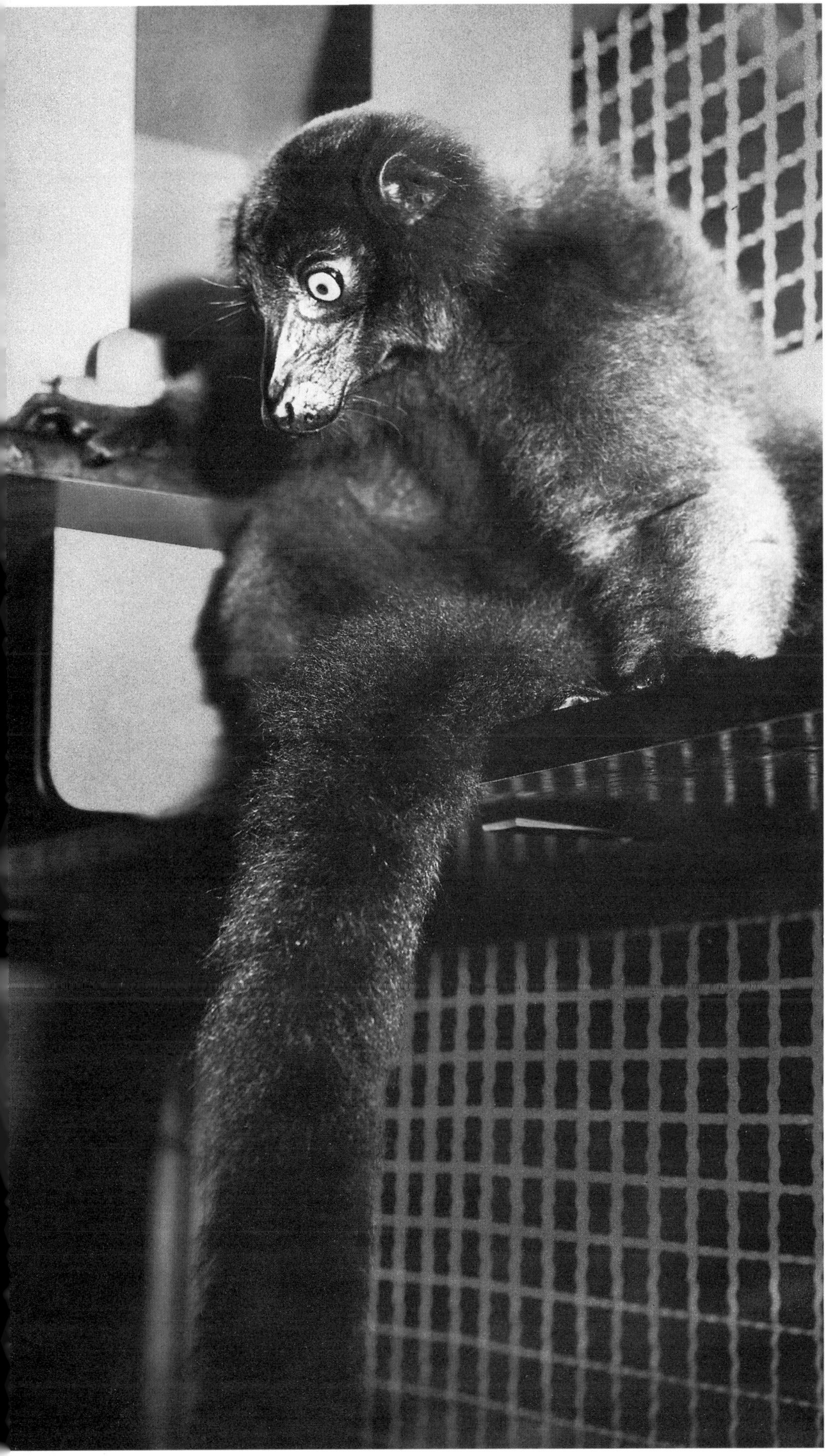

25 Vari *(Varecia variegata).*
Das schwarzweiße Fell des Vari ist eine vorzügliche Tarnung im diffusen Licht zwischen den Blättern des Regenwaldes. (Zoologischer Garten Köln)

26 Roter Vari *(Varecia variegata ruber)*
(Zoologischer Garten Köln)

27 Grauer Halbmaki *(Hapalemur griseus).*
Beim Drohen richtet sich der graue Halbmaki auf, legt die Ohren nach hinten und zieht den Schwanz mehrmals an der Innenseite des rechten oder linken Unterarmes vorbei. (Zoologischer Garten Köln)

Folgende Seiten:

28 Mongozmaki *(Lemur mongoz).*
Bei diesen dunkelbraun gefärbten Halbaffen sind die Geschlechter unterschiedlich gezeichnet. Rote Wangen und einen rötlichen Nacken besitzen die männlichen, weiße Wangen und weiße Kehlen die weiblichen Tiere. (Zoologická Zahrada Praha)

29 Grauer Halbmaki *(Hapalemur griseus).*
Halbmakis ernähren sich vorwiegend von Trieben und Blättern des Bambus. Ihr Gebiß mit den scharfkantigen Schneidezähnen ist auf diese spezielle Ernährung eingerichtet. (Zoologischer Garten Köln)

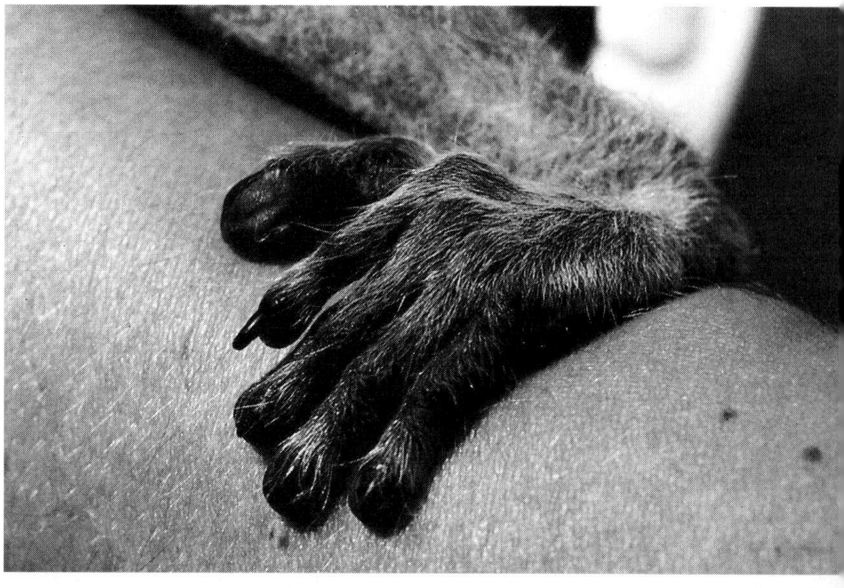

30 Zwerggalago oder **Bush-Baby** *(Galago demidovii)*.
Das an das laute Weinen eines Säuglings erinnernde Geschrei hat diesen Galagos den englischen Namen Bush-Baby eingebracht. (Ostafrika)

31/32 Plumplori *(Nycticebus coucang)*.
Sowohl beim Potto als auch beim Plumplori ist die zweite Zehe mit einer langen, kräftigen Putzkralle ausgestattet. (Zoologischer Garten Köln)
Rechte Seite:
Mit seinem runden Kopf, den großen, dunklen, eng stehenden Augen und dem dichten, wolligen Fell ähnelt der Plumplori einem Spielzeugbären. (Zoologischer Garten Dresden)

33 Vari *(Varecia variegata)*
(Zoologischer Garten Köln)

34 Roter Vari *(Varecia variegata ruber)*.
Ein beigefarbener Nasenfleck ist ein Charakteristikum des Roten Vari. (Zoologischer Garten Köln)

35 Vari *(Varecia variegata)*.
Die laute Stimme der Varis, die im Verlauf des Rufes zu einem unheimlichen Gebrüll ansteigt, dient den in Trupps lebenden Tieren auch als Territoriumsmarkierung. (Zoologischer Garten Köln)

Grunzen; bei Alarm kreischen sie laut. In den Abendstunden lassen sie gemeinsam ein schauerlich klingendes Geschrei hören. Der Mohrenmaki bewohnt dichte, undurchdringliche Urwälder im Nordwesten Madagaskars, wo er sich auf den höchsten Bäumen aufhält.
Lemur macaco flavifrons. Männchen bräunlich gefärbt, die Haare am Scheitel bilden einen kurzen Schopf. Weibchen oberseits von fahlrotbrauner Farbe. Nordwest-Madagaskar.

Mongozmaki *(Lemur mongoz)*. Erreichen bei einer Körperlänge von ca. 35 cm – der Schwanz ist ebensolang – ein Gewicht von 2 kg. Beide Geschlechter markieren ihr Territorium reichlich mit den Analdrüsen. Das 60 Gramm schwere, graubraun gefärbte Jungtier wird nach einer Tragzeit von 126 bis 128 Tagen geboren und von der Mutter quer über den Bauch getragen. Mit 10 Tagen beginnt es auf der Mutter herumzukrabbeln, dabei gibt es fortwährend einen leisen Summton von sich. Mit 25 Tagen verläßt es erstmalig den Körper der Mutter. Zu diesem Zeitpunkt beginnt der junge Mongozmaki sich auch für Obst und Blätter zu interessieren. Mongozmakis leben in Gruppen von fünf bis sechs Individuen in den trockenen Wäldern von Nord- und Nordwest-Madagaskar.

Kronenmaki *(Lemur coronatus)*. Die Färbung beider Geschlechter ist sehr unterschiedlich, und es ist daher verständlich, daß Männchen und Weibchen früher als verschiedene Arten beschrieben wurden. Haare des Männchens sind rötlich gefärbt, an der Unterseite etwas heller getönt. Gesicht ist weißlich, Augen sind von einem schwarzen Ring umgeben. Auf dem Kopf zieht sich ein breiter, schwarzer Fleck bis fast zu den Ohren hin. Oberseite des weiblichen Tieres ist grau, Unterseite silbergrau bis weiß. Stirn wird durch ein goldrötliches Dreieck, die Krone, geziert. Kronenmakis leben in Familientrupps von vier bis acht Tieren. Nach einer Tragzeit von 114 bis 128 Tagen werden ein bis zwei 55 bis 60 Gramm schwere Jungtiere geboren; Körperlänge: 10 cm, Schwanzlänge: 14 cm. Mit 14 Tagen krabbeln die Jungtiere auf den Rücken der Mutter, mit vier Wochen entfernen sie sich schon ein Stück von ihr. Im Alter von 30 Tagen wird die erste feste Nahrung aufgenommen. Die Säugezeit beträgt fünf Monate. Beide Geschlechter markieren sehr intensiv mit Afterdrüsen und Urin. Kronenmakis werden nur selten in zoologischen Gärten gehalten. Der Lebensraum der äußerst gefährdeten Tiere sind die trockenen Wälder und Savannen sowie auch einige Gebiete mit dichtem, niedrigem Busch im Norden Madagaskars.

Katta *(Lemur catta)*. Mit seinem langen, schwarzweiß geringelten Schwanz, der beim Springen als Balancier- und Steuerinstrument dient, gehört der Katta zu den auffallendsten Erscheinungen unter den Lemuren. Beide Geschlechter haben eine hellgraue Oberseite, ein weißliches Gesicht, weißliche Ohren und Unterseite, schwarze Ringe um die Augen und ein schwarzes Maul. Körperlänge: 30 bis 45 cm, Schwanzlänge: 37 bis 56 cm, Gewicht: ca. 2,1 kg. Der Kopf ist verhältnismäßig klein. Der tagaktive, gesellige Katta ist sehr lebhaft, er dehnt seine Aktivitäten auf den Boden aus, wo er etwa 15 bis 20 Prozent des Tages verbringt. Die Weibchen dominieren über Männchen und Jungtiere. Sie verteidigen zuerst das Territorium, die Männchen halten sich dabei meist im Hintergrund. Während die Weibchen scheinbar zeitlebens in der Gruppe bleiben, wechseln die Männchen in andere Gruppen über. Die Kattas besitzen ein kompliziertes Markierungsverhalten, das eine wichtige Rolle im sozialen Leben dieser Art spielt. Zum Markieren wird das Sekret der behaarten Oberarmdrüse verwandt, nachdem der Katta vorher mit der Hornschwiele des Unterarms in die Drüse gedrückt hat. Das Markieren geschieht dann mit den mit Duftstoffen imprägnierten Unterarmen. Die Oberarmdrüse ist nur beim Männchen vorhanden. Die Drüsen am Unterarm des männlichen Katta dienen zum Einreiben des Schwanzes mit Duftstoff. Weiterhin markiert das Männchen mit den Hodendrüsen und das Weibchen mit den Schamlippen. Die auffallende Kopf- und Schwanzzeichnung des Katta hat auch optische Signalbedeutung. Beim Angriff richtet der Katta den Schwanz auf und führt mit dem letzten Drittel wippende Bewegungen zum Kopf aus. Das Verhalten wird weiterhin optisch durch das Zurückziehen der Oberlippe, das die langen Eckzähne freilegt, unterstützt. Kämpfe zwischen den Männchen legen die Rangordnung innerhalb der Gruppe fest. Kattas bellen bei Erregung, bei Behagen schnurren sie, vor dem Schlafengehen veranstalten sie ein lautes «Uhu-Geschrei», das sowohl dem Abstandhalten zwischen den Herden als auch als Kontaktruf innerhalb der Gruppe dient.
Die Nahrung des Katta umfaßt Feigendisteln, wildwachsende Feigen, Bananen, Blüten, Blätter, Rinde, Gräser und Kräuter. Die Tragzeit beläuft sich auf 132 bis 134 Tage. Der junge Katta (Zwillinge sind relativ häufig) hält sich nach der Geburt in Längsrichtung des mütterlichen Körpers am Bauchfell fest. Bei der Geburt haben die 50 bis 80 Gramm schweren Jungtiere blaue Augen, erst später wird die Regenbogenhaut leuchtend gelb. Mit zweieinhalb Jahren sind die Tiere geschlechtsreif.
Zum Lebensraum des Katta gehören die steinigen Gegenden und vegetationsarmen Gebirge im südwestlichen Madagaskar. Da diese Gebiete überall dicht von Menschen bevölkert sind, ist auch der Katta heute bedroht. In Zoos wurde eine Lebensdauer von über 20 Jahren nachgewiesen.

Rotbauchmaki *(Lemur rubriventer)*. Das fast einheitliche kastanienbraun gefärbte männliche Tier hat eine kupferrote Unterseite, Hände und Füße sind ebenfalls kupferrot. Über die Stirn zieht sich ein rotbraunes Band. Das oberseits umber gefärbte Weibchen hat eine cremefarbene Unterseite, gelblichweiße Wangen, Gesicht und Stirn sind dunkelbraun. Rotbauchmakis leben in Gruppen von vier bis fünf Tieren in den höheren Lagen des ostmadagassischen Regenwaldes. Über die Lebensweise dieses seltenen Halbaffen ist erst sehr wenig bekannt.

Halbmakis (Gattung *Hapalemur*)

Sind kleiner als die Vertreter der Gattung *Lemur*. Längenunterschied zwischen Armen und Beinen ist geringer, sie besitzen zwei Paar Zitzen, zeigen einen runden Kopf, sind kurzschnäuzig und haben kleine, dicht behaarte, im Fell verborgene Ohren. Die tagaktiven Halbaffen, auf madagassisch «Bokumbulo» genannt, ernähren sich pflanzlich. Mit Hilfe der scharfkantigen Schneidezähne werden die harten Stengel zerkleinert. Wir unterscheiden zwei Arten.

Grauer Halbmaki *(Hapalemur griseus)*. Die Körperlänge beträgt ca. 30 cm, das Gewicht 1 kg. Der Geruchssinn ist zur Nahorientierung sehr wichtig. Interessant ist sein Markierungsverhalten. Zur Territoriumsmarkierung wird ein Sekret der beiden Oberarmdrüsen verwendet, das milchig gefärbt und von leichtem Bienenwachsgeruch ist. Wie der Katta überträgt der Graue Halbmaki dieses Sekret auf eine Hornschwiele des Unterarms und markiert damit Gegenstände seiner Umgebung. Auch das Drohverhalten ähnelt dem des Katta. Er legt die Ohren nach hinten, richtet sich auf und zieht den Schwanz mehrmals an der Innenseite des rechten bzw. des linken Unterarms vorbei. Dabei wird der Schwanz mit den Duftstoffen der Unterarmdrüsen eingerieben. Dieses Einreiben ist mit einem Schwenken des Schwanzes verbunden, wobei fiepende Laute ausgestoßen werden. Die stimmlichen Äußerungen des Halbmaki sind von außerordentlicher Vielfalt und reichen vom Fiepen, Mauzen, Schnurren (bei Wohlbehagen), Grunzen (als Stimmfühlungslaut) zum lautstarken Trällern (als Territoriums-Markierungsruf).
Halbmakis leben in Gruppen von drei bis fünf Tieren. Das einzige Jungtier ist bei der Geburt voll behaart, hat eine Körpergröße von 11,5 cm, eine Schwanzlänge von 10 cm und wiegt 32 Gramm. Es wird von der Mutter sowohl auf dem Rücken als auch im Mund getragen. Zeitweise legt sie es auch in einer Nesthöhle ab. Der Graue Halbmaki bewohnt im wesentlichen die Bambusdickichte an der Ostküste Madagaskars. In zoologischen Gärten ist er nur sehr selten zu sehen.
Die neuere Systematik unterscheidet die drei Unterarten *Hapalemur griseus griseus*, *Hapalemur griseus alaotrensis* und *Hapalemur griseus occidentalis*.

Breitschnauzenhalbmaki *(Hapalemur simus)*. Die äußerst seltene Art aus den Schilfniederungen der Ostküste Madagaskars ist sicherlich eine der am wenigsten bekannten Lemurenarten. Sie ist größer als der Graue Halbmaki, ähnelt diesem aber weitgehend in der Fellfärbung. Der buschige Schwanz nimmt etwa die Hälfte der Gesamtlänge des Tieres von 90 cm ein. Haarbüschel an den Ohren sind stark ausgebildet, die Drüsenfelder an Unterarm und Oberarm fehlen ganz. Bambusschößlinge und Zuckerrohr machen den Hauptteil der Nahrung aus. Beim Fressen hält der Halbmaki den Bambus mit den Händen und schält Lage für Lage der ineinandergerollten Blätter mit den Zähnen ab. Meistens wird nur der fleischige Grund der Blattscheide verzehrt. Der Breitschnauzenhalbmaki wurde bisher kaum in Zoos gehalten, über Zuchterfolge in menschlicher Obhut ist nichts bekannt.

Varis (Gattung *Varecia*)

Nach Petter wird der Vari nicht zu der Gattung *Lemur* gezählt, er ordnet ihn einer eigenen Gattung *Varecia* zu. Zweifelsohne muß man dem Vari auch u.a. auf Grund unterschiedlicher Verhaltensweisen eine Sonderstellung einräumen. Bemerkenswert sind die verkürzte Tragzeit, die Anzahl und die Ablage der Jungtiere in einem Nest.

Vari *(Varecia variegata)*. Zählt heute zu den besonders bedrohten Arten, kommt in einem relativ schmalen Gebiet in den Regenwäldern Nordost-Madagaskars vor. In Anpassung an starke Regengüsse schützt ihn sein dichtes Haarkleid vor Durchnässung. Der Vari hat eine Körperlänge von 60 cm, der Schwanz ist ebensolang. Sein Gewicht beträgt ca. 3 kg. Die weiblichen Tiere sind im allgemeinen größer und schwerer als die Männchen. Varis sind, wie Kattas, große «Sonnenanbeter». Die Eingeborenen glaubten früher, daß die «Varikandanas» heilige Tiere seien, die die Sonne anbeteten, und ließen sie daher ungeschoren. Leider aber werden sie heute geschossen.
Das Vari-Weibchen besitzt drei Paar Zitzen. Die Tragzeit beträgt 99 bis 103 Tage. Ein bis drei Jungtiere werden geboren, die die Mutter in einem Nest ablegt, das sie kurz vor der Geburt aus Blättern und Zweigen herrichtete. Die ca. 100 Gramm schweren Jungen haben bei der Geburt hellblaue Augen, die sich mit 12 Tagen umzufärben beginnen. Die erste Zeit bleibt die Mutter viel bei den Jungen im Nest, um sie zu wärmen und zu säugen. Nach dem Säugen werden die Jungtiere stets abgeleckt. Die jungen Varis entwickeln sich außergewöhnlich schnell, was sehr wichtig ist, da sie nicht wie andere Lemuren von den Müttern mitgetragen werden. Mit sechs Tagen krabbeln sie im Nest herum, mit elf Tagen beginnen sie die Nestumgebung zu erforschen, und mit 24 Tagen nehmen sie die erste feste Nahrung auf.
Die verschiedenen Fellfärbungen bei den Varis haben zu vielen Diskussionen geführt. Man unterscheidet folgende Unterarten:
Schwarzweißer Vari *(Varecia variegata variegata)*. Fell schwarzweiß, Gesicht schwarz mit breitem, weißem Backenbart und hellgelben Augen, Schwanz schwarz. Sehr attraktiv. Nordküste Madagaskars.
Roter Vari *(Varecia variegata ruber)*. Gesicht, Hände, Füße und Schwanz dieser Unterart sind schwarz. Halskrause, Rumpf, Arme und Beine fuchsrot gefärbt. Beigefarbener Nackenfleck. Lebt in Nordost-Madagaskar.

Wieselmakis (Gattung *Lepilemur*)

Die kleineren Wieselmakis variieren in der Fellfärbung beträchtlich. Oberseits grau mit rötlichem Schimmer, die Unterseite heller gefärbt. die Augen sind klein, die Ohren unbehaart, Hände und Beine sind lang. Wieselmakis haben nur 32 Zähne, da die oberen Schneidezähne fehlen, während alle anderen Lemuren 36 Zähne besitzen. Der größte Verband Wieselmakis besteht aus dem Weibchen mit seinem Jungtier, das Männchen lebt einige Bäume weiter. Nach einer Tragzeit von ca. 135 Tagen wird ein Junges geboren, das vier Monate gesäugt wird und über ein Jahr bei der Mutter bleibt. Die Nahrung des Wieselmaki be-

steht hauptsächlich aus Blättern, daneben werden je nach Jahreszeit Blüten, Früchte und Rinde genommen. Wegen dieser ausschließlich pflanzlichen Ernährung gilt er bei den Eingeborenen als besonderer Leckerbissen. Ihre Blattnahrung vergären die Wieselmakis im riesigen Blinddarm, dessen ausgeschiedener Inhalt danach, wie bei den Kaninchen, als Coecotrophe durch den Mund wieder aufgenommen wird. Hier haben wir es offensichtlich mit dem einzigen Fall zu tun, daß Primaten ihre eigenen Fäzes wieder zu sich nehmen.
Der behende springende, nachtaktive Wieselmaki bewohnt alle Waldgebiete Madagaskars. Durch die ständigen Waldvernichtungen wird sein Lebensraum immer mehr eingeengt. Infolge ihrer einseitigen Ernährungsweise ließen sich Wieselmakis in Zoos bisher nicht halten. Selbst in Madagaskar blieben sie in Menschenhand nicht lange am Leben.
Die beiden Arten **Kleiner** oder **Rotschwänziger Wieselmaki** *(Lepilemur ruficaudatus)* und **Großer Wieselmaki** *(Lepilemur mustelinus)* sind am bekanntesten. Weitere Arten sind: *Lepilemur dorsalis*; *Lepilemur rufescens*; *Lepilemur leucopus*; *Lepilemur microdon* und *Lepilemur septentrionalis* mit mehreren Unterarten.

Sifakas *(Propithecus spec.)*

Indriartige (Familie Indriidae)

Die Familie der Indriartigen, zu deren Vertretern die größten lebenden Halbaffen gehören, umfaßt die Sifakas, Wollmakis und Indris. Sifakas und Indris sind sehr schlankgliedrig, haben affenähnliche runde Köpfe mit kurzen breiten Schnauzen; Hände und Füße sind sehr groß, die Beine außergewöhnlich lang. Zu einem riesigen Greiforgan ist die Großzehe ausgebildet, die um 90 Grad abgespreizt werden kann und dem Ergreifen senkrechter Baumstämme dient. Die übrigen Zehen verbindet eine Haut bis an das vorderste Glied miteinander. Angehörige dieser Familie sind auf Blätter, Blüten, Rinde und Früchte spezialisiert. Die Verdauungsorgane sind der Blattnahrung angepaßt. Die Indriartigen haben nur 30 Zähne, da sie beiderseits nur zwei statt drei Prämolaren besitzen und ihnen die unteren Eckzähne fehlen. Vertreter der Indriartigen kommen ausschließlich auf Madagaskar vor und sind nur sehr selten lebend nach Europa gelangt. Es ist sehr schwierig, eine Ersatznahrung für die hochspezialisierten Blattfresser zu finden. Die Familie Indriidae wird in drei Gattungen mit vier Arten unterteilt.

Sifakas (Gattung *Propithecus*)

Die Gattung *Propithecus* umfaßt die beiden Arten *Propithecus diadema* im Osten Madagaskars und *Propithecus verreauxi* im Westen der Insel. Beide Arten haben in ihrer Färbung deutlich zu unterscheidende Unterarten entwickelt. Die großen Tiere tragen lange Schwänze, die aber nicht zur Steuerung benutzt werden, da sie nicht sehr muskulös sind und schlaff herunterhängen. Sie dienen als flaggenartiges Signalorgan. Ein außerordentlich dichtes, seidenweiches Fell kennzeichnet die Sifakas. Die Grundfarbe ist weiß oder hellgrau, das Gesicht schwarz und die Kopfplatte braun. Sifakas sind gesellige Tag-

tiere, die in Familiengruppen von vier bis fünf Tieren leben. Benannt wurden die Sifakas nach einem niesenden Laut, den sie von sich geben und der wie «Schi-fak» klingt. Sie können mit ihren langen kräftigen Beinen bis 10 m weite Sprünge von Baum zu Baum ausführen. Auf dem Boden laufen sie aufgerichtet auf den Hinterbeinen und vermögen wie Känguruhs fast 4 m weit zu hüpfen.
Die Tragzeit beträgt fünf Monate. Das Neugeborene wird bis zum Alter von sechs bis sieben Monaten quer am Bauch der Mutter getragen. Mit zwei Wochen klettert das Jungtier schon munter im Fell der Mutter umher, und nach drei Monaten nimmt es die erste Festnahrung zu sich. Früher bevölkerten die beiden Sifaka-Arten praktisch alle Waldgebiete Madagaskars, heute sind sie an vielen Stellen bereits ausgerottet. In einigen europäischen Zoos konnten diese hochspezialisierten Laubfresser nur wenige Wochen gehalten werden. Im Zoo Tananarive (Madagaskar), wo die Sifakas mit Knospen und Blättern vom Weißen Maulbeerbaum *(Morus alba)*, Guajaven *(Psidium guajava)* und Blättern und Knospen von größeren Gräsern ernährt werden, hielten sie bis zu sieben Jahren aus.

Larvensifaka *(Propithecus verreauxi)*. Auch beim Larvensifaka, von dem wir vier Unterarten kennen, variiert die Färbung des Felles, selbst individuell, sehr stark. Bei einer Körpergröße von 45 bis 53 cm und einer Schwanzlänge von 48 bis 56 cm wiegen diese Halbaffen zwischen 4 und 5 kg. Die Männchen aller Unterarten von *Propithecus verreauxi* besitzen zum Markieren in der Kehlgegend ein langgestrecktes Duftdrüsenfeld. Charakteristisch ist die mit langen Haarfransen versehene Hautfalte, die sich vom Oberarm bis zum Rumpf zieht und die beim Sprung den Eindruck des Gleitfluges erweckt. Larvensifakas leben in Gruppen von sechs bis zehn Individuen (mehrere Männchen und mehrere Weibchen) im westlichen und südlichen Madagaskar. Wir unterscheiden vier Unterarten:
Verreaux's Sifaka *(Propithecus verreauxi verreauxi)*. Fell weiß, nur Scheitelplatte dunkelrotbraun bis schwarzbraun, Regenbogenhaut leuchtend hellgelb. Kopf des Neugeborenen groß, Schwanz und Gliedmaßen fast unbehaart. Vorkommen in Südwest-Madagaskar.
Kronensifaka oder **Kappensifaka** *(Propithecus verreauxi coronatus)*. Grundfarbe aschfarben bis ockergelb, Kopf samtschwarz, Körperunterseite roströtlich. Breitere Schnauze als andere Unterarten. Vorkommen an der Westküste Madagaskars.
Van der Deckens Sifaka *(Propithecus verreauxi deckeni)*. Reinweiß ohne Abzeichen, teilweise in Grundfärbung leicht grau oder gelblich verwaschen. Vorkommen an der Westküste Madagaskars.
Coquerels Sifaka *(Propithecus verreauxi coquereli)*. Auffallend schön gefärbt, Grundfarbe weiß, Innenseite der Gliedmaßen und Körperunterseite kastanienbraun.

Diademsifaka *(Propithecus diadema)*. Der Diademsifaka ist größer als der Larvensifaka, sein Schwanz ist aber im Verhältnis zum Körper kürzer. Diese Art lebt an der Ostküste Madagaskars, wo in den bewaldeten Regionen bis in das Hochplateau hinauf fünf Unterarten vorkommen:

Indri *(Indri indri)*

Perrier-Diademsifaka *(Propithecus diadema perrieri)*. Vollkommen schwarz gefärbt. Äußerer Norden von Madagaskar.
Seidendiademsifaka *(Propithecus diadema candidus)*. Vorwiegend weiß, aber Schwanzwurzeln rostrot. Nordosten Madagaskars.
Eigentlicher Diademsifaka *(Propithecus diadema diadema)*. Rumpf silbrig hellgrau, Arme und Beine bräunlich orangegelb gefärbt. Die Scheitelfläche aus grauen bis schwarzen Haaren, die sich deutlich gegen die übrige weiße Kopfbehaarung abhebt, hat den Tieren den Namen gegeben. Ostregion Madagaskars.
Milne-Edwards Diademsifaka *(Propithecus diadema edwardsi)*. Oberseite weiß, Unterseite grauweiß, Arme, Beine und Schwanz schwarz. Ost-Madagaskar.
Schwarzer Diademsifaka *(Propithecus diadema holomelas)*. Oberseite ganz schwarz mit rötlichem Steißfleck. Südost-Madagaskar.

Wollmakis (Gattung *Avahi*)

Besondere Kennzeichen des Wollmakis oder Vliesmakis sind sein kurzer, runder Kopf, seine kurze Schnauze, die großen Augen, die kleinen behaarten, im flaumigen dichten Pelz, der dem Tier den Namen gab, verborgenen Ohren, die riesigen Daumen und Großzehen. Fellfarbe ist graubraun, der helle Bereich um die Augen gibt dem Tier ein eulenartiges Aussehen. Über die Lebensweise des Wollmakis ist sehr wenig bekannt. Die Nahrung umfaßt Blätter, Blüten, Knospen, Rinde und Früchte. Das einzige Jungtier hält sich quer am Bauch der Mutter fest und wird ein halbes Jahr gesäugt. Bewohnt die Feuchtwälder in Nordwest- und Ost-Madagaskar. Der Bestand des Wollmakis, der früher die gesamte Ostküste besiedelte, ist heute äußerst gefährdet.

Wollmaki oder **Avahi** *(Avahi laniger)*. Die einzige Art dieser Gattung hat eine Körperlänge von 30 cm, eine Schwanzlänge von 40 cm und ein Gewicht von 1 kg; sie ist damit der kleinste Vertreter der Indriidae. Wir unterscheiden zwei Unterarten:
Westlicher Vliesmaki *(Avahi laniger occidentalis)*, oberseits oliv bis hellgraubraun; **Östlicher Vliesmaki** *(Avahi laniger laniger)*, dunkelbraun, etwas größer als vorherige Unterart.

Indris (Gattung *Indri*)

Indri *(Indri indri)*. Der einzige Vertreter dieser Gattung ist mit einer Körperlänge von 70 bis 80 cm, einer Schwanzlänge von 3 bis 5 cm und einem Gewicht von 7 kg der größte heute lebende Halbaffe. Der schwarzweiße Indri besitzt ein nacktes, schwarzgefärbtes Gesicht, kurze, weitgehend im Fell versteckte Ohren, eine weit vorspringende, hundeartige Schnauze und außergewöhnlich lange Hände und Beine. Er ist der einzige Madagaskar-Halbaffe mit einem kurzen Schwanz, der nur 8 bis 14 kleine Wirbel enthält, wogegen alle anderen Lemuren 20 bis 32 Schwanzwirbel besitzen.
Die Bestände des Indri auf Madagaskar sind sehr zurückgegangen. Er kommt heute noch in der nördlichen Hälfte der östlichen Waldzone vor, und auch hier wurde er auf Restareale zurückgedrängt. Das schwer zu beobachtende Tier verrät seine Anwesenheit durch seine kilometerweit hörbaren langgezogenen, klagenden Rufe, die zu den charakteristischsten Lauten des ostmadagassischen Regenwaldes gehören und besonders in den Morgenstunden und am Nachmittag ertönen. Die Rufkonzerte dienen der Territoriumsabgrenzung. Der Indri besitzt wie Siamang und Orang-Utan einen stimmverstärkenden Kehlsack. Von den Eingeborenen bekam der Indri als der lauteste madagassische Halbaffe den Namen «Amboanala», Hund des Waldes.
Indris leben in kleinen Familienverbänden bis zu fünf Tieren. Nach einer Tragzeit von 4,5 bis 5,5 Monaten wird ein Jungtier geboren, das sich zuerst quer am Bauchfell der Mutter festhält. Bei der Geburt sind die jungen Indris beinahe schwarz, die weißen Flächen entwickeln sich erst später. Mit acht Monaten ist das Jungtier selbständig, bleibt aber noch bei der Mutter. Über den Indri gibt es in Madagaskar eine Vielzahl von Märchen. Er galt lange Zeit als heilig, weil die Eingeborenen glaubten, daß sie sich nach dem Tod in einen Indri verwandeln würden. Andere meinten, Mensch und Indri würden die gleichen Stammeltern haben.
Leider geht die Zahl der Indris heute immer mehr zurück. Wegen seiner ausschließlich pflanzlichen Ernährungsweise kann er sich der veränderten Umwelt nicht anpassen. Seit Jahren gibt es für den Indri in Madagaskar ein eigenes Schutzgebiet bei Perinet. Eine Haltung in menschlicher Obhut ist noch nicht gelungen, auch nicht im Zoo von Tananarive, wo dem Indri alle von ihm bevorzugten Pflanzen zur Verfügung standen.

Fingertiere (Familie Daubentoniidae)

In dieser Familie gibt es nur eine Gattung *Daubentonia* mit einer rezenten Art. Außerdem gibt es Funde einer vielleicht erst in den letzten Jahrhunderten ausgestorbenen Riesenform, *Daubentonia robusta*. *Daubentonia* hat keine äußerliche Ähnlichkeit mit anderen madagassischen Halbaffen.

Fingertiere (Gattung *Daubentonia*)

Fingertier oder **Aye Aye** *(Daubentonia madagascariensis)*. Anfangs klassifizierte man diesen ungewöhnlichen Halbaffen als Nagetier. Erwachsene Fingertiere haben, ähnlich den Nagern, im Ober- und Unterkiefer zwei riesige wurzellose, ständig nachwachsende, meißelartige Schneidezähne, die seitlichen Schneidezähne und Eckzähne fehlen; die Zahl der Molaren ist reduziert. Als erster erkannte der deutsche Zoologe Schreber um 1775, daß dieser scheinbare Nager in Wirklichkeit ein Halbaffe ist. Untersuchungen des englischen Naturforschers R. Owen an den Milchgebissen junger Fingertiere brachten Gewißheit. Hier treten die seitlichen Schneidezähne und die oberen Eckzähne der übrigen Halbaffen noch auf. Auch der runde Kopf, die großen Ohren, das langhaarige Fell und der lang behaarte, buschige Schwanz machen einen nagetierähnlichen Eindruck. Auf Primatenzugehörig-

Fingertier *(Daubentonia madagascariensis)*

keit weist die Form der Hände und Füße. Die langen Finger sind mit krallenähnlichen Nägeln versehen. Der Mittelfinger, der extrem lang und dünn ist, endet in einer kräftig gebogenen Kralle und spielt eine wichtige Rolle bei der Nahrungssuche. Dieser außergewöhnliche Finger hat dem Tier seinen deutschen Namen Fingertier eingetragen. «Aye-Aye» ist Ausdruck der Verwunderung, den Eingeborene, die das Fingertier zum ersten Mal sahen, von sich gaben, als die Jäger des französischen Forschungsreisenden Sonnerat 1870 diesem zwei Fingertiere brachten. Die großen Zehen und Daumen sind beim Fingertier mit einem flachen Nagel versehen. Seine Fellfarbe ist allgemein dunkelbraun. Die längeren abstehenden Grannenhaare sind schwarz und haben größtenteils weiße Spitzen.

Das Fingertier lebt einzeln oder paarweise und ernährt sich von Käfern, Käferlarven und anderen Insekten, Zuckerrohr, Bambusmark, Kokosnüssen und Mangofrüchten. Nachts begibt sich das Fingertier auf Nahrungssuche, indem es mit seinem Mittelfinger die Baumrinde abklopft. Klingt es nach einem Hohlraum oder Gang, in dem sich Larven aufhalten könnten, dann bohrt es mit seinen kräftigen Schneidezähnen ein Loch in den Stamm und holt die Larven mit dem schmalen Mittelfinger aus dem Loch heraus. Den Finger gebraucht das Aye Aye auch als Löffel, um eine Frucht zu leeren oder Wasser zum Munde zu führen, oder auch als Kamm. Tagsüber schläft es kugelförmig zusammengekauert, den Kopf zwischen den Füßen und den langen buschigen Schwanz darüber geschlagen. Beim Laufen trägt es den Schwanz leicht bogig. Dank den bekrallten Händen und Füßen kann das Fingertier mit Leichtigkeit an Baumstämmen hinaufklettern. Sehr interessant ist auch sein Nestbau, eine Fähigkeit, die nur sehr selten bei Säugetieren zu beobachten ist. Als Neststandort wählt es oft Bäume, die in der Nähe von Kokospflanzungen stehen. Zum Bau werden etwa 60 Zweige gebraucht, die mehr oder weniger ineinandergeflochten werden. In das zur Zeit benutzte Nest baut das Fingertier täglich frische Zweige ein. Ein einzelnes Fingertier besitzt oft mehrere Nester (2 bis 5), die fast immer in Höhen von 10 bis 15 m errichtet werden. Jedes Nest hat ein seitliches Einschlupfloch von etwa 15 cm Durchmesser. Befindet sich das Tier darin, dann wird dieser einzige Zugang oft verstopft.

Wahrscheinlich nur alle zwei oder drei Jahre bringt das Fingertier ein Jungtier zur Welt, das im Nest geboren und abgelegt wird. Vermutlich dauert die Säugezeit ein Jahr. Nur ein Paar Zitzen befindet sich in der Leistengegend.

Der Lebensraum des Fingertiers ist dicht bewachsener Dschungel mit Bambusgestrüpp im nordöstlichen Madagaskar. Mit den Wäldern ist heute auch das Fingertier fast verschwunden. *Daubentonia* ist heute die am meisten gefährdete Säugetierart Madagaskars. Der Bestand wird zur Zeit auf kaum mehr als 50 Individuen geschätzt. Auf der kleinen Insel Nosny-Mangabé wurde 1966 ein eigenes Reservat für diesen seltenen Halbaffen eingerichtet. Hier wurden 13 Tiere ausgesetzt, in der Hoffnung, daß sie sich fortpflanzen werden. In verschiedenen Zoos konnten Fingertiere längere Zeit am Leben gehalten werden, z. B. lebte im Zoo Amsterdam ein Exemplar sogar 23 Jahre. Von der IUCN als «vom Aussterben bedroht» erklärt.

Loriartige (Teilordnung Lorisiformes)

Die Loriartigen aus Afrika und Asien sind nächtlich lebende Baumbewohner. Wir unterscheiden die beiden Familien Loris (Lorisidae) und Galagos (Galagidae) mit 5 Gattungen und 11 Arten und 60 Unterarten.

Loris (Familie Lorisidae)

Die Bezeichnung «Lori» stammt aus dem holländischen «Loeris», (=Clown). Die baumbewohnenden Loris aus Afrika und Asien sind nächtlich lebende Kerbtier- und Früchtefresser. Mit den großen, nach vorn gerichteten Augen können diese sonderlichen Halbaffen ausgezeichnet sehen und auch sitzende Beutetiere schon aus größerer Distanz erkennen. Die Ohren sind im Gegensatz zu denen der Galagos klein und rund. Loris bewegen sich bedächtig, auch faultierartig hängend, im Geäst der Bäume. Sie klettern lautlos und gewandt und sind nahezu unfähig zu springen. Der Schwanz ist bei diesen Greifkletterern zurückgebildet, sie benötigen ihn ja nicht als Steuer- und Balancierorgan. Hände und Füße sind zu wirksamen Klammerwerkzeugen ausgebildet. Daumen und große Zehe sind weit gegenüberstellbar (opponierbar) und besitzen daher eine gute Greiffähigkeit. Der wenig gebrauchte Zeigefinger hat sich bei einigen Arten fast vollständig zurückgebildet, manchmal ist auch der Mittelfinger verkümmert. Die zweite Fußzehe zeigt die typische Kralle der Halbaffen, alle anderen Finger und Zehen tragen Nägel. Loris sind sogar in der Lage, viele Stunden angeklammert an einem Ast zu hängen. Sogenannte Wundernetze (Retis mirabilis) im Blutgefäßsystem sorgen dafür, daß die Muskeln über längere Zeit hinweg zusammengezogen bleiben können, ohne zu ermüden. Vertreter aus der Familie der Loris werden in Tiergärten öfter gezeigt und auch z. T. gezüchtet. Der Bestand in der Wildbahn ist vorläufig nicht bedroht. Die Loris gliedern sich in vier Gattungen.

Schlankloris (Gattung *Loris*)

Von dieser Gattung ist nur eine Art mit sechs Unterarten bekannt.

Schlanklori *(Loris tardigradus)*. Das oberseits grau bis gelbgrau gefärbte, 25 cm lange Tier zeichnet sich – im Gegensatz zu den anderen asiatischen und afrikanischen Arten der Lori-Familie – durch einen schlanken, grazilen Körper sowie lange und dünne Extremitäten aus. Der Schwanz mißt etwa 1 cm. Die großen, von dunklen Ringen umgebenen Augen, die fast das ganze Gesicht einnehmen, werden unter den Primaten nur noch von den Koboldmakis an Größe übertroffen. Von den Einheimischen werden die Augen der Schlankloris sehr geschätzt, da sie Heilung bei Augenkrankheiten bringen und, zu Liebestränken verarbeitet, anregende Wirkung haben sollen. Mit einsetzender Abenddämmerung gehen diese nachtaktiven Halbaffen auf Suche nach Nahrung, die vor allem aus Insekten, Eidechsen, Vögeln, Eiern, Blüten, Blättern, jungen Trieben und unreifen Nüssen besteht. Erstaunlich ist die Geschwindigkeit, mit der die sonst langsamen Tiere nach Insekten greifen. Mit besonderer Vorliebe fressen sie das Gehirn kleiner Wirbeltiere. Schlankloris fühlen sich auf dem Boden nicht wohl. Die zu Greiforganen umgebildeten Hände und Füße sind für glatten, ebenen Untergrund schlecht geeignet. Zum Schlafen wählen Schlankloris gern einen gegabelten Ast, stecken den Kopf tief zwischen die Oberschenkel und halten sich mit Händen und Füßen am Ast fest.

Außerhalb der Paarungszeit sind Schlankloris wenig gesellig. Nach ca. vier Monaten Tragzeit wird meist ein Jungtier geboren, das bereits bei der Geburt offene Augen und ein dünnes, seidiges Haarkleid besitzt. Junge Schlankloris bleiben sehr lange unselbständig; über ein Jahr werden sie von der Mutter mitgetragen. Erst im Alter von 18 Monaten sind sie erwachsen. Schlankloris markieren ihr Revier, indem sie Hände und Füße mit dem eigenen Harn bespritzen und beim Herumlaufen eine Duftspur hinterlassen. Mit laut kreischenden Rufen verteidigen sie ihr Revier. Der Schlanklori lebt in den Urwaldgebieten im Süden Indiens und auf Sri Lanka.

Plumploris (Gattung *Nycticebus*)

Innerhalb der Gattung *Nycticebus* existieren zwei Arten mit elf Unterarten, die in Färbung und Zeichnungselementen erheblich voneinander abweichen.

Plumplori oder **Cougang** *(Nycticebus coucang)*. Er bewohnt die tropischen Regenwälder Hinterindiens und Indonesiens. Das wollige Haarkleid scheint eine Anpassung an den außergewöhnlich niedrigen Stoffwechsel der Tiere zu sein, die ohne diesen Wärmeschutz auch in den Tropen nicht überleben könnten. Der Plumplori ist mit seiner Körperlänge von 32 bis 37 cm wesentlich größer und robuster als der Schlanklori. Charakeristisch ist ein brauner bis schwärzlicher Rückgratstreifen. Das Rückgrat ist länger als das anderer Primaten und besitzt auch mehr Wirbel. Die nachtaktiven Plumploris ziehen sich tagsüber in Baumhöhlen zurück. Sie schützen sich vor den Lichtstrahlen, indem sie den Kopf zwischen die Beine legen und ihre Arme darüber verschränken. Bei Dämmerungsbeginn gehen Plumploris auf Nahrungssuche. Mit ihrem feinen Gehör, dem ausgezeichneten Geruchssinn und dem guten Sehvermögen nehmen sie kleine Wirbeltiere schnell wahr. Der Plumplori nimmt mehr Pflanzenkost zu sich als der Schlanklori. Bei seinen zeitlupenartigen Bewegungen ist der Plumplori sogar in der Lage, mit dem Kopf nach unten gerichtet, rückwärts einen Stamm hochzuklettern. Mit Hilfe ihres Harnes setzen beide Geschlechter Duftmarken zur Kennzeichnung und Abgrenzung ihres Territoriums. Der Plumplori lebt geselliger als der Schlanklori. Durch Stimmfühlungslaute halten die Tiere Kontakt zueinander. Nach einer Tragzeit von 186 Tagen wird in der Regel ein Jungtier geboren. Schon zwei Tage alte Plumploris werden von der Mutter bei ihren nächtlichen Spaziergängen an Gegenständen abgestreift, wo sie sich mit ihren verhältnismäßig großen Händen und Füßen anklammern. Im Alter von zehn Tagen nimmt das Jungtier die erste feste Nahrung zu sich. Neun Monate bleiben die jungen Plumploris bei der Mutter.

Kleiner Plumplori *(Nycticebus pygmaeus)*. Ebenfalls in Südostasien beheimatet; mit einer Körperlänge von 19 cm und einem Körpergewicht von 500 Gramm halb so groß wie *Nycticebus coucang*.

Bärenmakis (Gattung *Arctocebus*)

Innerhalb der Gattung *Arctocebus* gibt es nur eine Art, die in zwei Unterarten in Westafrika vorkommt.

Bärenmaki oder **Goldpotto** *(Arctocebus calabarensis)*. Er erinnert in seinem Erscheinungsbild am meisten an den Schlanklori. Der oberseits rostbraungrau gefärbte Bärenmaki, von den Eingeborenen «Angwantibo» genannt, ist kleiner und weniger plump als der Potto. Augen und Ohren sind bei ihm größer, die Schnauze ist spitz und der Schwanz kaum wahrnehmbar. Sein Zeigefinger ist bis auf eine warzenähnliche Andeutung auf der Hand verkümmert, der Mittelfinger zu einem nagellosen Stumpf zurückgebildet. Infolge der nächtlichen Lebensweise in den höchsten Baumwipfeln weiß man nur sehr wenig über diesen eigenartigen Halbaffen. Die Nahrung besteht größtenteils aus Kerbtieren; nach neueren Freilanduntersuchungen frißt der Bärenmaki sogar auch Raupen mit Nesselhaaren, nachdem er sie zuerst zwischen den Händen hin und her gerollt hat, um die Haare zu entfernen. Bei Gefahr erzeugen die Genitaldrüsen beider Geschlechter einen starken Sekretfluß und damit einen Angstgeruch, wie es auch beim Potto der Fall ist. Außerhalb der Fortpflanzungsperiode besteht nur geringer Kontakt zwischen den Geschlechtern. Nach einer Tragzeit von ca. 131 bis 136 Tagen kommt ein 25 bis 30 Gramm schweres, behaartes Jungtier mit offenen Augen zur Welt, das meistens am Bauch der Mutter getragen wird. Die Haarfärbung der Jungtiere ist viel dunkler als die der Erwachsenen. Schon mit zwei Wochen läßt das Weibchen, wenn es sich auf Nahrungssuche begibt, das Jungtier auf einem Zweig zurück. Durch Klickrufe macht sich das Jungtier später bemerkbar, so daß die Mutter es wiederfindet. Mit vier Monaten werden die jungen Bärenmakis entwöhnt, mit siebeneinhalb Monaten sind sie ausgewachsen. Bärenmakis kommen in einem relativ kleinen Gebiet in den tropischen Wäldern Westafrikas vor. Sie sind vermutlich die seltenste Art aus der Familie der Loris und heute schutzbedürftig. Bärenmakis wurden bisher selten in zoologischen Gärten gehalten.

Pottos (Gattung *Perodicticus*)

Potto *(Perodicticus potto)*. Einzige Art der Gattung, von der fünf Unterarten bekannt sind. Der aus den Waldungen von Ost-, Zentral- und Westafrika stammende, ein- bis eineinhalb Kilogramm schwere Potto zeichnet sich durch einen kräftigen Körperbau, einen runden Kopf mit kurzer Schnauze, mittelgroßen Augen, ziemlich kleinen Ohren und einen ca. 6 cm langen Schwanz aus. Er hat spezialisierte, taktile Sin-

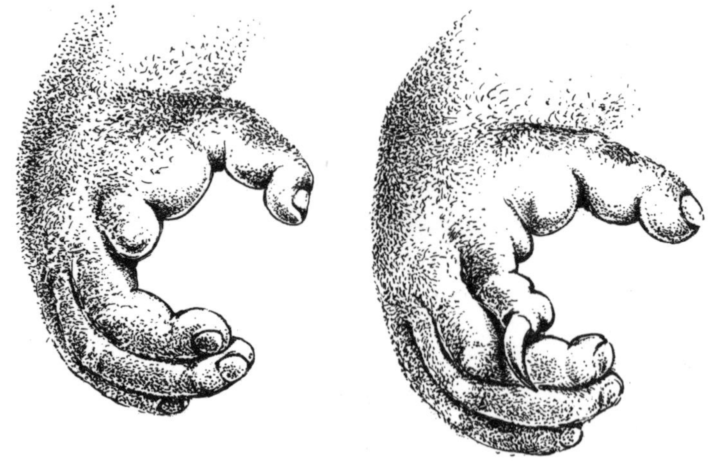

Hand und Fuß des Potto *(Perodicticus potto)*.
Der bis zu einem Stumpf zurückgebildete Zeigefinger läßt die Hand zu einem noch wirksameren Greiforgan werden.

neshaare an seinem Nacken. Charakteristisch für den nächtlich lebenden Potto sind der letzte Hals- sowie der erste Brustwirbel, die in besonders langen Dornfortsätzen enden. Am Nacken ragen diese Gebilde als Höcker hervor, die mit Hornhaut überzogen sind. Wird der Potto angegriffen, rollt er sich zusammen und hält seinem Gegner den Dornenrücken entgegen. Der Daumen des Potto ist sehr groß und im Winkel von 180 Grad abgespreizt, der Zeigefinger ist zu einem Stumpf reduziert, so daß die Hand eine Zange mit großer Griffspannweite bildet. Ebenso steht der große Zeh weit ab und gibt dem Fuß ein gutes Greifvermögen. Seine Füße haben auch nur eine einzige Kralle am zweiten Zeh. Der Potto ernährt sich zu 80 Prozent von pflanzlicher Kost, der Rest ist tierischer Herkunft. Nach einer Tragzeit von sechs bis sechseinhalb Monaten wird in der Regel ein Jungtier (selten zwei) geboren. Die jungen Pottos tragen ein silbrig-weißes Jugendkleid, das nach einem halben Jahr die gelbbraune Erwachsenenfarbe annimmt. In den ersten Wochen klammern sie sich in Längsrichtung des mütterlichen Körpers am Bauch fest. Im Alter von einem Monat reitet das Jungtier auf dem Rücken der Mutter. Mit zwei bis drei Monaten nimmt das Jungtier feste Nahrung auf, mit neun Monaten ist es erwachsen. In den Nachttierhäusern der modernen zoologischen Gärten werden Pottos mit Erfolg gehalten und gezüchtet.

Galagos oder Bush-Babys (Familie Galagidae)

Die Systematik stellt die gesellig lebenden Galagos in die enge Verwandtschaft der Loriartigen. Auf den ersten Blick unterscheiden sie sich von den Loris durch ihre größere Beweglichkeit. Ihre deutlich an Kindergeschrei erinnernden Klagelaute haben ihnen den bezeichnenden englischen Namen Bush-Babys eingebracht. Sie sind durchweg langschwänzig, besitzen erheblich verlängerte Fußwurzelknochen und zeichnen sich durch ein phänomenales Springvermögen aus. Wie bei den Tupaias weist die Zunge der Galagos eine bewegliche, knorpelige Unterzunge auf, die zum Putzen verwendet wird. Die großen, häutigen, beweglichen Ohren können durch feine Knorpelleisten und verbindende Muskelfasern während des Schlafens zusammengefaltet werden. Der Hals ist so gelenkig, daß der Kopf um fast 180 Grad gedreht werden kann. Die Augen sind nach vorn gerichtet und haben eine dichte Pigmentschicht, das Tapetum lucidum. Es reflektiert nachts die Lichtreize von Mond und hellen Sternen, wodurch die Augen aufleuchten, dabei können Nachtfalter angelockt werden, so daß die Galagos nur noch mit einer blitzartigen Greifbewegung zuzupakken brauchen. Sie sind Allesfresser. Ihre Territorien, Nester und Reviergrenzen markieren die Galagos reichlich mit Urin, mit dem Hände und Füße benetzt werden. Der Bestand der ausschließlich in Afrika und auf einigen unmittelbar benachbarten Inseln lebenden Galagos gilt bisher noch nicht als gefährdet. In den Nachttierhäusern der zoologischen Gärten werden sie nicht selten gezeigt. Die Einteilung der heutigen Galagos nach Arten und Unterarten ist nicht befriedigend. Man beschränkt sich auf eine Gattung *(Galago)* mit sechs Arten mit 28 Unterarten.

Galagos (Gattung *Galago*)

Senegalgalago, Steppengalago oder **Moholi** *(Galago senegalensis)*. Die oberseits gelblichbraun gefärbte Art repräsentiert das eigentliche Bush-Baby. In Gestalt und Körperbau ähnelt sie den Riesengalagos, ist aber mit einer Kopf-Rumpf-Länge von 16 bis 20 cm und einem Gewicht von 150 bis 300 Gramm weniger als halb so groß. In freier Wildbahn kommen Moholis nur ungern auf den Boden. Bei passender Situation jedoch richten sie sich wie Känguruhs auf und hüpfen auf den Hinterbeinen. Auffallend ist beim männlichen Senegalgalago das nackte, dreieckige Drüsenfeld auf der Brustmitte. Außer mit Urin markieren Senegalgalagos, indem sie Sekrete aus diesem Drüsenfeld abstreifen. Die nächtlich aktiven Senegalgalagos sind soziale Tiere, die außerhalb der Fortpflanzungszeit in überfamiliären Verbänden (bis zu neun erwachsene Tiere) zusammenhalten. Zur Paarungszeit sondern sich die Paare ab. In dieser Zeit bekämpfen sich die Männchen oft heftig. Sie bedrohen sich gegenseitig, indem sie den Mund öffnen, die Hände vorstrecken und laut fauchen. Zur Niederkunft vermeidet das Weibchen auch den Kontakt zum männlichen Tier. Nach einer Tragzeit von 120 bis 146 Tagen werden die ein bis zwei 8 bis 22 Gramm schweren sehenden und behaarten Jungtiere geboren. Auffallend ist der kaum ausgeprägte Klammerreflex der jungen Bush-Babys. Die Mutter trägt ihr Jungtier nie am Fell angeklammert mit umher, sondern läßt es bis zur zweiten Lebenswoche während ihrer nächtlichen Ausflüge allein im Nest zurück. Im Freileben ernährt sich der Senegalgalago rein insektivor, eine Ausnahme bilden Gummisäfte. Mit seinen zahlreichen Unterarten ist der Senegalgalago über ganz Afrika südlich der Sahara verbreitet.

Riesengalago oder **Komba** *(Galago crassicaudatus)*. Der größte Galago ist in zahlreichen Unterarten von Mittel- bis zum südöstlichen Ostafrika, in einer Unterart auch in Westafrika verbreitet, wo er die dichten Wälder bevorzugt. Das wollige Haar des Riesengalagos, der eine Kopf-Rumpf-Länge von 33 cm hat, ist auf der Oberseite gelblichgraufarben, die Unterseite ist grau. Sein buschig behaarter Schwanz hat eine Länge von 37 cm, das Körpergewicht beträgt 1000 bis 1250 Gramm. Die Schwanzwurzel ist als Fettspeicher ausgebildet, so kann der Riesengalago die Dürrezeit schlafend überbrücken. Auch der erwachsene männliche Riesengalago besitzt ein nacktes, drüsiges Kehlfeld, mit dessen Duftabsonderung er markiert. Bei ihm kennen wir ebenfalls das dosierte Auftupfen von Urin mit Händen und Füßen. Interessant ist die aufrechte Haltung der Riesengalagos beim Kampf. Die Tiere stehen sich dabei gegenüber und schlagen sich mit ihren kräftigen Vordergliedmaßen. Ihre Nahrung umfaßt Früchte, Samen, Nüsse, Beeren, Blätter, Knospen, Baumsäfte, Kerbtiere, Kleinvögel und Eier. Das Lebendfutter wird blitzschnell im Sprung ergriffen, totgebissen und zerkaut. Feinde der Riesengalagos sind große Eulen, Ginsterkatzen und Schlangen. Auch dieser Halbaffe lebt verhältnismäßig gesellig; die Familienmitglieder finden sich zum Schlafen in ihren Laubnestern zusammen. Nach einer Tragzeit von 126 bis 136 Tagen wird in den nassen Sommermonaten ein Jungtier geboren. Das Neugeborene der

Riesengalagos ist leicht behaart, sein Geburtsgewicht beträgt bei 10 bis 12 cm Körperlänge 50 bis 70 Gramm. Es wird von der Mutter im Nest abgelegt und nur bei Gefahr im Mund getragen. Junge Riesengalagos machen die ersten Erkundungsausflüge im Alter von zwei Wochen. Die Säugezeit beträgt drei Monate. Elf Unterarten.

Buschwaldgalago oder **Allengalago** *(Galago alleni)*. Viel kleiner als der Riesengalago, zeichnet sich aber durch besonders große Ohren aus. Die oberseits hellbraun bis rotbraun, unterseits gelblich gefärbte Art hat bei einem Gewicht von ca. 250 Gramm eine Körperlänge von 20 bis 22 cm und gilt als bester Springer der Familie. Sie lebt im mittleren Westafrika, wo vier Unterarten bekannt sind.

Zwerggalago oder **Demidoffgalago** *(Galago demidovii)*. Über das Freileben der urwaldbewohnenden Art wissen wir nur sehr wenig, da sich das Leben der ausgesprochenen Urwaldbewohner viel schwieriger beobachten läßt als das der steppenbewohnenden Formen. Die nur 50 bis 80 Gramm schweren, braun bis gelbbraun gefärbten kleinen Tiere sind in Zentralafrika zu Hause. Mit der kurzen, spitzen Schnauze sehen sie den madagassischen Mausmakis ähnlich, ihre Beine sind jedoch in der Gelenkregion stark verlängert, wodurch die Zwerggalagos horizontale oder vertikale Sprünge von 4 m machen können. Die Ohren sind kürzer als bei den anderen Galago-Arten; der Schwanz ist dünner behaart. In freier Wildbahn ernähren sich die Zwerggalagos überwiegend von Kerbtieren, Baumsäften und Früchten. Die ein bis zwei Jungtiere werden nach einer Tragzeit von 108 bis 110 Tagen geboren und wiegen bei einer Kopf-Rumpf-Länge von 7,5 cm und einer Schwanzlänge von 9 cm bis zu 10 Gramm. Im Alter von drei Wochen läuft der Zwerggalago schon schnell, mit dreieinhalb Wochen frißt er feste Nahrung, mit sechs Wochen wird er entwöhnt, und mit drei Monaten gilt er bereits als selbständig. Sieben Unterarten.

Kielnagelgalagos sind baumbewohnende Tiere des tropisch-afrikanischen Regenwaldgebietes. Sie werden von einigen Zoologen als eigene Gattung *Euoticus* abgetrennt. Wir unterscheiden zwei Arten, und zwar den **Westlichen Kielnagelgalago** oder **Hellen Kielnagelgalago** *(Galago elegantulus)* sowie den **Östlichen Kielnagelgalago** oder **Dunklen Kielnagelgalago** *(Galago inustus)*.
Die Kielnagelgalagos tragen ein dichtes, kurzes, wolliges Haarkleid und besitzen kurze und kräftige Arme und Beine. Der lange Schwanz des Westlichen Kielnagelgalagos ist stark behaart, der des dunkler gefärbten Östlichen Kielnagelgalagos ist dagegen nur kurz behaart. Ihre nackten Ohren sind rosa, Hände und Füße sind ebenfalls unbehaart und fleischfarben. Der Östliche Kielnagelgalago ist kleiner, besitzt aber größere Ohren. Ihren Namen haben diese Tiere von der Ausbildung der Nägel an Zehen und Fingern erhalten, die nicht flach sind, sondern in ihrer Mitte einen scharfen Längsrücken tragen, der in einer nadelscharfen Spitze ausläuft. Mit diesen spitzen Nägeln haben die Tiere Halt an glatten Stämmen, an denen sie sich auch kopfabwärts bewegen können. Sie ernähren sich von Baumsäften, auch von Kerbtieren und Früchten. Von der westlichen Art gibt es zwei Unterarten.

Koboldmakiartige (Teilordnung Tarsiiformes)

Koboldmakis (Familie Tarsiidae)

Koboldmakis (Gattung *Tarsius*)

Die Familie der Koboldmakis stellt innerhalb der Halbaffen eine gesonderte Gruppe dar, weil sie viele ursprüngliche Merkmale verloren hat. Der letzte lebende Vertreter der Tarsiidae ist der heute in südostasiatischen Urwäldern lebende Koboldmaki, der am Ende der Entwicklung der Halbaffen steht und mit den echten Affen nahe verwandt ist. Das haben beispielsweise Untersuchungen des Blutserums gezeigt. Auch die Ausbildung des äußeren Gehörgangs, der runde Schädel mit der Hinterhauptöffnung, die zurückgebildeten Nasenhöhlen und die Trennung der Augenhöhlen vom Schläfenbein durch eine knöcherne Scheibe sind affenähnlich ebenso wie das Gebiß. Die unteren Schneidezähne stehen fast senkrecht, die unteren Eckzähne sind nicht schneidezahnähnlich wie bei vielen anderen Halbaffen, sondern vollkommen eckzahnartig. Die Zahnformel lautet $\frac{2\cdot1\cdot3\cdot3}{2\cdot1\cdot3\cdot3}$. Knochenfunde zeigen, daß es in früheren Zeiten Tarsiidae auch in Eurasien und Nordamerika gegeben hat. Zur Tertiärzeit traten Koboldmakis in überraschend vielen Formen auf. Heute leben nur noch Reste dieser einst so blühenden Gruppe, die sich wahrscheinlich vor etwa 60 Millionen Jahren von den Ahnen der anderen Herrentiere getrennt hat. Von gleichsinnigen Anpassungen lassen sich natürlich nicht direkte Rückschlüsse auf den Entwicklungsstand bzw. Verwandtschaftsgrad ziehen. Leider rückt die Ausrottung der Koboldmakis immer näher, da die bevorzugten Biotope zunehmend Opfer von Rodungen und Kultivierung werden. Bei den Einheimischen des Malaiischen Archipels gelten die nachtaktiven Koboldmakis als gespensterhafte Wesen und als Unglücksbringer. Die Koboldmakis sind kleine, hochspezialisierte Primaten. Ihre durchschnittliche Gesamtlänge beträgt 40 cm, davon fallen etwa 24 cm auf den dünnen, am Ende etwas stärker behaarten Schwanz. Die kugelig vorspringenden Augen sind außergewöhnlich groß und nehmen den größten Teil des Gesichtes ein. Ihre Pupille erweitert sich nachts so weit, daß die Iris nur noch als ein schmaler Ring zu sehen ist. Über den Augen fallen starke, steile Tastborsten auf. Der große gerundete Kopf – um 180 Grad drehbar – mit verkürzter Schnauze trägt zwei seitlich gestellte, voneinander unabhängig bewegliche Ohren, die bei Erregung ständig in Bewegung sind. Der Koboldmaki verläßt sich weit mehr auf sein Gehör als auf den Geruchssinn. Die Fußwurzelknochen sind sehr verlängert. Die stark entwickelten Hinterbeine (der Name *Tarsius* deutet auf die große Länge des Mittelfußknochens hin) befähigen diesen Primaten zu außerordentlichen Sprungleistungen. Das Skelett hat sich durch das Verschmelzen der unteren Hälfte der Unterschenkelknochen (Tibia und Fibula) und durch die Verlängerung der Fersenregion dieser schnellen Sprungweise angepaßt. Als bester Springer unter den Primaten hüpft er auf den Hinterbeinen und kann einen Meter weit springen. Kurz vor der Landung streckt er seine Gliedmaßen und «saugt» sich mit seinen breiten,

Koboldmaki *(Tarsius)* beim Sprung

als Haftscheiben dienenden Fingerbeerenballen an den Ästen fest. Der Schwanz dient als Stütze beim Anklammern an dünnen Zweigen. Die Lieblingsnahrung dieser Primaten sind Eidechsen und Insekten. Beim Ergreifen der Beute schließt der Koboldmaki die Augen, um Verletzungen zu verhindern. Fliegende Insekten erhascht er durch weite Luftsprünge. Auch kleine Fische und Krebse werden von diesen «Nachtgeistern» aus Bächen herausgefischt. Der Koboldmaki ist wahrscheinlich der einzige Primat, der keinerlei Pflanzennahrung zu sich nimmt. Er lebt als Einzelgänger oder in monogamen Familien in Territorien, deren Reviergrenzen er ständig mit Harn oder einem Sekret aus den Afterdrüsen markiert. Die Tragzeit des Koboldmaki beträgt sechs Monate – außergewöhnlich lang für so ein kleines Tier. Nach bisherigen Beobachtungen bauen Koboldmakis keine Nester. Trotz der zwei Zitzenpaare scheint immer nur ein Jungtier, vollkommen behaart und mit offenen Augen, zur Welt zu kommen. Das Jungtier läßt sich nach der Geburt im Fell der Mutter tragen, indem es sich an ihrem Unterkörper mit Händen und Füßen festhält.
Die Gattung *Tarsius* umfaßt drei sehr ähnliche Arten. Gelegentlich sprechen die Systematiker aber auch nur von einer Art. Die Primatologen unterteilen jede Art in mehrere Unterarten.

Philippinen-Koboldmaki *(Tarsius syrichta)*. Er ist die größte Art. Bei einer Körperlänge von 8,5 bis 16 cm und einer Schwanzlänge von 13,5 bis 27 cm bringt der grau-rotbraun gefärbte Primat ein Gewicht von 85 bis 165 Gramm auf die Waage. Charakteristisch für den Philippinen-Koboldmaki sind die nackte, glatte Schwanzunterseite, die unbehaarten Füße und der längere Schädel. Bereits 1702 wurde er als erster Koboldmaki beschrieben und abgebildet.

Sunda-Koboldmaki oder **Westlicher Koboldmaki** *(Tarsius bancanus)*. Sein Kopf ist von kürzerer Form. Das Fell zeigt eine grau-goldbraune Farbe. Er lebt am häufigsten in Küstenwäldern und in der Nähe von Flüssen auf Kalimantan und Südost-Sumatra.

Celebes-Koboldmaki oder **Östlicher Koboldmaki** *(Tarsius spectrum)*. Zeigt als Charakteristikum behaarte Füße, einen weißen Fleck hinter den Ohren sowie eine mit Borsten besetzte Schwanzunterseite. Seine Verbreitung erstreckt sich über Sulawesi.

Affen (Unterordnung Simiae)

Die Affen sind entwicklungsgeschichtlich die erfolgreichsten Primaten und unterscheiden sich wesentlich von den Halbaffen. Napier und Napier (1967) bezeichnen diese Unterordnung als Anthropoidea. In manchen Gebieten werden sie in einer fast verwirrenden Fülle von Arten und schwer unterscheidbaren Unterarten angetroffen. Eine Ursache liegt z.B. darin, daß Populationen durch breiter gewordene Flüsse oder Aufspaltung einstmals zusammenhängender großer Waldflächen voneinander isoliert wurden. In der Folge vieler Generationen traten bei ihnen Varianten, Mutationen oder genetische Rekombinationen auf, aus denen sich dann unter günstigen selektiven Einwirkungen neue voneinander abweichende Formen entwickelten.

In der Gesamterscheinung präsentieren sich die Affen sehr unterschiedlich: von zierlich eichhörnchengroßen Arten bis zu den kraftstrotzenden schwergewichtigen Gorillas. Heute bezweifelt niemand mehr, daß sich Menschenaffen und Mensch in vielen Merkmalen wesentlich näherstehen als z.B. Gorilla und Pavian. Im wesentlichen lassen sich zwei körperliche Merkmalsgruppen, die in unterschiedlichen Abwandlungen von den Neuweltaffen bis zu den Menschenaffen zu finden sind, erkennen. Hierzu gehören der meist rundliche Kopf mit den nach vorn gerichteten Augen, die zu beidäugigem (binokularem) Sehen befähigen, die menschenähnliche Form der Ohren und der in großen Zügen menschenähnliche Gesichtsschnitt und das meist nur gering behaarte, aber häufig mit Bart geschmückte Gesicht. Die höher entwickelte Gesichtsmuskulatur ermöglicht ein ausdrucksfähiges Mienenspiel. Das aus 32 bis 36 Zähnen bestehende Allesfressergebiß läßt sich durch die Zahnformel $\frac{2\cdot1\cdot2-3\cdot2\cdot3}{2\cdot1\cdot2-3\cdot2\cdot3}$ beschreiben. Zweitens sind es die bereits weitgehend zum Greifen geeigneten Hände und auch Füße («Vierhänder»), deren Daumen bzw. erste Zehe opponierbar (entgegenstellbar) sind.

Alle Affen besitzen zwei brustständige Milchdrüsen und echte Schweißdrüsen. Nur wenige Arten weichen von diesen Merkmalen ab, so z.B. die Krallenäffchen mit ihren krallenähnlichen Nägeln oder die Paviane mit ihren hundeartig langen Schnauzen und furchterregenden dolchförmigen Eckzähnen. Bei einigen Gruppen hat sich der Schwanz völlig zurückgebildet (Menschenaffen), bei anderen ist nur noch ein Stummel zu erkennen (ein Teil der Makaken), und eine große Gruppe zeichnet sich durch sehr lange Schwänze aus (Meerkatzen, Languren).

Die Affen sind das ganze Jahr über paarungsfähig. Die Eireifung erfolgt in den meisten Fällen im vierwöchigen Zyklus. In dieser Zeit der hormonell gesteuerten Empfängnisbereitschaft schwillt die äußere Genitalregion unter rötlicher Verfärbung bei vielen weiblichen Altweltaffen mehr oder weniger stark an. Dies hat Signalbedeutung und ist Auslöser für den Paarungstrieb. Ebenfalls Signalbedeutung besitzt bei einigen Artengruppen der auffällig grell gefärbte Hodensack (Scrotum). Der Penis hängt frei von der unteren Bauchwand herab und kommt bei der Paarung zur Erektion. Im Gegensatz zu den Halbaffen stellt der Uterus nur noch ein einheitliches birnenförmiges Gebilde dar.

Alle Affenarten bewohnen in sozialen Gruppen Tropengebiete, nur zum kleineren Teil subtropische und etwas kühlere Gebirgsregionen. Sie ernähren sich teils von pflanzlicher und teils von tierischer Kost.

Entscheidender als die bisher genannten Merkmalsgruppen wurde die zunehmende Entwicklung des Gehirns und des Nervensystems. Innerhalb der Affenverwandtschaft gibt es bei niederen Formen noch einfache Hirnstrukturen ohne erkennbare Furchung der Großhirnrinde. Bei höher entwickelten Arten gewannen besonders die Assoziationszentren, in denen die Lern- und Gedächtnisfähigkeit lokalisiert sind, an Leistungsvermögen. Diese Entwicklungstendenz sowie die bereits erwähnten menschenähnlichen körperlichen Merkmale, die Anfänge des zweibeinigen Gehens und das Freiwerden der Hände und ihrer zunehmenden Manipulierfähigkeit waren Voraussetzungen für die Entwicklung des Menschen.
In der herkömmlichen Taxonomie finden wir in der Gliederung der Affen zwei Teilordnungen: Neuweltaffen oder Breitnasen (Platyrrhina) und Altweltaffen oder Schmalnasen (Catarrhina).

Neuweltaffen oder Breitnasen (Teilordnung Platyrrhina)

Sämtliche Affen stammen vermutlich von einer komplexen Gruppe von Halbaffen ab, die vor ca. 50 bis 60 Millionen Jahren über Nordamerika und Europa, die damals noch zusammenhingen, verbreitet war. Schon sehr früh gelangte ein Zweig nach Asien und Afrika und ein anderer über die zu dieser Zeit noch bestehende Landbrücke nach Südamerika. Tektonische Vorgänge noch im Alttertiär unterbrachen jedoch die Landverbindung zu Südamerika, so daß sich die hier eingewanderten Affen ca. 30 Millionen Jahre lang getrennt weiterentwikkelten. Obgleich sich Alt- und Neuweltaffen als Folge der vorwiegend parallelen Evolution sowohl physisch als auch im Verhalten ähnlich sind, haben die letzteren einen ursprünglichen Körperbau bewahrt. Wie der wissenschaftliche Name schon verrät, sind die beiden seitwärts gerichteten Nasenlöcher der Neuweltaffen durch eine breite Nasenscheidewand voneinander getrennt. Bei den südamerikanischen Affen kann der Daumen den anderen Fingern häufig nur sehr schwer, in einigen Fällen überhaupt nicht, gegenübergestellt werden, d.h., die Greiffähigkeit des Daumens ist noch erheblich begrenzt. Dagegen besitzen die Füße abspreizbare Greifzehen wie die ihrer altweltlichen Verwandten. Das Gebiß weist auf jeder Kieferhälfte drei Prämolaren auf (Ausnahme: Krallenaffen). Der Großteil der Breitnasen hat noch ein Gehirn von einfacherer Struktur. Gesäßschwielen fehlen. Eine hochspezialisierte Sonderbildung ist jedoch der Greifschwanz, der fast einer fünften Extremität gleichkommt und besonders bei den Klammer-, Woll- und Brüllaffen zu finden ist. Unter den Kommunikationssystemen ist das akustische am wichtigsten, aber auch die weit verbreiteten Hautdrüsensysteme spielen hier eine größere Rolle, dementsprechend auch die Geruchskommunikation. Es gibt keine bodenlebenden Formen. Die südamerikanischen Affen sind fast ausschließlich Bewohner großer zusammenhängender Urwälder. Unüberwindbare Verbreitungsschranken bilden die langen breiten Flüsse, so daß oft Angehörige einer Gattung oder Art beiderseits des Flusses recht verschieden aussehen
Die Teilordnung der Neuweltaffen gliedert sich in drei Familien: Kapuzinerartige (Cebidae), Springtamarins (Callimiconidae) und Krallenaffen (Callithricidae).

Kapuzinerartige (Familie Cebidae)

Mit den Kapuzinerartigen tritt uns im Aussehen sowie im Wesen eine recht mannigfaltige Gruppe entgegen. Ihr Körpermaß reicht von dem eines Eichhörnchens bis zu dem einer großen Hauskatze. Das Gebiß zählt 36 Zähne. Wir unterscheiden fünf Unterfamilien mit insgesamt elf Gattungen und 35 Arten.

Nacht- und Springaffen (Unterfamilie Aotinae)

Nachtaffen (Gattung *Aotes*)

Nachtaffe(*Aotes trivirgatus*). Mit nur einer Art ist die Gattung *Aotes* vertreten. Einige Primatologen stufen den Nachtaffen sogar trotz seiner spezifischen Anpassung als urtümlichsten Affen ein. Der Mirikina oder Durukuli, wie der Nachtaffe auch genannt wird, ist der einzige Affe mit nächtlicher Lebensweise. Nach Sonnenuntergang und während der Morgendämmerung entwickelt er die größte Aktivität. Seine Körperlänge mißt ca. 30 bis 36 cm, der dicht behaarte Schwanz 50 cm; das Gewicht beträgt etwa 0,8 bis 1,1 kg. Auffälligstes Merkmal sind die von einem weißen Haarfeld umgebenen großen Nachtaugen mit stark gewölbter Hornhaut. Das dichte Fell zeigt graue, beigefarbene bis dunkelbraune Farbtöne. An den Endgliedern der Finger befinden sich Tastbeeren. Paarweise bzw. in kleinem Familienverband durchstreifen Nachtaffen geschickt und lautlos das dichte Geäst und vermögen dabei auch sicher zu springen. Die Nahrung setzt sich aus wasser-, zukker- und ölhaltigen Früchten, Samen, jungen Blättern, Mark, Knospen sowie größeren Insekten, kleineren Vögeln, Spinnen, Baumschnecken in erheblichem Anteil zusammen. Den Tag verbringt das Paar schlafend stets im gleichen Baumhöhlennest.

Die Nachtaffen bewohnen nur relativ kleine Reviere des südamerikanischen Urwaldes, vom nördlichen Kolumbien, Venezuela, Peru, Nordostbrasilien bis zum Gran Chaco, wo sie das ganze Jahr über ausreichend Nahrung finden. Ihr Territorium markieren sie vorwiegend mit Urin. Wie die meisten Neuweltaffen haben sie Geruchsdrüsen, so daß der olfaktorischen Kommunikation mehr Bedeutung als bei Altweltaffen zukommt. Natürlich lassen sich auch dem Nachtleben angepaßte Verhaltensweisen erkennen. M. Moynihan (1976) stellt z.B. fest, daß Verständigungen oder Beziehungen untereinander durch ritualisierte Verhaltensweisen, wie etwa Drohgehabe, sich meistens auf Gesten, die mit dem ganzen Körper ausgeführt werden, begrenzen. Ausdruckseinzelheiten, die nur mit den Augen wahrzunehmen sind, wie Drohgesicht oder Haarsträuben, wären in der Finsternis ohnehin nicht zu erkennen. Die gegenseitige Körperpflege stellt bei den Nachtaffen eine Vorstufe zur geschlechtlichen Aktivität dar.

Nach einer Tragzeit von ca. 150 (?) Tagen erblicken häufig Zwillinge das Licht der Welt mit einem Gewicht von je 90 bis 100 Gramm. Während der ersten Wochen halten sie sich im Fell auf dem Rücken der Mutter oder des Vaters fest. Das Höchstalter wird mit 25 Jahren angegeben. In zoologischen Gärten sind Nachtaffen nur gelegentlich zu sehen.

Ruhende Springaffen (*Callicebus* spec.).
Die enge Paarbindung drückt sich auch durch zärtliches Nebeneinandersitzen mit verschlungenen Schwänzen aus.

Springaffen oder **Titis** (Gattung *Callicebus*)

Größe und Aussehen der Titis ähneln denen der Nachtaffen. Meist sind sie auffallend gefärbt und tragen an den Kopfseiten verlängerte Haare. In ihrer typischen Ruhestellung sitzen sie zusammengehockt quer auf einem Ast. Der relativ lange Schwanz hängt schlaff herab, und das Körpergewicht ruht auf den Füßen. Je nach Situation kann der Affe plötzlich die Beine strecken, um einen weiten Sprung zu vollführen, eine flinke Beute mit schnellem Griff zu erhaschen oder um die

Flucht zu ergreifen. Dieser Beweglichkeit verdanken sie ihren Namen. Ihre Nägel sind ähnlich wie bei den Krallenaffen verlängert. Das Freileben der Titis ist nur sehr wenig bekannt. U. Hick schildert sie als friedliche Tiere. Die Populationsdichte wird örtlich mit bis zu 500 Individuen pro Quadratkilometer angegeben. Wahrscheinlich leben sie paarweise, meist zusammen mit zwei Jungen unterschiedlichen Alters. Graue Springaffen wurden auch in etwas größeren Gruppen angetroffen. Bemerkenswert sind ihre Kontakte mit den Schwänzen untereinander, z.B. lockeres Umschlingen, Aneinanderreiben oder leichter Druckaustausch. Ein Brustdrüsensekret dient wahrscheinlich der Territoriumsmarkierung. Mit ihrer klangvollen kräftigen Stimme, die sie besonders morgens bei Sonnenschein laut ertönen lassen, verständigen sie sich untereinander. Drohverhalten ist an Zähnefletschen, Augenverdrehen und Haarsträuben zu erkennen. Ihre Kost setzt sich hauptsächlich aus Kleingetier zusammen, Insekten, Eidechsen, kleine Vögel, Eier usw., gelegentlich aber auch aus weichen, saftigen Früchten, Blättern und Blüten. Mitunter benutzen sie sogar Halme, um Insekten aus Ritzen herauszuangeln (Bungartz). Im Zoo zählen die Titis zu den anspruchsvollen Pfleglingen; sie sind daher nicht häufig zu sehen.

Es werden vier Arten mit 24 Unterarten angeführt. Infolge der schwierigen Differenzierung der Formen und der Unsicherheit ihrer Verbreitungsgrenzen sollen hier nur die Arten genannt werden:

Witwenaffe *(Callicebus torquatus)*. Körperlänge: bis 45 cm; Schwanzlänge: 50 cm. Färbung: dunkelbraun, Brust rotbraun, Arme und Beine schwarz, weißer Latz, Gesicht schwarz, Farbe variiert örtlich. Vorkommen: Nördliches Südamerika von Ost-Kolumbien über Venezuela bis Franz.-Guayana.

Roter Springaffe *(Callicebus cupreus)*. Nicht so lebhaft gefärbt, auf der Unterseite bei allen Unterarten vorwiegend rötliche Färbung. Getrennt im mittleren und oberen Amazonasgebiet sowie in NW-Kolumbien.

Grauer Springaffe *(Callicebus moloch)*. Bekannteste Art. Rötlichbraun, Armaußenseite und Kopfkappe grau, weißgelbliche Halskrause. Von den Unterarten sei Hoffmanns Springaffe *(Callicebus moloch hoffmannsi)* mit weißockerfarbener Halskrause angeführt. NW-Brasilien und im Mündungsgebiet des Amazonas.

Schwarzköpfiger Springaffe oder **Maskentiti** *(Callicebus personatus)*. Brust und Kopfvorderseite vorherrschend dunkel bis schwarz. Südostbrasilien.

Sakiaffen (Unterfamilie Pithecinae)

Auch diese Gruppe lebt mit nur wenigen Ausnahmen in schwer zugänglichen Urwäldern des Amazonas-Flußsystems. Ihre schlanke Gestalt wird meistens durch ein langhaariges, dichtes und sich leicht ölig anfassendes Fell, das hauptsächlich als Regenschutz dienen dürfte, überdeckt. Beim Greifen stehen Daumen und Zeigefinger den übrigen Fingern gegenüber. Drei sehr ungewöhnliche Gattungen mit neun Arten sind hier zusammengefaßt.

Schweifaffen oder **Sakis** (Gattung *Pithecia*)

Auffallend bei den Schweifaffen sind das lange und rauhe Haar und ein langer, schweifartiger buschiger Schwanz. Der Kehlkopf mit seinem vergrößerten vorderen Schildknorpel ist zugleich ein wirksamer Lautverstärker. Ihr Körpergewicht kann bis zu etwa 1,8 kg betragen. Gewandt springen sie mühelos über breite tiefe Pfützen oder hangeln von Baum zu Baum. Mitunter geht es auch zweibeinig auf starken Ästen entlang. Den Gibbons ähnlich werden dabei die Arme zur Balance hochgehalten, aber nur bis zur Seite. Um zur Nahrungsaufnahme die Hände frei zu haben, hängen die Sakis mitunter mit den Füßen am Ast. Sowohl in kleineren Familienverbänden als auch in größeren Gruppen durchstreifen sie den Wald nach reichlich vorhandener tierischer und pflanzlicher Nahrung. Zum Trinken tauchen die Sakis ihre behaarte Hand ins Wasser und saugen dann daran. Die Sakis haben die Fähigkeit, sich mit bestimmten Haltungen, Gesten, Gebärden und Lauten zu verständigen.

Wegen hoher Haltungsansprüche sind Schweifaffen nur selten in Zoos zu sehen. Wir kennen zwei Arten mit mehreren Unterarten.

Zottelschweifaffe oder **Mönchsaffe** *(Pithecia monacha)*. Körperlänge: 45 cm; Schwanzlänge: 40 cm. Färbung: dunkel und vor allem am Kopf und an den Schultern grau meliert; die lockere und zottelige Haarstruktur, der er den Namen verdankt, ähnelt häufig einer Perücke. Verbreitungsgebiet: Mittleres Amazonasbecken Brasiliens, im mittleren Kolumbien, in Guyana und Suriname.

In zoologischen Gärten gab es 1978 lediglich neun Zottelschweifaffen in sechs Kollektionen. Im Zoo von Philadelphia lebte ein Zottelschweifaffe über sieben Jahre.

Blaßkopfsaki *(Pithecia pithecia)*. Körperlänge: etwa 37 cm; Schwanzlänge 36 cm; etwas kleiner als die vorherige Art. Augenfälliges Kennzeichen beim Männchen ist die helle grobhaarige Gesichtsmaske, die in der Mitte von der schwarzen, fast haarlosen Nase, dem Mund und der Augenpartie unterbrochen ist. Der Körper zeigt eine schwarze Farbe. Beim Weibchen zieht sich lediglich je ein heller Streifen beiderseits der Nase über die Wangen; die schwärzlichen Haare zeigen weiße Spitzen. Verbreitungsgebiet: Südliches Venezuela. Im Zoologischen Garten Köln gab es u.a. wiederholt Nachwuchs, wobei Tragzeiten von 163 und 176 Tagen ermittelt wurden. Nach 16 Tagen konnte das Baby auf dem Rücken der Mutter und im Alter von vier Wochen auf dem des Vaters beobachtet werden. Zwei Unterarten werden unterschieden: **Weißkopfaffe** oder **Weißkopfsaki** *(Pithecia pithecia pithecia)*, Männchen mit weißer bis gelblichweißer Gesichtsmaske; **Goldkopfaffe** oder **Goldkopfsaki** *(Pithecia pithecia chrysocephala)*, Männchen mit ockergelber Gesichtsmaske.

Bartsakis (Gattung *Chiropotes*)

Die Körpermaße kommen etwa denen der Schweifaffen gleich. Der buschig drehrunde Schwanz übertrifft den Körper an Länge. Abweichend sind einige Schädelmerkmale. Stark auffallend ist die Haartracht verschiedener Formen. Auf dem Scheitel erhebt sich das Haar zu einem Schopf, der z.T. seitlich wirbelartig auseinanderfällt. Überhaupt macht das Haarkleid einen sehr «gepflegten» Eindruck. Auch unter ihnen sind sehr unterschiedliche Färbungstypen anzutreffen. Bartsakis ernähren sich von Früchten, vorzugsweise Beeren, Blüten, Insekten, nicht selten auch kleinen Säugetieren und Vögeln. Ihr Verhalten im Freileben ist noch weitgehend unbekannt. Mitunter werden die drei Arten nur als Unterarten aufgefaßt.

Satansaffe *(Chiropotes satanas)*. Seine Körperfarbe variiert zwischen kastanien-, dunkel- und schwarzbraun. Erwachsene Männchen besitzen einen prächtigen Backenbart, der Schopf ist in der Mitte gescheitelt. Das Verbreitungsgebiet sind die feuchtheißen Tropenwälder südlich des Unterlaufes und Mündungsgebietes des Amazonas. Der Satansaffe gehört zu den großen Seltenheiten in den Zoos. Im Zoo von San Diego lebte um 1960 ein 15jähriger Satansaffe.

Rotrückensaki *(Chiropotes chiropotes)*. Die Männchen dieser Art können sich zu imposanten Erscheinungen entwickeln. Schultern und oberer Rücken sind dunkelbraun, die Oberarme kastanienbraun. Von erstaunlichem Ausmaß sind der dichte Kinn- und Backenbart und der gescheitelte Schopf. Das Scrotum zeigt wie auch beim Satansaffen auffallend nackte Hautstellen. Durch lange dichte Haare wirkt der Schwanz buschig. Bei Erregung richtet sich das Tier meist auf, droht mit den Zähnen und läßt den Bart erzittern. Rotrückensakis kommen in den Urwaldtälern zwischen unterem Amazonas und Orinoco vor. In Zoos sind sie nur sehr selten zu sehen.

Weißnasensaki *(Chiropotes albinasa)*. Diese seltene Art trägt ein glänzendes schwarzes Haarkleid mit dicht behaartem Schwanz. Nase und Mundpartie sind rosarot, dünn und mit weißen Härchen bedeckt. Die großen, sanften, sprechenden Augen sind von auffallender Schönheit. Verbreitungsgebiet in Brasilien südlich des Amazonas zwischen Xingu und Tapajos. Lediglich vier Exemplare befanden sich 1978 in menschlicher Obhut. Von der IUCN als selten bezeichnet.

Kurzschwanzaffen oder **Uakaris** (Gattung *Cacajao*)

Es sind die einzigen Neuweltaffen mit verkürztem Schwanz. Die Körperlänge mißt 40 bis 45 cm, der Schwanz nur etwa 20 cm. Fast ausschließlich halten sie sich in den oberen Baumregionen auf. Sind sie doch einmal am Boden, laufen sie gern aufrecht, wobei sie mit angehobenen Armen Gleichgewicht halten. Der Körper erscheint etwas gedrungener als bei den Sakis. Vorwiegend ernähren sie sich von allerlei Früchten, grünen Trieben und Blüten, die es im feuchten Dschungel häufig im Überfluß gibt. Ebenso gehören kleine Echsen, Amphibien, Vögel und Insekten zur Kost. Einheimische halten mitunter Uakaris gezähmt als Haustiere. Mit Hilfe von Pfeilen, die nur mit verdünntem Kurare bestrichen sind, werden die Tiere gefangen. Sobald das Gift zu wirken beginnt und das Tier zu Boden fällt, wird etwas Salz, das hier als Gegengift gilt, eingeflößt. Vier Arten werden unterschieden, die alle zu den seltenen Formen zählen und im Zoo hohe Haltungsansprüche stellen.

Roter Uakari *(Cacajao rubicundus)*. Der schlanke Körper der relativ häufigsten bzw. bekanntesten, auch Golduakari genannten Art ist mit einem dichten Mantel von roten bis rotbraunen Haaren bedeckt. Die relativ dünnen Extremitäten haben große Hände und Füße. Gesicht, Kopfseiten und Vorderscheitel sind nackt; Stirn, Nase und Kinn nur spärlich behaart. Das rötliche Haupthaar ist kurz. Das Gebiß fällt durch seine langen Eckzähne auf.
In ihrer Urwaldheimat zeigen sie sich sehr lebhaft, klettern, springen und hangeln, laufen auf Zweigen und klammern sich auch gern mit den Armen über dem Kopf im Geäst an. Sie drohen mit weit geöffnetem Mund. Im Erregungszustand verstärkt sich die rote Farbe des Gesichts, bei kranken Tieren erblaßt das Gesicht.
Ihre Heimat befindet sich im nordwestlichen Brasilien zwischen dem Rio Negro und Japurá. Dort sollen sie in Familien und auch in Gruppen leben. Im Zoo Frankfurt (Main) erfolgte 1967 die Erstgeburt in Europa. Haltungserfolge überschreiten bereits zehn Jahre. Wird auch als Unterart des Scharlachgesichts *(Cacajao calvus rubicundus)* geführt.

Scharlachgesicht oder **Kahlkopfuakari** *(Cacajao calvus)*. Der vorigen Art ähnlich. Wegen seines weißlichen Fells auch Weißer Uakari genannt. Gesicht und Kahlkopf sind rot und heben sich von der weißlichen Haarfarbe stärker ab. In Erregung wird das Rot intensiver. Uakarimännchen sind gewandt, sehr lebhaft, kräftig und können auch aggressiv werden. Diese Art wird auf relativ kleinem Raum zwischen dem Japurá und dem südlichen Gebiet des Ica-Flusses angetroffen. Nur sehr selten in Zoos zu sehen. Der Bestand gilt als gefährdet.

Schwarzkopfuakari *(Cacajao melanocephalus)*. Wie der Name schon andeutet, ist das Gesicht von schwarzer Farbe. Auch das Körperfell ist vorwiegend schwarz, z.T. kastanienbraun. Verbreitungsgebiet: Das weite Tal des Rio Branco im Norden Brasiliens und Teile im Süden Venezuelas. Alexander v. Humboldt entdeckte 1800 mit dieser Art den ersten Uakari. Leider sind seitdem kaum Einzelheiten über sein

36 Nachtaffe *(Aotes trivirgatus)*.
Der deutlich sichtbare große Kehlsack dient der Lautverstärkung. Besonders am Morgen sind im Wald die lauten Brüllkonzerte zu hören, deren Stärke den kleinen Affen gar nicht zugemutet wird. Mit etwa 50 Lauten informieren sich die Tiere innerhalb der Gruppe. (Zoo Duisburg)

Vorangegangene Seiten:

37 Weißkopfsaki *(Pithecia pithecia pithecia)*.
Die grobhaarige helle Gesichtsmaske besitzt nur das männliche Tier. (Zoologischer Garten Köln)

38 Zottelschweifaffe *(Pithecia monacha)*.
Der lockeren und zotteligen Haarstruktur verdankt dieses Tier seinen Namen. (Zoologischer Garten Köln)

39 Zottelschweifaffe oder **Mönchsaffe** *(Pithecia monacha)*
(Zoologischer Garten Köln)

40 Weißkopfsaki *(Pithecia pithecia pithecia)*.
Von diesem kleinen Affen wurde im Zoologischen Garten Köln wiederholt Nachwuchs erzielt.
(Zoologischer Garten Köln)

41 Zottelschweifaffe oder **Mönchsaffe** *(Pithecia monacha)*.
Nur in wenigen zoologischen Gärten ist dieser Schweifaffe zu sehen. (Zoologischer Garten Köln)

Folgende Seiten:

42/43 Scharlachgesichter oder **Kahlkopfuakaris** *(Cacajao calvus)*.
Der Gesichtsausdruck dieser meist recht schweigsamen Gesellen mutet traurig an. (Zoologischer Garten Köln)

44–46 Rotrückensakis *(Chiropotes chiropotes)*.
Oben: Auf dem Scheitel erhebt sich das Haar zu einem Schopf, der nach allen Seiten auseinanderfällt. (Zoo Duisburg)
Oben rechts: Das wollige Fell aller Sakis ist außerordentlich dicht und dient den in den höchsten Baumkronen lebenden Tieren als Regenschutz. (Zoologischer Garten Köln)
Unten rechts:
Auffallend ist der riesige dunkle Vollbart. (Zoologischer Garten Köln)

47 Rotrückensaki *(Chiropotes chiropotes).*
Der buschige drehrunde Schwanz ist an der Spitze etwas gekrümmt. (Zoologischer Garten Köln)

48/49 Weißnasensakis *(Chiropotes albinasa).*
Diese seltene Art ist nur in wenigen zoologischen Gärten anzutreffen. (Zoologischer Garten Köln)

Folgende Seiten:

50 Goelditamarin *(Callimico goeldii).*
Von dem Freileben dieses in seiner Heimat gar nicht so selten vorkommenden Tieres ist bisher nur sehr wenig bekannt. (Zoologischer Garten Köln)

51 Weißer Tamarin *(Saguinus melanoleucus).*
Eine Rarität im zoologischen Garten! (Zoologischer Garten Köln)

52 **Wollaffe** *(Lagothrix lagothricha).*
Wollaffen sind friedliche Tiere, die sich in Gefangenschaft eng an den Menschen, aber auch an andere Tiere anschließen können. (Severočeská Zoologická Zahrada Liberec)

53 **Totenkopfäffchen** *(Saimiri sciureus).*
Das runde Köpfchen, eine hohe gewölbte Stirn, große runde Augen und ein kurzes Näschen geben auch dem erwachsenen Tier ein juveniles Aussehen. (Severočeská Zoologická Zahrada Děčin)

54 **Wollaffe** *(Lagothrix lagothricha).*
Sowohl bei der ungestörten Fortbewegung als auch auf der Flucht gebrauchen Wollaffen abwechselnd Arme, Beine und Schwanz. (Severočeská Zoologická Zahrada Liberec)

55/56 Weißbüscheläffchen
(Callithrix jacchus).
Um jedes Ohr tragen diese Äffchen einen aufgerichteten Schopf langer, steifer weißer Haare, die sich von dem übrigen Fell stark abheben.
Oben: Severočeská Zoologická Zahrada Liberec
Unten: Zoologischer Garten Stuttgart

57 Schwarzer Klammeraffe
(Ateles paniscus).
Charakteristisch für den Klammeraffen ist der meist nach vorn gerichtete Haarschopf über der Stirn.
(Zoologischer Garten Dresden)

58 Klammeraffe (*Ateles* spec.).
Der lange dünne Greifschwanz ist sehr beweglich, unbegrenzt lange kann sein Besitzer daran hängen.
(Zoologischer Garten Hannover)

59/60 Kaiserschnurrbarttamarins *(Saguinus imperator)*.
Der riesige weiße Schnurrbart hängt fast bis auf die Arme herab. Ursprünglich nur von toten Exemplaren her bekannt, wurde ihnen der Bart von den Präparatoren irrtümlich in typischer «Kaiser-Wilhelm-Form» hochgezwirbelt, so daß die Tiere diesen kaiserlichen Namen erhielten.
(Zoologischer Garten Köln)

61 Lisztäffchen *(Oedipomidas oedipus)*. Die mächtige weiße Mähne, die besonders bei Erregung oder beim Imponierverhalten zur vollen Geltung kommt, erinnert an die Kopfhaarfülle des Komponisten Franz Liszt und gab der Art ihren Namen. (Zoologischer Garten Köln)

62 Zweifarbenäffchen *(Saguinus bicolor bicolor)*. Der nackte schwarze oder braungetönte Kopf mit großen abstehenden Ohren gibt dem Tier ein seltsames Aussehen. (Zoologischer Garten Stuttgart)

63 Lisztäffchen *(Oedipomidas oedipus)*. Lisztäffchen dienen heute in der Verhaltensforschung häufig als Versuchstiere. (Zoologischer Garten Köln)

64 Goldgelbes Löwenäffchen *(Leontideus rosalia)*. Während Löwenäffchen in der Vergangenheit öfter auch in europäischen zoologischen Gärten gezeigt werden konnten, gehören sie heute zu den Seltenheiten. (Zoologická Zahrada Praha)

Freileben bekannt geworden. Im Jahre 1978 wurden nur insgesamt drei Exemplare in menschlicher Obhut vermerkt. Sein Bestand in der Wildbahn ist unklar.

Schwarzer Uakari *(Cacajao roosevelti)*. Diese vierte Art wird nur von einigen Zoologen getrennt angeführt. Möglicherweise ist es nur eine Unterart der vorher genannten Spezies. Sie wird mit ca. 45 cm Körperlänge als größte Art beschrieben; der Schwanz ist mit etwa 39 cm relativ lang. Ähnlich wie bei voriger Art sind Gesicht und Haarkleid schwarz. Sein getrenntes Vorkommen liegt im östlichen Bolivien. Über das Freileben ist wenig bekannt.

Kapuzineraffen (Unterfamilie Cebinae)

Die Kapuzineraffen gliedern sich in die beiden Gattungen Kapuziner und Totenkopfäffchen. In der systematischen Zuordnung gab es noch vor 25 Jahren Abweichungen. J. T. Sanderson und G. Steinbacher z.B. stellten die Totenkopfäffchen unmittelbar an die Sakis, wahrscheinlich wegen einiger äußeren Merkmale. Taxonomisch bedeutsamere Kriterien rechtfertigen jedoch ihre Zusammenfassung mit den Kapuzinern, den «echten» oder «typischen» Neuweltaffen.

Totenkopfäffchen (Gattung *Saimiri*)

Der deutsche Name ist mehr flüchtig als treffend gewählt. Die Körperlänge dieser kleinen Affen liegt zwischen 27 und 35 cm, der Schwanz erreicht etwa 40 cm, das Gewicht beträgt 800 bis 1200 Gramm. Gelegentlich sind auch wesentlich größere Exemplare anzutreffen. Der schlanke, kurz behaarte Körper ist vorwiegend gelblich, hellbraun bis rötlich und um die Augen, Ohren, Kehle sowie an den Halsseiten weißlich gezeichnet. Man könnte meinen, Nase und Mund hätte das Tier in Tinte oder Heidelbeersaft getaucht. Hervorzuheben ist noch ihre Schädelform. Die das Gehirn bergende Knochenkapsel ist weit nach hinten ausgewölbt. Das Gehirn ist im Vergleich zum Körpergewicht sehr groß – das relativ größte unter allen Primaten. Am besten sind die Bewegungszentren entwickelt.
Nach einer Tragzeit von etwa 180 Tagen wird ein großes Jungtier geboren, dessen Geburtsgewicht etwa ein Sechstel bis ein Achtel des Gewichtes der Mutter aufweist (beim Menschen ca. 1/19). Das Baby klammert sich an der Mutter fest, wobei es, wenn es keine Hilfe benötigt, zumindest während der ersten Tage kaum Aufmerksamkeit von ihr erfährt. Bereits nach drei Wochen beginnen schon Tantenverhältnisse, und das Junge reitet auf fremden Weibchen. Die Nahrung setzt sich aus Insekten, auch Schnecken und Baumfröschen, z.T. auch aus Früchten und anderen pflanzlichen Stoffen zusammen.
Totenkopfäffchen zeigen eine starke Vorliebe für undurchdringliche Urwälder. Als echte Herdentiere – nach R. W. Thorington (1968) gibt es Verbände von 30 bis 150 Individuen, J. T. Sanderson beobachtete sogar in Guyana eine Gruppe mit über 500 Mitgliedern – durchstreifen sie auf Nahrungssuche in kleineren Gruppen von fünf bis zehn Tieren fast lautlos das Gezweig, jedoch immer untereinander im Sichtkontakt. In Gebieten mit hoher Bestandsdichte sind häufig zwei oder gar drei Gruppen in Sichtweite. Auf den Boden kommen diese Äffchen nur selten herab. Bei akuter Gefahr stürmt die ganze Herde schreiend davon. Erst in größerer Entfernung verharren sie still im dichten Gebüsch, bis sie sich wieder sicher wähnen. Feinde sind größere Greifvögel, Schlangen, seltener auch mittelgroße Katzen. Ähnlich wie manche Meerkatzen alarmieren auch sie mit spezifischen Warnlauten ihre Gruppenmitglieder.
Ihr Sozialverhalten ist stark ausgeprägt. Über die Hälfte des Tagesablaufes ist mit gegenseitigem Beobachten und sozialer Kommunikation angefüllt. Die Hierarchie erweist sich aber als labil. Männchen leben häufig halb unabhängig von den Gruppen der Weibchen. Im Fortpflanzungsverhalten spielt die olfaktorische Kommunikation eine größere Rolle. Die Tiere kennzeichnen oder «imprägnieren», wie R. Kirchshofer schrieb, sich selbst mit Harn. Dennoch sind es sehr reinliche Tiere. Interessant ist ihr zum Droh- und Dominanzverhalten ritualisiertes Sexualverhalten. Dabei wird der Körper aufgerichtet und ein Bein stark abgespreizt, um den erigierten Penis gut sichtbar zur Schau zu stellen, eine Imponierhaltung, die schon bei sehr jungen Tieren zu beobachten ist. Das Verhalten dieser Äffchen ist bereits relativ gut erforscht worden. In immer noch erheblicher Anzahl gelangen die lebhaften Tiere in Test- und Forschungslabors.
In der Obhut des Menschen beanspruchen sie geräumige Unterkünfte mit genügend Bewegungs- und Ausweichmöglichkeiten. Ihre geringe Resistenz gegen Parasitosen fordert peinliche Hygiene. Zu enge Behältnisse steigern die Dominanz ranghoher Tiere bis zur Aggressivität. Rangniedrigste Gruppenmitglieder verfallen in Dauerstreß, wagen sich kaum noch an das Futter und verkümmern regelrecht physisch und psychisch, so daß die Gruppe allmählich von unten her erlöscht. In Zoos werden diese Äffchen noch häufig gezeigt. Die regional unterschiedlichen Formen werden vier Arten mit 15 Unterarten zugeordnet.

Totenkopfäffchen *(Saimiri sciureus)*. Die häufigste und bekannteste Art. Kopf ockerfarben. Bewohnt Südamerika nördlich des Amazonas; im Westen südlich davon zwischen den Flüssen Juruá und Ucayali und im Osten im Bereich des Xingu.

Gelbes Totenkopfäffchen *(Saimiri oerstedii)*. Das Körperfell zeigt eine etwas kräftigere Farbe mit rötlichbraunem Überflug, Kopf dunkelgrau. Es ist die nördlichste Art in Mittelamerika von Panama bis Nikaragua.

Madeirafluß-Totenkopfäffchen *(Saimiri madeirae)*. Vom etwa gleichen Farbschema gering variierend. Das Verbreitungsgebiet liegt südlich des Amazonas, östlich und westlich vom Fluß Madeira.

Schwarzköpfiges Totenkopfäffchen *(Saimiri boliviensis)*. Variiert ebenfalls in Farbe und Zeichnung in engen Grenzen. Diese Art bewohnt das südliche Bolivien bis Paraguay und den nördlichen Streifen Argentiniens bis zum Fluß Bermejo.

Kapuziner (Gattung *Cebus*)

Von allen Neuweltaffen zeigen die Kapuziner die größte Ähnlichkeit mit den Altweltaffen. Bereits 1578 berichtete der Franzose J. de Lery nach seiner Brasilienreise von einer kleinen schwarzen «Meerkatze». Selbst C. v. Linné faßte sie noch mit den Meerkatzen und Makaken in einer Gruppe zusammen.

Kapuziner sind Affen von mittlerer Größe mit einer Körperlänge zwischen 32 und 56 cm, die Schwanzlänge variiert zwischen 38 und 56 cm und das Gewicht zwischen 1,1 bis 3,5 kg, in einigen Fällen sogar noch darüber. Der an der Spitze einrollbare Schwanz – daher werden sie auch Rollaffen genannt – ist weder innen haarlos noch zum Greifen geeignet wie bei den Klammeraffen; er dient lediglich als Stützorgan. Zur pflanzlichen Nahrung kommt ähnlich wie bei den Saimiris ein hoher Anteil an tierischer Kost: neben Insekten auch kleine Echsen, Lurche und kleine Vögel. Nach einer Tragzeit von ca. 180 Tagen wird ein Jungtier geboren, das anfangs nur am Bauch, aber bald mehr auf dem Rücken – häufig auch vom Männchen – getragen wird. Zum Saugen wechselt es dann über. Mit etwa fünf Jahren ist der Kapuziner fortpflanzungsfähig. Sein maximales Alter wurde mit fast 47 Jahren festgestellt, das bisher wohl höchste bekannte unter den Affen (F. Jantschke 1978).

Kapuziner leben in weiten Teilen Südamerikas, in den feuchtwarmen Wäldern des Amazonasbeckens, in Gebirgswaldungen bis 1600 m Höhe sowie bis an die Waldrandgebiete von dichten Savannen oder üppigem Plantagenland. Diese lebhaften Affen durchstreifen bereits bei Tagesbeginn in Gruppen von etwa 8 bis 30 Tieren ihr Wohngebiet, um zunächst die Futterplätze aufzusuchen. Nicht selten zerstreut sich die Gruppe im Gelände bis auf 300 oder 400 m, wobei sie jedoch in ständigem Lautkontakt bleibt. Auf ihren Wanderungen halten sie immer eine bestimmte Reihenfolge ein: an der Spitze gehen die Jungtiere, dann folgen die erwachsenen Männchen und Weibchen; den Abschluß bilden die Junge tragenden Weibchen. Auch die Kapuziner lassen ihren Harn über die Hände laufen, um dann damit Fell und Füße einzureiben. Wahrscheinlich werden mit diesen «Duftstoffen» ihre meist regelmäßig begangenen Wechsel markiert. Als Alarmrufe werden hohe dünne Pfeiflaute, in Erregung oder Angst auch kräftige Quieklaute ausgestoßen. Das ranghöchste Tier beherrscht die Gruppe, die übrige Hierarchie läßt keine Stabilität erkennen. Dominante Männchen fordern im allgemeinen Angreifer heraus, wenn ein Gruppenmitglied bedroht ist. Das Drohen erfolgt bei starrem Blick mit offenem Mund und entblößten Zähnen sowie auch Schreien. Gruß und Kontaktsuche werden durch schmatzende Lippen angezeigt. Überhaupt sind die Ausdrucksformen des Gesichtes bei Kapuzinern sehr weit entwickelt. Erregungszustände lassen sich auch am erigierten Penis der Männchen erkennen. Viel Zeit und Sorgfalt werden der Fellpflege («Grooming»), der eigenen sowie der der anderen Gruppenmitglieder, auch als Zeichen der Sozialbindung, gewidmet. Mit regelrechter Begierde reiben sie sich – ähnlich wie die Saimiris – Rücken und Nacken mit ätherische Öle enthaltenden Pflanzenteilen, z.B. Orangenschalen, ein. Auch Zwiebeln finden hierfür Verwendung, wobei die stark reizenden Duftstoffe Tränenfluß auslösen. Könnte dies eine Präparation gegen stechende Insekten sein?

Die Kapuziner zeichnen sich unter den Neuweltaffen durch einen sehr hohen Intelligenzgrad aus. «Mungo» z.B., ein Kapuziner im Dresdener Zoo, zeichnete aus eigenem Antrieb mit Kreide an die Wand seines Käfigs gern Dreiecke, Spiralen und enge Zickzacklinien. Er rührte aus verschiedenen Zutaten mit dem Löffel in einer Schüssel «Kuchenteig» zusammen, wobei er es sogar fertig brachte – wenn auch nicht immer mit vollem Erfolg –, ein rohes Ei dazu einzuschlagen. Mit dem Wasserschlauch reinigte er sein Behältnis. Eine Spitzenleistung war seine «Selbstbefreiung» aus dem Außenkäfig. Einen abgebrochenen Ast vom Kletterbaum benutzte er regelrecht als Brechstange. Den Bindedraht des in den Eisenrahmen eingespannten Maschendrahtgeflechts löste er mit Hilfe dieses Werkzeuges durch beständige zielgerichtete Hebelwirkung aus seiner Befestigung. Nach diesem ersten «Arbeitsgang» drückte er dann den Maschendraht vom Rahmen ab und konnte so durch den entstandenen langen Spalt nach außen schlüpfen. Ein überzeugendes Beispiel für den mit einer gewissen Voraussicht und Vorstellung betriebenen Werkzeuggebrauch.

Kapuziner zeigen sich im selbständigen Probieren und «Erfinden» stärker und geschickter als im Nachahmen. Insekten werden mit Hilfe von Stengeln oder zusammengerollten Blättern aus ihren Verstecken getrieben. Nüsse verstehen sie mit Steinen oder anderen harten Gegenständen zu knacken. Wegen ihrer hohen Hirnleistungen fanden diese Affen schon vor vielen Jahren häufig in Forschungslabors Verwendung, und ihre zusagenden Eigenschaften machten sie ebenso als Heimtiere beliebt, zumal sie keine übermäßigen Haltungsansprüche stellen. Auch erstaunliche Dressurleistungen sind schon erzielt worden. Im Zoo gehören die Kapuziner zu den häufigsten Neuweltaffen, bei denen es nicht selten Nachwuchs gibt. 1977 wurden von den Zoos der Welt insgesamt 79 Geburten gemeldet.

Heute werden in der großen Formenvielfalt der Kapuziner vier Arten mit vielen Unterarten unterschieden. Eine exakte systematische Einordnung ist wegen der zahlreichen Varianten und Übergänge äußerst schwierig.

Weißschulterkapuziner *(Cebus capucinus)*. Relativ klein, schlank; dunkelbraun, weiße Schultern und ebensolches Gesicht; kurzhaarig. Verbreitung: Mittelamerika von Guatemala bis in das nördliche Kolumbien.

Weißstirnkapuziner *(Cebus albifrons)*. Körper schlank, relativ klein; Haarkleid mittelbraun, dunkle Kopfplatte, Stirn und Gesicht weiß. Vorkommen in Kolumbien, Venezuela, auf Trinidad, im nordwestlichen Brasilien, nördlichen Bolivien.

Brauner Kapuziner *(Cebus nigrivittatus)*. Körper etwas größer, langgliedriger; Fell mittelbraun, lockerer, Kopf kurzhaarig, Stirn und Kopfseiten weißlich, Gesicht rosa, nackt. Verbreitet in Guyana, Suriname bis zur Orinoco-Mündung und Brasilien nördlich des Amazonas vom Delta bis zur Mündung des Rio Negro.

Gehaubter Kapuziner *(Cebus apella)*. Auch Apella oder Faunaffe genannt. Körper kräftiger und gedrungener, Gliedmaßen kürzer, Fell mittel- bis dunkelbraun, langhaariger, Kopfplatte dunkel bis schwarz mit unterschiedlichen «Frisuren». Verlängerte aufrecht stehende Haare bilden zwei Schöpfe über den Ohren. Verbreitet in voneinander getrennten Gebieten vom westlichen Venezuela über das östliche Kolumbien, Westbrasilien, Bolivien bis ins südlichste Brasilien; weiterhin leben sie südlich und nördlich der Amazonasmündung. Dies ist wohl die weiteste Verbreitung einer Kapuzinerart.

Brüllaffen (Unterfamilie Alouattinae)

Wie der Name schon verrät, sind Brüllaffen ausgesprochen lautstarke Tiere. Ihr Stimmorgan, besonders der Schildknorpel des Kehlkopfes sowie das Zungenbein, ist mächtig vergrößert, der Kehlsack dehnbar. Durch die damit verbundene starke, hohe Ausbildung des Unterkiefers hat das Profil des Kopfes ein merkwürdiges Aussehen erhalten. Mit einem Gewicht zwischen 7 und 9 kg sind die Brüllaffen die schwersten Neuweltaffen; die Körperlänge erreicht 56 bis 60 cm, die Länge des Schwanzes ca. 60 bis 70 cm. Wie bei den Klammeraffen hat sich auch hier der muskulöse Schwanz zu einem Greiforgan, zu einer «fünften Hand» ausgebildet. Etwa auf 20 cm ist die Unterseite der Schwanzspitze zur nackten Greifsohle geworden. Der kräftige, gedrungen wirkende Körper trägt ein langes seidiges Fell, das in seiner Farbe nach Art, Unterart, Geschlecht und Alter variieren kann. Das Gesicht ist bei allen Arten nackt. In ihren Bewegungen sind Brüllaffen vorsichtig, langsam und unterlassen größere Sprünge von Ast zu Ast. Wie alle Semibrachiatoren bewegen sie sich auch hängend und suchen nur selten den Boden auf. Die Nahrung setzt sich vorwiegend aus 50 verschiedenen Blätterarten, aus frischen Trieben, Blüten und Früchten zusammen. Animalische Kost ist kaum beobachtet worden.
Nach viereinhalb bis fünf Monaten Tragzeit wird ein etwa 600 Gramm schweres, anfangs silbergraues Junges geboren, das bis zu vier Wochen am Bauch, danach auf dem Rücken des Weibchens getragen wird. Unabhängig ist es etwa mit drei Jahren.
Die ersten exakten Verhaltensforschungen an Brüllaffen im natürlichen Habitat sind von C. R. Carpenter in den dreißiger Jahren auf der Barro-Colorado-Insel (im Gatunsee) in Panama unternommen worden. Auch aus neuester Zeit gibt es solche Studien, die ein sehr gut ausgebildetes, interessantes Sozialverhalten bei diesen Affen nachweisen. In Gruppen von 14 bis 20 Tieren (ca. drei Männchen, sieben Weibchen, drei Kindern und vier Jugendlichen) streifen sie in bestimmten, abgegrenzten Gebieten des Urwaldes umher. Schwerpunkte im Territorium sind die Futter- und Schlafplätze, die durch bestimmte «Luftwege» miteinander verbunden sind. Das Verhalten der Affen untereinander ist friedlich. Angreifer werden von den Männchen herausgefordert. Beim Sexualverhalten ist keine Dominanz bestimmter Männchen zu erkennen. Empfängnisbereite Weibchen bieten sich irgendeinem Männchen mit rhythmischen Bewegungen der Zunge zwischen den oval geformten Lippen zur Begattung an. Ist das Männchen

Brüllaffe *(Alouatta palliata)*
bei der Nahrungsaufnahme (nach Dorst)

Brüllaffen (*Alouatta* spec.)

dazu bereit, antwortet es in der gleichen Weise. Triebstarke Weibchen kopulieren mit mehreren Männchen. Die Verständigung unter den Gruppenmitgliedern erfolgt meistens durch ein umfangreiches stark differenziertes Lautsystem, bei dem tiefe Rufe vorherrschen. Zur Markierung des Territoriums bedienen sich die Brüllaffen akustischer Signale. Ihre gewaltigen Brüllchöre sind bereits im Morgengrauen mehrere Kilometer weit zu hören. Männchen besitzen ein kräftiger ausgebildetes Stimmorgan als Weibchen. Die Rufe dienen dem Kontakthalten von Trupps auf größere Entfernung oder auch dem Abstandhalten bei kurzen Distanzen, um territorialen Konflikten aus dem Wege zu gehen. Stoßen dennoch zwei Gruppen aufeinander, werden regelrechte «Brüllschlachten» ausgetragen; die lautstärkste und beharrlichste Gruppe gewinnt. Störenfriede am Boden werden mit gezielt geworfenen abgebrochenen Ästen vertrieben.
In zoologischen Gärten zählen sie auch heute noch zu den schwierigsten Pfleglingen mit relativ kurzer Ausdauer. Möglicherweise hängt dies mit einer komplizierten spezifischen Ernährungsweise zusammen. In einigen Zoos gab es, z. T. mehrfach, Nachzucht.
In nur einer Gattung werden fünf bzw. sechs Arten mit vielen Unterarten und Varianten unterschieden.

Brüllaffen (Gattung *Alouatta*)

Guatemalabrüllaffe *(Alouatta villosa)*. Fell schwarz, weich und seidig, Gesicht nackt. Vorkommen in eng begrenztem Gebiet im nördlichen Guatemala.

Mantelbrüllaffe *(Alouatta palliata)*. Fell schwarzbraun, an den Körperseiten häufig hellere und längere Haare. Verbreitung im Süden von Mexiko am Golf von Campeche, in Mittelamerika von Belize bis in das pazifische Küstenland von Kolumbien.

Roter Brüllaffe *(Alouatta seniculus)*. Größer als die übrigen Arten, Fell vorwiegend rot oder rotbraun. Unterarten variieren häufig in Farbe und Zeichnung. Vorkommen im östlichen Kolumbien, westlichen und östlichen Venezuela über Suriname bis zur Amazonasmündung und im Norden von Brasilien.

Brauner Brüllaffe *(Alouatta fusca)*. Fell braun bis rotbraun, Gesicht von Bart umgeben. Verbreitung im Südosten Brasiliens und kleines Gebiet im westlichen Bolivien bis Südostperu (?).

Rothandbrüllaffe *(Alouatta belzebul)*. Fell schwarz bis dunkelbraun, Hände, Füße und Schwanz hell rotbraun; auch gelbliche bis rötliche Varianten. Lebt südlich des Amazonas von der Mündung bis zum Unterlauf des Juruá und im Süden etwa bis zum 10. Breitengrad.

Schwarzer Brüllaffe *(Alouatta caraya)*. Größere Körpermaße. Fell bei Männchen schwarz, bei Weibchen und Jungtieren gelblich bis olivbraun, starke Bartbildung. Verbreitung im nördlichen Argentinien, in Paraguay, im östlichen Bolivien und südwestlichen Brasilien.

Klammerschwanzaffen (Unterfamilie Atelinae)

Diese Gruppe zählt mit zu den typischsten und neben den Brüllaffen zu den größten Affen Südamerikas. Der Körper ist im allgemeinen schlank und schmal, die Gliedmaßen sind lang und dünn. Der Greifschwanz ist lang, kräftig, muskulös, beweglich, tastempfindlich und greiffähig. Als Greiforgan ist er funktionell einer Hand voll ebenbürtig. Klammeraffen sind vollendete Hangelkletterer (Brachiatoren) und dürften in Schnelligkeit, Akrobatik und Eleganz nur noch von den asiatischen Gibbons übertroffen werden. Beim Sitzen oder Ruhen dient der Schwanz als Sicherungsanker. Nur allein am Schwanz hängend, können beide Hände für die Nahrungsaufnahme benutzt werden. Während des Spiels von jungen Klammeraffen konnte im Zoo Dresden beobachtet werden, wie sich drei von ihnen am Körper eines an seinem Schwanz hängenden Tieres festhielten, so daß insgesamt vier Klammeraffen gemeinsam an einem Schwanz schaukelten. Die Hände sind schmal und stark gestreckt, die Daumen haben sich fast vollständig zurückgebildet.

Wollaffen (Gattung *Lagothrix*)

Der Wollaffe, der seinen Namen dem dichten wolligen, weichen Fell verdankt, ist von etwas gedrungener, «athletischer» Gestalt. Seine Körperlänge liegt zwischen 55 und 65 cm, der muskulöse Schwanz mißt 60 bis 70 cm; das Gewicht kann 7 kg erreichen. Die Daumen zeigen keine auffallende Rückbildung. Je nach Situation bewegen sie sich geruhsam, dabei mit dem Greifschwanz sichernd, in Trupps von 12 bis 30, seltener über 50 Tieren durch das Geäst des Regenwaldes. Bei Gefahr sind sie jedoch sehr flink, greifen weit aus und schwingen gewandt von Ast zu Ast, wobei sie sich auch nicht scheuen, tief in niedrigeres dichtes Gezweig zu springen. Vorerst versuchen sie jedoch, sich zu verstecken. Ihre Nahrung setzt sich aus Früchten, Blättern, gelegentlich auch aus Insekten und anderem Kleingetier zusammen. An dünnen Stengeln hängende Früchte werden geschickt mit der Schwanzspitze herangeangelt. Wollaffen erscheinen sehr gut genährt – in Obhut des Menschen sind es regelrechte Allesfresser –, so daß sie von den Brasilianern Barrigudo, «Dickwanst», genannt werden. Sie gebären jeweils nur ein Junges, das von der Mutter etwa ein Jahr lang gesäugt wird. In der gegenseitigen Kommunikation spielt das Geruchsvermögen eine wichtige Rolle. Dabei streifen sie ihre Brustdrüsen an Zweigen und beriechen sich auch gegenseitig an der Brust, die vorrangig von den Männchen eingespeichelt wird. Ihr friedlicher Charakter läßt im Zoo nicht selten eine Vergesellschaftung mit Kapuzinern, Klammer- und Brüllaffen sowie Tamarins zu. Häufig sind Wollaffen gezähmt bei den Einheimischen zu finden, wandern aber auch oft in den Kochtopf.
In menschlicher Obhut zählen sie mit zu den empfindlichsten Pfleglingen. Doch bei guter Eingewöhnung ist die Nachzucht selbst schon in Privathand gelungen.
Ebenso wie andere Neuweltaffen wechseln sie örtlich in ihrem Aussehen, so daß eine systematische Gliederung in Unterarten recht kompliziert ist. Heute werden nur noch zwei Arten unterschieden.

Wollaffe *(Lagothrix lagothricha)*. Fellfarbe hauptsächlich fahlbraun, hellgrau bis schwärzlich. Kopf meist dunkler und rundlich. Verbreitungsgebiet: im mittleren und oberen Amazonasbecken, nördlich bis Kolumbien, im Süden bis Bolivien und im Westen bis in die Vorberge der Anden hinauf.
Vier Unterarten lassen sich unterscheiden: **Grauer Wollaffe** (*Lagothrix lagothricha cana* und *Lagothrix lagothricha lagothricha*); **Brauner Wollaffe** *(Lagothrix lagothricha poeppigii)*; **Bergwollaffe** *(Lagothrix lagothricha lugens)*.

Gelbschwanzwollaffe *(Lagothrix flavicauda)*. Körper tief mahagonifarben, vorn dunkler, Schwanzunterseite von der Mitte bis zum Ende gelblich mit scharfer Abgrenzung nach oben, deutlich abgegrenztes braungelbes Dreieck von der Oberlippe bis zur Nasenwurzel, der Hodensack ist durch ein dichtes gelbes Haarbüschel gekennzeichnet. Das Vorkommen erstreckt sich über ein kleines Gebiet im östlichen Andenvorland von Peru.

Spinnenaffen (Gattung *Brachyteles*)

Trotz enger Verwandtschaft mit den Klammeraffen in eine eigene Gattung mit einer Art gestellt.

Spinnenaffe *(Brachyteles arachnoides)*. Wie der Name bereits sagt, wird die Gestalt dieses Tieres durch überlang wirkende Extremitäten bestimmt. Die Körperlänge reicht von 48 bis 64 cm, der Schwanz mißt bis 89 cm. Sein Gewicht kann ausnahmsweise 10 bis 11 kg erreichen. Das dichte, wollige, gelblich-graubraune Fell ist mit derberen Grannenhaaren überdeckt bzw. durchsetzt. Der Daumen ist stark zurückgebildet oder fehlt ganz; die übrigen Finger haben lange Nägel. Auffallend hebt sich das nackte graurosa bis rot gefärbte Gesicht aus dem unscheinbaren Fell heraus. Über den Augen zeichnet sich ein schwarzer Haarsaum ab. Im Profil wirkt das Gesicht steil. Sehr kräftig ist der lange Greifschwanz ausgebildet. Nach den Beobachtungen von H. Wendt sind Spinnenaffen in ihren Bewegungen verhaltener, bedächtiger und unterscheiden sich hierin von den wesentlich lebhafteren Klammeraffen. Im Freileben sind sie sehr scheu, selbst die der Jagd nachgehenden Indianer bekommen sie kaum zu Gesicht.
Ihr Verbreitungsgebiet im südlichen Brasilien zwischen Oberlauf des Paraná und der Küste war ursprünglich von dichtem unberührtem Urwald bedeckt. Heute als Kulturland weitgehend erschlossen, läßt es bis auf die Tupiwälder kaum noch Lebensraum für diese Affen, die daher in ihrer Existenz ernsthaft bedroht sind. Über die Lebensweise im Freileben ist bisher kaum etwas bekannt geworden. In den Zoos, sogar auch in ihrer Heimat, zählen sie zu den größten Seltenheiten. Von der IUCN als vom Aussterben bedrohte Tierart geführt.

Klammeraffen (Gattung *Ateles*)

Die Klammeraffen selbst sind die typischsten langarmigen «Schwanzakrobaten». J. T. Sanderson schreibt: «Ganz typisch ist die Bewegung in den Baumkronen; man muß an einen Artisten denken, der am schwingenden Trapez hangelt: Eine Hand hält einen Ast, der Körper schwingt an dem zu ihr gehörenden Arm hängend durch die Luft nach vorn durch, die Hand läßt los, der Körper fliegt davon, die andere Hand wird vorgestreckt, packt einen neuen Halt, nun schwingt der Körper an ihrem Arm durch, und so geht es fort. Klammeraffen können auf diese Weise hangelnd in einem Schwung 10 m weit durch die Luft fliegen und dabei die Baumkronen ebenso schnell durcheilen, wie ein Mensch auf hindernisfreiem ebenem Erdboden läuft.» Die Körperlänge von maximal 79 cm kann der Schwanz um durchschnittlich 25 cm übertreffen. Die nackten Schwanzspitzenunterseiten zeigen charakteristische Hautleistenmuster, die individuell nicht übereinstimmen. Beim Feststellen der Geschlechter gilt es auf eine Besonderheit zu achten: Die Weibchen besitzen eine lange herabhängende Klitoris, der Penis der Männchen dagegen ist sehr klein und von außen kaum erkennbar. Abweichend sind auch die in Achselhöhlennähe verlagerten Brustwarzen. Die Drüsen in der Brustbeinregion spielen beim Paarungsvorspiel eine aktivierende Rolle. Nach etwa 140 Tagen Tragzeit werden ein, seltener zwei Junge geboren. Das ganze Jahr über werden Neugeborene angetroffen, obwohl eine geburtenstärkere Zeit sehr wahrscheinlich ist. Infolge des fehlenden Daumens und der dadurch geringeren Manipulierfähigkeit der Hände ist die Fell- und Hautpflege nicht so wie bei den anderen Affen ausgeprägt.

Die Nahrung der Klammeraffen setzt sich vorwiegend aus Früchten zusammen, obwohl sie nach H. O. Wagner auch Vogelnester plündern. Honig finden sie in den Blüten von Dendrophytus, die sie abreißen und öffnen. Die Früchte von Tocoyena pittieri beißen sie an, lassen sie aber zunächst hängen, wenn das Fruchtfleisch noch grün und bitter ist. Das Öffnen beschleunigt den Reifeprozeß der Frucht. Wenn die Affen nach ein bis zwei Tagen wieder vorüberkommen, genießen sie dann die mit einer marmeladenartig süßen Masse gefüllte Frucht (Hladik 1969). Außergewöhnlich ist die Gedächtnisleistung der Klammeraffen. Noch nach Jahren erkennen sie Menschen, mit denen sie früher guten Kontakt hatten, wieder. Die meist gut verträglichen Klammeraffen leben in Gruppen von 10 bis 40 Tieren. Sie verteidigen ihr Territorium gegen Eindringlinge, lassen es jedoch kaum auf Angriffe ankommen. Sie ziehen einen möglichst unauffälligen Rückzug vor, wobei sich der Verband mitunter in kleinere Trupps aufspaltet. Im allgemeinen respektieren die einzelnen Gruppen ihre Territorien untereinander, so daß es nur wenig zu ritualisierten Kämpfen kommt. Innerhalb der Gruppe, die etwa zu einem Drittel aus Männchen besteht, spielen die Weibchen im Vergleich zu anderen Arten eine aktive und wichtige Rolle. Nicht selten kommt es zur Bildung von Untergruppen, die sich meistens aus einem empfängnisbereiten Weibchen und einem oder mehreren Männchen zusammensetzen. Überzählige Männchen sind keine Einzelgänger, sondern bilden eingeschlechtige Gruppenverbände. In zoologischen Gärten werden Klammeraffen heute häufiger mit größerem Erfolg gehalten. Ebenso sind auch bereits mehrere Nachzuchten zu verzeichnen. Mitunter neigen Klammeraffen zu überschweren Feten, so daß bei der Geburt gefahrvolle Komplikationen entstehen können.

Farben und Zeichnungen sind bei den Klammeraffen sehr vielfältig. Selbst innerhalb einer Gruppe gibt es oft erhebliche Abweichungen, wobei jedoch meistens eine Variante in der Mehrzahl ist. Wir unterscheiden vier Arten mit mehreren Unterarten.

Geoffroy-Klammeraffe *(Ateles geoffroyi).* Hell- bis mittelbraune Farbtöne am Körper vorherrschend, Extremitäten dunkler. Vorkommen in Mittelamerika von Südmexiko bis Panama. Eine Unterart ist z.B. der **Panama-Klammeraffe** *(Ateles geoffroyi panamensis).*

Braunkopf-Klammeraffe *(Ateles fusciceps).* Körper vorwiegend schwarz. Eng begrenzte Vorkommen in der pazifischen Küstenregion Kolumbiens bis zum Golf von Darién.

Goldstirn-Klammeraffe *(Ateles belzebuth).* Körper schwarz, Gesicht dunkel mit fleischfarbenen Aufhellungen an Mund, Nase und um die Augen, weißer bis gelber Streifen auf der Stirn, weiße Wangenstreifen *(Ateles belzebuth marginatus).* Andere Formen haben weißgrau-gelbliche Körperunterseite, Extremitäten und Unterseite des Schwanzes *(Ateles belzebuth belzebuth).* Verbreitung über das mittlere und östliche Kolumbien, im Süden an das nördliche Peru und Ekuador angrenzend; im Norden südwestlich vom Golf von Venezuela und Maracaibo-See sowie südlich der Amazonasmündung bis zum Unterlauf des Tapajós.

Schwarzer Klammeraffe *(Ateles paniscus).* Körper schwarz, Gesicht fleischfarben *(Ateles paniscus paniscus)*, Gesicht ebenfalls schwarz *(Ateles paniscus chamek).* Verbreitung in zwei voneinander getrennten Gebieten: Guyana, Suriname, Frz.-Guayana südlich bis zum Unterlauf des Amazonas sowie im westlichen Brasilien südlich des Amazonas bis in das nordöstliche Bolivien.

Springtamarins (Familie Callimiconidae)

Eine recht bewegte Geschichte ist mit der Entdeckung des Springtamarins verbunden. Der Schweizer Zoologe E. A. Goeldi, vormals Direktor des brasilianischen Staatsmuseums für Natur- und Völkerkunde in Pará (jetzt Belém), erhielt 1904 einen kleinen, noch unbekannten Affen unklarer Herkunft. Im Britischen Museum in London wurde nach dem Fell des inzwischen gestorbenen Tieres – der Schädel fehlte – eine neue Springaffenart bestimmt: Goeldi-Tamarin. Erst später, als zwei weitere vollständige Körper dieses merkwürdigen Affen zur Verfügung standen, identifizierte ihn die brasilianische Zoologin M. Ribeiro als eine Zwischenform zwischen Krallenaffen (Körperbau, Krallen, Fell) und Kapuzinerartigen (Schädelbau und Gebiß). Er erhielt nunmehr den neuen Gattungsnamen *Callimico* (schöner kleiner Affe). L. Heck verlieh ihm dann den deutschen Namen Springtamarin. Die Zoologen sind sich immer noch nicht einig über die endgültige systematische Einordnung. Napier und Napier (1967) stellen diesen «Sonderling» z.B. in eine besondere Unterfamilie der Krallenaffen. Heute wird diesem «zweigleisigen» Affen meist eine besondere Familie eingeräumt. Vor der näheren Kenntnis des Springtamarins galten die Krallenaffen als die ursprünglichsten, stammesgeschichtlich noch sehr tief stehenden «Noch-nicht-Affen». Inzwischen dürfte sicher sein, daß die Krallenaffen ein verzwergter Zweig der Breitnasenaffen sind. Die so lange umstrittenen kleinen schwarzen Gesellen hatten also großen Einfluß auf die Einordung der Krallenaffen.

Springtamarins (Gattung *Callimico*)

Goelditamarin *(Callimico goeldii)*. Auch Springtamarin genannt. Körperlänge etwa 24 bis 27 cm, Schwanzlänge ca. 26 bis 32 cm, Gewicht 450 bis 500 Gramm. Trotz rundlicher Schädelform Kieferregion etwas stärker ausgebildet. Die großen runden nackten Ohren werden vom aufgerichteten Kopfhaar fast verdeckt. Der Kopf trägt eine kürzere Haarkrone, der Nacken eine längere Mähne. Das seidenweiche Haarkleid ist im Grundton tiefschwarz mit einem braunen bis goldenen Schimmer, der z.T. durch hellere Haarspitzen hervorgerufen wird. Hinter seinem Ansatz ist der Schwanz mit mehreren sandfarben verwaschenen schwachen Ringen undeutlich gezeichnet. Lange Haare am Steißbein bilden ausgebreitet eine Art «Röckchen» über dem Schwanzansatz. Die hinteren Extremitäten sind länger als die vorderen. Die Zehen und Finger tragen schmale, krallenartig verlängerte Nägel, lediglich die große Zehe besitzt einen flachen Nagel. Der kurze Daumen ist den übrigen Fingern greiffähig opponierbar. Das Gebiß mit der Zahnformel $\frac{2\cdot1\cdot3\cdot3}{2\cdot1\cdot3\cdot3}$ weist 36 Zähne auf. Bereits mit neun Monaten erfolgt der Zahnwechsel. Die Kinder, jeweils eines, werden nach einer Tragzeit von viereinhalb bis fünf Monaten geboren und ca. 60 bis 70 Tage lang gesäugt. Die Nahrung setzt sich vorwiegend aus Früchten, aber auch aus tierischer Kost zusammen.

Das Verbreitungsgebiet der Springtamarins verteilt sich über vier voneinander getrennte Bereiche in den Regenwäldern Perus am Oberlauf des Amazonas zwischen Marañon und Ucayali. Über das Freileben dieser seltenen Affen ist so gut wie nichts bekannt. Die bisherigen Kenntnisse stammen fast ausschließlich aus der Haltung in menschlicher Obhut. Sein Wesen ist sehr lebhaft, und er kann sehr zutraulich werden. Das Springvermögen ist erstaunlich gut entwickelt. In zoologischen Gärten haben die Springtamarins bisher mit wenigen Ausnahmen nicht lange durchgehalten.

Krallenaffen (Familie Callithricidae)

Mit dieser großen Familie neotropischer Affen haben wir keine Urform vor uns, sondern ein Ergebnis starker Spezialisierung. Es sind dabei sehr unterschiedliche und eigentümliche Formen entstanden. Ausnahmslos sind es alles kleine Tiere, die kaum oder nie die Bäume verlassen. Natürliche Schranken wie Flüsse, die im Verlaufe der Zeit mitunter mehrmals ihren Lauf änderten, Gebirgszüge, Savannen, Steppen und Ödländer haben die Gruppen z.T. wiederholt isoliert und dadurch eine Vielfalt von Formen hervorgebracht.

Ihre Körperlänge mißt 16 bis 31 cm, die Schwanzlänge etwa 18 cm bis 42 cm, und das Körpergewicht liegt zwischen 80 und 570 Gramm. Das seidenweiche, häufig auffällig gezeichnete bzw. gefärbte Fell wird bei manchen Arten durch Haarmähnen auf dem Kopf, der Schulter oder auf dem Rücken geschmückt. Die vollkommene Anpassung der Krallenaffen an das Baumleben zeigen u.a. die krallenförmigen Nägel, die nicht urtümlich, sondern ontogenetisch nachweisbar aus umgewandelten Nägeln entstanden sind. Der Fuß ist zum Greifen ausgebildet, die Großzehe besitzt einen breiten Nagel. Die kurzen Kiefer lassen keinen Platz mehr für den letzten Molaren; die Zahnformel weist also nur 32 Zähne aus: $\frac{2\cdot1\cdot3\cdot2}{2\cdot1\cdot3\cdot2}$. Der Zahnwechsel vollzieht sich bereits im Alter von sieben bis neun Monaten.

Krallenaffen haben sehr hohe Stimmen mit erheblichen Ultraschallanteilen und eine Vielfalt an Vögel erinnernde Lautäußerungen, so Zwitschern, Zirpen und Kreischen. Nach einer Tragzeit von 140 bis 160 Tagen werden meistens Zwillinge geboren, die Augen öffnen sich bereits am ersten Lebenstage. Das Männchen ist sehr aktiv an der Pflege der Jungen beteiligt. Die Säugezeit dauert bis zu drei Monaten. Im Vergleich zu anderen Affenarten haben die Krallenaffen eine geringe Lebenserwartung von 12 bis 15 Jahren, ein höheres Alter ist sehr selten. Zur Nahrung gehört pflanzliche sowie tierische Kost.

Krallenaffen sind hauptsächlich Bewohner der Regenwälder, wo sie sich vorzugsweise im «Wald über dem Wald» aufhalten, wie A.v. Humboldt das dicht mit Epiphyten, Farnen, Lianen, Klettergräsern und anderen rankenden Gewächsen besiedelte Stockwerk treffend charakterisierte. Dadurch ist von ihrem Freileben bisher noch nicht viel bekannt geworden.

Alle Krallenaffen führen eine soziale Lebensweise und sind meist in hierarchisch gegliederten Gruppen von zehn oder mehr Individuen vereinigt. Über die Rangordnung entscheiden Kämpfe, bei denen es auch erhebliche Verletzungen geben kann. Andererseits leben die Angehörigen verschiedener Arten in Gesellschaftsverbänden friedlich miteinander. Die ansonsten sehr lebhaften munteren Tiere hokken während der Ruhephasen nicht selten auf einem Ast in kleineren Gruppen dicht beieinander. Die grazilen Äffchen sind sehr geschickte Jäger kleiner Tiere. Sie töten ihre Beute durch einen Biß in den Kopf, die beste Methode, diese sofort bewegungsunfähig zu machen. In den letzten Jahren begannen Verhaltensforscher diesen Neuweltaffen mehr Aufmerksamkeit zuzuwenden. Man erwartet Forschungsergebnisse von großem Vergleichswert, zumal doch zu anderen Affen erhebliche Unterschiede bestehen.

Bereits bei den Ureinwohnern Südamerikas wurden Krallenaffen gern als Hausgefährten gezähmt gehalten. Mit der Entdeckung der Neuen Welt kamen auch bald die kleinen possierlichen Äffchen nach Europa. Schon 1551, also rund 60 Jahre nach ihrer ersten Kenntnis, bildete K. Gesner (Schweizer Arzt und Naturforscher) bereits das Löwen- und Weißbüscheläffchen in seinem Werk «Historia animalium» ab. Viele solcher Äffchen kamen seitdem in die Hände der Menschen. Von modebewußten Damen wurden sie in den Ärmeln getragen. Während der Zeit des Barocks galt es in französischen Adelskreisen als Sitte, der Gemahlin oder Mätresse ein solch' zierliches hübsches

Zwergäffchen als Geschenk zu überreichen. Genannt sei das erste Perückenäffchen, das La Condamine, Südamerikaforscher und Entdekker des Kautschukbaumes, dem französischen Naturforscher Graf Buffon mitgebracht hatte. Bei guter Haltung haben sich später die Krallenaffen in Zoos sowie in Privathand als dankbare durchhaltende Pfleglinge erwiesen und auch Nachwuchs gebracht. Sie sind wegen ihrer Beliebtheit und guten Eignung als Labortiere noch in den letzten Jahrzehnten in großer Anzahl gefangen und exportiert worden, so daß bereits eine Reihe von Arten von der IUCN im Bestand als selten bzw. als gefährdet deklariert worden sind.
Die Vielfalt der Formen, die lokal sehr begrenzten Unterschiede der Krallenaffen und die z.T. auch Unterschiede zwischen den Geschlechtern machen eine Abgrenzung von Arten und Unterarten äußerst kompliziert. Zudem ist die geographische Verbreitung der meisten Formen bisher nur z.T. bekannt. Es gibt daher noch voneinander abweichende Auffassungen. In Abhängigkeit von der Gebißform können die Krallenaffen in zwei Hauptgruppen eingeteilt werden: **Marmosetten:** Eck- und Schneidezähne im Unterkiefer gleich oder fast gleich lang. **Tamarins:** Eckzähne im Unterkiefer überragen weit die Schneidezähne.

Marmosetten (Gattung *Callithrix*)

Die Körperlänge dieser Äffchen liegt zwischen 20 und 25 cm, die Schwanzlänge beträgt 29 bis 35 cm. Selbst innerhalb der Arten und Unterarten variieren Haarfarbe und Fellzeichnung beträchtlich. Auffallend hebt sich bei den meisten Arten an den Ohren ein pinsel-, fächer- oder büschelartiger Haarschmuck ab. Weil alle Finger in der gleichen Ebene liegen, wirkt ihr Griff zwar ungeschickt, doch klettern sie flink durch das Geäst. Um wohlschmeckenden Saft lecken zu können, bohren die Marmosetten mit den Schneidezähnen Löcher in die Baumrinde. Sie leben paarweise mit Kindern vereint in kleinen Gruppen. In der Geruchskommunikation spielen die Brustbeindrüsen bei der Werbung eine große Rolle. Das Zur-Schau-Stellen der Genitalien soll visuell das Geschlecht anzeigen, aus dem dann der Dominanzstatus abgeleitet werden kann. Stereotype Rufe sind nicht selten über größere Entfernungen zu hören. Die Männchen betreiben eine extreme väterliche Brutfürsorge. Schon kurz nach der Geburt werden die Jungen vom Vater umhergetragen. Nur zum Trinken wechseln sie kurzfristig zur Mutter über. Erst wenn sie allein laufen können, geben sie ihr «Huckepack-Verhältnis» allmählich auf.

Weißbüscheläffchen *(Callithrix jacchus)*. Bei uns wird diese Art häufig fälschlich «Weißpinseläffchen» genannt, obwohl die Ohrbüschel keine Pinselform haben. Ihr dichtes, weiches, langhaariges Fell zeigt braune, gelblichweiße und orangefarbene Farbtöne. Dicht anliegend erscheint es quergestreift und am Schwanz geringelt. Auf der Stirn fällt ein weißer Fleck auf.
Sie leben in Gruppen zusammen, an deren Spitze meistens ein sozial hochstehendes Männchen und Weibchen stehen. Visuell demonstrieren die einzelnen Gruppenmitglieder ihre soziale Stellung mit bestimmten Imponiergesten wie Drohmimik, Haarsträuben, Ohrenwippen, Katzbuckeln. Die Duftdrüsen in der Geschlechtsregion haben eine wichtige Signalfunktion, sie dienen ranghöheren Tieren zum geruchlichen Präsentieren ihres Sozialstatus. Die gegenseitige Haut- und Fellpflege ist auch hier, wie bei den meisten Affen, eine für das Sozialleben wichtige Tätigkeit.
Das Verbreitungsgebiet liegt im Osten Brasiliens, wo sie etwa zwischen 3 und 23 Grad südlicher Breite in den Regen- und Trockenwäldern, Baumsavannen sowie den Tupiforsten noch verhältnismäßig häufig anzutreffen sind. Weißbüscheläffchen sind auch in andere Gebiete gebracht worden und kommen mitunter sogar als Kulturfolger in Großstadtparks, Vorstadtgärten oder in Plantagen vor. Zuchterfolge in der Obhut des Menschen sind in den letzten Jahrzehnten erheblich angestiegen.

Gelbkopfbüscheläffchen *(Callithrix flaviceps)*. Von dem gelblich braunen Kopf hebt sich die weiße Mundregion ab. Die gelblichweißen Ohrbüschel haben eine fächerartige Form und sind etwas kürzer als bei den anderen Büscheläffchen. Das Verbreitungsgebiet deckt sich im wesentlichen mit dem des Weißbüscheläffchens. Diese Art kommt jedoch sehr selten vor, sie wird auch als Unterart bezeichnet.

Schwarzpinseläffchen *(Callithrix penicillata)*. Wie der Name schon verrät, schmücken dunkelbraune bis schwarze nach unten gerichtete Ohrpinsel den Kopf, Kopf und Hals sind dunkelbraun, der Körper vorwiegend grau, ein weißer dreieckiger Stirnfleck ist ein weiteres Merkmal. Das Vorkommen erstreckt sich über das Flachland im Südosten Brasiliens bis etwa 28 Grad südlicher Breite. Die folgenden vier Formen der Artengruppe werden von mehreren Zoologen nur als Unterarten bezeichnet.

Weißohrseidenäffchen *(Callithrix aurita)*. Im Aussehen ähnlich dem Schwarzpinseläffchen. Der Bauch ist jedoch ockerfarben, Hände und Füße gelblich, Ohrpinsel variieren zwischen Weiß und Grau. Das Verbreitungsgebiet gleicht etwa dem des Schwarzpinseläffchens. Eine seltene Art (IUCN), von der 1978 nur 12 Exemplare in vier zoologischen Gärten bekannt waren.

Weißgesichtseidenäffchen *(Callithrix leucocephala (C. geoffroyi))*. Die wichtigsten Kennzeichen sind: Körper oberseits ockerfarben mit schwärzlicher Bänderung und gelbweißen Tupfen; unterseits schwarzbraun, Kehle sowie Brust weiß, schwarze Nackenmähne, Gesicht mit kurzen weißen Haaren bewachsen. Verbreitung im südöstlichen Brasilien, besonders in den Waldgebieten im östlichen Minas Gerais und von Espírito Santo.

Weißschulterseidenäffchen *(Callithrix humeralifer)*. Der Rücken und die Körperseiten sind von schwarzbrauner Farbe, teilweise mit grauem Anflug; Bauch, Arme, Schultern und Kehle weiß, die Ohrpinsel schwarz. Verbreitungsgebiet ebenfalls im Osten Brasiliens, besonders in den Wäldern des östlichen Bahia in der Nähe von Salvador.

Zwergseidenäffchen *(Callithrix pygmaea)*

Weißnackenseidenäffchen *(Callithrix albicollis)*. Im wesentlichen dem Weißgesichtseidenäffchen ähnlich, nur die kurzen Ohrbüschel sind gelblich weiß, der Nacken ist gelb bis weiß. Nach Untersuchungen an Seidenäffchen an der Universität Göttingen sollen in größeren Gruppen – zumindest in Käfighaltung – nur immer das ranghöchste Weibchen und Männchen fruchtbar sein. Bei den rangniederen Tieren kommt es – sicher unter Streß – zu einer «psychischen Sterilisation».

Santaremäffchen *(Callithrix santaremensis)*. Auch Langohrseidenäffchen genannt. Weniger bekannt als die bisher genannten Arten. Die relativ langen Beine weisen auf einen guten Springer hin. Das Verbreitungsgebiet erstreckt sich südlich des mittleren Amazonas etwa zwischen Purus und Javari in einem ca. 400 km breiten Streifen.

Gelbfußäffchen *(Callithrix chrysoleucos)*. Auch Gelbschwanzäffchen genannt. Besitzt weißes, seidig glänzendes Fell, Rücken und Kopfkrone variabel gelb, hellbraun bis ockerfarben; Hände, Füße sowie Schwanz gelb bis goldocker. Verbreitungsgebiet wie vorgenannte Art.

Silberäffchen *(Callithrix argentata)*. Weichen im Verhalten und Aussehen von anderen Marmosetten ab und zeigen sich in ihrem Wesen sehr friedlich. Sie nehmen mehr tierische Nahrung auf, darauf deuten ihre stärkeren Eckzähne. Manche Indianer und Mestizen glauben, der Biß eines Silberäffchens sei giftig. Andererseits ist es gezähmt wegen seiner Anhänglichkeit als «Heimtier» sehr beliebt. In Menschenhand haben sich diese Äffchen bereits häufiger fortgepflanzt. Das Geburtsgewicht beträgt ca. 26 bis 28 Gramm. Mehrere Unterarten, die sich im Aussehen erheblich von den anderen Arten unterscheiden:
Schwarzschwänziges Silberäffchen *(Callithrix argentata argentata)*. Die bekannteste Form trägt ein langes, dichtes, seidiges silberweißes Fell, der kurzhaarige Schwanz ist dagegen schwarz. Das gelbrötliche Gesicht, der Kopf und die großen Ohren sind nackt. Anzutreffen ist es in den Wäldern am Südufer des unteren Amazonas. Die beiden anderen Unterarten, *Callithrix argentata melanura*, bei der die Körperfarbe mehr zum Gelb bis Braun neigt, sowie *Callithrix argentata emiliae*, die ein silbergraues bis hellbraungraues Haarkleid besitzt, bewohnen den südlichen Mato Grosso bzw. Südpará.

Zwergseidenäffchen (Untergattung *Cebuella*)

Zwergseidenäffchen *(Callithrix pygmaea)*. Erst 1823 von J. Spix am oberen Amazonas entdeckt, wurden die Zwergseidenäffchen ursprünglich für Jungtiere von Büscheläffchen gehalten. Es ist nur mit einer Art vertreten. Mit einer Körperlänge von lediglich 16 cm, einer Schwanzlänge von 18 cm und einem Gewicht von 80 bis 95 Gramm sind es die kleinsten Affen. (Die kleinste Primatenart überhaupt ist der zu den Halbaffen gehörende Mausmaki, s. S. 31.) Die Fellfarbe ist grünlich gelb mit dunkelbraunen verwaschenen Querstreifen; die Ohren sind in der langhaarigen Kopfmähne versteckt und haben keine Büschel. Flink und geschickt bewegen sich die Tiere in Trupps durch das Geäst des Regenwaldes. Bei Gefahr verstecken sie sich hinter einem senkrechten Stamm und behalten diesen immer zwischen sich und

dem vermeintlichen Gegner. Ihr Lautrepertoire ähnelt dem zwitschernder Vögel und zirpender Grillen. Manche Laute liegen über der von uns wahrnehmbaren Frequenz.
Die Nahrung setzt sich aus Früchten, Insekten und kleinen Wirbeltieren zusammen. Ihre Verbreitung erstreckt sich nördlich vom Oberlauf des Amazonas entlang der Uferwälder des Napo im Nordosten Perus bis in das südöstliche Kolumbien. Nach einer Tragzeit von vier Monaten bringen sie meistens eineiige Zwillinge zur Welt, die etwa 3 cm messen und nach einer Woche ca. 4,5 cm erreicht haben. Sie werden vom Vater getragen und steigen nur zum Trinken auf die Mutter um. Erst wenn die beiden Jungen zusammen etwa das Gewicht des Vaters erlangt haben, bewegen sie sich selbständig. Die Säugezeit währt ungefähr einen Monat.
Erst nach dem zweiten Weltkrieg kamen diese Zwerge in größerer Anzahl nach den USA und Europa in Zoos und waren auch bei privaten Liebhabern begehrt. Von ihrem Freileben ist nur wenig bekannt. Erst in den letzten Jahren hat es einige Nachzuchterfolge gegeben.

Tamarins

Im Gegensatz zu den Marmosetten präsentieren sich die Tamarins in einer sehr vielgestaltigen, umfangreicheren Gruppe. Die Vertreter sind etwas größer, ihre längeren Gliedmaßen machen sie sprunggewandter, und das Gebiß zeigt ebenso Unterschiede. Drei Gattungen werden angeführt.

Löwenäffchen (Gattung *Leontideus*)

Ihre systematische Stellung gilt noch als fragwürdig, z.T. weichen sie von den typischen Merkmalen der Tamarins ab. Auffallend ist das farbenprächtige Haarkleid. Das gelb- bis rotgoldene langhaarige Fell ist seidig weich und glänzend und liegt am Körper nur locker an. Kopf und Hals zieren eine Mähne, der die größten unter den Krallenäffchen ihren Namen verdanken. Ihre Körperlänge mißt 28 bis 35 cm, der Schwanz etwa 40 cm. Das nur gering behaarte Gesicht ist von blaßpurpurvioletter Farbe. Spitze Eckzähne verstärken noch den Eindruck eines «Minilöwenkopfes». Erstaunlich verlängerte Extremitäten, deren Finger fast die Länge des Unterarmes erreichen, befähigen sie zu weiten Sprüngen. Eine Hautfalte an den mittleren Fingern gewährt den flinken und geschickten Zweigläufern besseren und sicheren Halt. In kleinen Gruppen bevorzugen die Löwenäffchen mehr die oberen Baumregionen des dichten Regenurwaldes. Nahrung und Lautäußerungen stimmen im wesentlichen mit denen der übrigen Krallenäffchen überein.
Es werden jeweils Zwillinge geboren, die zunächst im Fell der Mutter getragen werden, aber nach fünf bis neun Tagen auf den Vater «umsteigen». Zur Säugezeit, etwa aller zwei Stunden, lehnt sich das Männchen von der Seite her an das Weibchen und übergibt ihm, z.T. mit den Händen nachhelfend, die Jungen für etwa 15 Minuten. Ditmar berichtet, daß der Vater weiche Bananen mit den Händen zerdrückte und die Jungen auch damit an feste Kost gewöhnte. Ungefähr nach fünf Monaten werden sie selbständig, nachdem sie schon vorher erste Kletterversuche unternommen haben. Höchstens bei Gefahr suchen sie dann noch das schützende Fell der Eltern auf.
In menschlicher Obhut zeigen Löwenäffchen ein besonderes Kontaktbedürfnis zu ihren Pflegern, in denen sie nicht selten ihren Ersatzpartner sehen. Sanderson hebt ihr gutes Gedächtnis und intelligentes Verhalten hervor, vor allem auch das erstaunlich feine Unterscheidungsvermögen von Stimmen, Geräuschen und dgl.
Sehr wahrscheinlich hatte das Löwenäffchen vormals ein größeres zusammenhängendes Verbreitungsgebiet, das den Raum zwischen Bahia bis São Paulo und bis zum Rio Paraná einnahm. Umfangreiche Waldrodungen, Kultivierungen und andere wirtschaftliche Erschließungsmaßnahmen haben die Lebensgrundlage dieser Tiere weitgehend vernichtet. Die Löwenäffchen kommen daher, zumal sie keine Kulturfolger sind, nur noch in einigen voneinander getrennten kleinen Gebieten vor, in denen die Bestände besorgniserregend bedroht sind. Von der IUCN sind alle als gefährdete Arten registriert und stehen unter strengem Schutz. Das internationale Zuchtbuch wird im National Zoological Park Washington geführt. In zoologischen Gärten, wo sie früher gelegentlich zu sehen waren, gehören sie heute zu den großen Seltenheiten. Von den Löwenäffchen werden drei Arten, z.T. auch nur als Unterarten bezeichnet, unterschieden.

Goldgelbes Löwenäffchen *(Leontideus rosalia)*. Haarkleid fast einheitlich goldorangefarben. Vorkommen in den Wäldern des Küstengebirges südwestlich von Rio de Janeiro bis zu 1000 m Höhe.

Goldkopflöwenäffchen *(Leontideus chrysomelas)*. Das goldorangefarbene Fell nur auf Kopf, Nacken, Oberarme, Lenden sowie Schwanzoberseite begrenzt, die übrigen Partien schwarz, z.T. mit rötlichem Anflug. Nur noch in einer eng begrenzten Küstenregion im Südosten des brasilianischen Staates Bahia vorkommend. Sehr selten.

Rotsteißlöwenäffchen *(Leontideus chrysopygus)*. Sehr lange Mähne, Oberkopf goldorangefarben, Rumpf, Hände und Füße schwarz, nur Rückenhinterteil, Oberschenkel sowie oberer Schwanzteil rostrot. Vorkommen auf wenige kleine Stellen im Südosten des Staates São Paulo beschränkt. Sehr selten.

Eigentliche Tamarins (Gattung *Saguinus*)

Bei einer Körperlänge von nur 25 bis 31 cm beträgt die Länge des Schwanzes 30 bis 42 cm, das Gewicht liegt zwischen 300 bis 560 Gramm.

Mohrenäffchen (Untergattung *Saguinus*)

Gehören zu den bereits am längsten bekannten Krallenäffchen und wurden in den Berichten von Gesner, Linné, Buffon und anderen Naturforschern erwähnt. Sie halten sich gern in neu aufgewachsenen Wäldern (Sekundärwäldern) und Baumpflanzungen auf, wo sie meist in der hohen Wipfelregion anzutreffem sind. Nach Freilandbeobachtungen leben sie auch friedlich mit Kapuzineraffen zusammen. Bei Gefahr ziehen sie sich mit Warnrufen und zeternd in hohe unzugängliche Wipfel zurück oder verharren versteckt im dichten Zweiggewirr. Wie andere werden auch Mohrenäffchen häufig von den Einheimischen gefangen und gezähmt im Haus gehalten und sind sehr anhängliche und friedliche Pfleglinge. Entwichene Tiere sind dann nicht selten in Gärten von Siedlungen und in Stadtparks zu beobachten. Verschiedene Zoos haben in den letzten Jahren vermehrt Nachzuchterfolge gemeldet.

Mohrentamarin *(Saguinus tamarin)*. Besitzt ein tiefschwarzes Haarkleid mit grauem bis ockerfarbenem mehr oder weniger deutlichem Sattel. Das nackte Gesicht ist ebenso grau. Sein Verbreitungsgebiet erstreckt sich im Nordosten Brasiliens vom Unterlauf des Tocantins bis Suriname. In den Vororten der Hafenstadt Belém (früher Pará) leben heute noch vereinzelt Mohrentamarins, die daher auch «Paráäffchen» genannt werden. Dennoch sind die Bestände stark dezimiert.

Rothandtamarin *(Saguinus midas)*. Ähnliche Färbung wie vorhergehende Art, seine – je nach Unterart – roten, orangefarbenen, ockergelben bis kastanienbraunen Hände und Füße heben sich jedoch scharf vom schwarzen Fell ab. Verbreitungsgebiet nördlich des Unterlaufs des Amazonas bis Guyana, besonders in den Bergwäldern.

Schnurrbarttamarins (Untergattung *Tamarinus*)

Ein unverkennbares Merkmal dieser etwas kleineren und zierlicheren Tiere sind die stets weißen bartähnlichen Haare über der Oberlippe und um den Mund herum. Zwölf Arten und die doppelte Anzahl von geographischen Unterarten werden unterschieden. Die exakte Bestimmung wird häufig durch ihre ungemeine innerartliche Variabilität erschwert. Geschlecht, Alter, Herkunft, Territorium, spezifische Färbungstypen können u.a. Ursache sein. In ihrem Wesen sowie auch im Stimm- bzw. Lautrepertoire ähneln sie mehr den Pinseläffchen. Ihr Verbreitungsgebiet umfaßt die riesige, noch nicht völlig erforschte Urwaldlandschaft des oberen Amazonasbeckens. Infolge der schwierigen Zugänglichkeit und noch geringen Erschließung des Landes wurden den Zoologen viele Arten erst zu Beginn dieses Jahrhunderts bekannt. Von den Indianern werden diese Tiere gern gezähmt, weil sie geschickt Parasiten aus den Haaren ihrer Besitzer picken. Soweit bisher erforscht, scheinen die meisten Arten in ihrem Bestand noch gesichert zu sein, daher gelangen sie noch bis auf Ausnahmen relativ häufig in zoologische Gärten, in denen bereits von den meisten Arten mehrfach Nachwuchs erzielt werden konnte.

Schwarzrückentamarin *(Saguinus nigricollis)*. Weißer Schnurrbart nur gering entwickelt, «wie in Milch getaucht», Rückendecke schwarz bis dunkelbraun, nach hinten heller werdend, hintere Körperteile rötlichbraun marmoriert. Abgegrenzte Wohngebiete können wie bei den meisten Arten nicht genannt werden. Etwas häufiger in Zoos zu sehen.

Braunrückentamarin *(Saguinus fuscicollis)*. Infolge vieler Farbvarianten oft schwierig zu bestimmen. Meistens Kopf, Hals, Nacken und Vorderseite der Arme dunkelbraun bis schwarz, weiße «Augenbrauen», Rücken schwarz und rötlichgelb marmoriert, mitunter auch rostrot, Hinterpartie und Beine fahlbraun, manchmal auch Körpermitte dunkler. Farbzeichnung nicht selten verwaschen.

Weißlippentamarin *(Saguinus weddeli)*, **Goldmanteltamarin** *(Saguinus tripartitus)* und **Rotmanteltamarin** *(Saguinus illigeri)* sind weitere ähnliche Arten, von letzteren wurde aus amerikanischen und englischen Zoos in den letzten Jahren wiederholt Nachwuchs gemeldet.

Weißer Tamarin *(Saguinus melanoleucus)*. Die außergewöhnliche Färbung, weiß mit dunkelgrauem bis schwarzem Gesicht, täuscht nicht über die sehr nahe Verwandtschaft zum Braunrückentamarin hinweg. 1965 bis 1967 wurde ein Exemplar in Köln gehalten, wahrscheinlich erst das zweite, das bisher lebend nach Europa gelangte. Sehr selten.

Schnurrbarttamarin oder **Bartäffchen** *(Saguinus mystax)*. Im schneeweißen Gesicht fällt ein Büschel weißer Haare um den Mund auf, das – nach Bates – aussieht, «als ob es eine Flocke schneeweißer Baumwolle im Mund hielte»; Körperoberseite schwarz-gelb-braun-grau marmoriert, wobei es erhebliche Abweichungen gibt, Unterseite schwarzbraun, Kopfmähne, Kehle, Gliedmaßen und Schwanz glänzend schwarz. Verbreitung erstreckt sich von den Anden bis in das Innere Westbrasiliens.

Lönnbergtamarin *(Saguinus pluto)* und **Rio-Napo-Tamarin** *(Saguinus graellsi)* sind wiederum zwei sehr ähnliche Arten.

Rotkappentamarin *(Saguinus pileatus)*. Auffallend rote Fellpartien, zimtrote Kopfkrone.

Rotbauchtamarin *(Saguinus labiatus)*. Rücken und Kopf schwarzbraun, Bauch leuchtet in sattem Tief- bis Orangerot. Das Gesicht ziert ein kurzer weißer Schnurrbart. In zoologischen Gärten bereits mehrmals Nachzucht.

Kaiserschnurrbarttamarin *(Saguinus imperator)*. Erst 1907 entdeckt. Körper vorwiegend schwarz, Schwanz rotbraun gefärbt. Die Länge des Körpers überschreitet kaum 25 cm. In menschlicher Obhut friedlich, anhänglich und anschmiegsam. Zwei Unterarten, die im westlichen Brasilien im Gebiet zwischen den Flüssen Purus, Juruá, Acre und möglicherweise bis in das ostperuanische Grenzgebiet hinein vorkommen. Selten. Nur in wenigen Zoos zu sehen.

Nacktgesichttamarins oder **Manteläffchen** (Untergattung *Marikina*)

Sie heben sich von den übrigen Arten im Aussehen erheblich ab. Vor allem ist es der nackte bzw. kahle schwarze oder braungefleckte Kopf mit großen abstehenden Ohren, die dunkelbraune bis bläuliche Tupfen zeigen. In ihrem Verhalten, Wesen und ihrer Kontaktfreudigkeit zum Menschen unterscheiden sie sich nicht von den übrigen vorhergenannten Arten. Während ihrer Aktivitätszeit fällt das deutlich ausdrucksvolle Mienenspiel auf. In Erregung können sie auch aggressiv werden. Im Freileben scheinen sie rangordnungsmäßig festgefügte Gruppen zu bilden. Ihr Verbreitungsgebiet erstreckt sich nördlich des Amazonas vom Rio Negro bis in das ostkolumbianische Grenzgebiet. Nur eine Art mit drei Unterarten sind bekannt.

Manteläffchen *(Saguinus bicolor)*. Von der IUCN als selten registriert.

Zweifarbenäffchen *(Saguinus bicolor bicolor)*, vorderer Körperteil bis hinter die Schulterregion weiß, scharf abgegrenzt schließt sich die dunkelbraune bis gelbliche Farbe des Hinterkörpers an. Vorkommen im Flußgebiet des Rio Negro.

Martins Manteläffchen *(Saguinus bicolor martinsi)*, einheitlich dunkel- bis olivbraun gefärbt. Arme, Beine und Bauch heller, Hände und Füße auf Oberseite weißbehaart. Vorkommen dehnt sich bis ins südliche Guyana aus.

Ockermanteläffchen *(Saguinus bicolor ochraceus)*, einfarbig, heller, mehr fahlgelbbraun. Verbreitung vorwiegend westlich vom Rio Negro.

Pinché- oder **Perückenäffchen** (Gattung *Oedipomidas*)

Im wesentlichen etwas größer als die eigentlichen Tamarins. Manche Zoologen stellen sie verwandtschaftlich in die Nähe der Manteläffchen. Wegen ihres auffallenden Haarschmucks werden sie in den USA auch «Cotton-heads» oder «Cotton-tops», also «Baumwollköpfchen», genannt. Pinchés sind langbeinige, sehr langschwänzige Tiere und daher sehr gute und geschickte Springer. Im weiten Geäst «fliegen» sie ähnlich wie die Springtamarins mühelos über 3 m weit. Dies kommt ihnen nicht nur bei der Flucht zugute, sondern auch beim Fang von Vögeln. Auf einen höheren Anteil an animalischer Kost deutet das relativ kräftige Gebiß mit seinen starken Eckzähnen hin, das sie zu einem schnell wirksamen Tötungsbiß in den Kopf der Beute befähigt. Da die Jungen dieses spezifische Verhalten von den Alttieren lernen, scheint es nicht angeboren zu sein.

Das Lautrepertoire umfaßt bei einigen Arten laute singvogelähnliche Trillertöne. Als einzige Krallenäffchen sind sie in Gebieten jenseits der Anden verbreitet.

Sie leben in größeren Familiengruppen, an deren Spitze ein starkes erfahrenes Männchen steht, dessen Vormachtstellung mit spezifischen Drohgebärden demonstriert und verteidigt wird. Das ausgeprägte Mienenspiel hat bestimmte Bedeutung und richtet sich direkt auf den Partner oder Gegner. Die Drohhaltung ist an gesenktem Kopf, weit vorgeschobenen Lippen sowie gesträubter Kopf- und Nackenmähne zu erkennen. Der Gegner wird scharf fixiert, ein Signal für den unmittelbar folgenden Angriff. Beim Paarungsvorspiel reibt das Weibchen mit den durch den Geruch stimulierend wirkenden Sekreten der Genitaldrüsen den Schwanz ein. Außerdem beleckt und bezüngelt es das Gesicht des Männchens, um es zur Begattung zu animieren.

In der Obhut des Menschen benötigen sie neben dem üblichen pflanzlichen Futter eine besonders vielseitige tierische Kost, auch mit Haaren, Federn und Chitin als Ballaststoffen. Pinchés gehören zu den ersten südamerikanischen Affen, die nach Europa gebracht wurden.

Lisztäffchen *(Oedipomidas oedipus)*. Körper oberseits olivbraun, Brust, Bauch und Extremitäten weiß, Schwanz rotbraun, Gesicht dunkelgrau gefärbt. Die Familiengruppen zählen etwa 8 bis 12 Individuen, die sich jeweils aus dem Elternpaar und den in verschiedenen Altersstufen heranwachsenden Nachkommen zusammensetzen, wie H. Wendt berichtet. Nur das ranghöchste Weibchen bringt Junge zur Welt, alle anderen stehen unter einer Art «Sexualstreß». Nach Abgang des Spitzenweibchens zieht sofort das nächste Weibchen nach und wird bald tragend. Im Zusammenhang mit dem Sexualzyklus – auch hier in Monatsintervallen – kennzeichnet auch nur das ranghöchste Weibchen sein Territorium mit den geruchsaktiven Sekreten der Genitaldrüsen an Zweigen und Ästen. Die Tragzeit wird mit ca. 140 bis 170 Tagen angegeben.

Das Vorkommen erstreckt sich nur über das sehr kleine Gebiet von Tierra caliente an der karibischen Küste Kolumbiens. Früher sollen sie auch Wälder der ekuadorianischen Pazifikküste bewohnt haben. Leider reduzieren sich ihre Bestände immer mehr. In Zoos sind Lisztäffchen noch relativ häufig, z.T. in größeren Gruppen zu sehen.

Geoffroy- oder **Panamaperückenäffchen** *(Oedipomidas geoffroyi)*. Oberkörper braun, dunkelgrau bis schwarz mit streifigen weißen Flecken; die hintere Hälfte des Schwanzes schwarz, Unterseite des Körpers weiß und das Gesicht dunkelgrau. Verbreitet im östlichen Teil Panamas bis zur pazifischen Küstenregion Kolumbiens. Leider wird der Lebensraum auch dieser Art immer mehr durch die wirtschaftliche Erschließung eingeschränkt. Auf Barro Colorado, einer Insel im Gatunsee des Panamakanals, ist ein Schutzgebiet für Geoffroy-Perückenäffchen eingerichtet worden. Lebensweise ähnlich wie bei Lisztäffchen. In der Obhut des Menschen sind sie seltener anzutreffen. Wiederholt erfolgreiche Nachzuchten.

Weißfußäffchen *(Oedipomidas leucopus)*. Seine systematische Stellung ist noch nicht endgültig geklärt, es sollte aber doch wegen seiner großen Ähnlichkeit mit dem Lisztäffchen hier eingeordnet werden. Sein seidiges Fell ist auf dem Rücken hell graubraun und auf der Bauchseite rostrot gefärbt; Hände und Füße sind weiß. Statt Mähne nur weiße Haarkrone auf dem Oberkopf ausgebildet. Das sehr seltene und nur wenig bekannte Äffchen lebt in den Wäldern der Flußtäler zwischen der östlichen und westlichen Kordillere im mittleren Kolumbien. Im Aussehen ähnelt es der vorigen Art. Es wird von der IUCN als seltene Art geführt.

Altweltaffen oder Schmalnasen (Teilordnung Catarrhina)

Die große geographische Barriere Atlantischer Ozean trennt zwei Affenwelten voneinander, deren evolutionärer Ursprung bereits im Paläozän, also vor etwa 60 Millionen Jahren, zu suchen ist. Fossilfunde aus dieser und der folgenden Zeit belegen die damals begonnene voneinander isolierte Entwicklung. Natürlich weisen diese Spuren der Vergangenheit noch erhebliche Lücken auf, die zunächst mit Vermutungen überbrückt wurden, um ein verständliches Bild der Primatenentwicklung von den Basisgruppen der Insektivoren bis zu den Menschenaffen und schließlich bis zum Menschen zu erhalten. Faszinierend ist immer wieder die große Vielfalt an Arten und Formen, die der von den Gesetzmäßigkeiten der Natur mit seinen Ein- und Auswirkungen gesteuerte Entwicklungsprozeß hervorbrachte. Wie der Name bereits besagt, besitzen die Altweltaffen eine schmale Nasenscheidewand. Weitere charakteristische Merkmale sind: nicht greiffähiger Schwanz, langer Gehörgang und ferner erhebliche Größenunterschiede der Arten, von der zierlichen Zwergmeerkatze (ca. 1,3 kg) bis zum mächtigen Gorilla (bis ca. 250 kg). Die systematische Gliederung umfaßt zwei Überfamilien, die Hundsaffen (Cercopithecoidea), auch als «Tieraffen» bezeichnet, und die Menschenartigen Affen (Hominoidea).

Hundsaffen (Überfamilie Cercopithecoidea)

Ihr kräftiger und oft stark vorstehender Gesichtsschädel mit den respektablen spitzen Eckzähnen kann tatsächlich dem eines Hundes sehr ähnlich sehen. Sie umfassen Affen mit Körperlängen von 32 bis 110 cm und sehr unterschiedlichen Schwanzlängen, von kurzen Stummeln bis über 100 cm. Bei einigen Arten fehlt der Schwanz. Flachnägel an allen Fingern und Zehen, unterschiedlich große Gesäßschwielen, vierfüßige Fortbewegung, Besitz von Backentaschen, 165 bis 240 Tage währende Tragzeit, tagaktive und gesellige Lebensweise sind weitere typische Merkmale.

Meerkatzenartige (Familie Cercopithecidae)

Schon bei den Kulturvölkern des Altertums fanden südasiatische und afrikanische Affenarten große Aufmerksamkeit. Zahlreiche bildkünstlerische Darstellungen künden davon. Die alten Ägypter erhoben einige Arten zu heiligen Tieren. Die Menschenähnlichkeit der Affen regte Ärzte in Griechenland und später auch im mittelalterlichen Europa zu Sektionen an, um dadurch Aufschlüsse über die Anatomie des menschlichen Körpers zu erhalten, da dieser für Sektionen als tabu galt. Bereits in den zoologischen Gärten der ägyptischen Pharaonen und chinesischen Kaiserdynastien wurden diese Affen zur Schau gestellt, und bis heute blieben die Arten dieser Familie die «eigentlichen» Affen. Mehr noch als bei anderen Affenfamilien finden wir hier ausgesprochene Allesfresser, die zugleich ihrem unruhigen und lebhaften Wesen entsprechend auch «Dauerfresser» sind. In den letzten Jahrzehnten gab es verblüffende Ergebnisse in der Erforschung ihres Freilebens, die neue Erkenntnisse im natürlichen Verhalten, wertvolle Ergänzungen zur Tiergartenbiologie brachten, aber auch alte Annahmen und Vorurteile beseitigten. Besonders lernte man die soziologische Struktur, Organisation sowie ökologische Wechselwirkungen von in offener Landschaft lebenden Arten, wie z.B. Pavianen, kennen. Insgesamt werden acht Gattungen unterschieden.

Makaken (Gattung *Macaca*)

Ihre Körperlänge liegt zwischen 38 und 76 cm; die Schwanzlänge bei ca. 60 cm; auf die Waage bringen sie bis zu 13, nur selten bis zu 16 kg (Männchen). Mit einer Ausnahme (Magots) sind sie nur über Süd- und Ostasien verbreitet. Kompakter stämmiger Körperbau mit kräftigen Extremitäten kennzeichnen den Habitus der einzelnen Arten. Erwachsene Tiere zeigen größere Gesäßschwielen. Die Tragzeit währt ca. 175 Tage; das Fortpflanzungsalter liegt bei etwa fünf Jahren. Am Boden sowie auch auf Felsen und Bäumen anzutreffen. Bei allen Makaken finden wir ein fein ausgeprägtes Verständigungssystem, das sich aus sehr differenzierten Gesichtsausdrücken, Gesten, Körperhaltungen und Lauten zusammensetzt. Differenzierte Formen in dem weiten Verbreitungsgebiet haben zur Gliederung in sechs Untergattungen mit 12 Arten geführt.

Magot oder **Berberaffe** *(Macaca sylvana)*. Die Körperlänge mißt 75 cm, die Schulterhöhe ca. 50 cm; bei älteren Männchen fallen starke Augenwülste auf. Das lange dichte hell- bis mittelbraune Fell läßt das Tier massiger erscheinen; es besitzt keinen Schwanz. Magots können bis zu 25 Jahre alt werden. Ihr Verbreitungsgebiet ist auf Nordwestafrika von der Atlasregion bis zur Küste in Marokko und Algerien begrenzt. Die auf dem Felsen von Gibraltar lebende kleine Gruppe ist dort wahrscheinlich etwa um die Zeitenwende ausgesetzt worden. Magots können daher die Sonderstellung in Anspruch nehmen, als einzige ihrer Gattung außerhalb von Asien zu sein, als alleinige Affenart in Afrika nördlich der Sahara zu leben und das einzige Affenvorkommen in Europa darzustellen. In den oft monatelang verschneiten Hochgebirgswäldern des Atlas, in Zedern- und anderen lichten Wäldern sowie in mit Büschen und Sträuchern bewachsenen felsigen Gebieten leben die wetterharten Affen in Trupps von 12 bis 25 Tieren.
Das Sozialleben der Magots ist eines der ruhigsten und friedlichsten in der Primatenverwandtschaft. Wechsel in der Führung der Herde kommen selten vor. Die Rangordnung regelt Anrechte auf Vortritt zum Futter und Wasser, auf günstige Ruheplätze und begehrte Sozialpartner. Besonders augenfällig ist die Trennung nach Geschlechtern. Nicht selten ist der größte Teil der Männchen aller Altersstufen auf engem Raum versammelt. Dagegen bleiben die heranwachsenden Weibchen sehr lange mit ihren Müttern verbunden, so daß es zur Bildung von regelrechten Mutterfamilien kommt. Ähnlich wie Mantelpaviane

Magot oder Berberaffe *(Macaca sylvana)*

benutzen auch unterrangige erwachsene Männchen des Magots Kinder gewissermaßen als «sozialen Schild», um sich zu schützen. «Sie tragen Jungtiere bereits von den ersten Lebenswochen an, liebkosen ihren Körper und präsentieren die Kinder dominanten Männchen gegenüber als Ausweis; sie setzen sich sogar in der Reichweite eines Dominanten nieder mit einem Baby zwischen sich – die höfliche Antwort des Dominanten ist es, den Schwanz des Babys zu heben und sein Hinterteil zu küssen. In diesem Fall kann also quasi mütterliches Verhalten einem jungen Männchen als eine Art Status dienen», so A. Jolly (1975). Deag bezeichnet dies als «soziales Abpuffern». Untersuchungen laufen derzeit darüber, inwieweit die Intensität der Zuneigung des Männchens zu den Kindern von ihrem Fortpflanzungserfolg abhängt. Der Vaterschaftsnachweis ist möglich und bereits im Tierpark Rheine erfolgreich erprobt worden.

Eine besondere Berühmtheit haben die Magots von Gibraltar erlangt. Von den Engländern 1856 erstmals offiziell eingeführt, wurden sie danach unter britischen Schutz gestellt. Die Affen entwickelten sich sehr gut und breiteten sich in den folgenden Jahren bald über die ganze Stadt aus. Als dann so viel Unfug geschah, viel Schaden angerichtet wurde und schließlich während einer festlichen Veranstaltung gar Affen dem britischen Gouverneur den federgeschmückten Helm stahlen, damit flüchteten und auf dem hohen Gemäuer der Festung seine Verwendungsmöglichkeiten ausprobierten, war es mit der Geduld und Toleranz zu Ende. Ihr Territorium blieb von nun an auf ein abgelegeneres Bereich des Felsens beschränkt. Doch das traditionsbewußte England erließ dann auch für diese «Untertanen» im Jahre 1913 ein strenges Reglement. Die Kopfzahl dieses Völkchens sollte von jetzt an nicht mehr 40 überschreiten, obwohl die Anzahl bereits 1910 über 200 betrug. Die Magots sind dem Kriegsministerium zugeordnet, unterstehen einem «Affenoffizier», dem «officer in charge of apes», der für die registrierten Tiere verantwortlich zeichnet. Für die Futterration ist jeder Affe mit 4 Pennies pro Tag eingeplant. Aber nicht immer konnte der Bestand gehalten werden. Mehrmals war es notwendig, aus Nordafrika wieder für Nachschub zu sorgen.

Eine gelungene Einbürgerung dieser widerstandsfähigen Affen in Mitteleuropa ist noch anzuführen. Im Jahre 1763 brachte Graf v. Schlieffen eine Gruppe von Magots in seinen Waldpark in Windhausen bei Kassel. Neben der natürlichen Nahrung, die sie selbst im Wald fanden, erhielten sie noch zusätzlich Futter angeboten. In einigen kleinen Schutzhütten sowie tieferen Felsnischen fanden die Tiere bei harten Witterungsunbilden Unterschlupf. Die Tiere hatten sich gut akklimatisiert, pflanzten sich gut fort, so daß die Herde stattlich anwuchs. 20 Jahre später mußten alle, nachdem sie von einem tollwütigen Hund angefallen und infiziert worden waren, abgeschossen werden. Noch heute kündet ein Gedenkstein im Waldpark von Windhausen, wo 60 Magots begraben wurden, von dieser Affenkolonie.

In zoologischen Gärten ist der Magot oft anzutreffen. So haben sich bereits auch großräumige Freianlagen im gemäßigten Klima bewährt. Im Tierpark Rheine z.B. verbringt schon seit 1954 eine inzwischen auf 40 Tiere herangewachsene Gruppe den Winter im Freien, ohne Schaden zu nehmen.

Lyssodes (Untergattung *Lyssodes*)

Mit den folgenden beiden Arten haben wir Makaken vor uns, die zumindest im äußeren Erscheinungsbild den Magots sehr ähnlich sind, obwohl ihre Vorkommen rund 12000 km voneinander entfernt liegen. Besonders die in nördlichen Gebieten und Bergregionen lebenden Formen zeigen sich klimatisch sehr widerstandsfähig. Ihr schwerer, stämmiger Körperbau, der durch das langhaarige Fell noch massiger erscheint, ist bereits eine Anpassung an das Leben auf dem Boden. Der Schwanz kommt einem stummelförmigen Rudiment gleich; er ist nackt, nur gering beweglich, abgeflacht, nach rechts abgebogen und stellt funktionell nur noch eine Ergänzung der Gesäßschwielen bzw. ein bescheidenes «Sitzkissen» dar. Dazu hat diese Analregion noch eine Signalfunktion zur Begrüßung des Artgenossen, dem sie mit friedlicher Absicht mit wackelndem Schwanzstummel gezeigt wird.

Bärenmakak *(Macaca arctoides)*. Früher als *Lyssodes speciosa* bezeichnet. Er trägt eine kräftige Schultermähne und ebenso verlängerte flach anliegende Kopfhaare. Das Gesicht ist rot gefärbt, mitunter auch fleckig. Bei Erregung oder hoher Temperatur wird die Farbe intensiver; bei Kälte oder Abgeschlagenheit wechselt sie ins Bläuliche. Die Jungen sind noch «Blaßgesichter». Der Kopf erscheint sehr massig und das Gesicht großflächig. Über das Freileben der Bärenmakaken gibt es noch keine vollständigen Kenntnisse. Beim Umherwandern auf längeren Strecken vereinigen sich die kleineren Gruppen meist zu großen, weit über 100 Köpfe zählenden Herden. In den Tälern richten sie in den Pflanzkulturen erheblichen Schaden an. Es sind vorwiegend Bergbewohner, deren Verbreitung sich über weite Teile Südostasiens von 33 Grad nördlicher Breite bis zur Küste des Ost- und Südchinesischen Meeres über Vietnam, Thailand, Burma, Assam bis ins östliche Tibet erstreckt. Die regional unterschiedlichen Formen werden in fünf geographische Unterarten gegliedert, die nach Norden hin größere Körpermaße sowie auch dichteres und langhaarigeres Fell zeigen. Als kältegewohnte Affen stapfen sie gelegentlich durch tiefen Schnee. Ihre Nahrung besteht dann häufig nur noch aus weicher Rinde, Knospen, trockenen Beeren und Sämereien. In Zoos ist der Bärenmakak mitunter anzutreffen. Er pflanzt sich dort und besonders in den größeren Primaten-Forschungszentren auch fort.

Rotgesichts- oder **Japanmakak** *(Macaca fuscata)*. Wie der Name bereits verrät, besitzt auch dieser Makak eine rote, jedoch etwas hellere Gesichtsfarbe. Seine Körperlänge erreicht ca. 60 und die Schulterhöhe etwa 45 cm. Der Rücken ist rötlichbraun bis fahlfarben, unterseits herrscht eine graue Tönung vor. Das dichte langhaarige und nur locker anliegende Fell läßt die Tiere dicker erscheinen. Im Zoo wurde ein Alter bis zu 35 Jahren nachgewiesen. Ihre nördliche Verbreitungsgrenze liegt bei 42 Grad nördlicher Breite. Auf der japanischen Inselwelt leben sie nur noch in bestimmten Gebieten; auf Hokkaido fehlen sie ganz. Im Winter müssen die Rotgesichtsmakaken mit der ihnen eigenen Widerstandskraft Kälteperioden mit hohen Schneedecken und kargem Nahrungsangebot überstehen. Eine große Makakenherde in der Provinz Nagano nutzt während des Winters die Thermalquellen im Höllental (Jikogu Dani). Da diese Tiere keine Scheu vorm nassen Element kennen, tauchen sie bis zum Hals ins warme Wasser ein, «lausen» sich auch dabei, während die Jungen lebhaft baden und spielen und sich dabei warmhalten.
In Anpassung an das für Affen ungewöhnliche Klima hat sich bei den Japanmakaken ein von der Jahreszeit abhängiger Fortpflanzungszyklus eingestellt, der von November/Dezember bis März/April dauert. Die im Frühling und Sommer geborenen Jungen haben bis zum Beginn des folgenden Winters bereits eine erhebliche Widerstandsfähigkeit erreicht.
Im Jahre 1948 begannen japanische Wissenschaftler auf der Insel Koshima mit der intensiven Erforschung des Verhaltens der Rotgesichtsmakaken in der freien Natur. Durch Zufütterung gelang es, Kontakt zu den einzelnen Gruppen zu gewinnen, die einzelnen Tiere voneinander zu unterscheiden, ihre Beziehungen zueinander und somit die soziale Struktur kennenzulernen sowie auch Vergleiche zwischen den Gruppen anzustellen. Seitdem sind erstaunliche Ergebnisse erzielt worden. Eine einzelne Gruppe, die fünf, aber auch mehrere hundert Köpfe zählen kann – im Durchschnitt sind es 60 bis 120 –, hält in sich fest zusammen. Das Sozialgefüge ist rang- und altersmäßig «organisiert» und aufeinander abgestimmt; es hält sich bei relativ engem Spielraum im Gleichgewicht. Je nach Nahrungsangebot und Kopfzahl umfaßt das in Besitz genommene Wohngebiet einer Gruppe ca. 2 bis 15 km^2, das sie unentwegt nach Futter durchstreift. Geschützte Schlafplätze findet sie auf Bäumen im Wald oder auf schwer zugänglichen Felsen. An der Spitze des Zuges zieht ein Trupp junger Männchen, es folgen die Weibchen mit Kindern und Halbwüchsigen und auch einige ältere Männchen, den Schluß bilden wieder jungerwachsene Männchen. Auch an Sammelpunkten, Futterplätzen und dgl. ist immer wieder eine klare Ordnung zu erkennen. Die Beziehungen in der Gemeinschaft lassen sich in zwei Grundformen einteilen: die ungleichartige, zu der die Beziehung der Paare zueinander sowie das Mutter-Kind-Verhältnis gehören, und die gleichartige zwischen einander ähnlichen Tieren, bei der die Machtstellung, der Rang und das Herrschen im Vordergrund stehen. Die erste Erziehung erhalten die Kinder etwa bis zu 10 Monaten von den Müttern. Danach spielen sie immer mehr mit Gefährten des gleichen Geschlechts. Etwa nach zwei Jahren – bis dahin bleiben die Jungen bei der Mutter im Kern der Gruppe – verziehen sich die halbwüchsigen Männchen zu den anderen jungen Geschlechtsgenossen an den Rand des Kerns. Die jungen Weibchen dagegen verbleiben innerhalb dieses Kreises. Der soziale Aufstieg der Männchen zu Führern wird bei den Japanmakaken weniger durch harte Kämpfe entschieden, sondern mehr durch Spiele, Jagen, Ringen, wobei sich die jungen Männchen der gleichen Altersklasse kennenlernen und abschätzen. Nach häufig wechselnder Position stabilisiert sich ihre Rangstellung erst im Jungerwachsenen-Alter. Aber auch noch andere Faktoren, wie die gesellschaftliche Stellung der Mutter, vielleicht auch des Vaters, das Erbgut und die Intensität und Vielseitigkeit der Erziehung können bei Männchen zum Aufstieg zur Führerstellung wirksam werden. Die Weibchen werden bereits mit vier, die Männ-

chen erst mit fünf Jahren fortpflanzungsfähig. Natürlich genießen die ranghohen Männchen Vorrechte bei der Wahl ihrer Partnerin. Befinden sich jedoch mehr Weibchen im Östrus, als die hohen Männchen begatten können oder wollen, dürfen sich Männchen aus dem äußeren Kreis eine Partnerin wählen, ohne den Zorn eines Spitzenmannes fürchten zu müssen. Im Gegensatz zur klaren Klassen- und Rangstellung der Männchen unterliegt die soziale Position der Weibchen mitunter gewissen Schwankungen, die meist durch individuelle Spannungen und Zank ausgelöst werden. Die Töchter von hochstehenden Weibchen nehmen eine bevorzugte Stellung ein, weil sie lange Zeit unter dem Einfluß der Mutter und somit von ihr abhängig bleiben. Die sexuelle Aktivität spielt zumindest bei den japanischen Makaken keine entscheidende Rolle für die soziale Bindung innerhalb der Gruppe, denn auch außerhalb der bereits genannten Fortpflanzungszeit bleibt ja der Sozialkontakt voll erhalten. Natürlich dürfen hierbei gelegentliche Kopulationen mit ritualer Bedeutung – z.B. zur Regelung individueller Beziehungen in Spannungssituationen – nicht übersehen werden. Mehr als bisher angenommen, dürfte das Mutter-Kind-Verhältnis und, wie man heute weiß, auch das Vater-Kind-Verhältnis bindungswirksam sein. Da es auch stärker ausgebildete Beziehungen von Männchen zu jeweils einem bestimmten Weibchen gibt, die besonders bei der Körperpflege zum Ausdruck kommen, lassen sich diese betonten Dreieckkontakte bereits als erste Ansätze einer Familienformierung deuten. Das väterliche Verhalten äußert sich darin, daß sich ranghohe Männchen, Führer sowie auch Unterführer, der einjährigen Kinder annehmen, wenn deren Mütter neue Kinder gebären und dann mit den jüngsten voll beschäftigt sind. Diese väterliche Pflegebeziehung konzentriert sich vorrangig auf ein bestimmtes Kind. Mitunter sind außerhalb der Gruppen auch Einzelgänger – ausschließlich Männchen – anzutreffen. Die Ursachen sind möglicherweise unterschiedlich. Es können Übertritte, Abwanderungen, Alter, Diskrepanzen in der Rangordnung, Rangsturz, jedoch kaum asoziale Beweggründe sein.

Sehr interessant waren die Feststellungen des japanischen Zoologen M. Kawai (1965) an der Makakengruppe auf der Insel Koshima über das Entstehen neuer spezifischer Verhaltensweisen. Es begann mit einer mit Sand bedeckten Batate, die von einem jungen Weibchen, «Imo» genannt, aufgegriffen und vorm Verzehren mit den Händen im Wasser gewaschen wurde. Etwa vier Wochen später eignete sich auch ein Spielgefährte Imos diese «hygienische Behandlung» der Bataten unmittelbar vorm Genuß an, und einige Monate später fand auch Imos Mutter Gefallen daran. Im Verlauf des tagtäglichen Kontaktes zwischen Müttern, jungen Weibchen, Kindern und Altersgenossen hatten von 1953 bis 1957 bereits 15 Tiere das neue Verhalten angenommen. Gepaart mit der natürlichen Neugier erwiesen sich vorrangig Jungtiere im Alter von ein bis drei Jahren als Schrittmacher in der Anwendung der neuen Erfindung. Dagegen beteiligte sich kein einziges Männchen an der neuen Errungenschaft. Dies mag daran liegen, daß das Novum im inneren Kreis unter jungen Weibchen und Kindern seinen Ausgang nahm. Der Entdeckungsfreude und der Neugier der Jüngeren steht die Erfahrung, Vorsicht und Zurückhaltung der älteren erwachsenen Tiere gegenüber. Nach fünf Jahren erlernten bereits alle Neugeborenen von den Müttern das neue Eßverhalten, und nach zehn Jahren hatten bereits über die Hälfte der 59 Köpfe zählenden Gruppe diese Gewohnheit als festen Bestandteil in ihr Verhaltensinventar aufgenommen. Anfangs wuschen die Makaken ihre Bataten nur im Süßwasser, bis später beim Streifzug und Bad an der Küste diese Knollen auch ins Meerwasser getaucht wurden. Offensichtlich fanden bald einige Geschmack am Salz und gingen dazu über, ihre Bataten zu würzen. Während der Mahlzeit tauchten sie dann diese immer wieder ins Salzwasser. Hierbei konnten außerdem auch unterschiedlich angeborene Begabungen und Befähigungen beobachtet werden. 1956 hatte die vierjährige «Imo» noch eine weitere Entdeckung gemacht. Die Makaken wurden gelegentlich auch mit Weizen gefüttert. Anfangs mußten sie mühsam Körnchen für Körnchen aus dem Sand lesen. «Imo» strich bald eine Handvoll mit Sand vermischte Körner zusammen und warf sie ins Wasser. Der schwere Sand sank schnell auf den Grund und trennte sich vom leichteren Weizen. 1962 hatten bereits 19 Tiere dieses «Goldwäscherverfahren» übernommen. Die Geschwister von «Imo» lernten besser und schneller als die Nachkommen einer anderen Äffin.

Die Japanmakaken spielten bereits eine bedeutende Rolle in der Mythologie, Literatur sowie Kunst des japanischen Volkes. Nicht aus Indien, wie häufig angenommen, entstammen die berühmten drei heiligen Affen, sondern es sind japanische Makaken, die eine Lebensweisheit in der buddhistischen Religion verkörpern: Nichts Böses sehen – nichts Böses hören – nichts Böses sagen. Die Makaken stehen in Japan unter strengem Schutz. In zoologischen Gärten sind Japanmakaken nicht selten zu sehen, auch schon wegen ihrer vorteilhaften Kälteresistenz. Vom Japanmakaken kennen wir zwei Unterarten:

Macaca fuscata fuscata, auf allen großen Inseln des Landes außer Hokkaido; relativ häufig im Gebiet von Kyoto; *Macaca fuscata yakui*, auf der kleineren Insel Yaku-Shima südlich von Kyushu noch verhältnismäßig häufig.

Rhesusaffen (Untergattung *Rhesus*)

Im Gegensatz zum kräftigen Körper des Männchens, der im Alter sogar von massiger Gestalt sein kann, wirken die Weibchen wesentlich schlanker und kleiner. Das Fell ist hell- bis mittelbraun, z.T. mit rötlichbrauner oder schwacher olivgrüner Tönung; das Gesicht erscheint blaß graubräunlich bis rosa. Der mittellange Schwanz mißt etwa 30 bis 35 cm. Scrotum und Penis sind besonders bei erwachsenen Tieren auffallend rot gefärbt. Über weite Gebiete Süd- und Südostasiens verbreitet. Drei Arten werden unterschieden.

65 Wanderu oder **Bartaffe** *(Macaca silenus)*.
In menschlicher Obhut erweisen sich Wanderus har[t] und ausdauernd und züchten auch nicht allzu schwer. (Severočeská Zoologická Zahrada Liberec)

66 Bärenmakak *(Macaca arctoides)*.
Bärenmakaken sind Bergbewohner, denen auch niedrige Temperaturen nichts ausmachen.
(Zoologická Zahrada Praha)

67 Japan- oder **Rotgesichtsmakak** *(Macaca fuscata)*.
Diese Makaken spielen eine wichtige Rolle in der Mythologie, in der Geschichte und in den Erzählungen des japanischen Volkes. Wer kennt nicht die drei Affen, die in der buddhistischen Lehre die Lebensweisheit verkörpern: Nichts Böses sehen – nichts Böses hören – nichts Böses sagen.
(Zoologischer Garten Stuttgart)

68–71 Rhesusaffen *(Macaca mulatta).*
Oben links: Besonders bei den älteren Männchen sind die Eckzähne stark ausgebildet. (Zoologischer Garten Magdeburg)
Oben rechts: Das alleingelassene Jungtier schreit kläglich nach seiner Mutter. (Zoologická Zahrada Ostrava)
Unten: Severočeská Zoologická Zahrada Liberec

72 **Wanderu** oder **Bartaffe** *(Macaca silenus)*
(Severočeská Zoologická Zahrada Liberec)

73 **Schopfmakak** *(Cynopithecus niger)*.
Auf Sulawesi leiten manche Stämme ihre Herkunft vom Schopfmakaken ab und achten und ehren ihn als ihren Ahnen. In anderen Gegenden werden diese Makaken gejagt und gegessen. (Zoologischer Garten Hannover)

74 **Javaneraffen** *(Macaca irus)*.
Das Jungtier ist im Gegensatz zur Mutter dunkelbraun gefärbt. (Wald der heiligen Affen auf Bali)

75/76 Wanderus oder **Bartaffen** *(Macaca silenus)*.
Ein mächtiger grauer Mähnenkragen, dessen Haare sich nach vorn krümmen, ist das charakteristische Merkmal der Wanderus.
Links: Tierpark Hoyerswerda
Rechts: Zoologischer Garten Berlin (West)

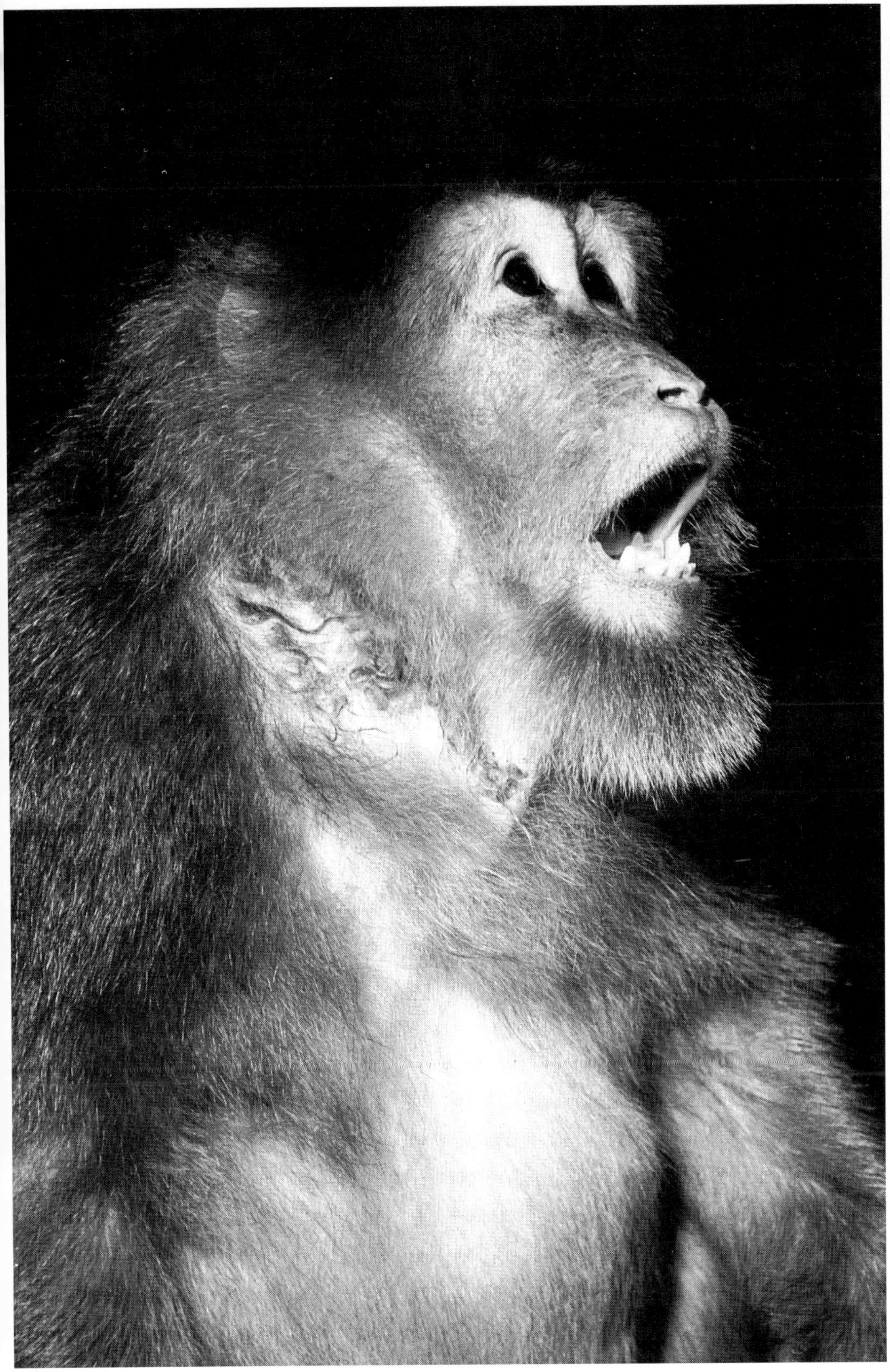

77 Rotgesichts- oder **Japanmakak** *(Macaca fuscata).*
Eine dichte Körperbehaarung auch am Kopf schützt Ohren und Gesichtspartie gegen Kälte. (Zoologická Zahrada Praha)

78 Schopfmakak *(Cynopithecus niger).*
Der aufrecht stehende Haarschopf weist besonders bei älteren Tieren nach rückwärts. (Zoologischer Garten Hannover)

Folgende Seiten:

79 Gelber Babuin *(Papio cynocephalus).*
Diese wie die meisten Paviane sehr anpassungsfähigen Tiere richten nicht selten in Pflanzungen erheblichen Schaden an. (Ostafrika)

80 Junger Gelber Babuin *(Papio cynocephalus)*
(Zoologischer Garten Hannover)

81/82 Gelbe Babuine *(Papio cynocephalus)*
in der Strauchsteppe Ostafrikas.
Durch Drohgähnen warnt das Männchen den Fotografen, sich weiter zu nähern. Das Fell ist relativ dicht und langhaarig.

83 Mantelpavian oder **Hamadryas**
(Papio hamadryas).
Beim Spiel oder bei schnellem Lauf sitzen die noch kleinen Jungtiere häufig auf den Alttieren auf.
(Zoologischer Garten Köln)

Folgende Seiten:

84/85 Mantelpaviane oder **Hamadryas**
(Papio hamadryas).
Allein 1978 gab es – soweit veröffentlicht – in 66 Haltungen einen Nachwuchs von insgesamt 290 aufgezogenen Tieren. Mit zunehmendem Alter hellt die auffallende Haartracht, die auch den Kopf wie eine gescheitelte fast weiße Pelzkappe umgibt, am Vorderkörper ins Silbergraue auf.
(Zoologischer Garten Köln)

86–88 Mantelpaviane oder **Hamadryas**
(Papio hamadryas).
Oben: Beim Drohgähnen kommen die langen dolchartigen Eckzähne des männlichen Tieres voll zur Geltung. Verliert ein ranghohes Tier durch ein Mißgeschick o. ä. diese respekteinflößenden Waffen, ist es auch um seine Führerrolle geschehen. (Severočeská Zoologická Zahrada Liberec)
Oben rechts: Neben seiner Größe und gedrungenen Gestalt ist das Männchen des Hamadryas an der prächtigen langhaarigen grauen Mähne, die sich weit über Schultern, Vorderrücken, Hals und die Brust ausdehnt, zu erkennen. (Zoologická Zahrada Praha)
Rechts: Die Jüngsten werden streng beaufsichtigt; sie dürfen sich von der Mutter nur «auf Reichweite» entfernen. (Zoologischer Garten Köln)

89–91 Mantelpaviane oder **Hamadryas** *(Papio hamadryas).*
Oben links: In die soziale Hautpflege wird auch der vertraute Tierpfleger mit einbezogen. Er besitzt also eine hohe Rangstellung. (Zoologischer Garten Köln)
Oben: Severočeská Zoologická Zahrada Liberec
Unten links: Miteinander spielende Paviankinder. Ihr Betätigungsdrang ist stark ausgeprägt. (Zoologischer Garten Hannover)

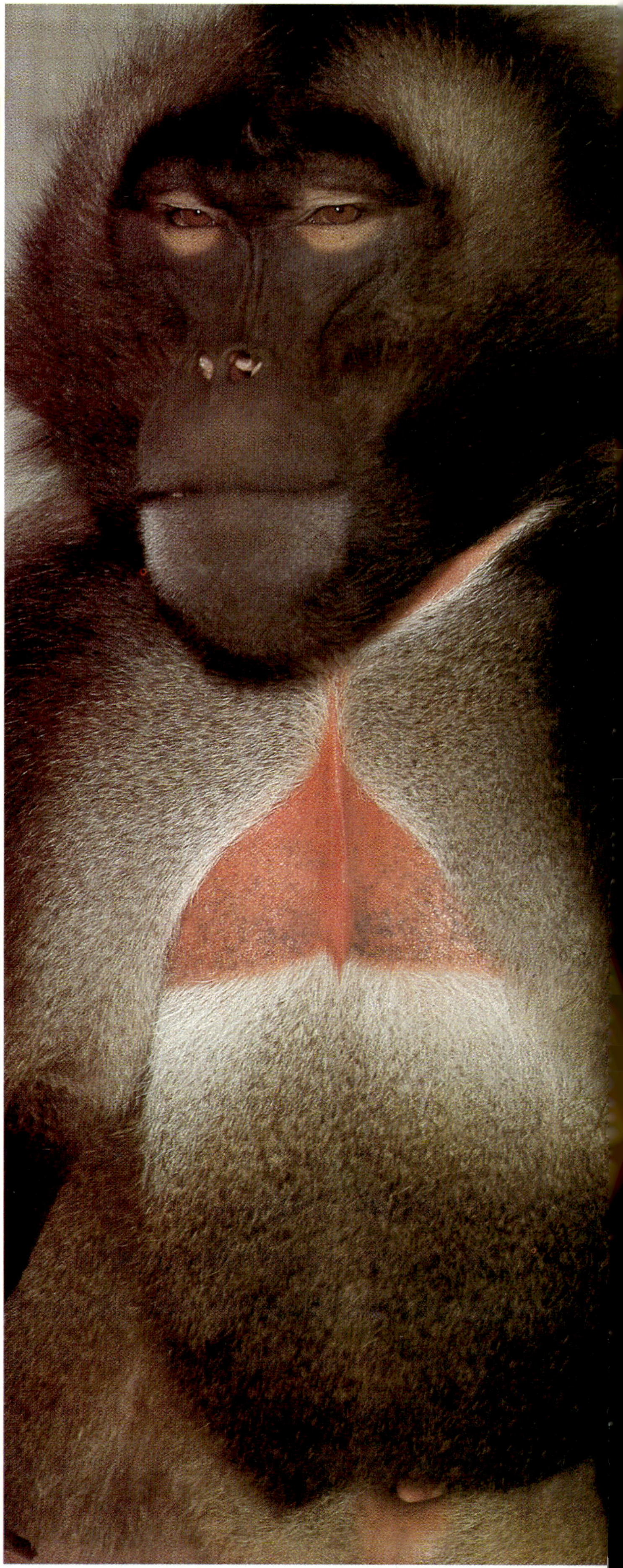

92 Mandrill *(Mandrillus sphinx)*.
Die auffällige Haartracht und die Gesichtszeichnung dienen der Einschüchterung der Rivalen. (Zoologická Zahrada Dvur Kralove)

93 Dschelada *(Theropithecus gelada)*.
Beide Geschlechter besitzen auf der Brust ein nacktes rotes Feld, das in der Mitte von einer Scheitellinie durchzogen ist. Daher werden die Tiere auch Blutbrustpavian genannt. (Zoo Duisburg)

94 Mandrill *(Mandrillus sphinx)*.
Die Weibchen der Mandrills bleiben deutlich kleiner, schlanker und unscheinbarer. (Zoologická Zahrada Dvur Kralove)

95 Mandrills *(Mandrillus sphinx)*
Ist die Mutter nicht in der Nähe, finden die beiden jungen Mandrills durch gegenseitiges Umklammern Geborgenheit. Deutlich ist bereits die typische längsgefurchte Haut beiderseits der Nase zu erkennen. (Zoologická Zahrada Praha)

96 Drill *(Mandrillus leucophaeus).*
Im Vergleich zum Mandrill fehlen dem Drill die drastisch bunten Farben. Nur das Kinn hebt sich rot ab. (Zoologischer Garten Stuttgart)

97 Mandrill *(Mandrillus sphinx).*
Mit auffallendem Imponiergehabe präsentiert sich der starke Mandrillmann vor den Zoobesuchern. (Zoo Duisburg)

98–100 Dscheladas *(Theropithecus gelada)*.
Oben links: Zum Drohgehabe gehört auch das weite Aufklappen der Oberlippe, so daß deren hellrosa leuchtende Innenseite wirkungsvoll zu sehen ist. Beim Hochziehen der Augenbrauen fallen die hellen Augenlider auf. (Zoologischer Garten Stuttgart)
Oben rechts: Beim Ausschauhalten sowie Spähen nach Gefahrenquellen und auch beim Imponieren richten sich die Dscheladas häufig auf. (Zoologischer Garten Stuttgart)
Unten: In den Ruhepausen während des Tagesablaufs widmen sie der sozialen Hautpflege sehr viel Zeit, die die herrschenden Männchen vorrangig in Anspruch nehmen. (Zoologischer Garten Stuttgart)

101 Weißnasen-Husarenaffe oder **Nisnas** *(Erythrocebus patas pyrrhonotus)*.
Im Alter von 3,5 bis 4 Jahren tritt bei den jungen Männchen die Geschlechtsreife ein. Als Rivalen werden sie dann vom Pascha mit wütenden Attacken aus der Gruppe vertrieben.
(Zoologická Zahrada Dvur Kralove)

102 Graugrüne Meerkatze *(Cercopithecus aethiops aethiops)*.
In den nur lockeren Partnerbindungen herrscht bei den Meerkatzen weitgehend Polygamie. Zuchterfolge sind in der Regel nicht so häufig wie bei Makaken und Pavianen. (Zoologická Zahrada Dvur Kralove)

103 Mantelmangabe *(Cercocebus albigena)*.
Mantelmangaben sind ängstlicher und zurückhaltender und kommen wohl von allen Mangaben am seltensten zum Boden. (Zoologischer Garten Hannover)

104 Schopfmangabe *(Cercocebus aterrimus)*. Meistens werden die Mangaben in kleineren Horden von 8 bis 15 Tieren, mitunter auch nur paarweise angetroffen. (Zoologická Zahrada Praha)

105 Große Weißnasenmeerkatze *(Cercopithecus nictitans)*. Der weiße Nasenfleck kann in seiner Form variieren. Die Weißnasenmeerkatzen zählen derzeit noch zu den verhältnismäßig häufigen Affenarten. (Zoo Duisburg)

106 Rauchgraue Mangabe *(Cercocebus torquatus atys)*. Sehr deutlich heben sich die weißen Oberlider der Augen vom dunklen Gesicht ab. Sie leuchten beim Blinzeln wie Signallämpchen und dienen sowohl der visuellen Kommunikation als auch als Positionszeichen im dämmrigen Licht des Urwaldes. (Thüringer Zoopark Erfurt)

107 Rotnasenmeerkatze *(Cercopithecus cephus erythrotis)*. Die Rotnasenmeerkatze wird teils als Unterart der Blaumaulmeerkatze, teils als eigene Art bezeichnet. (Zoo Duisburg)

108–110 Grüne Meerkatzen
(Cercopithecus aethiops sabaeus).
Links: Etwa 20 verschiedene Unterarten werden genannt, die sich vorwiegend in der Kopfzeichnung, Felltönung, Größe und beim Männchen auch in der Farbe des Scrotums unterscheiden.
(Zoologická Zahrada Praha)
Rechts: Während des Klammeralters zeigt das Baby geringe Anlagen der Greiffähigkeit seines Schwanzes, der um den der Mutter, um deren Bauch oder Oberschenkel geschlungen wird. Zwillingsgeburten sind selten. Auch bereits herangewachsene Jungtiere halten noch engen Kontakt zur Mutter, selbst wenn diese wieder Nachwuchs hat.
(Zoologická Zahrada Praha)

111 **Blauaffe**
(Cercopithecus mitis kibonotenensis).
Diese Unterart der Diademmeerkatze zeichnet sich durch ein blaugraues Fell und einen wallenden Backenbart aus. Ihr Vorkommen in Ostafrika ist auf die Gebiete um den Kilimandscharo und Meru konzentriert. Im Wesen sind die Blauaffen wie alle Diademmeerkatzen ruhig und verhalten. (Zoologischer Garten Hannover)

112 **Weißkehlmeerkatze**
(Cercopithecus mitis albogularis).
Die Tiere mit hellerem Kopf und weißer Kehle werden als Weißkehlmeerkatzen zusammengefaßt, im Gegensatz zu den «echten» Diademmeerkatzen.
(Zoo Duisburg)

113 Dianameerkatze *(Cercopithecus diana)*. Landwirtschaftliche Erschließungsarbeiten wie auch weit ausgedehnter Holzeinschlag verdrängen die Dianameerkatzen aus ihrem angestammten Lebensraum. (Severočeská Zoologická Zahrada Liberec)

114 Monameerkatze (*Cercopithecus mona* sspec.). Monameerkatzen sind in ihrem Wesen eigenwilliger und zurückhaltender als z. B. die Grüne Meerkatze. (Severočeská Zoologická Zahrada Liberec)

115 Roloway-Meerkatze *(Cercopithecus diana roloway)*. Die jeweilige Stimmung äußert sich in einem ausgeprägten Mienenspiel. (Zoo Duisburg)

116/117 Brazzameerkatzen
(Cercopithecus neglectus)
leben nur in kleineren Gruppen zusammen. Das stärkere und intensiver gefärbte Männchen duldet nur wenige Weibchen, manchmal nur ein bis zwei, in seiner unmittelbaren Nähe.
(Severočeská Zoologická Zahrada Liberec)

118 Hamlyn- oder **Eulenkopfmeerkatze**
(Cercopithecus hamlyni).
Hamlynmeerkatzen sind Bewohner des tiefen Urwaldes. Ihre Körperbewegungen muten leicht und geschmeidig an. (Zoologischer Garten Leipzig)

Rhesusaffe *(Macaca mulatta)*. Eine der häufigsten und bekanntesten Affenarten, mit der bereits früher in Wandermenagerien, auf Jahrmärkten usw. Bekanntschaft gemacht werden konnte. Der eigentliche Rhesus bewohnt ganz Vorderindien mit Ausnahme des Südens, von Pakistan ostwärts bis zur Küste des Ostchinesischen Meeres, im Norden bis nahe an den Huanghe und im Südosten bis Laos, Thailand und Burma. Rhesusaffen sind wenig anspruchsvoll, anpassungs- und widerstandsfähig. Heute leben sie nur noch zum kleineren Teil in Wäldern und Felslandschaften. Als Kulturfolger haben sie sich im Kulturland, in Siedlungen, ja sogar mitten in Großstädten eingebürgert. Sie dringen stehlend in Wohnungen oder Autos ein, deren Fenster geöffnet sind. Wenn die Rhesusaffen auch nicht unmittelbar zu den heiligen Tieren gehören, so leben doch die Hindus mit ihnen in «friedlicher Koexistenz», so wie es ihnen ihre religiöse Einstellung zum Tier gebietet; der Schaden wird mit Geduld und Gelassenheit getragen. Frühere Versuche, diese Makaken aus Ballungszentren in noch aufnahmefähige Gebiete umzusiedeln, scheiterten meistens am Widerstand der frommen Bevölkerung. Selbst Debatten im Parlament änderten nichts daran. Nach einer territorialen Bestandsaufnahme duch C. H. Southwick (1965) im nordindischen Unionsstaat Uttar Pradesh verteilt sich das Vorkommen der Affen mit 46 Prozent auf Dörfer, 30 Prozent auf Städte, mit einem kleineren Teil auf Straßenrandgebiete und Tempel und lediglich 12 Prozent auf Waldzonen. Je nach ihren klimatischen Lebensbedingungen tragen die Affen ein dünnes seidiges glattes oder ein dichtes wolliges Haarkleid. Eine Farbvariante ist der seltene Goldrhesus, bei dem das Fell hell goldfarben erscheint.

Der Rhesus erweist sich als gewandter Schwimmer und vermag sogar flink zu tauchen. Überhaupt schätzen diese Affen die Nähe von Gewässern. Oft suchen sie stundenlang in unterschiedlich großen Gruppen nach allerlei Eßbarem, das sich aus verschiedenen Getreidearten, Sämereien, Früchten, Beeren, Wurzeln, Zwiebeln, Knollen, Knospen, Blüten, jedoch auch aus vielerlei Kleingetier zusammensetzt. Obwohl in den Städten meistens zu allen Jahreszeiten Mütter mit neugeborenen Babys angetroffen werden, so ist doch ein Geburtenhoch während des Frühjahrs und Frühsommers festzustellen. In dieser Zeit und für einige Monate danach, besonders in höheren Lagen, setzt bei den Weibchen der Östrus für eine bestimmete Zeit aus, in der es zu keiner Konzeption kommt. Nach Michael und Kaverne (1968) ist die Anziehungskraft der Rhesusweibchen auf die Männchen hauptsächlich vom Vaginalgeruch abhängig, also Stimulation durch Östrogen. Die Rhesusweibchen zeigen nämlich nur eine geringe sexuelle Schwellung der äußeren Genitalregion.

19 Hamlyn- oder **Eulenkopfmeerkatze** *(Cercopithecus hamlyni)*. Hervorzuheben ist die Körperzeichnung, die wie beim einheimischen Hamster oder beim kleinen Panda eine «Verkehrtfärbung» aufweist: Die obere Körperseite ist grau-braun-grün, die Unterseite sowie Beine und Arme sind dagegen schwarz. (Zoologischer Garten Leipzig)

Rangniedrige Mütter mit Kind werden nicht immer so schonend wie ranghohe behandelt. Tantenverhältnisse mit noch jungen Weibchen bilden sich bereits frühzeitig aus. Auch Weibchen, die noch keine lebenden Jungen geboren hatten, zeigen nach Spencer-Booth (1968) viel eher Tantenverhalten als erfolgreiche Mütter. Wenn die Kinder in der Regel auch sorgsam beschützt werden, lernen sie schon früh die «rauhen Sitten» in der Horde kennen. Die Geschwister bleiben auch häufig noch als Erwachsene zusammen. Männchen benutzen auch hier oft Kinder im Statusspiel. Bei Rhesusaffen kümmern sich Männchen, die einen großen Drang zum Zentrum der Gruppe haben, um die Kinder von dominanten Weibchen und dürfen sich dadurch im inneren Kreis in der Nähe der Mütter aufhalten.

Die Lebensdauer dieser Makaken kann 30 Jahre überschreiten. Ein Rhesus ohne jeglichen Sozialkontakt zeigt bald Fehlverhalten und Kümmererscheinungen, ähnlich wie dies auch für Paviane zutrifft. Mit dem Leben auf dem Boden mußten sie, um überleben zu können, sich den dort offensichtlich größeren Gefahren anpassen, die es in dem Schutz gewährenden Wald kaum gibt. Ihre Selbstbehauptung erfordert ein stark entwickeltes Kampf- und Abwehrverhalten, das bei der Selbstverteidigung auch in Aggressivität umschlagen kann. Die hochentwickelte Sozial- und strenge Rangordnung hat ein «Führertum» herausgebildet, das Einigkeit und Einheitlichkeit im Verhalten sowie Handeln sichert, die Schlagkraft bei der Verteidigung erhöht und somit die Macht des Gruppenverbandes demonstriert. Wird beispielsweise im Zoo ein Gruppenmitglied von einem Pfleger bedroht oder bedrängt, so stürzt sich die ganze Horde zunächst mit wütenden Drohgebärden und lautem, heiserem Geschrei auf den Störenfried; nicht selten greift sie auch tätlich an. D. S. Singh (1968) stellte bei einem Vergleich des Verhaltens zwischen den Rhesus im Wald und in der Stadt fest, daß die letzteren häufiger aktiv, umsichtiger, manipulierfähiger, wachsamer, geschickter, ja raffinierter und frecher sind. Interessant ist das ritualisierte Verhältnis zwischen Ranghohen und Untergebenen. Anfangs wird der Rangniedere mit Gebärden wie Maul öffnen, Zähne fletschen, Ohren anlegen und dgl., die urspünglich unmittelbare Kampfbereitschaft bedeuteten, immer mehr angedroht. Ist der Untergeordete durch die Angriffshaltung des Dominanten eingeschüchtert oder hatte er gar keine Absicht, dem Partner die hohe Stellung streitig zu machen, so zeigt er ein Untertänigkeits- oder Demutsverhalten. Er nimmt dabei die besänftigend wirkende darbietende Stellung eines Weibchens bei der Kopulation ein. Das dominante Männchen steigt sogar auf den Untergebenen wie bei der Begattung auf. Mit dieser mehr symbolischen Handlung, die nichts mit einem Geschlechtsverkehr zu tun hat, entschärft bzw. hemmt das sich so darbietende Männchen die Angriffsstimmung. Das Primat des Herrschers wird auf diese Weise anerkannt, es kommt zu keinem ernsthaften Kampf, es gibt keine Verletzungen. Durch eine solche ungefährliche oder friedliche Überwindung von Spannungen innerhalb der Gruppe wird deren Schwächung nach außen vermieden und somit ihre Verteidigungskraft erhalten. Ebenso wie das sogenannte «Lausen» oder die gemeinsame Kinderbetreuung dient auch letztlich dieses ritualisierte Verhalten dem ständigen Zusammenhalt der Gruppe.

Besonders in der Obhut des Menschen überraschten Rhesusaffen – natürlich individuell unterschiedlich – mit erstaunlichen intelligenten Leistungen. Infolge ihrer leichten Dressierfähigkeit gibt es auch gelegentlich im Zirkus gut arbeitende Gruppen mit schwierigen Aufgaben. In Indien zeigen nicht selten Schausteller dressierte Rhesus mit beachtlichen Leistungen. Von einer Rhesusäffin des Zoologischen Instituts Münster wird von der erlernten Fähigkeit berichtet, farbige Ringe als unterschiedliche Wertmarken für den Tausch gegen in ihrer Beliebtheit gestaffelte Leckerbissen anzuwenden. Solche Leistungen sind sonst nur noch von Schimpansen oder Orang-Utans bekannt. Dem steht auch nicht das nach, was die Rhesusäffin «Lizzi» an Intelligenzleistungen gewissermaßen als «Vorastronautin» in einer Mercury-Kapsel 1949, dazu noch unter wesentlich erschwerten Umweltbedingungen, bei einem Weltraumflug vollbringen mußte. Natürlich erst nach einem intensiven Training gelang es, komplizierte Einzel- und Komplexaufgaben zu lösen. Zahlreiche Hebel, Druckknöpfe und Tasten mußten bei bestimmten Signalen, Auslösern und bei gewissen Einflüssen als Reaktion folgerichtig bedient werden. H. F. Harlow (1959, 1960) führte im Wisconsin Regional Primate Center umfangreiche Studien zum Verhalten von Rhesus-Kindern untereinander durch. Dabei kam Harlow zu der Schlußfolgerung, daß die Primaten ihre Zuneigung in fünf unterschiedlichen Formen zum Ausdruck bringen, von denen jede in ein eigenes «Zuneigungssystem» eingeordnet werden kann, z.B. die Liebe zur Mutter, die Zuneigung eines erwachsenen Männchens für das Junge, die Kameradschaft zwischen gleichaltrigen Jungen bzw. Spielgefährten u.a. Gestreßte oder geängstigte Primatenkinder suchen bei Gefahr oder Schreck den Schutz der Mutter. Schon der Kontakt mit einer Mutterattrappe aus weichem Stoff genügte, um die Furcht zu vertreiben. Bei späteren Versuchen in Davis (Kalifornien) wiesen W. A. Mason und M. D. Kinney (1961, 1968) nach, daß der körperliche Kontakt zu einem lebenden Tier für das psychisch soziale Gedeihen eines Affenkindes äußerst wichtig ist. So kann z.B. ein gutmütiger Hund einem jungen Rhesusaffen ohne weiteres die Mutter ersetzen, unabhängig davon, ob vorher das Junge schon an seine leibliche Mutter gewöhnt war oder eine Ersatzmutter hatte. Frühere Auffassungen, wonach vorrangig die Zuneigung des kleinen Kindes zur Mutter dadurch geweckt wird, weil sie Nahrung gibt und den Hunger stillt, haben sich nicht bestätigt. Nach Meinung von H. F. Harlow kann selbst auch der Vater im gleichen Maße die Zuneigung des Kindes auslösen und erhalten wie die Mutter. Das triebhafte Verlangen nach befriedigender natürlicher Ausübung des Klammerreflexes, nach zärtlicher, liebkosender Berührung und ausgleichender psychischer Wärme sowie besonders auch das Empfinden von Geborgenheit stehen im Vordergrund. Um eine gute Mutter zu werden, muß ein weiblicher Affe eine optimale mütterliche Fürsorge auch am eigenen Leibe erfahren haben. Ohne in Geborgenheit isoliert aufgezogene Weibchen brachten nunmehr ihren eigenen Kindern längst nicht soviel Zuneigung und Fürsorge entgegen wie Affenweibchen im Freileben. Wohlbehagen und Geborgenheit sind also die wichtigsten Voraussetzungen für die gesunde Entwicklung der Affen.

Nicht zuletzt sind in der medizinischen Forschung wichtige Erkenntnisse an Rhesusaffen gewonnen worden. (s. S. 17). Nicht zuletzt auch deshalb, weil während der letzten Jahrzehnte zahlreiche Rhesusaffen für Versuche in der Forschung und pharmazeutischen Industrie verwendet wurden, sind die Affenbestände in nicht wenigen Gebieten, z.B. in Bengalen, bedrohlich dezimiert worden. Deswegen ist bei Bombay eine Zuchtfarm für Affen entstanden, in der die Tiere unter möglichst natürlichen Bedingungen aufwachsen sollen. Speziell für Verhaltensforschungen in freier Natur lebt auf der kleinen Insel Cayo Santiago nahe von Puerto Rico in der Karibik eine Gruppe von Rhesusaffen, an denen u.a. C. B. Koford (1968) aufschlußreiche Studien über die Populationsdynamik und Verwandtschaftsbeziehungen trieb.

Gegenüber Feinden vermögen sie sich ähnlich wie Paviane aggressiv zur Wehr zu setzen. In zoologischen Gärten sind Rhesusaffen auch heute noch häufig zu sehen, meistens züchten sie auch gut.

In dem großen Verbreitungsgebiet haben sich natürlich geographische Unterarten herausgebildet, die infolge der großen Anpassungsfähigkeit des Rhesus nicht immer exakt zu beschreiben sind. J. T. Sanderson (1957) unterscheidet neben der Nominatform *Macaca mulatta mulatta* noch die Subspezies *Macaca mulatta vestita*, tibetisch-indisches Grenzland; wie auch die beiden folgenden Formen dem Bergrhesus sehr ähnlich; *Macaca mulatta villosa*, oberer Pandschab, Kaschmir, Norden von Uttar Pradesh, sowie *Macaca mulatta memakoni*, im Norden Pakistans, Ost-Afghanistan. Größte und schwerste Formen im westlichen Himalaja in Höhen bis zu 2400 m.

Berg- oder Assamrhesus *(Macaca assamensis)*. Diese Art ist mit einer Körperlänge bis über 60 cm, einer Schwanzlänge von ca. 20 cm und einem Gewicht bis zu 12 kg größer, kräftiger und auch dichter behaart als der eigentliche Rhesus. Die Fellfarbe variiert vom Braun bis ins helle Graubraun, Gesicht blaßrosa. Sie lebt in Höhen bis zu 2000 m in großen Gruppen, die sich jedoch häufig in kleinere Trupps von 8 bis 20 Tieren gliedern. Im Gebiet von Sikkim und Darjeeling steigen sie bei kaltem Wetter bis auf 600 m herab. Auf der Fahrt nach Darjeeling 1960 konnte ich im Bergwald eine Horde von Bergrhesus beim Überqueren der Peshoke-Straße beobachten. Als erster sicherte ein kräftiges jungerwachsenes Männchen am Rand der nur wenig befahrenen Straße. Eilig folgten fast in Reih und Glied 14 Tiere, soweit ich erkennen konnte, vorwiegend Weibchen, unter denen sich drei Jungtiere befanden. Am Schluß trottete das starke ältere dominante Männchen, das aber auch erst einen Augenblick am Straßenrand verhielt und sicherte. Ihre Wohnbereiche, Berge und Hügel, sollen sie nach J. T. Sanderson bis zu einem gewissen Grade sogar verteidigen. Auf Störenfriede würden sie Steine herabrollen, was also bereits einem gezielten Werfen nahe käme. Das Verbreitungsgebiet dehnt sich im Himalaja von Kaschmir ostwärts über Nepal, Bhutan, die Bergketten Assams, den Norden der Sunderbans, Oberburma, Yünnan, Guanyxi (Kwangsi) bis Nordvietnam aus. Es überschneidet sich mit dem des Rhesusaffen. In Sikkim und der Gegend von Darjeeling werden diese Makaken von Lepchas wegen des Fleisches gejagt. Es soll heilende Wirkung haben. In zoologischen Gärten sind die Bergrhesus seltener anzutreffen. Zwei Unterarten sind bekannt:

Macaca assamensis assamensis, Assam, über Oberburma bis Nordvietnam; *Macaca assamensis pelops*, Bhutan in größeren Höhen über Sikkim, Nepal bis Kaschmir.

Formosamakak oder **Formosarhesus** *(Macaca cyclopis)*. Diese Art der Untergattung Rhesus war ursprünglich über die baumarmen Gebirge der Insel Taiwan verbreitet, wo sie weite Streifzüge unternehmen mußte, um ausreichend Nahrung zu finden. Bei Gefahr fanden die Tiere in schwer zugänglichen Felsnischen sichere Zuflucht. Im Schutze der Dunkelheit fielen sie nicht selten in die Pflanzkulturen der Bauern ein. Heute sind die Affen weitgehend verdrängt, sicher auch wegen der hohen Bevölkerungsdichte von Taiwan. Sie leben jetzt an den felsigen Küstenstreifen und haben ihre Nahrung weitgehend dem Angebot des Strandes angepaßt. Über die spezielle Lebensweise ist nichts bekannt.

Obwohl die Drahtpuppe dem jungen Rhesusaffen *(Macaca mulatta)* Nahrung bietet, klammert er sich an die stoffüberzogene Attrappe, die ihm Wärme und Behaglichkeit bietet.

Silenus (Untergattung *Silenus*)

Nur zwei, äußerlich sehr verschiedene Arten werden hier systematisch zusammengefaßt. Ähnlichkeiten gibt es in der Kopfbehaarung, besonders im Bartwuchs sowie in der Schwanzform und in der Genitalschwellung der Weibchen. Über weite Teile Süd- und Südostasiens verbreitet.

Wanderu oder **Bartaffe** *(Macaca silenus)* Die Körperlänge liegt zwischen 50 und 60 cm, der Schwanz mißt 25 bis 40 cm, das Gewicht kann bei den Männchen 10 kg erreichen; die Weibchen bleiben sichtlich kleiner. Auffallend ist der besonders bei den Männchen riesig ausgebildete mähnenartige graue Haarkranz, der das Gesicht recht dekorativ einrahmt. Das schwarze glänzende Haarkleid liegt dicht an, den Schwanz schmückt eine Endquaste. Daher wird er im Englischen Lion-Tailed Macaque, Löwenschwanz-Makak, genannt. Wie bei den Rhesus wird auch hier die Einhaltung der Rangordnung von einem dominanten Männchen beherrscht. Nach indischen Berichten sollen Wanderus in ihrem Wohnbereich gelegentlich auch gegenüber Menschen recht aggressiv werden, wobei die kräftigen Eckzähne erwachsener Männchen durchaus zu respektieren sind.
Bartaffen durchstreifen in Trupps von 12 bis 20 Tieren und in kleinen Familien die Bergwälder der West-Ghats in Höhenlagen von 600 bis 1000 m von Goa südwärts bis zum Kap Komorin und ins südwestliche Tamil Nadu. Obwohl vorwiegend am Boden lebend, sind sie wesentlich häufiger als die Rhesus auch auf den immergrünen Bäumen – hier kaum auffallend – anzutreffen. Ebenso ist die animalische Kost weniger begehrt. Neugeborene Jungtiere sind in der Regel im September in Südindien zu sehen. Von der IUCN wurden sie den gefährdeten, vom Aussterben bedrohten Tierarten zugeordnet. In der Vergangenheit waren Wanderus in zoologischen Gärten häufig anzutreffen. Unterarten sind nicht bekannt.

Schweinsaffe *(Macaca nemestrina)*. Mit einer Körperlänge bis zu 70 cm, Schulterhöhe bis zu 50 cm und einem Gewicht bis zu 15 kg zählt er zu den größten Makaken. Der dünne Schwanz mißt 15 bis 20 cm, wird aufwärts gekrümmt getragen und erinnert entfernt an den Schwanzkringel des Hausschweins. Trotz der relativ langen Beine wirkt seine Gestalt sehr kräftig und wuchtig. Der Lapunder, wie der Schweinsaffe mitunter genannt wird, besitzt ein glänzendes bräunliches bis gelbgrünes Fell, das weich anliegt. Sein Oberkopf trägt einen Fleck dunkler Haare. Die oberen Augenlider sind weißlich gefärbt. Schweinsaffen haben ein verhältnismäßig großes Verbreitungsgebiet: Von Assam über Burma, Thailand, Halbinsel Malakka, Sumatra bis Kalimantan. In einer durchschnittlichen Gruppengröße von ca. 39 Köpfen leben sie wohl vorwiegend am Boden, jedoch im Wald oder dicht am Waldrand. Besonders alte starke Männchen können sehr aggressiv werden. Überhaupt sind Schweinsaffen in ihrem Wesen rauher als die Rhesus. I. S. Bernstein (1969) beobachtete, wie ein Männchen das dominante Tier bekämpfte und so verwundete, daß es starb. Nach zwei Monaten bekämpfte dasselbe Tier dann das bis dahin noch respektierte zweitrangige Männchen, besiegte es, tötete das ranghöchste Weibchen und wurde nunmehr dominantes Männchen. Dieser gewaltsame Herrschaftswechsel kann natürlich auch durch zu hohe Populationsdichte ausgelöst bzw. gefördert worden sein. Der Status in der Gruppe läßt sich, wie auch bei anderen Makaken, an der Priorität bei der Begattung, am Futter und in der Richtung des Drohverhaltens messen. Schweinsaffen bedienen sich einer besonderen Geste, ihre Freunde zu begrüßen: Bei erhobenem Kopf und hochgezogenen Augenbrauen strecken sie ihre Lippen weit nach vorn und machen eine breite «Schnute». Sie erwidern sogar diesen Gruß, wenn z.B. ein ihnen gut bekannter Pfleger diese Geste nachahmt. Ihre Intelligenzleistungen und Begabungen sind sehr unterschiedlich. In ihrer Heimat, besonders auf Sumatra, werden Weibchen und junge Männchen örtlich als «Erntehelfer» eingesetzt (s. S. 12). Schweinsaffen werden in Zoos meist in kleineren Gruppen angetroffen. Mehrere Unterarten sind bekannt: *Macaca nemestrina nemestrina*, größte Form. Südliches Thailand, Malakka-Halbinsel, Sumatra; *Macaca nemestrina leonina*, auch Löwenmakak genannt. Nördliches Thailand, südliches Burma bis Tenasserim; *Macaca nemestrina blythi*, Vorkommen im nördlichen Burma bis nach Manipur und zum Nagaland. Die beiden Formen in Burma tragen ein längeres Fell, ebenso ist der Schwanz stark behaart und zeigt am Ende ein Quaste. *Macaca nemestrina andamanensis* , Vorkommen auf den Andamanen; *Macaca nemestrina pagensis*, Mentawai-Insel westlich von Sumatra.

Hutaffen (Untergattung *Zati*)

Sie gehören zu den kleineren bis mittelgroßen Makaken. Der Körper ist von schlanker Gestalt, der Schwanz länger als der des Rhesus, langes Kopfhaar, nacktes Gesicht. Vertreten den Rhesus in Südindien, etwa südlich der Linie von Bombay ostwärts bis Rajamundry (Godewari-Mündung).

Indischer Hutaffe *(Macaca radiata)*. Der «bandar» in Hindi und «Bonnet Monkey» im Englischen hat eine Körperlänge von ca. 50 bis 55 cm, die der Schwanz mit etwa 60 cm übertrifft. Männchen wiegen 6 bis 9 und Weibchen 3 bis 4 kg. Die Stirn erscheint sehr hoch und ist kahl. Die langen dunklen Kopfhaare zeigen wie ein Quirl strahlenförmig nach außen. Das kurze dichte Haarkleid variiert in mittleren bis hellen Brauntönen. Man begegnet den Hutaffen von der bereits genannten nördlichen Grenze bis zum Kap Komorin in Wäldern und Dörfern, in der Ebene sowie im Hügelland und Vorgebirge meistens in Trupps von 20 bis 30 Tieren. Sie bevorzugen mehr das Leben auf Bäumen als andere Makaken. In ihrer Ernährung unterscheiden sie sich kaum von den Rhesus. Im Gegensatz zu den in Wäldern lebenden scheuen Hutaffen haben die in Dörfern und Städten lebenden, von den Hindus überall geduldeten Tiere jegliche Furcht vor dem Menschen verloren und weichen ihm selbst auf stark belebten Straßen nicht aus. Schlafplätze finden sie vorwiegend auf Dächern, in Tempeln und dgl. Sie besitzen eine hoch organisierte soziale Ordnung. Überwacht wird das Sozialleben von einem inneren Kern dominanter Männchen, die, wenn notwendig, zur Durchsetzung von Macht und Ordnung sowie bei der Verteidigung zusammenwirken. Das Fortpflanzungsgeschehen ist über das ganze Jahr verteilt, wobei Spitzen im Oktober/November und folglich mehr Geburten von Februar bis April zu registrieren sind. Zwischen drei und vier Jahren beginnt die Geschlechtsreife, wobei die Männchen ihre sozialen Fähigkeiten bzw. ihren Status erst zwei bis drei Jahre später erlangen. Das Lebensalter in menschlicher Obhut wird mit 12 bis 15 Jahren, in Einzelfällen bis zu 30 Jahren angegeben (S. H. Prater 1971). In Zoos sind Hutaffen nicht selten zu sehen.

Ceylon-Hutaffe *(Macaca sinica)*. In den Körpermaßen kleiner als sein Vetter vom Festland. Die Kopffrisur mit längerer Haarkrone erscheint überwachsen und daher ungeordneter. Das Fell ist von fast einheitlicher brauner Farbe. Obwohl er ängstlich und schreckhaft ist, treibt ihn seine fast hemmungslose Neugier immer wieder zu lebhaftem Verhalten und Streifzügen. In Zoos sind diese Makaken weniger anzutreffen.
I. T. Sanderson (1957) erwähnt je nach der Höhenlage ihres Vorkommens und ihrer Fellfarbe drei Unterarten, eine Tiefland-, Bergland-, und eine Gebirgsform.

Javaneraffen (Untergattung *Cynomolgus*)

Sie ähneln den Hutaffen. Die weit verbreiteten geringfügig abweichenden Formen werden in einer Art zusammengefaßt.

Javaneraffe *(Macaca irus)*. Der Körper erreicht eine Länge von etwa 60 cm, auf den muskulösen Schwanz entfallen ca. 55 cm. Das Haarkleid ist oberseits graubraun mit olivgrünem Anflug und unterseits grauweißlich; das Gesicht ist von bläulichgrauer Farbe und zwischen den Augen weißlich aufgehellt. Beide Geschlechter tragen einen kurzen Backenbart. Die Javaneraffen leben in einem weit ausgedehnten Gebiet Südostasiens von Burma über Thailand, Laos, Vietnam, Kampuchea, der Malakka-Halbinsel, Sumatra, Java, Bali, Kalimantan bis zu den Philippinen, vorzugsweise an bewaldeten Küsten, in Mangrovewäldern, an Uferzonen von Flüssen und Seen von der Tiefebene bis

in Höhen von 1200 m. In Gruppen von 14 bis 70 Tieren, im Durchschnitt etwa 30, wandern sie am flachen Uferstreifen entlang, klettern geschickt, schwimmen und tauchen ebensogut. Während der Flut warten die einzelnen Gruppen auf bestimmten Bäumen, die die beste Sicht auf die Uferzone gewähren. Gegen benachbarte Gruppen und Eindringlinge werden die vorteilhaften Plätze energisch verteidigt. Bei Ebbe steigen die Tiere von den Bäumen herab und jagen flink, geschickt und ausdauernd nach der erspähten Beute, Fische, Krabben und Weichtiere. Daher ist der englische Name «Crab-Eater» (Krabbenesser) für diese Affen treffend. Aber sie vermögen auch, je nach dem Nahrungsangebot, von pflanzlicher Kost zu leben, zumindest als Beikost. Das Sozialverhalten gleicht im wesentlichen dem der anderen Makaken. Die gegenseitige Fellpflege wird von Schnalz- und Schmatzlauten begleitet, die nicht nur funktionelle, sondern auch rituale Bedeutung haben. Die äußere Geschlechtsregion des Weibchens ist auch hier während des Östrus stark geschwollen und besonders rot gefärbt. Dieser Höhepunkt tritt etwa zwischen dem 6. und 20. Tag, vom Beginn der drei bis fünf Tage währenden Blutungen an gerechnet, im Verlauf des durchschnittlich 28 Tage dauernden Menstruationszyklusses ein. Das Weibchen mit der stärksten Schwellung bleibt ständig in der Nähe des Männchens und bietet sich ihm wiederholt sehr deutlich an, indem es das ihm zugekehrte Hinterteil hebt, den Kopf senkt und dabei häufig nach hinten schaut. Diese Periode zieht sich etwa über drei Tage hin, wobei täglich mehrere Begattungen stattfinden. Die Tragzeit währt durchschnittlich 164 Tage. Das Junge wird ca. eineinhalb Jahre gesäugt. Die Geschlechtsreife beginnt mit ca. vier Jahren, bei den Männchen etwas später. Das Alter überschreitet nur ausnahmsweise 20 Jahre.
Von einigen Völkern werden die Javaneraffen als heilige Tiere betrachtet. So bringen ihnen die dem Hinduglauben angehörenden Balinesen auch heute noch Opfer in Form von Nahrungsmitteln in Schalen dar. Auch auf Java gibt es noch Affentempel, z.T. auch als Attraktion für Touristen. In Zoos sind Javaneraffen häufig, mitunter auch in größeren Gruppen anzutreffen. In den USA dienen sie in größerer Anzahl Versuchszwecken. Eine Aufgliederung dieser Affen in Unterarten ist äußerst schwierig. Obwohl sie regional z.T. recht erhebliche Abweichungen in Größe und Farbe zeigen, kommen selbst über weite Entfernungen wiederholt gleiche Formen vor. I.T. Sanderson (1957) spricht von 21 Unterarten. Hiervon sei lediglich genannt:
Philippinenmakak *(Macaca irus philippinensis)*, nordöstlichste Form.

Celebesmakaken (Untergattung *Gymnopyga*)

Es sind die am weitesten im Osten lebenden Makaken. Im Körpertypus ähneln sie den Magots. Alle Formen werden nur in einer Art zusammengefaßt.

Mohren- oder **Schwarzmakak** *(Macaca maura)*. Wie der Name bereits besagt, trägt er ein gänzlich schwarzes dichtes festes Fell. Der Gesichtsschädel ist kräftig ausgebildet, der rudimentäre Schwanz gleicht nur noch einer knopfartigen Erhöhung. Als ausgesprochener Waldbewohner ist der Mohrenmakak trotz seines starken Körperbaus ein flinker und geschickter Kletterer und Springer. In seinem Wohngebiet bevorzugt er die Nähe von Gewässern, an denen er, den Wald kaum verlassend, in Gruppen von 15 bis 20 Tieren seine Nahrung sucht. Neben pflanzlicher Kost nimmt er auch mannigfaltiges Kleingetier zu sich. Die soziale Ordnung wird von starken älteren dominanten Männchen beherrscht, wobei im allgemeinen die Makakenregeln gelten. Örtlich wurden bzw. werden die Mohrenmakaken als heilig gehalten und geschützt, andernorts wiederum leiden sie unter starker Verfolgung; das Fleisch wird gegessen. Gegenwärtig sind diese Makaken nicht mehr so häufig in Zoos anzutreffen. Der lebhafte Tierhandel auf Sulawesi hat die ursprünglich geographische Verteilung der einzelnen Formen erheblich gestört. Nach Elliot gibt es drei Unterarten:
Macaca maura maura, Südwesthalbinsel; *Macaca maura tonkeanus*, Osthalbinsel, vorgelagerte Togianinseln; *Macaca maura ochreata*, wegen seiner silbergrauen Extremitäten Grauarmmakak genannt, auch Kopfseiten und Augenbrauenwülste grau meliert, Gesäßschwielen stärker rot gefärbt. Südosthalbinsel, südlich benachbarte Inseln Muna, Butung und Wowoni.

Schopfmakaken (Gattung *Cynopithecus*)

Schopfmakak *(Cynopithecus niger)*. Mit den Makaken wohl eng verwandt, wurde ihm dennoch besonders wegen seiner dem Mandrill ähnlichen knöchernen Backenleisten eine eigene Gattung zugeordnet. Seine Körperlänge mißt etwas über 60 cm, der sehr kurze Schwanz nur wenige Zentimeter. Vom Körpertyp etwas leichter und hochbeiniger gebaut. Die Fellfarbe ist einheitlich schwarz, mitunter läßt sich ein dunkelgrauer Anflug erkennen. Der starke Gesichtsschädel ist mit den Kiefern pavianähnlich weiter nach vorn geschoben. Die Überaugenwülste treten stark hervor und sind nackt. Ein typisches Merkmal ist der auf dem Kopf aufrecht stehende borstige Haarschopf. Leider liegen noch nicht genügend Freilandbeobachtungen vor. Der Schopfmakak ist Allesfresser, bevorzugt jedoch pflanzliche Kost. In Mangrovewäldern, wo er sich als Waldbewohner gern aufhält, soll er auch verschiedenes Kleingetier jagen. Er lebt in unterschiedlich großen Gruppen, denen kräftige Männchen vorstehen. Aber auch nur paarweise Vergesellschaftungen kommen vor. Die soziale Fellpflege ist hier von der Drohhierarchie unabhängig. Schopfmakaken können sehr aggressiv werden. Beim Streit, Drohen, Warnen und bei offensiver Abwehr stoßen sie kräftige Bellaute aus.
Nach Feststellungen im Zoo San Diego beträgt die Schwangerschaft sieben Monate. Der Schopfmakak bewohnt die nördliche Halbinsel von Sulawesi. Früher, heute kaum noch, wurde ihm mancherorts Heiligenstatus vorwiegend im Ahnenkult zugesprochen. In den Zoos der Welt ist er häufiger, in europäischen Primatensammlungen seltener anzutreffen.

Paviane (Gattung *Papio*)

In der Überfamilie der Hundsaffen stellen die Paviane die typischsten Vertreter dar. Ihr Körperbau ist stämmig und meistens gedrungen, an Größe und Stärke werden sie nur von den Menschenaffen übertroffen. Durch die stark verlängerte Kiefer- und Nasenregion wirkt der Kopf lang, schwer und klobig. Die kleinen tiefliegenden Augen stehen relativ dicht beieinander und werden von wuchtigen Überaugenwülsten geschützt. Als Bodentiere besitzen sie gleichlange kräftige Extremitäten mit kurzfingrigen Händen und derben Fußsohlen. Männchen und Weibchen zeigen oft erhebliche Größenunterschiede. Die Körperlänge liegt zwischen 50 und 114 cm, die Schwanzlänge artspezifisch zwischen 5 und 70 cm, die Schulterhöhe zwischen 45 bis 60 cm, das Gewicht reicht von 14 bis 54 kg. Im sehr kräftigen Gebiß dominieren besonders bei den Männchen die dolchartigen Eckzähne. In ihren Backentaschen vermögen Paviane bei hastiger Nahrungsaufnahme größere Mengen Futter zu speichern. Die Fellfarbe liegt je nach Art im Braun- bis Graubereich, häufig mit olivgrünem Anflug. Männchen tragen z.T. eine Mähne bzw. einen Schultermantel. Die kräftig rote Anal- und Genitalregion, die bei den Weibchen während des Östrus zudem massig geschwollen ist, hat wie bei den Makaken auch hier Signalbedeutung. Die Gesäßschwielen sind größer als bei diesen ausgebildet. Der Schwanz steigt gut erkennbar von der Wurzel an ein Stück steil empor und hängt dann im Bogen herab.
Die relativ großen Tiere benötigen beträchtliche Mengen an Nahrung, und so nimmt die oft mühevolle Futtersuche fast den ganzen Tag in Anspruch und hält sie dauernd in Bewegung. Dabei werden auch Steine gewälzt und Grasbüschel ausgerissen. In trockenen Gegenden haben sie ein außerordentliches Gespür für Wasser. An im Boden flach verborgenes begehrtes Naß vermögen sie durch Scharren heranzukommen. Beliebt sind verschiedene «Delikatessen» wie Straußeneier, die sie geschickt am Pol eindrücken, öffnen und ausschlürfen, oder Honig und Larven von Bienen und Wespen. Mitunter wurde beobachtet, wie sie auch junge Grüne Meerkatzen, Hasen, neugeborene oder noch nicht schnell bewegliche Gazellen erbeuteten und verzehrten. Leoparden, Löwen, Hunde, Felsenpythons und Kronenadler gehören zu den Feinden der Paviane, die aber auch sehr wehrhafte Gegner sind und Angreifer, selbst Leoparden, mit ihrer Kraft, Wendigkeit und den dolchartigen Eckzähnen furchtbar zurichten oder gar töten können. Paviane bringen bei einer Tragzeit von ca. 190 Tagen jeweils nur ein Junges zur Welt. Ihr Alter dürfte im Freileben kaum 25 Jahre überschreiten; in seltenen Einzelfällen sind bis zu 37 Jahre nachgewiesen worden (Brookfield Zoo Chicago). Das Verbreitungsgebiet erstreckt sich über weite Teile Afrikas südlich der Sahara mit Ausnahme dichter Urwaldgebiete. Außerdem gibt es noch in küstennahen Regionen im Südosten Arabiens Vorkommen von Mantelpavianen. Es sind Tiere der Steppen und Savannen. Überall vermögen sie sich anzupassen und haben sich durch menschliche Besiedlungen und landwirtschaftliche Erschließung nicht verdrängen lassen.
Ihre entwicklungsgeschichtliche Anpassung an das viel schwierigere Bodenleben in der offenen Landschaft bestand im Erwerb spezialer Verhaltensweisen und eines hochentwickelten Sozialordnungssystems. Allerdings führte diese Weiter- bzw. Höherentwicklung stärker vom ursprünglichen Affentypus weg als die zum Menschen führende Entwicklung. Die Trennung, bei der auch Makaken und Meerkatzen den Weg der Paviane gingen, erfolgte bereits zu Beginn des Jungtertiärs – vor etwa 25 Millionen Jahren. Die Paviane jedoch erreichten innerhalb der sich weiter vollziehenden Primatenevolution eine andere Spitzenstellung.
Die Paviane gehören neben den Makaken und Hulmans zu den Affen, deren Freileben bisher am weitesten erforscht worden ist. Die beiden amerikanischen Anthropologen S. L. Washburn und I. De Vore haben während der sechziger Jahre besonders in Ostafrika das Sozialleben der Paviane in Steppen und Savannen sowie auch die Gliederung ihrer Gesellschaften systematisch untersucht. Dabei ließen sie sich von der Erkenntnis leiten, daß erst das Wissen um Verhalten und Lebensweise der Affen Aufschlüsse über das Verhalten der Vormenschen sowie die Entstehung und die Entwicklung der menschlichen Gesellschaft geben kann. Mit Beginn des Pliozäns – vor etwa 12 Millionen Jahren – änderte sich das Klima, auch in Afrika. Es wurde zunehmend trockener; viele Urwälder wichen Steppen und Savannen, so daß sich ein Teil der Primaten den höheren Anforderungen in der Anpassung an die neue Lebensqualität mit allen ihren Gefahren im Kampf ums Dasein stellen mußte. Die beiden Forscher beobachteten über 30 Paviangruppen, vorwiegend Babuine. In ähnlicher Weise wie bei den Makaken ist ihr Sozialsystem organisiert. Die Beziehungen zwischen Männchen und Weibchen sind dauerhaft während ihrer altersbedingten biologischen Potenz, sie sind nicht vom Brunstzyklus abhängig; ihre Sexualität spielt eine wichtige Rolle in den sozialen Beziehungen. Washburn und De Vore berichten: «Der gesellige Zusammenhalt der Paviane ist eine der wichtigsten Voraussetzungen dafür, daß die Art überhaupt bestehen bleibt. Fast sein ganzes Leben verbringt ein Pavian in allernächster Nähe seiner Artgenossen. Nur im geschlossenen Trupp ist er sicher, und nur gemeinsam durchstreifen die Paviangesellschaften ihr Wohngebiet. Dabei ist so eine Pavianhorde nicht etwa nur eine Zusammenballung von Einzeltieren, sondern ein Zusammenschluß sehr verschiedener Tierpersönlichkeiten.» Die Größe der Gruppenverbände ist örtlich unterschiedlich; solche von zwölf und auch von über 200 Tieren wurden beobachtet. «Ein Paviantrupp kann ein Gebiet von 5 bis 15 km durchstreifen, aber er macht sich nur einzelne Teile des Gebietes wirklich zunutze. Wenn Wasser und Nahrung weit verteilt sind, begegnen sich die Trupps kaum. Die Bereiche benachbarter Horden überschneiden sich trotzdem weitgehend. Dies konnte am besten im Amboseli-Nationalpark gegen Ende der Trockenzeit festgestellt werden. Wasser gab es nur an bestimmten Stellen; und verschiedene Trupps kamen oft zu demselben Wasserloch, um zu trinken und um die saftigen Pflanzen in der Nähe der Wasserstelle zu fressen. Einmal zählten wir über 400 Paviane, die gleichzeitig um eine einzige Wasserstelle versammelt waren. Der zufällige Beobachter hätte sie für eine einzige Herde halten können; in Wirklichkeit aber weideten drei große Trupps Seite an Seite. Sie kamen und gingen, ohne sich zu mischen, obwohl sie in geringem Abstand voneinander saßen oder fraßen. An den Wasser-

Paviane (*Papio* spec.)
bei der gegenseitigen Fellpflege

stellen sahen wir keine Kämpfe zwischen den Gruppen.» Soweit Washburn und De Vore mit ihrer Schilderung. Außer den erklärten Feinden kümmern sich Paviane nur wenig um andere Tiere, ebenso wie sie den Menschen im allgemeinen keine besondere Beachtung schenken. In der offenen Landschaft ist das enge Zusammenleben verschiedener Tierarten bis zur Symbiose hin meistens für alle Beteiligten vorteilhaft. Huftiere, Geparden, Hyänen und Schakale wurden in Sichtweite von Pavianen beobachtet, ohne daß die Affen nervös oder erregt reagierten und flüchteten. Möglichen Gefahren schnell zu begegnen erfordert eine besonders gute Gruppendisziplin. Dies wird u. a. deutlich, wenn ein Paviantrupp aus der Geborgenheit der Bäume in die Unsicherheit am Boden in der offenen Ebene herabsteigt. An die Spitze der Marschordnung setzen sich als Vorhut stärkere Männchen und kräftigere Jünglinge. Zusammen mit Jugendlichen, nicht stillenden und älteren Weibchen übernehmen sie auch die Flankendekkung. Die Nachhut setzt sich aus Tieren der gleichen Struktur zusammen. In der Mitte der Gruppe befinden sich die ranghohen, stärksten Männchen, denen der Schutz der Mütter mit den Jungen obliegt. So geht es langsam auf Suche nach Nahrung durch die Savanne.

Erwachsene Männchen reißen beim Drohgähnen furchterregend weit sperrend den Rachen auf, wobei die gewaltigen elfenbeinfarbenen Eckdolchzähne voll zur beabsichtigten Geltung kommen. Die Art der Strafe für Untergebene richtet sich nach der Schwere des Vergehens. Die mildeste Strafe ist der sogenannte «böse Blick». Das hohe Tier starrt den Übeltäter ruckartig mit weit aufgerissenen Augen an. Meist sucht der Bedrohte mit allen Zeichen höchster Angst laut keckernd das Weite. Läßt sich der Übeltäter noch nicht beeindrucken, so wird er am Genick gepackt und im Staub herumgerieben. Die schlimmsten Strafen sind aber der Genickbiß und der Ausstoß aus der Clique. Demutsgesten verhindern gewöhnlich ernsthafte Verletzungen. Symbolhaft bietet sich der Besiegte mit dem Rücken zum Überlegenen in der Stellung eines brünstigen Weibchens dar. Diese Stellung hemmt die Angriffslust auch bei den Pavianen. Das rituelle Aufreiten ohne jegliche sexuelle Bedeutung kann als Geste der Geltung, aber auch als solche der Unterwerfung erfolgen. Gedemütigte Männchen «machen sich dann aus dem Staube» und meiden auch in der nächsten Zeit eine Begegnung mit ihrem Gebieter. Selbst wenn die Körperkräfte alter ranghoher Männchen nachlassen und sie vielleicht schon ihre Eckdolchzähne bei Kämpfen eingebüßt haben, halten sie sich oft noch infolge ihrer gewohnten Selbstsicherheit an der Macht. In Ruhepausen widmen sich kleine Trupps innerhalb einer Gruppe ausgiebig dem Ritual der Fellpflege. Besonders anziehend auf die Mitglieder der Gruppe wirken ranghöchste, an der fülligen Mähne zu erkennenden Männer und Mütter mit Kleinkindern. Um sie herum bilden sich regelrechte «Lausegemeinschaften». Die ranghohen Männchen haben meistens das Amt als Ordnungshüter inne. Sie schlichten Streitereien, beschützen Schwächere, beaufsichtigen Jugendliche und Kinder, eilen zu Hilfe und strafen mit Drohungen, Ohrfeigen und, wenn notwendig, auch mit Bissen. Der Zusammenhalt der Gemeinschaft ist nicht primär von der Sexualtität abhänging – was bis zu Beginn der sechziger Jahre noch angenommen wurde –, sondern das angeborene und erlernte Verhalten des Sozialkontaktes bestimmt die gesamte Lebensweise. Das Kontaktbedürfnis eines jeden Individuums ist stärker, selbst auch bei den untergeordneten Tieren unter der strengen Herrschaft ranghoher Männchen. De Vore und Washburn beobachteten bei den Pavianen, daß ihr geselliges Verhalten nicht nach starren instinktiven Schemata abläuft, sondern einer überraschenden situationsbedingten Wandelbarkeit unterliegt. Weibchen, die im Östrus stehen, sind aktiver, temperamentvoller, lösen sich weitgehend von den Kontakten zu den übrigen Weibchen, halten sich an die Männchen, deren verstärktes Interesse sie auch finden, bis sie dann im Stadium der höchsten Paarungsbereitschaft erstrangig von den dominanten Männchen beansprucht und kopuliert werden. Es kommt dabei zur kurzfristigen Paarbildung. Kein Männchen bleibt zur gleichen Zeit mit mehreren brünstigen Weibchen zusammen und behält auch keines lange für sich allein im Besitz. Bei den Pavianen gibt es also keine echte dauerhafte Familie, wenn auch viele einzelne Szenen im sozialen Leben einen solchen Eindruck erwecken. Weibchen verlassen in der Regel nie ihre Gruppen, in denen sie geboren und aufgewachsen sind; dagegen aber gelegentlich jung erwachsene Männchen. Erreicht eine Gruppe mit der Zeit eine zu große Anzahl, so kann dies einen Mangel an Stabilität bewirken. Die Übersicht geht verloren, und ein Aufspalten wird unvermeidlich, was meist friedlich vonstatten geht.

Allen Pavianen ist, ähnlich wie auch anderen in der offenen Landschaft am Boden lebenden Tieren, Furcht vor allem Unbekannten eigen. Die Überwindung dieser ständigen Furcht setzt eine genaue Kenntnis ihrer Wohngebiete voraus, die sich schon im Jugendalter einzuprägen beginnt. Bereits zu Beginn der Dunkelheit suchen sie ihre Schlafplätze auf, unter denen nachts mitunter ihre Feinde lauern. Die großen polsterartigen Gesäßschwielen ermöglichen bzw. erleichtern es den Pavianen, auf den harten Ästen und Felsen sitzend zu schlafen. Drängeleien um gute Plätze, Abrutschen oder Verlieren des Gleichgewichts können in ungünstigen Situationen zum Verhängnis einzelner Tiere werden. Nur selten gelingt es abgestürzten Tieren, nachts wieder einen sicheren Schlafplatz zu finden. Erst morgens bei hellem Licht verlassen die Paviane sehr vorsichtig in kleineren Gruppen nach sicherndem Abspähen des Bodens ihre hochgelegenen Schlafplätze.

Das variable und anpassungsfähige Verhalten der Paviane ist bereits – ähnlich wie bei Schweinsaffen – zu Dienstleistungen für den Menschen genutzt worden. Schon im Altertum erregten die Paviane z.B. bei den Ägyptern besondere Aufmerksamkeit und genossen sogar göttliche Verehrung. Paviane werden in den meisten zoologischen Gärten vorwiegend in großen Gruppenverbänden und auf Freianlagen (Pavianfelsen) gehalten. Sie finden beim Publikum, vor allem wegen ihres Sozialverhaltens reges Interesse. Heute unterscheidet man fünf Pavianarten. Während des Diluviums lebten auch in Indien und China Paviane. Die rezenten Arten werden in zwei Gruppen gegliedert:

Babuine oder **Steppenpaviane**, einige Systematiker fassen sie in einer Art mit mehreren Unterarten zusammen; **Mantelpaviane**, auf Grund größerer Abweichungen geben ihnen einige Zoologen eine spezielle Untergattung. Nur eine Art.

Bärenpavian oder **Tschakma** *(Papio ursinus)*. Der Bärenpavian ist der größte aller Paviane; seine Körperlänge überschreitet z.T. 1 m, wobei, wie bei den meisten bodenlebenden Affen, die Weibchen auffallend kleiner sind. Das Fell ist von grauschwarzer Farbe, das Gesicht schwarz, ebenso Hände und Füße. Je nach geographischem Vorkommen kann die Körperfarbe bis zum Grünbraun variieren. Der dünne Backenbart läßt die Ohren frei. Das Verbreitungsgebiet umfaßt Südafrika bis in das nördliche Simbabwe, Namibia und südliche Moçambique. Trockene, felsige Gegenden werden als Wohngebiet bevorzugt. Schwer zugängliche Felsklippen, die die nötige Nachtsicherheit bieten, sind ausgewählte Schlafplätze. Wie alle Paviane sind auch die Bärenpaviane in der Lage, sich dem Menschen nützlich zu machen. Nach Berichten von Hoesch gelang es im Südwesten von Afrika nach kurzer Eingewöhnungs- und Anlernzeit, junge Bärenpavianweibchen als Ziegenhirten einzusetzen. «Schon nach wenigen Tagen begleiteten dann diese 'Lehrlinge' ohne weitere Abrichtung die Ziegen auf dem Weidegang, sie hatten sich auf die artfremden 'Herdenkumpane' umgestellt. Sie hielten die Ziegenherde zusammen, verhinderten ihr Auseinanderlaufen und sorgten abends für die geschlossene Rückkehr in den Kral. Das mußte ihnen Frau Aston (die Farmerin) nicht erst mühsam andressieren, die Paviane folgten einfach ihrer geselligen Veranlagung.» Ein Pavianweibchen war sogar in der Lage, auf der Weide geborene Lämmer abends mit in die Farm zu bringen. Normalerweise halten sich junge Paviane im Haarkleid ihrer Mutter fest und werden auch so instinktiv von ihr getragen. Nur auf der Flucht oder in gefährlichen Situationen tragen mitunter Pavianmütter ihr Baby – um es nicht zu verlieren – unter dem Arm. Aber hier war es ein fast logisch anmutendes sinngemäßes Verhalten des Pavians: Um – ohne vorausgegangenen Lernvorgang – seinem Muttertrieb in der praktisch einzig möglichen Weise nachzukommen, trug er die Lämmer in artfremder Manier unter dem Arm. In Zoos sind Bärenpaviane nicht häufig anzutreffen. In Zuchtgruppen ist Nachwuchs zu verzeichnen. Vier in der Fellfarbe voneinander abweichende Unterarten werden unterschieden.

Gelber Babuin *(Papio cynocephalus)*. In seiner Erscheinung weist er einen schlankeren, langgliedrigen Körperbau auf und variiert sehr stark im Typ und in der Fellfarbe von graugelb, hellbraun bis olivgrünlich; Gesicht schwärzlich-bleigrau bis dunkel fleischfarben; Körperlänge bis 75 cm, Schulterhöhe 50 bis 60 cm. Die Weibchen bleiben kleiner. Sein Verbreitungsgebiet schließt sich an das des Bärenpavians im Norden an und reicht etwa vom Sambesi bis an den Südrand des urwaldbedeckten Kongobeckens sowie von Uganda und Kenia bis zum südlichen Somalia. Er lebt vorwiegend in der Savanne, im niedrigen Trockenbusch, aber auch in lichten oder offenen Waldlandschaften. In Pflanzungen richten die Herden nicht selten erheblichen Schaden an. In Zoos ist der gelbe Babuin seltener zu sehen, wobei aber auch in kleineren Gruppen Nachwuchs erzielt worden ist.

Fünf Unterarten werden genannt, die ebenfalls erheblich untereinander variieren, z.B. **Webbipavian** *(Papio cynocephalus ruhei)* in Somalia, graugrün, und *Papio cynocephalus ochraceus*, mehr bräunlich in der Fellfarbe.

Grüner oder **Anubispavian** *(Papio anubis)*. Der Name ist abgeleitet von Anubis, dem hunds- oder schakalköpfigen Totengott der alten Ägypter. Der Körper dieses Pavians ist schwerer gebaut. Die Männchen wiegen etwa 33, die Weibchen nur 17 bis 20 kg. Die Körperlänge liegt beim Männchen zwischen 80 und 95 cm, die Schwanzlänge bei ca. 45 cm. Für die Tragzeit werden 183 Tage angegeben. Das voll erwachsene männliche Tier trägt eine dichte Mähne an Nacken und Schultern. Von Graugrün bis Olivbraun mit fein gesprenkelter Zeichnung variiert die Fellfarbe. Das Gesicht ist dunkelgrau bis bräunlich-fleischfarben. Die Anubispaviane bewohnen das Gebiet nördlich des großen Waldgürtels vom Niger bis zum Nil nach Äthiopien und Somalia. Inselartige Vorkommen liegen in der Sahara, z.B. in der Region von

Tibesti im nördlichen Tschad und im nordwestlichen Sudan. Ihre Umwelt sind Savannen und Steppen, daher auch Savannenpavian genannt, wo sie nicht selten zwischen Zebra- und Antilopenherden, wie Grantgazellen und Impalas, ihre Nahrung suchen. Bei günstiger Gelegenheit rauben sie mitunter neugeborene Gazellenkitze und verzehren sie. Im Zoo sind Anubispaviane öfter anzutreffen.
Die Zahl der Unterarten wird voneinander abweichend angegeben, meist werden sieben genannt.

Guinea- oder **Sphinxpavian** *(Papio papio)* Es ist die kleinste Art, die beim Männchen in der Körperlänge 65 cm und im Gewicht 28 kg kaum überschreitet. Die Fellfarbe ist mit geringen Abweichungen hell- bis rotbraun. Nacken, Schultern und Rücken werden von längeren Haaren bedeckt. Das Gesicht ist dunkel- bis hellgrau. Der Guineapavian bewohnt ein enger begrenztes Savannen- und Steppengebiet in Westafrika von Senegal und Guinea über das südliche Mali, nördliche Obervolta bis in den nördlichen Teil von Nigeria. In zoologischen Gärten ist er nicht so häufig zu sehen, aber Nachzucht ist bereits gelungen. Zwei Unterarten werden unterschieden.

Mantelpavian oder **Hamadryas** *(Papio hamadryas)*. Die auffallendste und erstaunlichste Erscheinung unter allen echten Pavianen ist das voll erwachsene Männchen des Mantelpavians. Seine Körperlänge erreicht bis 76 und die Schulterhöhe bis 55 cm. Alte Männchen können mitunter diese Maße noch übertreffen. Im Gewicht überschreiten sie kaum 30 kg. Die graubraunen Weibchen bleiben kleiner, meist unter 18 kg, und ähneln mehr den Babuinen. Das Gesicht zeigt eine starke Schnauzenbildung mit furchterregendem Gebiß, ist nackt und graugelb bis fleischfarben gezeichnet. Das ausgedehnte Sitzpolster am After fällt durch seine scharlachrote Färbung auf und ist zudem bei gutem Ernährungszustand prall mit Fettgewebe durchsetzt. In der Brunftperiode tragen die Weibchen große rote Geschwülste unter dem Schwanz, die wie krankhafte Gebilde aussehen, aber dennoch normale Erscheinungen sind.
Im alten Ägypten galt der Mantelpavian als heiliges Tier. Er wurde auf zahlreichen Wandbildern, ebenso auch vielfach als Plastik dargestellt. Große Verehrung und Vorrechte genoß er als Begleiter und Diener des Mondgottes Thoth, galt als Priester und sollte direkt von Göttern abstammen. Nach dem Tode wurden Paviane als Mumien in besonderen Grabkammern bestattet. Ähnlich wie Schweinsaffen heute, soll er bereits damals zum Pflücken von Früchten abgerichtet worden sein. Es ist nicht sicher, ob die Mantelpaviane zur Zeit der Pharaonen auch Teile Ägyptens besiedelten oder aus dem Sudan auf dem Strom in das untere Niltal gebracht wurden.
Die felsbewohnenden Hamadryas haben sich ihrer kargen Umwelt gut angepaßt, was auch in ihrem von den Steppenpavianen abweichenden Gruppenverhalten zum Ausdruck kommt. Von allen anderen Pavianarten unterscheiden sie sich darin, daß ihre Gruppen in feste Untergruppen und diese wiederum in kleinere Trupps aufgeteilt sind. Die Schweizer Zoologen H. Kummer und F. Kurt (1965, 1968) haben mehrere Jahre Mantelpaviane beobachtet und aufschlußreiche Feststellungen getroffen. Insgesamt lassen sich vier solcher Einheiten unterscheiden: die größte ist die Herde mit meist mehreren Hunderten von Tieren; sie gliedert sich in die Bande mit etwa 50 bis 100, den Clan mit etwa 20 bis 30 und die Einmanngruppe mit ca. drei bis neun Artgenossen. Außer dem gemeinsamen Schlaffelsen und einem größeren Gebiet, das sie tagsüber gemeinsam durchstreifen, hält die Herde nichts weiter zusammen. Geeignete und auch vor dem Leoparden Schutz gewährende Felsen bieten sich nicht häufig an, so daß sich mitunter eine Herde von 700 bis 800 und mehr Mantelpavianen auf den schwer zugänglichen Klippen zusammendrängt. Die Einmanngruppen setzen sich aus zwei oder mehreren Weibchen und Jungtieren zusammen, angeführt von einem erwachsenen Männchen. Da Weibchen früher fortpflanzungsfähig sind als Männchen und auch ihre Sterblichkeit geringer ist, kommen annähernd zwei erwachsene Weibchen auf einen Mann. Die Weibchen alter Gruppenführer werden – meist nicht ohne Auseinandersetzungen – von jüngeren Männern übernommen. Es gibt keine freien oder unabhängigen Weibchen; alle gehören einer Einmanngruppe an. Fast eifersüchtig ist jeder Gruppenführer bestrebt, seine Gemeinschaft zusammenzuhalten. Entfernt sich ein Weibchen zu weit von seiner Gruppe oder versucht gar, zu einer anderen Gruppe überzuwechseln, so bemüht sich das Oberhaupt zunächst, durch Drohverhalten den Außenseiter oder Fluchtverdächtigen zur Räson zu bringen. Mißachtet dieser die deutliche Warnung, versetzt ihm der wütende Gebieter einen spürbaren Biß in das Nackenfell. Diese spezielle Hütetechnik finden wir nur bei Mantelpavianen, die sie aber nur innerhalb ihrer eigenen Gruppe anwenden. Fremde Weibchen in einer anderen Gruppe sind für einen Mann, auch für einen alleinstehenden, tabu. Die Einmanngruppen besitzen so die engste und festeste soziale Bindung. Die Beziehungen zwischen Männchen und Weibchen sind dauerhaft und nicht vom Brunstzyklus abhängig, wie auch die Sexualität nicht allein auf die Fortpflanzungsaktivität beschränkt ist, sondern in den sozialen Beziehungen eine wichtige Bedeutung einnimmt. Dies trifft z.B. ritualisiert für Demuts-, Begrüßungs- und Kontaktverhalten zu. Typisch ist auch die «Schutzdrohhaltung» bei Mantelpavianen: Ein zweitrangiges Männchen nimmt gegenüber einem dominanten Mann Ergebenheitsstellung ein, bedroht aber gleichzeitig einen dritten Pavian. Auf diese Weise genießt jetzt das zweite Männchen Schutz und lenkt nun die Aufmerksamkeit und dadurch ausgelöste Aggressivität auf den vielleicht als Nebenbuhler oder Rangkonkurrenten auftretenden dritten Pavian.
Das Verbreitungsgebiet der Mantelpaviane beschränkt sich heute auf Hochländer im Norden und Osten von Äthiopien und Somalia sowie auf einen schmalen gebirgigen Küstenstreifen in Südarabien, Gebiete, die durch spärlichen Strauch- und vereinzelten Baumwuchs sowie teils steinigen Boden und Wadis gekennzeichnet sind.
Die Hauptnahrung, Knospen, Blüten, Blätter, Gräser, Wurzeln, Knollen und Früchte, findet sich lediglich in geringen Mengen weit in der kargen Vegetation verteilt, die dementsprechend nur von kleinen futtersuchenden Gruppen intensiv genutzt werden kann. Wassertümpel und Schlaffelsen, die in der Anzahl sehr begrenzt, aber groß genug sind, um vielen Tieren Wasser und Schutz zu bieten, setzen die Fähig-

keit voraus, jeweils variabel kleine und sehr große Gruppen bilden zu können. Die hier herrschenden Lebensbedingungen fordern eine extreme Anpassungsfähigkeit, der natürlich von der genetischen Veranlagung her Grenzen gesetzt sind. In zoologischen Gärten ist der Hamadryas die häufigste Pavianart, die z.T. auch in kleineren Anlagen gezeigt wird. Da sie weitgehend das Wasser meiden, genügt zur Absperrung ein flacher Wassergraben. Sie erreichen ein Alter von maximal 34 Jahren.
Als eigene Unterart werden die in Südarabien vorkommenden Mantelpaviane geführt. Sie weisen etwas geringere Körpermaße auf.

Backenfurchen- oder **Stummelschwanzpaviane** (Gattung *Mandrillus*)

Diese wie die echten Paviane meist am Boden lebenden Tiere bewohnen jedoch Urwälder. Gemeinsame Merkmale sind, wie der Name schon andeutet, die auf dem langen Gesichtsschädel beiderseits am Nasenrücken gut zu erkennenden Knochenwülste, die mit längsgefurchter Haut überzogen sind. Der Kopf der kräftigen und muskulösen Tiere ist relativ groß, wirkt wuchtig; die Nase ist massig und zeigt große, nach vorn gerichtete Nasenlöcher; die Augen liegen dicht beieinander. Die Hautflächen sind z.T. grellfarbig. Der Schwanz ist nur stummelförmig ausgebildet und wird aufrecht getragen.
Die Arten der Gattung werden von Primatenforschern als Vertreter einer Entwicklungslinie der Pavianartigen angesehen, die ursprünglich infolge des klimatisch bedingten Zurückweichens der Wälder wohl ebenso zum Bodenleben in der offenen Savanne übergegangen waren und dem sich vorrangig körperlich daran angepaßt hatten. Später zogen sie sich wieder in die Wälder zurück. Ihre Lebensweise am Boden haben sie jedoch beibehalten; ihre Stärke und hohe Wehrhaftigkeit gaben ihnen die nötigen Voraussetzungen dazu.

Mandrill *(Mandrillus sphinx)*. Die Körperlänge des Männchens kann bis 90 cm erreichen, die Schulterhöhe sogar 50 cm überschreiten und das Gewicht bis 50 kg betragen; der Schwanz mißt 6 bis 9 cm. Die bunte Gesichtszeichnung ist wohl einmalig bei Säugetieren. Rücken und Vorderseite der Nase zeigen eine leuchtend rote, die beiderseits gefurchten Wangenfelder im Kontrast eine kräftig kobaltblaue Farbe. Der dünne Schnurrbart sowie der dichtere spitze Kinn- und Backenbart sind weißlich gelb bis orangefarben gefärbt. In der gleichen Farbe dehnt sich seitlich des Kopfes ein Halsband aus. Partien an Stirn, Schulter, Brust und am Hals sind dunkler. Hinter den kleinen spitzen Ohren ist ein weißer Fleck zu erkennen; auf Scheitel und Hals ist das Haar verlängert. Das übrige Fell ist oberseits dunkelgraubraun mit grünlichem Überflug, unterseits weißlich bis graubraun. Auch die Hautflächen der Analregion sind von auffallenden grellen Farben gezeichnet: kräftig rot und leuchtend kobaltblau mit violetter Tönung. Gesäßschwielen und Hodensack sind ebenso rot. Diese eigentümliche zweipolige signalhafte Farbausstattung hat bisher von den Zoologen noch keine bis ins letzte gehende Erklärung gefunden. In Angriffs- bzw. unmittelbarer Verteidigungsstellung, z.B. gegenüber dem Leoparden, richtet sich das Mandrillmännchen, das sich meist von der Gruppe etwas abseits, aber in Sichtweite aufhält, sprungbereit auf, winkelt angehoben die muskulösen Arme an und ab, fixiert scharf den Kopf des Feindes, droht wütend bei weit geöffnetem Maul mit den langen dolchartigen Eckzähnen. In dieser höchsten Erregung – und das ist für die Deutung wichtig – steigert sich noch die Intensität der Farben. Dazu leuchtet die Brust in frontaler Sicht blau, an Armen, Händen und Füßen erscheinen rote und blaue Flecken. Die grellen Farben verstärken optisch das furchterregende unmittelbare Angriffsverhalten des Mandrills. Diese ausgeprägte Fähigkeit ist geeignet, den Gegner in die Flucht zu drängen. In diesem Zusammenhang sei auch erwähnt, daß bei diesen Affen selbst tiefe oder breitflächige Verletzungen meist von Wundinfektionen verschont bleiben. Eine andere Bedeutung wird den bunten Hautflächen am Hinterteil beigemessen. Bereits der Schweizer Naturforscher K. Gesner vermerkte: «So man ihm mit einem Finger dräuet oder deutet, so kehret er den Arss dar.» Diese demonstrative Unterwürfigkeitsgeste – das Präsentieren der Analregion – kennen wir von vielen Altweltaffen, und sie stellt wohl nichts anderes dar als einen im Verlauf der Stammesentwicklung entstandenen Bedeutungswandel einer ursprünglichen sexuellen Pose, in der sich brünstige Weibchen dem Männchen anbieten, das dann in dieser Situation seinen Partnerinnen sehr zugetan ist. In ihrer ritualisierten Form dient sie allgemein der Beschwichtigung gegenüber Ranghöheren. Die leuchtenden Farben werden auch als Signale gedeutet, womit der erwachsene Mandrill im düsteren Licht des Urwaldes gegenüber den Männchen anderer Gruppen seinen Aufenthaltsort optisch markiert. Auch das Präsentieren des erigierten Penis verrät keine sexuellen Absichten, sondern kann als optische Markierung des Gruppenreviers (W. Wickler 1967) bzw. als Autoritätspräsenz dominanter Männchen gedeutet werden.
Über das Freileben des Mandrills ist noch relativ wenig bekannt. Sein relativ kleines Verbreitungsgebiet liegt in Westafrika, hauptsächlich in Kamerun, und in schmalen Streifen angrenzender Staaten. Er bewohnt den Regenurwald mit weniger dichtem Unterwuchs, wo er am Boden zwischen Bäumen nach vorwiegend pflanzlicher Nahrung und unter Steinen sowie gefallenen Stämmen, Geäst usw. nach Kleingetier sucht. Bei drohender Gefahr flüchtet er meist am Boden; nur nachts werden sichere Plätze auf Bäumen bevorzugt.
Mandrills haben eine ähnliche Gruppengröße und Sozialstruktur wie ihre Vettern in der Savanne. Der kleinste Verband setzt sich normalerweise aus einem erwachsenen Männchen als Gruppenführer und insgesamt neun bis zwölf Weibchen, jüngeren Männchen und Jungtieren zusammen. Sie halten miteinander ständig Stimmkontakt. Das verschiedenartige Gesten- und Gebärdenspiel, besonders des Mandrillmännchens, ist in seiner Bedeutung mehrfach untersucht worden: das spielerische Zähnezeigen bei Anheben der seitlichen Lippen, lockeres Zähneklappern, Kopfwiegen oder -schütteln als Zeichen des freundlichen Kontaktes und der Begrüßung oder das Mit-der-Hand-auf-den-Boden-Schlagen als Ausdruck der Verärgerung; Schmatzen, Drohgähnen, Sträuben des Kopfhaares, Kraftprotzen usw. Die Wehrhaftigkeit und der Mut erlauben den Mandrills, auch kleinere Lichtungen und Randzonen des Urwaldes aufzusuchen. Ihr Hauptfeind,

der Leopard, der einen Kampf mit einem Mandrill überlebt hat, wird sich die abschreckenden Signale eingeprägt haben und erneute Angriffe kaum riskieren. Den Schlangen gehen sie aus dem Wege, und dem Kronenadler fallen höchstens im lichteren Wald abseits geratene Jungtiere zum Opfer. In zoologischen Gärten, wo ihnen wegen ihrer Buntheit besonderes Interesse entgegengebracht wird, sind Mandrills häufiger zu sehen. Einzeln gehaltene Tiere oder solche in nicht gut zusammengewöhnten Gruppen neigen stark zum Fehlverhalten. Der Bestand der Mandrills ist durch starke Bejagung bedroht.

Drill *(Mandrillus leucophaeus)*. Es gibt viele Ähnlichkeiten zum Mandrill. Der Drill ist etwas kleiner und schlanker, seine Körperlänge erreicht etwa 80 cm. Der Kopf wirkt sehr wuchtig. Beiderseits des Nasenrückens zieht sich eine deutliche Knochenwulst entlang, die jedoch nicht von gefurchter Haut bedeckt ist. Die kräftigen Jochbeine verbreitern das glänzend schwarze Gesicht. Nur das Kinn sticht rot hervor. Den Kopf umgibt eine Mähne aus langen feinen fahlweißlichen Haaren, die an der Spitze dunkler erscheinen, Kinn- und Backenbart haben die gleiche Farbe; das Stirnhaar ist dunkler. Gesäßschwielen und Hodensack sind hochrot. Der Körper zeigt eine graue bis braune Farbe mit olivgrünem Überflug; die Unterseite hebt sich weiß bis grau ab. Sein Verbreitungsgebiet überdeckt sich weitgehend mit dem seines nächsten Verwandten, dehnt sich jedoch im Süden bis zur Kongomündung aus. Auch die Lebensweise und das Verhalten stimmen bei beiden Arten im wesentlichen überein. Die so überlegen tuende Manier des Mandrills tritt beim Drill weniger in Erscheinung; er zeigt sich zurückhaltender und scheuer. Nach T. T. Struhsacker kann eine Drillgruppe neun bis 55 Mitglieder, im Durchschnitt etwa 24, zählen. In menschlicher Obhut halten Drills ebensogut wie Steppenpaviane aus. Drills werden in Zoos weniger als ihr naher Verwandter gezeigt.

Dscheladas (Gattung *Theropithecus*)

Dschelada *(Theropithecus gelada)*. Im allgemeinen ähnelt der Dschelada stark den Pavianen, nimmt aber systematisch eine Sonderstellung ein. Seine Körperlänge erreicht etwa 70, die Länge des Schwanzes mit Quaste ca. 55 und die Schulterhöhe bis zu 55 cm. Das Gewicht liegt bei 25 bis 28 kg; die wesentlich kleineren Weibchen wiegen nur die Hälfte. Der Körper wirkt schlank und verhältnismäßig langgliedrig. Im Gegensatz zu den Pavianen ist der Kopf kürzer und der Gesichtsschädel abgerundet. Von der Nase zum äußeren Augenwinkel verläuft eine auf dem Jochbein sitzende Knochenkante, die an die des Drills erinnert. Der seitlich weit abstehende hell- bis mittelbraune Backenbart reicht fast bis zur Stirn und läßt dadurch den Kopf größer erscheinen. Den Vorderkörper ziert eine dunkelbraune weite langhaarige Mantelmähne. Das ebenfalls braun gezeichnete Weibchen fällt durch einen langen spitzen Schopf auf.
Dscheladas haben nur ein kleines Verbreitungsgebiet auf den z. T. felsigen Hochebenen Äthiopiens etwa nördlich von Addis Abeba bis nahe an das Rote Meer. Im Norden und Osten überschneidet es sich teilweise mit dem Vorkommen der Mantelpaviane. Als Bewohner des Hochgebirges, in das sie örtlich bis in Höhen zwischen 3000 und 4000 m aufsteigen, haben sie sich den harten Umweltbedingungen angepaßt. Das dichte Fell schützt sie vor der nächtlichen Kälte. Ihre sehr kräftigen gekrümmten Fingernägel befähigen sie, in dem meist harten Boden nach Eßbarem zu graben; auch Gräser sowie Blätter und natürlich ebenso allerlei Kleingetier werden verzehrt. Als sichere Schlafplätze suchen sie noch vor Beginn der Dämmerung geschützte Klippen an steil abfallenden Felsen über tiefen Tälern auf.
Nach den Untersuchungen von J. H. Crook und P. Aldrich-Blake (1968) ist die Einmanngruppe die soziale Grundeinheit, die aus dem dominanten Mann, mehreren Weibchen und Jungtieren, insgesamt etwa neun bis zehn Tieren besteht. Mitunter werden auch reine Männchengruppen angetroffen. Außerhalb der Schlaffelsen sind aber auch Gruppenverbände bis zu 400 Individuen beobachtet worden. Das trifft besonders für die Regenzeit zu, in der infolge des üppigeren Pflanzenwuchses auch ein reichliches Nahrungsangebot besteht. In der kargen Trockenperiode erweisen sich die kleinen Einmanngruppen als vorteilhafteste Nahrungssuch- und Eßgemeinschaften. Ihre Marschwege dehnen sich täglich bis zu 7 km aus. Den Durst stillen sie gelegentlich in Felsspalten, in denen sich Wasser angesammelt hat. Den Kindern wird viel Sorge entgegengebracht, auch von den Männchen. Rivalitäten unter höheren Männchen führen nur selten zu gefährlichen Beißereien, sie enden meist bei dem allerdings sehr furchterregenden Drohverhalten. W. Fiedler (1967) schildert: «Beim Drohen klappen die Dscheladas die Oberlippe weit auf, so daß die hellrosa leuchtende Innenseite zu sehen ist, und zeigen dabei das Gebiß mit den riesigen Eckzähnen. Zugleich ziehen sie die Augenbrauen hoch und lassen die hellen Augenlider aufleuchten, die dann ganz besonders stark von dem schwarzen Gesicht abstechen. Der nackte rötliche Hautbezirk auf der Brust wird bei stärkerer Erregung tiefrot.» Solch ein Dschelada wirkt wahrhaft abschreckend. Die rote Analregion der Männchen, in der sich die grauschwarzen kleinen Gesäßschwielen abheben, gleicht in Form und Farbe weitgehend der Anogenitalzone der Weibchen. Während des Östrus ist letztere durch wulstartige Aufwölbungen stark vergrößert und von leuchtend scharlachroter Farbe. Bei den Männchen wird jedoch dieses auffallende Zeichen permanent zur Schau getragen. Hier dient es wohl mehr der Demonstration einer sozialen Rangstellung und hat möglicherweise auch eine Bedeutung für das Demutsaufsteigen untergeordneter Männchen. Der eigentümliche, symmetrisch umrissene nackte rote Brustfleck zeigt sich während der Brunst intensiver und ist zudem von einer mehr oder weniger deutlichen Kette weißer Hautknötchen bzw. Bläschen umgeben. Nach dem Östrus reduziert sich dieses Signal. Die Brunstzeit und dementsprechend auch der Geburtenanfall ist einer jahreszeitlichen Periodik unterworfen. In zoologischen Gärten ist der Dschelada nicht so häufig zu sehen, denn als Hochgebirgstier stellt er größere Haltungsansprüche. Bei dem von H.-W. Smolik (1960) angeführten **Schwarzen Dschelada** *(Theropithecus obscurus)* dürfte es sich um eine Farbvariante handeln.

Mangaben (Gattung *Cercocebus*)

Die Arten der sich nun anschließenden beiden Gattungen der Familie der Meerkatzenartigen sind mit nur einer Ausnahme ausgesprochene Baumbewohner. In Anpassung an diese Lebensweise haben sie schmalere Hände und Füße, längere Schwänze sowie die Fähigkeit, geschickt und schnell zu klettern und weit zu springen. Der deutsche Name Mangabe beruht auf einem Irrtum. Angeblich gelangten aus der madagassischen Hafenstadt Mangabé erstmals solche Affen nach Europa. Jedoch sind die Primaten auf Madagaskar nur durch Halbaffen vertreten. Die Körperlänge der Mangaben erreicht 40 bis 70 cm, die Schwanzlänge 45 bis 75 cm, die Schulterhöhe bis 48 cm und das Gewicht 5 bis 15 kg. Verwandtschaftlich grenzen die Mangaben nahe an die Makaken, jedoch im Körpertyp und in der Lebensweise ähneln sie mehr großen Meerkatzenarten. Der Gesichtsschädel ist länger, die Überaugenwülste sind leistenartig erhöht. Das Gebiß ist kräftig entwickelt mit großen Eckzähnen, fünf Höckern auf den letzten unteren Molaren. In den geräumigen Backentaschen wird die hastig aufgenommene Nahrung gespeichert. Die Stimme ist nur sehr mäßig laut, was auf die geringe Entwicklung der Luftsäcke im Kehlkopfbereich zurückzuführen ist. Der lange Schwanz wird an der Wurzel schräg nach oben getragen, manchmal auch über den Rücken nach vorn gerichtet, und dient beim Klettern, Springen und Laufen im Geäst als «Balancierstange». Auch als Körpertemperaturregler bei hohen Wärmegraden soll er eine gewisse Rolle spielen. Unter dem Schwanz und auf den Sitzflächen haben die Mangaben nackte harte Schwielen, die bei alten Männchen größer werden können, aber längst nicht den Umfang wie bei Pavianen erreichen. Die Genitalregion der Weibchen schwillt während des Östrus nur gering an; in der Farbe ist sie weniger intensiv als bei Pavianen. Als Allesfresser ziehen sie Früchte als Hauptnahrung vor; außerdem nehmen sie Triebe, Knospen und – soweit überhaupt der Boden aufgesucht wird – auch Knollen sowie Sämereien. An tierischer Kost werden Insekten, Baumfrösche, kleine Echsen gefangen sowie auch gern Vogeleier verzehrt.

Die Mangaben sind vorwiegend in den feuchten Urwäldern in Zentral- und Westafrika beheimatet. Obwohl nirgends häufig vorkommend, sind die einzelnen Arten weit verteilt, besonders auch im Bereich von Flußsystemen. Ihre Schlafplätze liegen in den mittleren und unteren Schichten des Urwaldes.

Die Sozialbeziehungen sind bisher noch relativ wenig bekannt, weil die einzelnen Individuen im dichten Gezweig und sichterschwerenden flimmernden Licht- und Schattenspiel des Blattwerkes nur sehr schwierig zu identifizieren sowie an bestimmten spezifischen Merkmalen bei gezielten längeren Beobachtungen zu erkennen sind. Sie geben sich auch scheuer, ruhiger und verhaltener als die geräuschvollen Meerkatzen. Interessant ist die Form der Verständigung und der Stimmungsäußerung bei den weniger stimmlauten Arten mit dem ausdrucksvollen Mienenspiel.

Die Gattung gliedert sich in vier sehr deutlich voneinander zu unterscheidende Arten mit jeweils mehreren Unterarten.

Halsbandmangabe *(Cercocebus torquatus)*. Mit einer Körperlänge bis zu 70 cm, einem Gewicht bis zu 15 kg ist es die größte Mangabenart. Die Farbe und Zeichnung des Felles variiert auch bei den Unterarten. Das Gesicht ist dunkelgrau bis schwarz, Stirn und Scheitel sind oliv- bis rotbraun, Rücken, Flanken sowie Gliedmaßen außen grau bis braun, Bauch und Innenseiten der Beine und Arme sowie Schwanzspitze hellgrau bis weiß, Schläfen, Hals und Nacken weiß. Ihr Verbreitungsgebiet erstreckt sich in Westafrika von Sierra Leone bis Ghana sowie getrennt davon vom Mündungsbereich des Niger bis zu dem des Kongo, wo sie vorzugsweise in Sumpfwäldern, feuchten Galeriewäldern, ja sogar in Mangrovewäldern und an Flußmündungen leben. Halsbandmangaben suchen häufig den Boden auf, sind weniger wählerisch im Futter und dringen sogar in kultiviertes Land ein, wobei sie besonders in Reisfeldern und anderen Pflanzungen Schaden anrichten können. In Sierra Leone werden sie als schädlichste Affen abgestempelt. Angeblich würden sie die Kakao-Ernte gefährden. Solchen Vorurteilen ist natürlich mit Vorsicht zu begegnen, da diese leicht blinde Vernichtungsmaßnahmen auslösen können. Im Kontaktverhalten untereinander spielt die soziale Hautpflege eine wichtige Rolle.

In Zoos relativ wenig anzutreffen.

Drei Unterarten werden genannt.

Mantelmangabe *(Cercocebus albigena)*. Diese etwas kleinere Art hat ein besonders oberseits lockeres langhaariges Fell von rauch- bis dunkelgrauer Farbe ohne auffallende Zeichnung; Nacken, Wangen und Brust sind etwas aufgehellt. Abweichend von den übrigen Arten besitzen Mantelmangaben annähernd voll ausgebildete Luftsäcke am Kehlkopf, die besonders den Männchen wesentlich lautere Stimmäußerungen erlauben. «Ihr Ruf klingt polternd und grollend und wird unter Grimassen, Aufrichten des Schopfes, Krümmung des Rückens und oft senkrechter Stellung des langen Schwanzes vorgetragen», so Pechuel-Loesche. Das Verbreitungsgebiet umfaßt West- bis Zentralafrika. In Zoos ist diese Mangabenart nur selten vorzufinden. Die Mantelmangaben gliedern sich in drei Unterarten:

Cercocebus albigena albigena, südliches Kamerun, Gabun und unterer Kongo; *Cercocebus albigena zenkeri*, nach dem deutschen Afrikapionier Zenker benannt. Mittelkamerun; *Cercocebus albigena johnstoni*, Ostkamerun bis zum Iturifluß und Mweru-See im östlichen Grenzgebiet von Zaire zu Sambia.

Schopfmangabe *(Cercocebus aterrimus)*. Ein langer spitzer, senkrecht stehender Schopf mitten auf dem Scheitel bildet das Erkennungszeichen. Das schwarze, langhaarige, lockere Fell ist ohne jede Zeichnung, lediglich der Backenbart scheint etwas graubräunlich aufgehellt. Ein hervortretender Gesichtsschädel und helle Augenlider sind weitere Kennzeichen. Hände und Füße wirken relativ groß. Schopfmangaben kommen häufiger auf den Boden herab und suchen bevorzugt in der Ufernähe von Flüssen nach Nahrung, jedoch immer in geschlossenen Baumbeständen. Mancherorts teilen sie den gleichen Lebensraum mit Mantel- und Halsbandmangaben. Ihr Verbreitungsgebiet liegt im zusammenhängenden Urwald innerhalb des großen Kongobogens in

Zaire bis in den nordwestlichen Zipfel von Angola hinein. In zoologischen Gärten gehören Schopfmangaben nur gelegentlich zum Bestand.

Haubenmangabe *(Cercocebus galeritus)*. Diese Art, mitunter auch Kappenmangabe genannt, ist von mittlerer Größe. Farbe und Zeichnung variieren bei den einzelnen Unterarten sehr erheblich. Die «Grundfarbe» ist braun bis olivgün, das Haar unterschiedlich gelb bis goldbraun gesprenkelt, die Brust- sowie Bauchseite heller. Das Kopfhaar ist länger und bildet eine flache Haube, die ein Wirbel oder eine Krause schmücken können. Der Backenbart ist kürzer als bei anderen Arten. Das Verbreitungsgebiet umfaßt Kamerun, außer dem nördlichen Teil, den Nordosten der Volksrepublik Kongo, die Zentralafrikanische Republik sowie Zaire, außer dem Süden des Landes. Ein weiteres, wesentlich kleineres Vorkommen befindet sich in Ostafrika sowie auch in den Galeriewäldern des mittleren und unteren Tana (Kenia). Ein Teil dieses Gebietes, in dem auch u.a. Stummelaffen leben, hat Reservat-Status. In den Zoos sind Haubenmangaben gelegentlich anzutreffen. Sie sind dort ausdauernd und züchten meist regelmäßig. Von den Haubenmangaben seien vier Unterarten genannt:
Cercocebus galeritus galeritus, Kopfwirbel und Stirnkrause. Tanaflußgebiet, östlichste Form; *Cercocebus galeritus agilis*, Körper- und Kopfhaar stark gelblich gesprenkelt, Wirbelbildung. Südkamerun über Zaire nördlich des Kongobogens bis zum Ituri im Osten; *Cercocebus galeritus chrysogaster*, Kopfhaar nach hinten gelegt. Mittlerer und südlicher Teil von Zaire; *Cercocebus galeritus hagenbecki*, besonders hellfarbige Variante. Wird nur von einigen Autoren als getrennte Form angeführt.

Meerkatzen (Gattung *Cercopithecus*)

Die eigentlichen Meerkatzen sind kleine bis mittelgroße schlank gebaute Affen mit langen Schwänzen. Cercopithecus bedeutet Schwanzaffe (cercus = Schwanz, pithecus = Affe). Die Körperlänge liegt zwischen 30 und 70 cm; der Schwanz mißt 50 bis 85 cm. Das Gewicht kann bei einigen Arten sogar 10 kg gering überschreiten. Sie können ein Alter bis zu 26 Jahren erreichen. Die Meerkatzen besitzen nur kleine Gesäßschwielen. In den geräumigen Backentaschen lassen sich größere Nahrungsmengen speichern. Besonders die Männchen wirken durch den Besitz kräftiger dolchartiger Eckzähne bedrohlich.

Meerkatzen fallen durch eine überraschend große Vielfalt an Farben und Zeichnungen des Felles auf, die eine systematische Einordnung erschwert, zumal es mitunter Übergänge ohne deutliche Abgrenzung gibt. Auch die nackten oder dünnbehaarten Körperstellen haben oft eine sehr bunte Färbung; die Männchen heben sich teilweise durch grellbunte Hodensäcke hervor. Häufig weicht die Farbe des Jugendfelles von der der Alttiere ab, was früher mitunter irrtümlich zur Beschreibung neuer Unterarten oder gar Arten führte.

Die Artenanzahl der Meerkatzen wird heute mit 14 angegeben, die bisher beschriebenen Unterarten nach Sanderson mit 72. Hinzu kommen noch die etwas abweichenden Husarenaffen. Die afrikanischen Meerkatzen bilden demnach eine der größten Primatengruppen mit annähernd 90 Varietäten. Als echte Baumbewohner sind sie fast über den ganzen Kontinent südlich der Sahara verbreitet. Jedes Gebiet hat seine eigene Meerkatzengesellschaft: Viele leben in geschlossenen Urwäldern in der Ebene sowie auch im Bergland. Zudem bevorzugen einzelne Arten ausgesuchte Waldtypen und dazu noch bestimmte Stockwerke im tropischen Regenwald. In der offenen Landschaft sind Savannen und Galeriewälder ausgesuchte Gebiete. «Wo es Bäume gibt, gibt es auch Meerkatzen» (Sanderson).

Innerhalb ihres Tagesrhythmus liegt vor- und nachmittags die aktivste Phase. Während der heißen Mittagszeit herrscht Ruhe, die häufig zu gegenseitiger Fellpflege genutzt wird. Das gesellige Kontaktverhalten ist bei den Meerkatzen nicht so stark ausgeprägt wie bei den Makaken und Pavianen. Dennoch gibt es natürlich auch hier spezifische Gesten wie Begrüßung, Drohen, Imponieren, Angst-, Demutsverhalten. Eine sichtlich straffe Rang- bzw. Sozialordnung wie bei den meisten im offenen Gelände am Boden lebenden Affen fehlt ihnen. Trotzdem übernehmen ältere erfahrene Männchen gewisse Leit- und Sicherungsfunktionen, besonders wenn die Horde vorübergehend ihren gewohnten Aufenthaltsort verläßt.

In lockeren, unterschiedlich großen Gruppen von 25 bis weit über 100 Tieren durchwandern die lebhaft und unstet veranlagten Meerkatzen aufmerksam und futtersuchend ihren Lebensraum. Häufige Plünderungen in landwirtschaftlichen Kulturen durch umfangreichere Affenpopulationen können mitunter zur Plage werden, zumal die Meerkatzen wie alle anderen Affen mehr Früchte losreißen, anbeißen und wegwerfen, als sie zur Sättigung benötigen.

Zur gegenseitigen Verständigung verfügen sie über ein beachtliches Repertoire an differenzierten Lauten. Bei Störungen verhalten sie vorerst still, bewegungslos und drücken sich nicht selten an den Stamm oder Ast. Augen und Gehör sind gut entwickelt. Erkennt eines der Tiere drohende Gefahr, so stößt es unverzüglich einen kräftigen bellenden Laut aus, in den die anderen erregt einstimmen. Ist der Gefahrenpunkt ausgemacht, so stürmt alles eng zusammenhaltend in entgegengesetzter Richtung davon. Der lange, relativ schwere Schwanz dient beim Sprung als «Stabilisator» und im Gezweig als «Balancierstange».

Ihre territoriale Gebundenheit ist unterschiedlich und wird von mehreren Faktoren beeinflußt. Während einige Arten oder auch nur Gruppen von ihnen sich an ein bestimmtes Territorium halten, durchstreifen andere ein größeres Gebiet oder wandern sogar ab. In diese entstandene Nische kann dann eine andere Art einwandern. So verschieben sich die Verbreitungsgrenzen mancher Meerkatzenarten bzw. Populationen innerhalb des zusagenden Biotops. Zudem gibt es mit der wachsenden wirtschaftlichen Erschließung der Wildnis weitere erhebliche Veränderungen. Ein Teil der Meerkatzenarten paßt sich jedoch den neuen Umweltbedingungen an, scheut weniger die Nähe des Menschen – soweit er keine einschneidend schlechten Erfahrungen macht – und nutzt mehr oder weniger seine Pflanzungen als ergiebige Nahrungsquelle.

Eine bestimmte Fortpflanzungszeit scheint es nur bei einigen wenigen Meerkatzenarten zu geben. Häufig werden das ganze Jahr über nach einer Tragzeit von 6,5 bis 7 Monaten Neugeborene angetroffen. Die Mütter tragen ihre Jungen am Bauch. Anfangs klammert sich das Junge offensichtlich noch ungenügend und nicht sicher genug im Fell der Mutter fest. Diese hält es zusätzlich mit der Hand, besonders bei der Fortbewegung. Später braucht das Junge diese Unterstützung nicht mehr. Entwicklung und Wachstum vollziehen sich in den ersten Lebensmonaten sehr rasch. Mit drei bis fünf Wochen beginnen sie die erste Nahrung aufzunehmen, was von der Mutter zunächst noch aufmerksam überwacht wird. Erst im Alter von etwa 4,5 bis 5 Jahren erreichen die Tiere ihre Fortpflanzungsfähigkeit. Natürliche Feinde der Meerkatzen sind Leopard, Serval, Python und die großen Greifvögel.

In zoologischen Gärten sind Meerkatzen besonders wegen ihres munteren, lebhaften Wesens beliebt und werden ebenso wegen ihrer bunten Farben in auffallender Zeichnung bestaunt. Hier haben sie sich bei guter Haltung als widerstandsfähige und ausdauernde Pfleglinge erwiesen. Mit der Milchflasche aufgezogene Jungtiere können wohl sehr zahm werden, schließen sich jedoch nur bestimmten Personen an, die sich auf ihr spezifisches Verhalten einzustellen vermögen. Einzelne Weibchen bleiben auch im Alter relativ zahm. Zum erwachsenen Alter hin verliert sich meistens ihre Zutraulichkeit, und sie können dann leicht bissig werden.

Zuchterfolge sind bei den Arten different. Mehrfach kam es zu Kreuzungen zwischen verschiedenen Meerkatzenarten bzw. -unterarten. In kleineren Unterkünften sind ältere Männchen untereinander unverträglich und dulden nur ein oder zwei ausgesuchte erwachsene Weibchen als Partnerinnen. Als Heimtiere sind Meerkatzen nicht geeignet.

Grüne Meerkatze *(Cercopithecus aethiops)*. Die bekannteste und wohl auch die häufigste Art innerhalb der Gattung. Tatsächlich sind diese Affen ausnahmslos gelblichbraun, z.T. mit leichten Grautönen und mehr oder weniger intensivem olivgrünem Anflug in einer erheblichen Variationsbreite gefärbt. Bauch und Innenseiten der Gliedmaßen sind heller bis weiß. Ebenso helle bis weiße unterschiedlich breite Stirnbänder und Backenbärte bilden weitere Merkmale ihrer Formenvielfalt. Das Gesicht ist schwarz. Die Körperlänge beträgt 40 bis 58 cm, die Schwanzlänge 50 bis 70 cm und das Gewicht 5 bis 7 kg. Nach verschiedenen Quellen erreichen sie ein Höchstalter von 25 Jahren. Alle Grünen Meerkatzen haben längere Beine als Arme. Am Boden laufen sie ähnlich wie Hunde. Im hohen Gras wird der Schwanz senkrecht nach oben getragen, sicher als optisches Signal zum gegenseitigen Erkennen und Kontakthalten innerhalb der Horde. Laufen sie auf Ästen, zeigt der Schwanz dagegen eine waagerechte Haltung, wobei die nach unten geneigte Spitze fast den Boden berührt. Der Schwanz scheint hier eine Balancierfunktion zu haben.

Grüne Meerkatzen bewohnen die Baumsteppen südlich der Sahara von Senegal bis Äthiopien, von Somalia bis zum Kap im Süden und bis Angola. Sie sind damit die am weitesten verbreitete Meerkatzenart. Dieser weite Lebensraum ist nicht zusammenhängend, sondern in einzelne große und kleine Gebiete gegliedert. Die bekannten Säugetierforscher D. Starck, H. Frick und W. Fiedler sprechen von «einem Charaktertier der Buschsteppe, besonders der Randgebiete des Regenwaldes. Ihr Vorkommen ist an Wasserläufe gebunden; offene Trockensteppe, aber auch das Innere geschlossener Wälder meiden sie.» Weiter heißt es: «Wo sie geeignete Lebensbedingungen finden, leben sie meist in Horden von 20 bis 50 Tieren; wir sahen gelegentlich auch kleinere Trupps und Einzeltiere, die sich aber vielleicht nur zeitweise von ihrer Horde getrennt hatten; und wir stellten fest, daß diese Meerkatzen sich vorzugsweise in den Galeriewäldern an Flußläufen aufhalten, wo jede Horde ein bestimmtes Gebiet als Territorium besitzt.» In größerem Ausmaß umherziehende Horden kehren meistens, selbst nach Monaten, an ihren Ausgangspunkt zurück. Die Grünen Meerkatzen kann man nicht mehr als echte Baumtiere ansprechen. Auf dem Boden und auf Felsen vermögen sie sich ebenso geschickt und flink zu bewegen. Bedingt durch die bereits genannte weite Verbreitung und die ökologisch unterschiedlichen Gegebenheiten haben sich etwa 20 geographische Unterarten herausgebildet. Fehlen schlechte Erfahrungen mit Menschen oder sind sie an deren Nähe gewöhnt, z.B. an Siedlungsrändern und in Reservaten, kommen sie bis auf 10 oder gar 5 m heran.

Als Allesfresser nimmt die Grüne Meerkatze etwa die Hälfte ihres Nahrungsbedarfs als tierische Kost auf: kleine Wirbeltiere, weiter Insekten, Spinnentiere und andere Beute. Gelegentlich werden zudem Eier aus Vogelnestern genommen. An pflanzlichen Produkten fressen sie Früchte, Zwiebeln, allerlei Sämereien, Knollen, Wurzeln, zarte Blätter und Knospen. Häufig wird die Nahrung hastig in den Backentaschen gespeichert und danach mit mehr Ruhe gekaut und verzehrt. Die Rivalität unter den Männchen ist weniger ernsthaft.

Nach Feststellungen von D. Cheney und R. Seyfarth (1980) im Amboseli-Park in Kenia enthalten die einzelnen Laute der Grünen Meerkatze genauere Informationen als bisher angenommen. So gibt es unterschiedliche Warnrufe, je nachdem, ob Gefahr von einem Bodenraubtier, einer Schlange oder einem Greifvogel droht, darüber hinaus werden sogar einzelne Arten unterschieden. Jungtiere geben manchmal beim Auftauchen von Löwen oder Hyänen Leopardenalarm, und Reiher oder Störche werden irrtümlich als Greifvögel gemeldet.

Obwohl in den letzten Jahren sehr viele Grüne Meerkatzen als Versuchstiere exportiert werden, gilt ihr Bestand noch nicht als bedroht, trotzdem bedürfen diese Entnahmen aus der Wildbahn jedoch einer Begrenzung und strengen staatlichen Kontrolle. Außerhalb von Reservaten und Nationalparks gibt es aber noch keine wirksamen Schutzbestimmungen. Die Grüne Meerkatze war früher in zoologischen Gärten die am meisten gezeigte Art; heute überwiegen buntere Vertreter. In Menagerien und Wandertierschauen war sie neben dem Rhesusaffen schon im 18. und 19. Jahrhundert der Inbegriff des zu Späßen und allerlei Possen aufgelegten Affen. Von den vielen Unterarten seien nur einige genannt:

Graugrüne Meerkatze *(Cercopithecus aethiops aethiops)*, südliches Zentralafrika, Sudan, Äthiopien; **Gelbgrüne Meerkatze** *(Cercopithecus aethiops sabaeus)*, Senegal bis Ghana; **Weißgrüne Meerkatze** *(Cercopithecus aethiops cynosurus)*, auch Malbrouk genannt. Zaire, südliches Kongobecken, Angola; **Lalandes Meerkatze** *(Cercopithecus aethiops pygerythus)*, Ost- bis Südafrika; **Tantalusmeerkatze** *(Cercopithecus aethiops tantalus)*, Ghana bis Kamerun, Zentralafrika; *Cercopithecus aethiops callitrichus*, Senegambien bis Nordliberia; auf den Kapverdischen, Kanarischen und Westindischen Inseln eingeführt.

Monameerkatze *(Cercopithecus mona)*. Monameerkatzen sind echte Urwaldbewohner und bevorzugen die obersten Baumregionen. «Mona» ist der maurische Name für Affen mit langem Schwanz. Die wesentlichsten Erkennungsmerkmale der Monagruppe sind: dunkleres bläuliches Gesicht mit fleischfarbener Mundpartie, weißes bis gelbliches Stirnband, Backenbart in gleicher Farbe, Körper braun, mehr oder weniger grünlich gesprenkelt. Brust und Innenseiten der sonst dunklen Gliedmaßen heller bis weißgrau, kräftiger Körperbau. Körperlänge: 45 bis 55 cm, Schwanzlänge: bis 75 cm, Gewicht: 4 bis 6 kg. In einem amerikanischen Zoo lebte eine Monameerkatze 26 Jahre. Auch im Freileben dürften sie nicht älter werden, eher früher eines natürlichen Todes sterben. Die nicht wenigen Varianten werden in sieben Unterarten gegliedert, die von Senegambien bis zum Kongobecken hin beheimatet sind.
Wenn Monas kaum freiwillig tieferes Wasser aufsuchen, so erweisen sie sich doch im Notfall als gute Schwimmer. Sanderson beobachtete, wie eine Gruppe von Monas einen tiefen Bach überspringen wollte, aber wahrscheinlich in Fehleinschätzung der Distanz ein Affe nach dem anderen ins Wasser fiel: «Alle Monas schrien laut, schwammen aber wie Hunde geschickt und schnell an Land und kletterten dort wieder ins Geäst empor.» Der Speisezettel ist reichhaltig. Pflanzlicher und tierischer Anteil der Nahrung sind etwa gleich. Der Bestand gilt noch als gesichert. In zoologischen Gärten mit geeigneten Warmhäusern werden Formen dieser Art nicht selten gezeigt. Bekanntere Unterarten sind:
Eigentliche Monameerkatze *(Cercopithecus mona mona)*, Nigeria, Nordkamerun; **Campbells Meerkatze** *(Cercopithecus mona campbelli)*, Sierra Leone, Liberia; **Lowes Mona** *(Cercopithecus mona lowei)*.

Kronenmeerkatze *(Cercopithecus pogonias)*. Den Monameerkatzen verwandtschaftlich sehr nahe stehend sind die Kronenmeerkatzen. Im Zuge der Artenbereinigung wurden sie vormals der Monaformengruppe zugeordnet. Seit einiger Zeit sind jedoch die Kronenmeerkatzen von einigen Spezialisten zu einer eigenen Art mit vier Unterarten deklariert worden. Die Unterarten der Kronenmeerkatze ähneln sich sehr stark und besitzen als gemeinsames Merkmal mitten auf dem Kopf einen Längskamm rückwärts gerichteter Haare. Das Gesicht ist schwarz, die Mundpartie fleischfarben. Von den äußeren oberen Augenwinkeln zieht sich über die Schläfen je ein schwarzer Streifen, dessen Fransen die Ohren bedecken. Über die Stirn erstreckt sich ein ebensolcher Streifen. Die Kopfseiten ziert ein abstehender schwefel- bis goldgelber Backenbart. Rücken und Körperseiten sind bräunlich, oberseits durch einen deutlichen hellblattgrünen Überflug auffallend. Unbekannt ist noch die Entstehung dieser grünen Farbe, die wir sonst nur bei Vögeln kennen. Über Rücken und Schwanz läuft ein dunkler Aalstrich. Brust und Unterseite zeigen ein unterschiedlich intensives Gelb bis Orange. Hände und Füße sind schwarz. So zählt auch die Kronenmeerkatze zu den farbschönsten Affen. Körpermaße und Gewicht gleichen annähernd denen der Monameerkatze. Ihr Lautrepertoire enthält auch vogelähnliche zwitschernde Laute.
Das Vorkommen dieser Meerkatzenart erstreckt sich von Nordkamerun – hier fast ausschließlich im Bergland – bis in das Kongogebiet, wo sie vorwiegend die obere Region hoher Bäume bewohnen. Zum Teil leben die Unterarten nur an den Rändern geschlossener Wälder, in Galeriewäldern sowie auch in isolierten größeren zusammenhängenden Baumbeständen in der Savanne (Schwarzfußmeerkatze).
Bei einer Reihe erlegter Tiere fand Sanderson vielfach mit Insekten prall gefüllte Mägen, so daß auf einen zumindest örtlich sehr hohen Anteil tierischer Kost zu schließen ist. In zoologischen Gärten sind Kronenmeerkatzen nicht häufig zu sehen. An Unterarten seien angeführt:
Eigentliche Kronenmeerkatze *(Cercopithecus pogonias pogonias)*, Nordkamerun und auf Fernando Póo; **Erxlebens Meerkatze** *(Cercopithecus pogonias grayi)*, Kamerun, Äquatorialafrika bis zum Kongo; **Schwarzfußmeerkatze** *(Cercopithecus pogonias nigripes)*, Gabun.

Diademmeerkatze *(Cercopithecus mitis)*. Unterschiedlichen, z. T. diademartigen Haarformen auf der Stirn verdanken die Unterarten der Diademmeerkatzen ihren Namen. Bei den Männchen beträgt die Körperlänge 50 bis 65 cm, die Schwanzlänge 65 bis 75 cm und das Gewicht 4 bis 7 kg. Die Weibchen sind sichtlich kleiner. Die Körperfarbe ist dunkelgraubraun bis blaugrau, teilweise mit rotbraun oder grün getöntem Rücken. Helle Stirnbänder oder Augenbrauenstreifen, weiße Krausen an Kinn und Hals, mehr oder weniger große dunkle Backenbärte sind ihre Erkennungszeichen. Die Tiere mit hellerem Kopf und weißer Kehle nennt man Weißkehlmeerkatzen, die anderen wiederum «echte» Diademmeerkatzen.
Diadem- und Weißkehlmeerkatzen bevölkern ein größeres Gebiet in Zentral-, Ost- und Südostafrika bis zum Indischen Ozean, wobei die ersteren auf das Innere des Kontinents begrenzt sind. Nur ein kleinerer Teil dieser ganzen Sippe bewohnt daher geschlossene zusammenhängende Urwälder. Vielmehr sind sie in Savannen mit dichterem Baumbestand, Galeriewäldern entlang den Flüssen, größeren Bauminseln in der Steppe, lichteren Bambuswäldern sowie sogar auch in trockeneren Buschlandschaften Mocambiques anzutreffen. Bei einer so weitgehenden ökologischen Differenzierung haben sich etwa 20 Unterarten herausgebildet. Eine einheitliche systematische Auffassung existiert noch nicht. Bedingt durch ihren Biotop, werden diese Meerkatzen veranlaßt, häufiger den Boden aufzusuchen als ihre Vettern im Inneren des Urwaldes, um ihren Nahrungsbedarf an Früchten, Wurzeln, Knollen, Sämereien sowie Insekten und anderem Kleingetier voll decken zu können. Im Wesen sind die Diademmeerkatzen ruhig und verhalten. Sie leben gesellig in umfangreichen Verbänden, die mitunter über 100 Tiere umfassen können, und durchstreifen im Tagesverlauf gemeinsam ihr großes Revier. Wachsamer als andere Arten nutzen sie alle Geländeformen zu ihrem Schutze aus. In zoologi-

schen Gärten sind Diademmeerkatzen seltener im Bestand. Aus der Fülle der Unterarten seien lediglich genannt:
Echte Diademmeerkatze *(Cercopithecus mitis mitis)*, Nordangola und südlich des Kongo; **Doggetts Diademmeerkatze** *(Cercopithecus mitis doggetti)*, Uganda; **Weißkehlmeerkatze** *(Cercopithecus mitis albogularis)*, Ost- und Südostafrika; **Stuhlmanns Diademmeerkatze** *(Cercopithecus mitis stuhlmanni)*, Ostafrika; **Blauaffe** *(Cercopithecus mitis kibonotenensis)*, Ostafrika, Gebiet um Kilimandscharo und Meru.

Vollbartmeerkatze *(Cercopithecus l'hoesti)*. Der dichte weiße bis weißgraue Backenbart setzt sich vom dunkelgrauen bis schwarzen ebenso dichten Körperfell kontrastreich ab und rechtfertigt den Namen dieser Meerkatzen. Die langhaarige Körperdecke zeigt auf dem Rücken eine rötlichbraune, z.T. hellere Sattelzeichnung. Je nach Herkunft kann sich das Weiß der Backenkrause über Kinn und Kehle bis zur Unterseite der Brust ausdehnen. Zum Körpermaß von 50 bis 70 cm kommen 55 bis 80 cm Schwanzlänge. Bemerkenswert ist die verstreute inselartige Verbreitung der Vollbartmeerkatzen. Es sind Bewohner höherer Gebirgsregionen von den Bergen Nordkameruns über Ubangi Schari, die Vulkane am Kiwusee, das östliche Zaire, Uganda bis zu den Höhen des Kilimandscharo. Diese Meerkatzen sind typische Waldbewohner. Flink und geschickt bewegen sie sich auf z.T. regelrechten Wechseln und in Gängen durch das dichte Pflanzengewirr des Urwaldes, wobei sie auch häufig den Boden aufsuchen. Vollbartmeerkatzen ernähren sich vorwiegend von Baumfrüchten, Beeren sowie von Laub, jungen Trieben und Knospen. Diese imposanten Tiere sind nur in wenigen Tiergärten mit größeren Meerkatzensammlungen anzutreffen. An Unterarten sind im wesentlichen zwei geographisch weit voneinander getrennte Formen zu nennen:
Eigentliche Vollbartmeerkatze *(Cercopithecus l'hoesti l'hoesti)*, östliches Gebiet von Zaire, Uganda, Bergregionen im Gebiet des Kilimandscharo; **Preuß-Meerkatze** *(Cercopithecus l'hoesti preußi)*, Nordkamerun bis Fernando Póo.

Dianameerkatze *(Cercopithecus diana)*. Was Farbe und Zeichnung anbetrifft, gehören die Dianas mit zu den schönsten Meerkatzen. Das saubere, fast leuchtende Weiß vom Kinn bis zur Brust und den Vorderseiten der Oberarme sowie die schmalen weißen Streifen auf den Oberschenkeln stehen im auffallenden Kontrast zur dunkelgrauen Körperfarbe. Die Hinter- und Innenseiten der Oberschenkel zeigen eine kastanienbraune bis gelbliche Farbe. Braun ist auch der Rücken. Je nach Unterart läßt der weiße Kinnbart eine unterschiedliche Ausbildung erkennen. Bei der Diana ist er kürzer als bei der Unterart Roloway und an der Vorderseite schwarz. Ihre Körperlänge kann 65 cm erreichen; der Schwanz übertrifft sogar noch dieses Maß. Das Gewicht liegt zwischen 6 und 9 kg. In der Kopfform ähneln sie mit der stark nach vorn ragenden Kieferregion den Mangaben. Auffallend sind ihre geschmeidigen, katzenartigen Bewegungen; der Schwanz wird häufig, wie auch bei der Grünen Meerkatze, steil nach oben getragen.
Dianameerkatzen sind sehr lebhafte Tiere und je nach Stimmung und Alter mehr neugierig oder zurückhaltender. Im Zoo erweisen sie sich daher als recht zugängliche Pfleglinge. Als Bewohner hoher zusammenhängender Urwälder halten sie sich vorrangig in den oberen Stockwerken auf. Trotz ihrer auffallenden Zeichnung lassen sie sich von unten kaum erkennen. Der Kontakt innerhalb der Gruppen wird hauptsächlich durch krächzende Laute, Schnattern und langgezogene Schreie aufrechterhalten. Die Nahrung setzt sich vorwiegend aus Früchten, Sämereien, Nüssen, Trieben und Knospen zusammen.
Leider bleiben auch die Dianameerkatzen von der Jagd nicht verschont. Wirksame Schutzmaßnahmen tun daher not. In zoologischen Gärten mit größeren Affenbeständen sind Dianameerkatzen häufig zu sehen, Nachzucht ist bei ihnen keine Seltenheit. Von den drei Unterarten sind die folgenden am bekanntesten:
Eigentliche Dianameerkatze *(Cercopithecus diana diana)*, Gambia bis Liberia, und die **Roloway** *(Cercopithecus diana roloway)*, Elfenbeinküste, Ghana. Zugeordnet wurde noch die ursprünglich als Art beschriebene Form *Cercopithecus dryas*, deren Vorkommen allerdings weitab getrennt im Gebiet des Kongo liegt.

Brazzameerkatze *(Cercopithecus neglectus)*. Die Brazzameerkatze steht der Diana, zumindest was die Kopfzeichnung anbetrifft, an Schönheit kaum nach. Auch die Körpermaße sind nahezu gleich, wobei es jedoch auch Abweichungen nach unten gibt. Den Kopf ziert ein orangefarbenes diademförmiges Stirnband, das von der dunklen Kopfdecke mit ihren seitlichen Haarhöckern scharf abgegrenzt ist. Ebenso heben sich die weiße Nasen- und Mundpartie sowie der weiße Bart sehr deutlich von der hellbraun-grau-grünlich gesprenkelten Körperfarbe ab. Die nackte Haut der Augenregion zeigt eine graublaue Tönung. Ein weißer Streifen zieht sich auf den vorderseits dunklen Oberschenkeln entlang.
Das relativ große Verbreitungsgebiet dieser Art erstreckt sich vom nördlichen Kamerun über die Zentralafrikanische Republik und über den bewaldeten südlichen Sudan bis nach Kenia und südlich bis Shaba (früher Katanga). Die Brazzas bewohnen in höheren Berglagen und auch im Flachland sowohl große geschlossene Wälder als auch aufgegliederte Galeriewaldungen und einzelne hainartige Baumgruppen, wenn sich dazwischen keine freien deckungslosen Flächen ausdehnen, und den Rand von dichter bewachsenen Savannen. Auch sumpfige Wälder werden nicht gemieden. In einigen offenen Landschaften grenzen sie unmittelbar an das Verbreitungsgebiet der Grünen Meerkatze an. Als gewandte Kletterer vermögen sie geschickt und sicher im weiten Geäst zu springen. Ebenso beweisen sie sich als gute Läufer am

120 Hulman *(Presbytis entellus)*.
In Gewöhnung an den Menschen wechseln die Hulmans zwischen Wäldern, Dörfern und Städten oder werden sogar in Ortschaften und an Stadträndern seßhaft. So hat auch hier der Mensch erheblichen Einfluß auf die Lebensweise einer Affenart genommen und zu ihrem Schutz beigetragen.
(Carl Hagenbeck Tierpark)

121 Hulman *(Presbytis entellus)*.
Hulmans zeigen unterschiedliche Kopffrisuren. Häufig sind es strahlenförmige Haarwirbel. (Zoologischer Garten Hannover)

122/123 Ceylonhulmans *(Presbytis entellus priam)*.
Der Ceylonhulman, eine Unterart des Gemeinen Hulmans, ist vor allem an seinem Haarschopf zu erkennen. (Zoologischer Garten Hannover)

124/125 Nilgirilanguren *(Presbytis johni).*
Das Freileben der Nilgirilanguren ist wesentlich weniger erforscht als das der Hulmans. In ihrer Existenz jedoch sind die Nilgiris stark bedroht. (Zoologischer Garten Hannover)

Folgende Seiten:

126 Nilgirilangur *(Presbytis johni).*
Obwohl auch diese Langurenart von den Hindus verehrt wird, hat sie jedoch in der kultischen Stellung nicht die große Bedeutung der Hulmans erreicht. Sie ist daher weniger in unmittelbarer Nähe des Menschen und nicht so häufig am Boden zu sehen. (Zoologischer Garten Hannover)

127 Brillenlangur *(Presbytis obscurus).*
Die Kindes- und Jugendentwicklung entspricht etwa der der Hulmans. Vom Freileben der Brillenlanguren gibt es nur mangelhafte Kenntnisse. (Zoo Duisburg)

139 Nasenaffen *(Nasalis larvatus)*

Rechte Seite (oben links):
140 Nördlicher Guereza *(Colobus abyssinicus)*.
Eine straffe Rangordnung innerhalb der Guereza-Trupps konnte nicht beobachtet werden, dementsprechend gibt es auch kaum ernsthafte Rivalitätskämpfe. (Zoologischer Garten Köln)

Rechte Seite (unten links):
141 Weißbartguereza *(Colobus polykomos polykomos)*.
Zum Nördlichen Guereza gibt es kaum Größenunterschiede; er wirkt jedoch infolge seiner kürzeren Behaarung schlanker. (Zoologischer Garten Leipzig

142/143 Rote Stummelaffen *(Colobus badius).* Ihr Aufenthaltsbereich liegt vorwiegend in der mittleren und Wipfelregion des Waldes, wo sie auch die Nahrung aufnehmen und Streifzüge unternehmen. Nur selten suchen sie den Boden auf. (Zoologischer Garten Köln)

144 Roter Stummelaffe *(Colobus badius).*
Die einzelnen Individuen variieren in der Fellfarbe von Rotbraun bis Schwarz, ebenso im äußeren Erscheinungsbild. Von dem meist grauen Gesicht heben sich die rosa getönten Augenringe, Lippen und Nase unterschiedlich ab. (Zoologischer Garten Köln)

145 Kilimandscharoguereza
(Colobus abyssinicus caudatus).
Die Neugeborenen tragen ein reinweißes, leicht gewelltes Haarkleid, das sich im Alter von 6 bis 10 Wochen allmählich dunkel umfärbt. (Zoologischer Garten Dresden)

146 Kilimandscharoguereza
(Colobus abyssinicus caudatus).
Bei den Männchen ist der weiße Schweif besonders groß ausgebildet. (Zoologischer Garten Dresden)

147 Südlicher Guereza *(Colobus polykomos).*
Das schwarze Körperfell läßt mitunter oberseits einen leicht bräunlichen Anflug erkennen. (Zoo Duisburg)

Boden. Bei Gefahr eilen sie in weiten Sätzen mit hoch gehobenen Schwänzen, die eine Signalbedeutung haben dürften, davon.
Neben Früchten, jungen Trieben, Knollen, Wurzeln nehmen Brazzameerkatzen auch relativ viel tierische Nahrung zu sich, wobei Insekten bevorzugt werden.
Im Zoo zeigen sich Brazzameerkatzen weniger empfindlich und vertragen sich auch in kleinen Gruppen, wenn sie von jung an zusammen sind und eine geräumige Unterkunft besitzen. Ähnlich wie bei den Dianas gelingt auch hier die Nachzucht häufiger, wenn auch jährlich meist nur ein Jungtier pro Gruppe aufkommt.
Trotz des weit ausgedehnten Verbreitungsgebietes zeigen die Brazzameerkatzen in ihrem Erscheinungsbild keine Unterschiede. Es erübrigt sich daher, die fünf geographischen Unterarten im einzelnen aufzuführen.

Kleine Weißnasenmeerkatze *(Cercopithecus petaurista)*. Die hier behandelten Formen (Unterarten) werden teilweise noch verschiedenen Arten zugerechnet.
Die Kleinen Weißnasenmeerkatzen haben eine Körperlänge von 45 cm; die Schwanzlänge kann jedoch 60 cm überschreiten. Ihrer geringen Größe wegen muten sie selbst im reifen Alter wie noch nicht erwachsene Tiere an. Die einzelnen Unterarten weichen in ihrer Zeichnung, besonders am Kopf, deutlich voneinander ab. Die helle Nominatform zeigt eine einheitliche graubraune Farbe mit olivgrünem Anflug. Die untere Kopfseite, Kehle, Brust, der Bauch sowie die Innenseiten der Beine sind weiß bis weißgrau. Das dunkle Gesicht ist durch einen auffallenden reinweißen herzförmigen Nasenfleck gekennzeichnet, der zum Namen dieser Gruppe führte.
Alle Weißnasenformen zeigen eine relativ hohe Anpassungsfähigkeit, sie bevorzugen zwar unterschiedliche Typen des Regenwaldes, bewohnen aber auch Sumpfwälder, Waldranddickichte, Palmenhaine und ähnliche Formationen. Sie sind also in oberen und auch in mittleren Stockwerken des Urwaldes anzutreffen. Aus verschiedenen Gründen wandern die sehr lebhaften und flinken Tiere mitunter aus ihrem Lebensraum aus und besiedeln z. T. auch entfernter liegende Gebiete. Alle Formen der Weißnasen besitzen ihren eigenen Lebensraum, der meist durch natürliche Grenzen, z. B. breite Flüsse, von dem anderen getrennt ist.
Der kleinste Sozialverband ist die Familie mit einem Männchen, ein oder zwei Weibchen und zwei bis drei Jungen. Eine ausgeprägte Rangordnung konnte nicht festgestellt werden. Seßhafte Gruppen halten lange an ihren Schlafplätzen fest. Eine territoriale Rivalität wurde bisher nicht beobachtet. Bei den Schmidt-Weißnasenmeerkatzen stellte Th. Struhsaker im Kibale-Urwald (West-Uganda) fest, daß diese in Gruppen bis zu 35 Köpfen vereint lebende Unterart jeweils nur von einem erwachsenen starken Männchen angeführt wird. Nachdem ein fast zwei Jahre lang im «Amt» des Herrschenden Stehender von einem anderen Männchen verdrängt wurde, tötete das neue Oberhaupt als erstes zwei Babys und verzehrte sie teilweise. Ältere Kinder wurden jedoch nicht angegriffen. Sicher zählt ein solches Verhalten nicht zur Regel und ist möglicherweise als spontane überspannte Aggressivität zum Zeitpunkt der Rangerhöhung zu erklären. Auf der Nahrungspalette stehen Früchte, Nüsse, zarte Blätter, Triebe, Knospen, Blüten; auch Kulturpflanzen bleiben je nach Gelegenheit nicht verschont. An tierischer Kost werden gern Insekten genommen. Der Menstruationszyklus währt 30 Tage, die Tragzeit etwa sieben Monate. Weißnasenmeerkatzen werden in Tiergärten mit größeren Affensammlungen häufiger gehalten. Von den Unterarten seien genannt: **Eigentliche Kleine Weißnasenmeerkatze** *(Cercopithecus petaurista petaurista)*, Westafrika, Ghana bis Gambia; **Kleine Weißnasenmeerkatze** *(Cercopithecus petaurista fantiensis)*, Westafrika; **Buettikofers Weißnasenmeerkatze** *(Cercopithecus petaurista buettikoferi)*, Westafrika, Sierra Leone, Liberia; **Stämpflis Weißnasenmeerkatze** *(Cercopithecus petaurista stämpflii)*, Westafrika, Elfenbeinküste.
Zur früher getrennten, jedoch sehr nahe verwandten Rassengruppe *Cercopithecus ascanius* gehören: **Kongo-Weißnasenmeerkatze** *(Cercopithecus petaurista ascanius)*, Westafrika, unteres Kongogebiet; **Schmidt-Weißnasenmeerkatze** *(Cercopithecus petaurista schmidti)*, bläuliches Gesicht, weißer Backenbart, rotbrauner Schwanz. Oberes Kongogebiet bis Uganda. Fünf weitere geographische Unterarten werden noch für das Kongogebiet angeführt.

Große Weißnasenmeerkatze *(Cercopithecus nictitans)*. Das Körperfell der Großen Weißnasenmeerkatze ist ziemlich einheitlich dunkel gefärbt, die einzelnen schwarzen Haare zeigen jedoch eine feine gelblich-olivgrüne Bänderung. Lediglich der Kopf läßt mehr oder minder unterschiedliche Merkmale erkennen. Mehr von ovaler Form ist der auffallend reinweiße Nasenfleck. Bei einigen geographischen Unterarten – bis zu 12 wurden von den Systematikern genannt – sind Kinn, Kehle und Bauch weißgrau bis weiß gefärbt. Wie bei der vorgenannten Art kommen Verfärbungen gewisser hellerer Fellpartien durch farbintensive Futterstoffe vor. Die Körperlänge mißt 50 bis 65 cm, der sehr lange Schwanz kann fast 90 cm erreichen, das Gewicht beträgt etwa 7,5 bis 9 kg. Das Vorkommen der Großen Weißnasenmeerkatze erstreckt sich über ein ausgedehntes Gebiet vom südlichen Senegal über Liberia bis in den Osten der Zentralafrikanischen Republik, z. T. wird noch das westliche Uganda angeführt. Als ausgesprochene Waldbewohner bevorzugen sie Hochwälder, in denen sie sich vorwiegend in den Baumkronen aufhalten, und kommen nur selten auf den Boden herab. Von ihnen wird berichtet, daß sie in ihrem Lebensraum feste Territoriumsgrenzen einhalten. Der Wald bietet das ganze Jahr über ausreichend Nahrung, die sich ähnlich wie bei der Kleinen Weißnase zusammensetzt. Ebenso wie die Kleine Weißnase gehört auch diese Art zu den häufigeren Pfleglingen in zoologischen Gärten. Von den meist

48 **Nasenaffen** *(Nasalis larvatus)*.
Erschlafft hängt im Alter die bis zu 10 cm lange Nase über den Mund, so daß sie bei der Nahrungsaufnahme mit der Hand gehoben oder vom Mund weg zur Seite geschoben werden muß.
(Zoologischer Garten Stuttgart)

drei anerkannten, nicht einheitlich definierten Unterarten seien lediglich angeführt:
Eigentliche Große Weißnasenmeerkatze *(Cercopithecus nictitans nictitans)*, Kamerun und nördliches Gabun; **Martins Große Weißnasenmeerkatze** *(Cercopithecus nictitans martini)*, Westafrika, Benin bis NW-Kamerun (Sanaga-Fluß), Fernando Póo.

Rotbauchmeerkatze *(Cercopithecus erythrogaster)*. Hinsichtlich der Körpermaße ist diese Art mit den größeren Formen innerhalb der Weißnasenmeerkatzengruppe zu vergleichen. Die Körperlänge liegt zwischen 50 und 60 cm, die Schwanzlänge zwischen 75 bis 90 cm. Vor Jahren wurde die Rotbauchmeerkatze noch als eine Unterart den Weißnasenmeerkatzen zugeordnet, mit denen sie vermutlich sehr nahe verwandt ist. Das stark abgegrenzte Vorkommen im südlichen Nigeria von Lagos bis zum Unterlauf des Niger sowie die Trennung von allen anderen Meerkatzen rechtfertigen den Status einer selbständigen Art. Ebenso wie die Weißnasenmeerkatzen ziert auch diese Art ein deutlicher weißer Nasenfleck. Es gibt zwei Farbschläge, häufig sogar innerhalb der einzelnen Trupps: Tiere mit verwaschen rotbrauner und solche mit grauer bis hellbräunlicher Brust- und Bauchregion. In der Lebensweise und im Verhalten sind keine wesentlichen Unterschiede zu den nahen Verwandten bekannt. In zoologischen Gärten ist diese Art nur in größeren Affenbeständen gelegentlich anzutreffen.

Blaumaulmeerkatze *(Cercopithecus cephus)*. Die Blaumaulmeerkatze gehört einer Sippe mit auffallend farbiger Gesichtszeichnung an. Von der Nominatform abweichende Formen mit rötlich gefärbten Mund- und Nasenpartien werden z.T. auch als eigene Arten beschrieben. Nicht nur in ihrer Größe – die Körperlänge beträgt 40 bis 60 cm, die Schwanzlänge 60 bis 80 cm –, sondern auch in ihrem Wesen ähneln die Blaumaulmeerkatzen sehr stark den Kleinen Weißnasenmeerkatzen. Charakteristische Merkmale der «Blaumäuler» sind der hellblaue Querstreifen auf der Oberlippe – deshalb werden sie gelegentlich auch Schnurrbartmeerkatzen genannt –, nacktes blaues Gesicht, helle Tönung der oberen Augenlider. Ein «echter» weißgelblicher Bart zieht sich jedoch seitlich an den Wangen entlang. Das Körperfell ist ähnlich wie bei vielen Meerkatzen von dunkler graubrauner Farbe mit hellbraunen Haarspitzen sowie schwachem grünlichem Überflug. Kehle, Brust und Bauch sind weißgrau. Eine verwaschen rotbraune Färbung zeigt das Schwanzende. Blaumaulmeerkatzen bewohnen den geschlossenen tropischen Regenurwald mit üppiger Vegetation. Nur selten suchen sie den Boden auf. Allerlei Früchte, Knospen, Baumsamen, Beeren, Palmnußmark sind bevorzugte Nahrung, aber sie nehmen auch mehr Blattnahrung auf als andere Meerkatzenarten, z.B. Mona-, Zwerg- und Große Weißnasenmeerkatzen, mit denen sie ebenso wie mit Mangaben gelegentlich in Herdenverbänden anzutreffen sind. Ihr relativ geringes Trinkbedürfnis wird vom Regenwasser auf den Bäumen und vom Saft der Früchte gestillt. Ihr Vorkommen erstreckt sich von Kamerun (Sanaga-Fluß) bis in das Gebiet westlich des Unterlaufs des Kongo (Gabun), wo sie kleinere Trupps von vier bis neun Tieren bilden. Im Zoo zählen die Blaumaulmeerkatzen zu den häufiger gehaltenen Arten der Gattung. In der Pflege stellen sie keine besonderen Ansprüche.
Fünf Unterarten werden insgesamt genannt, wobei es in der Nomenklatur noch unterschiedliche Auffassungen gibt. Sie werden in zwei Formengruppen gegliedert, denen z.B. die **Rotnasen-** und **Sclaters Rotnasenmeerkatze** angehören.

Hamlynmeerkatze *(Cercopithecus hamlyni)*. Wegen ihres auffallenden Aussehens wird die Hamlynmeerkatze häufig auch Eulenkopfmeerkatze genannt. Mehrere Besonderheiten geben dieser Art ein seltsames Gepräge. Von der Gesamtlänge von 110 bis 120 cm entfallen etwa 60 cm auf den Schwanz. Das Gewicht liegt zwischen 6 und 8 kg. Ein charakteristisches Merkmal ist der weiße Längsstrich auf der langen, nach vorn gewölbten Nase, der tatsächlich von vorn wie der hakenförmige Schnabel einer größeren Eulenart anmutet. Zudem unterstreichen noch der Gesichtsspiegel, die Augen sowie der radial nach außen gerichtete lange Haarstrich die Ähnlichkeit mit dem Kopf einer Eule. Der auffallende weiße Nasenstreifen stellt ein innerartliches optisches Erkennungszeichen im Schatten des dichten Urwaldes dar. Diese visuellen Signale sind für den Zusammenhalt der Gruppe in unübersichtlicher Umgebung von großer Bedeutung, zumal das Fell eine Tarnfarbe trägt. Im Erregungszustand oder bei Gefahr sträuben sich die Haare rund um das Gesicht, und der Affe pendelt dazu mit dem Kopf auf und ab, mitunter auch hin und her, so daß hier ein ähnliches Verhalten wie bei Eulen vorliegt, wenn sie sich bedroht oder gestört fühlen. Diese Drohgebärde ist ein angeborenes spezifisches Verhalten. Die Kenntnis der Lebensweise der Hamlynmeerkatze weist noch viele Lücken auf.
Das Verbreitungsgebiet der Hamlynmeerkatzen erstreckt sich nördlich des Kongo und am Ituri im Staatsgebiet von Zaire. Die genaueren Abgrenzungen sind noch ungenügend erforscht. In den oberen Regionen des dichten Regenurwaldes benutzen sie regelrechte Wechsel. Als geschickte Kletterer und sichere Springer, wobei auch hier wie bei vielen anderen Meerkatzen der Schwanz als «Stabilisator» dient, vermögen sie gewandt und schnell in kleinen Trupps das Territorium zu durchstreifen.
Als Nahrung werden pflanzliche Stoffe bevorzugt, Insekten sowie anderes Kleingetier bilden nur die Zukost. Die Fortpflanzungsfähigkeit beginnt mit etwa fünf Jahren. Nach einer Tragzeit von etwa sechseinhalb bis sieben Monaten wird jeweils ein Junges geboren, das sich bereits nach wenigen Wochen selbständig im Geäst bewegen kann. Bis dahin wird es nur am Bauchfell der Mutter angeklammert getragen. Der später locker werdende Mutterkontakt bleibt etwa bis zu Beginn der Pubertät am Ende des vierten Lebensjahres erhalten. Hamlynmeerkatzen zählen zu den seltenen Tieren und werden nur in wenigen zoologischen Gärten gehalten. Unterarten können infolge noch unvollständiger Kenntnisse nicht genannt werden.

Zwergmeerkatze oder Talapoin *(Cercopithecus talapoin)*. Mit einer Körperlänge von nur 32 bis 37 cm, einer Schwanzlänge von etwa 40 cm und einem Gewicht von 1,3 bis 1,6 kg ist der Talapoin die kleinste Altweltaffenart. Der relativ große Kopf mit hochgewölbter Stirn und die flache Mundregion erinnern an das Lorenzsche Kindchenschema. Abweichend von den übrigen Arten sind die voll entwickelten Schwellungen der äußeren Genitalregion während der Brunst im Menstruationszyklus der Weibchen. Desgleichen gibt es im Gebiß Unterschiede zu den anderen Verwandten, auffallend sind die kurzen Finger, die durch deutliche Spannhäute an der Basis miteinander verbunden sind. Außerdem stimmt auch das Lautrepertoire der Zwergmeerkatzen nicht mit dem der anderen Meerkatzenarten überein. Kurzum, die Abweichungen vom echten Gattungstyp sind so erheblich, daß mehrere Zoologen dieser Art eine eigene Gattung bzw. Untergattung *(Miopithecus)* gaben. Der dennoch erheblichen Meerkatzenähnlichkeit sollte aber Rechnung getragen werden.

Mit seiner braungrauen Körperfarbe, auf der eine grünliche Tönung liegt, sowie der weißlich hellgrauen Unterseite weicht der Talapoin in der Färbung nicht von anderen Meerkatzenarten ab. Ein kurzer Schnurr- und gelblicher Backenbart zieren das Gesicht, dessen vorwiegend nackte Haut eine verwaschene rosa Farbe zeigt.

Sein Verbreitungsgebiet umfaßt drei voneinander getrennte Bereiche in Westafrika vom südwestlichen Kamerun bis Angola. Weit davon entfernt liegt ein enges begrenztes Vorkommen am Ruwenzori-Gebirge im Grenzgebiet von Zaire und Uganda. Die Zwergmeerkatzen bewohnen dort vorwiegend Sumpfwälder und auch Mangrovezonen an der Küste, wo sie sich meistens im oberen Bereich des Urwaldes aufhalten. Ihre Trupps umfassen etwa 30 bis 60 Köpfe, wobei meistens die Nahrung in kleineren Gruppen aufgenommen wird und in größeren Vereinigungen Ruhezeiten verbracht, Streifzüge unternommen und Schlafplätze aufgesucht werden. Vorübergehende Assoziationen gibt es mit Mona-, Großen Weißnasen- und Blaumaulmeerkatzen.

Eine klare Rangordnung ist nur sehr schwierig bei den großen Trupps zu erkennen. Während der Streifzüge wird nicht selten von einem Männchen ein lauter «Führerruf» ausgestoßen, um in der unübersichtlichen Umgebung die unauffällig gezeichneten Tiere zusammenzuhalten. In Ruhephasen sitzen häufig mehrere Tiere in Körperkontakt eng beieinander, wobei sie ihre herabhängenden Schwänze locker umschlingen.

Die Kost der Zwergmeerkatzen ist weitgehend pflanzlichen Ursprungs, wobei Früchte und Palmnüsse bevorzugt werden. Allerlei Kleingetier, meistens Insekten, bereichern das Nahrungsangebot. In Tiergärten sind Talapoins nicht häufig zu sehen, obwohl sie dort auch zur Nachzucht kommen.

Es gibt vier geographische Unterarten, für die noch keine einheitlichen Abgrenzungen genannt werden. Im wesentlichen dürften sie jedoch mit den vier Vorkommen in Südwestkamerun und Gabun – am Unterlauf des Kongo – in Angola – sowie im Ruwenzorigebiet übereinstimmen.

Schwarzgrüne Meerkatze oder **Sumpfmeerkatze** *(Cercopithecus nigroviridis)*. Anfang der neunziger Jahre des vorigen Jahrhunderts wurde im Londoner Zoo eine Meerkatze mit dunklem Fell gezeigt. Einer exakten Bestimmung war sie jedoch nicht unterzogen worden. Erst 1907, 13 Jahre nach dem Tode des präpariert aufbewahrten Tieres, entdeckte der englische Zoologe Pocock in ihm eine neue Affenart. Infolge einiger anatomischer Besonderheiten, die gewisse Ähnlichkeiten mit denen der Mangaben und Paviane erkennen ließen – im wesentlichen betraf es den Bau des Schädels und der Zähne –, ordneten einige Zoologen die Sumpfmeerkatze sogar einer eigenen Gattung zu (*Allenopithecus*).

Sumpfmeerkatze
(Cercopithecus nigroviridis)

Mit einer Körperlänge von etwa 45 bis 48 cm und einer Schwanzlänge von ca. 50 cm zählen die Sumpfmeerkatzen zu den kleineren Arten der Gattung. Die schwärzlichen Körperhaare zeigen gelblichgrüne Spitzen, so daß auch der dem lateinischen Artnamen entsprechende Name Schwarzgrüne Meerkatze geeignet wäre. Schwarzer Backenbart, rosagraue Augenregion, gelblichweiße Kehle, Brust, Bauch und Innenseiten der Gliedmaßen sowie helle lange Haare an den Halsseiten sind weitere artspezifische Kennzeichen. Sumpfmeerkatzen leben in den Sumpfwäldern des mittleren und nordwestlichen Kongogebietes bis nach Gabun. Über ihr Freileben ist bisher nur wenig bekannt. Abweichungen gibt es in ihren Verhaltensformen sowie auch in der Stimme. Von Beobachtungen in Zoos weiß man, daß sie gern in kleinen Trupps im flachen Wasser planschend umhertollen, so wie sie es wahrscheinlich auch in zeitweise überschwemmten Waldgebieten tun. In ihrem Temperament erscheinen sie sehr lebhaft. Die Nahrung setzt sich vorrangig aus allerlei Früchten, unreifen Nüssen, Knospen und Blättern zusammen. Über eventuelle tierische Zukost gibt es keine genauen Angaben. In zoologischen Gärten sind Sumpfmeerkatzen nur sehr selten zu sehen, da bisher wenige Tiere exportiert wurden.

Husarenaffen (Gattung *Erythrocebus*)

Husarenaffe *(Erythrocebus patas)*. In Anpassung an die Lebensweise am Boden – gelegentlich werden sie auch «Erdaffen» genannt – zeigen die Husarenaffen in ihren Körperproportionen und ihrem Verhalten eine Reihe von auffallenden Abweichungen und Besonderheiten, so daß sie eine eigene Gattung erhielten. Ihren eigentlichen Namen verdanken sie ihrer annähernd rötlichen Körperfarbe, die zudem in der Zeichnung eine gewisse Ähnlichkeit mit der Uniform einiger früherer englischer Regimenter erkennen läßt. Ferner halten sie mitunter im offenen Gelände eine bestimmte «Marschordnung» ein, die dem besseren Kontakt und der Sicherheit der Gruppe dient. Die Körperlänge mißt 60 bis 87 cm, die Schwanzlänge 50 bis 75 cm. Die Männchen, die sehr respektable Eckzähne besitzen, wiegen bis zu 24 kg, die kleineren Weibchen bleiben wesentlich darunter. Dank sehr langer und schlanker Arme und Beine – ein Musterbeispiel für die Anpassung an das Leben in weiträumiger, offener Umwelt – beträgt die Schulterhöhe beim Männchen bis annähernd 60 cm. Hände und Füße sind kürzer als bei den übrigen Meerkatzen. Beim Laufen werden die Fersen und Handgelenke mehr vom Boden abgehoben, was sie zu «Halbzehengängern» macht. Als gute, schnelle Läufer auf freien Flächen vermögen sie, besonders auf der Flucht, Geschwindigkeiten bis zu 50 km/h zu erreichen, wobei sie sogar noch Haken schlagen können. Die Husarenaffen gelten daher nach dem Zoologen Hall als die «Windhunde» unter den Primaten.
Ihr Heimatgebiet kann maximal bis 52 km^2 betragen, täglich legen sie Strecken zwischen 1 und 11 km zurück. Ansonsten machen sie von ihrem Läufertalent verhältnismäßig wenig Gebrauch. In hohem Gras entziehen sie sich der Sicht, sie sind im Gegensatz zu anderen Meerkatzen auch kaum zu hören. Lediglich Jungtiere treiben im schnellen Lauf ausgelassene Spiele. Als ausgeprägte Steppenbewohner – von der Baumsteppe bis zu baumlosen weiten Graslandschaften – meiden sie den Wald, selbst auch kleinere Bauminseln. Natürlich können auch Husarenaffen auf Bäume klettern, was aber nur selten getan wird. Jungtiere erweisen sich als ungeschickte, unfallgefährdete Kletterer.
In den in der Regel 5- bis 25köpfigen Horden – im Durchschnitt etwa 18 – behauptet sich nur ein vollerwachsenes starkes Männchen, das durch seine überragende Größe auffällt. Ihm obliegt vorrangig die Wach- und Schutzfunktion gegen alle Gefahren von außen. In ständiger Aufmerksamkeit hält es Umschau. Bei akuter Gefahr flüchten bzw. retten sich die Weibchen ungeordnet. Das Männchen versucht durch Ablenkungsmanöver den Feind zu täuschen: Es postiert sich sichtbar imponierend auf einen Strauch oder eine Bodenerhebung, oder es lenkt durch auffallende Flucht den Feind in eine irreführende Richtung ab. Feinde sind u. a. Schakale, Hyänen, gelegentlich auch Leoparden und Geparden oder der Kronenadler. Die Weibchen unterstehen einer kaum umstrittenen strengen Rangordnung. Das an der Spitze stehende «Alpha»-Weibchen wird selbst vom Männchen respektiert. Sogar sein Jungtier genießt Vorrechte. Bei eventuellen Übergriffen verteidigen sich die Weibchen gemeinsam und hart gegenüber dem Männchen. In Ruhephasen sind die Rangstufen der einzelnen Weibchen nicht selten am Sitzabstand zum Männchen zu erkennen.
Die Nahrung der Husarenaffen setzt sich aus vielerlei Pflanzen sowie aus Insekten und Kleingetier, z. B. Eidechsen, zusammen. Ihr Verbreitungsgebiet, das sich z. T. mit dem der Grünen Meerkatzen und Paviane überschneidet, erstreckt sich über trockene Baum- und Grassteppen nördlich des Urwaldgürtels von Westafrika bis zum Sudan und in das nördliche Kenia im Osten. Im Norden bildet die breite Wüstenzone die natürliche Grenze. In zoologischen Gärten sind Husarenaffen häufig zu sehen. Außer an eine geräumige Unterkunft stellen sie keine besonderen Haltungsansprüche. In Zuchtgruppen sind fast immer Jungtiere anzutreffen.
Zwei Unterarten:
Schwarznasen-Husarenaffe oder **Patas** *(Erythrocebus patas patas)*, Westafrika: Senegal-, Niger-, Tschad-Gebiet; **Weißnasen-Husarenaffe** oder **Nisnas** *(Erythrocebus patas pyrrhonotus)*, Ostafrika: Sudan, Kenia.

Schlankaffen (Familie Colobidae)

Einige Systematiker stellen die Schlankaffen heute noch zu den Meerkatzenartigen, wir ordnen sie jedoch in eine eigene Familie ein. Wenn auch die einzelnen Gattungen äußerlich z. T. erheblich voneinander abweichen, stimmen sie jedoch in ihrem Bauplan weitgehend überein. Trotz ihrer vorwiegend schlanken Körperform erreichen einzelne Arten ein Gewicht bis zu 23 kg bei Körperlängen bis zu 82 cm. Der Kopf besitzt eine rundlichere Form als bei den Meerkatzenartigen; die Daumen sind verhältnismäßig kurz oder gar verkümmert (Stummelaffen); die Beine meist länger als die Arme; der Schwanz ist bis auf eine Ausnahme (Pageh-Stumpfnase) sehr lang; Backentaschen fehlen. Schlankaffen ernähren sich fast ausschließlich vom Laub verschiedener Baumarten, was ihnen auch den Namen «Blätteraffen» eingebracht hat. Bau und Form des Gebisses haben sich dieser Nahrung funktionell angepaßt. Die Backenzähne besitzen Querkämme. Beim Kauen bewegen sie sich mehr vor und zurück, wobei die Blätter zerrieben bzw. zerschrotet werden. Der große Magen, der vollgefüllt allein fast ein Drittel des Körpervolumens beansprucht (etwa 20% des Körpergewichtes), setzt sich aus drei Abteilungen, zu deren mittleren eine Schlundrinne führt, zusammen. Diese anatomische Ähnlichkeit zum Wiederkäuermagen veranlaßte Bauchop und Martucci (1968) bei Languren sowie Kuhn (1964) bei Stummelaffen die Verdauungsphysiologie näher zu untersuchen. Die ersten beiden Abschnitte des Magens sind Gärkammern, deren Inhalt von vorwiegend anaeroben Bakterien aufgeschlossen wird, wie es etwa bei den «echten» Wiederkäuern geschieht, Protozoen konnten bei den Languren nicht nachgewiesen werden. Das rohfaserreiche, jedoch nährwertarme Blätterfutter muß daher, um den nötigen Energie- und Nährstoffbedarf zu decken, in großen Mengen aufgenommen werden. Entsprechend ist auch der Darm sehr geräumig. Mit ihren vollen Bäuchen benötigen die Affen deshalb ausgedehnte Ruhepausen zur Verdauung. Häufig sitzen sie nach der Mahlzeit scheinbar müßig auf ihren bevorzugten Plätzen.

Die Schlankaffen lassen sich in sechs Gattungen gliedern, von denen die Languren, Kleideraffen, Stumpfnasenaffen, Pagehstumpfnasenaffen, Nasenaffen in Südasien und die Stummelaffen in Afrika leben. Besonders die südasiatischen Arten haben sich sehr unterschiedlichen Lebensräumen angepaßt: feuchtheißen Urwäldern, Mangrovedschungeln, offenen Siedlungslandschaften, Trockengebieten und kühlen Hochgebirgswäldern. Nach besserer Kenntnis ihrer Biologie sind Schlankaffenarten heute häufiger als früher in zoologischen Gärten zu sehen.

Languren (Gattung *Presbytis*)

Die Languren verkörpern gewissermaßen den Prototyp der formenreichen und vielseitigen Schlankaffen Asiens. Auffallende Merkmale sind schlanker Körperbau, lange Gliedmaßen, schmale lange Hände, relativ kleiner Daumen, sehr langer Schwanz, großer Kehlkopf mit Kehlsackerweiterung zur Stimmresonanz, meist einheitlich gefärbtes Fell mit hellerer Bauchseite; der Kopf ist häufig durch Haarschöpfe, -kämme, -kronen, Backenbärte und dgl. gekennzeichnet. Die Fellfarbe der Neugeborenen weicht häufig von der der erwachsenen Tiere ab. Das Futter, zu dem auch ein gewisser Anteil von Früchten und Sämereien gehört, wird von den Languren teils am Boden und teils auf Bäumen aufgenommen. Am Boden bewegen sie sich bei höherer Geschwindigkeit ähnlich wie Hunde, auf Bäumen greifkletternd, armschwingend sowie durch kraftvolle Sprünge. Kleinere Horden von stärkeren Männchen erkämpfen sich gelegentlich einen eigenen Harem, wobei es dann zu Herdenspaltungen kommt. Dort, wo sich die Gruppenreviere mit denen der Rhesusaffen überlagern, gibt es kaum Rivalitäten. Als Allesfresser sind diese keine Nahrungskonkurrenten. Bei Ortsbewegungen geht in der Regel das Spitzenmännchen voraus. Gefährlichster Feind ist der Leopard, seltener werden sie von Tigern angegriffen. Bei Gefahr werden laute Alarmrufe ausgestoßen, die die ganze Gruppe zu stürmischer Flucht veranlaßt. Es werden vier Untergattungen unterschieden.

Languren (Untergattung *Semnopithecus*)

Hulman *(Presbytis entellus)*. Örtlich auch Gemeiner Langur, Hanuman, Hindi-Langur genannt. Mit einer Kopf-Rumpf-Länge bis zu 82 cm und Schwanzlänge von etwa 1 m – bei älteren Männchen – sind die Hulmans die größten Vertreter der Languren. Ihr Fell trägt meistens einen hellen bis mittelgrauen Farbton, der örtlich auch variieren kann. Die nackten Teile des Gesichts sowie die Hände und Füße sind schwarz. Ältere Tiere zeigen kräftige Überaugenbögen mit langen schwarzen borstenartigen Augenbrauen, die wie ein Mützenschirm von der Stirn nach vorn ragen. Die Babys fallen durch ihr dunkleres graubraunes Haarkleid auf. Den Schwanz halten die Hulmans zunächst nach oben und dann über den Rücken nach vorn gebogen. Obwohl vorwiegend Blätterfresser, nehmen Hulmans auch Kräuter, Grasähren, zarte Rinde und Wurzeln, Blüten, Reis, Euphorbien, Beeren, Maiskolben, Baumfrüchte und Harz. Als heilige Affen erhalten sie von den Hindus regelmäßig gutes Futter in oder vor Tempeln. Von den Menschen geduldet, geschützt und gefüttert, sind die Hulmans oft sehr dreist. Nicht selten wird sogar Essen vom Tisch gestohlen.

Über die Lebensweise bzw. das Verhalten der Hulmans im Freileben haben u.a. Phyllis Jay (1965), Ripley (1970), Vogel (1976) berichtet. Die Hulmans haben wohl die variabelste Sozialstruktur unter den Primaten. Höchstwahrscheinlich steht sie in einer gewissen Wechselbeziehung zu ihrer breiten ökologischen Anpassungsfähigkeit. Die vielerorts starke Gewöhnung an den Menschen läßt sie länger und häufiger am Boden verweilen als andere Affen, zumal sie sich bei eventuellen Gefahren als flinke Kletterer und gewandte Springer – bis zu 10 m – schnell in Sicherheit bringen können. Sehr unterschiedlich sind die Gruppengrößen: zwei bis etwa zweihundert Tiere; im Durchschnitt sind es jedoch vier bis vierzig. In Urwaldrandgebieten wurden nur kleine Harems, von einem Männchen angeführt, festgestellt, die ihr Territorium verteidigten. Große Herden haben viele Männchen, die meistens rangmäßig abgestufte Positionen innehaben und nicht selten wechseln. Das Alpha-Tier genießt alle Vorrechte, während die übrigen Männchen einen locker gefügten «Männerverein» bilden. Große Verbände neigen bald zu sozialer Labilität und Unbeweglichkeit, so daß einige Männchen und Weibchen eine oder mehrere neue Tochtereinheiten oder Einmann-Harems bilden. Nicht immer geht es jedoch dabei friedlich zu. So kann es geschehen, daß fremde Männchen von außen in die Herde eindringen, die dominanten Männchen verdrängen und sich die Haremsgruppe unterwerfen. Ein eventuell neues Alpha-Tier kann dabei mitunter in Ausbau und Demonstration seiner Macht die kleinen Kinder töten und die männlichen Halbwüchsigen davonjagen; die freien Weibchen werden begattet. Ein solches Tun grenzt natürlich bereits an Fehlverhalten. Es gibt auch Fälle der Spaltung, wobei kräftige solitäre Männchen von außen in die Herde

Die Arme nach vorn geschwungen, springt der Hulman *(Presbytis entellus)* zum nächsten Futterbaum.

eindringen, diese eine Zeitlang begleiten, um sie dann mit einer Gruppe von Frauen zu verlassen. Auch einzelne Männchen wechseln gelegentlich die Gruppe; ebenso können auch isoliert lebende und erwachsen gewordene Männchenbanden Haremsmännchen in den Gruppen angreifen und bei Erfolg verdrängen. Bei diesbezüglichen Beobachtungen, z. B. in Südindien, wurde ein solches Verhalten auf wachsenden Populationsdruck im beengten Lebensraum zurückgeführt.

Das gesellige Leben der Hulmans weicht in seiner Sozialfunktion von dem der Paviane und Makaken ab, bei denen der gegenseitige Schutz im Vordergrund steht. Hier dient es vorwiegend der Entwicklung des Nachwuchses, der Gewöhnung der Jungtiere an die Ordnung der Gemeinschaft. Die Geburt eines Kindes erhebt Mutter und Baby über die Rangordnung hinweg in eine begünstigte Stellung. Alle Weibchen zeigen sich stark interessiert, nehmen Anteil und kümmern sich mit um das Jüngste. Als «Tanten» behalten sie es sogar vorübergehend. Die Väter ignorieren die Kinder fast völlig. Die Kindes- und Jugendentwicklung verläuft in mehreren Stufen: Säuglingszeit (dunkles Kindheitsfell) bis zum 4./6. Monat – nach der Entwöhnung, etwa vom 10./12. Monat an, Spiel- und Lernalter – Vor-Erwachsenenstufe beim Weibchen im 3. und beim Männchen im 4. Lebensjahr; das Einfügen in die Rangordnung beginnt allmählich. Während die jungen Weibchen sich mehr an die Mütter halten und sich oft mit ihren jüngeren Geschwistern befassen, neigen die jungen Männchen, noch verspielt, mehr zum alten Männchen am Rande der Gruppe, bis sie später abgedrängt werden oder die Gruppe von selbst verlassen. Die Fortpflanzungsfähigkeit wird mit etwa fünfeinhalb bis sechs Jahren erreicht. Die Tragzeit währt etwa fünfeinhalb Monate. Geburtenkonzentrationen liegen örtlich häufig im April/Mai/Juni. Ansonsten sind das ganze Jahr über Neugeborene anzutreffen.

Konflikte zwischen mehreren Hulmangruppen – auch solche innerhalb der Gruppe – scheinen im allgemeinen ohne ernste Verletzungen auszugehen. Die Aggressionshandlungen haben hier im wesentlichen «Kommentkampf»-Charakter, d. h., sie laufen nach bestimmten angeborenen Regeln ab. Kämpfe mit tödlichem Ausgang sind äußerst selten. Zwischen und innerhalb von Hulmangruppen in Südindien gibt es mitunter ritualisierte «Schlachten», für die gelegentlich Raumenge der Auslöser sein kann. Die Größe des Heimatgebietes der einzelnen Gruppen umfaßt zwischen 0,5 und 7,8 km^2. Rufkontakte zwischen Gruppen, auch auf weitere Entfernungen, sind nicht selten festzustellen. In Gebieten mit starker nächtlicher Abkühlung beginnt der Tagesrhythmus der Hulmans morgens mit dem Aufwärmen.

Die Hulmans nehmen in der indischen Mythologie einen beachtlichen Platz ein. Im Nationalepos Ramajana und auch in Legenden und Sagen erfahren wir, wie die Hulmans zum Symbol aufopfernder Freundestreue wurden. Die frommen Hindus verehren die Hulmans als eine

Verkörperung des Affengottes Hanuman. Der Überlieferung nach befreite er in Gestalt des Hulmans Sugriva die göttliche Gemahlin Sita des Rama – eine Verkörperung des Gottes Wischnu – die nach Lanka (Ceylon) entführt worden war, aus der Gewalt des Riesen Ravan. Dabei entdeckte er auch die begehrte Mangofrucht und brachte sie als Beute mit nach Indien. Diese Missetat sollte er auf dem Scheiterhaufen büßen. Es gelang ihm jedoch, das Feuer rechtzeitig zu löschen, wobei er sich aber Hände, Füße und Gesicht verbrannte. Seitdem haben alle Hulmans schwarze Hände, Füße und ein ebensolches Gesicht.

Das Verbreitungsgebiet der Hulmans umfaßt ganz Vorderindien vom Indus bis zum Brahmaputra, von Kaschmir bis zum Kap Comorin. Noch vor 30 Jahren zählten die Languren mit zu den schwierigsten Pfleglingen in den Zoos unserer Breiten, unter denen jedoch der Hulman infolge seiner etwas größeren Anpassungsfähigkeit immer noch die relativ günstigeren Haltungsergebnisse zeigte. Es war besonders im Winter sehr kompliziert, diese Futterspezialisten mit frischer Laubkost zu versorgen. Verdauungsstörungen waren die häufigste Ursache von Magen-Darm-Erkrankungen und letztlich Abgängen. Erst in letzter Zeit gelang es durch neu gewonnene Erkenntnisse mit einer den spezifischen Ansprüchen gemäßen biologisch vollwertigen Ernährung bessere Haltungserfolge und auch Nachzucht zu erzielen. Von den Unterarten – der indische Zoologe S. H. Prater gibt 15 an – seien genannt:

Vorderindischer Hulman *(Presbytis entellus entellus)*, hellgraue Fellfarbe. Nördliches Vorderindien, mit Ausnahme der extremen Trokkengebiete; **Berghulman** *(Presbytis entellus schistaceus)*, größte Form mit breitem Backenbart und längerem dichtem Fell von hellerer Farbe. Südlicher Himalaja bis oberes Industal (Kaschmir). Im Sommer bis in 4000 m Höhe in Rhododendronbüschen und Zedernwäldern sowie auch z. T. über die Baumgrenze hinaus aufsteigend. Vereinzelt sogar an der Schneegrenze beobachtet. Er wurde dadurch in das Rätsel um den Yeti, den «Schneemenschen», mit einbezogen.

Schwarzfußhulman *(Presbytis entellus hypoleucus)*, Füße und Schwanz deutlich schwarz gezeichnet. Westküste Vorderindiens;

Ceylonhulman *(Presbytis entellus priam)*, schopfartiger schwarzer Haarkamm. Südostindien und Sri Lanka (Ceylon).

Purpurgesichtslanguren (Untergattung *Kasi*)

Nilgirilangur *(Presbytis johni)*. Erkenntlich am schwarzen glatten Fell und am hellen goldbraunen Kopf mit Backen- und kurzem Kinnbart. Die langen borstenartigen, nach vorn ragenden Augenbrauen heben sich in schwarzer Farbe ab. Das Gesicht ist verwaschen bräunlich mit schwacher purpurrötlicher Tönung. Ältere Männchen erreichen bis 70 cm Körperlänge, der Schwanz mißt bis 80 cm. Das relativ kleine Verbreitungsgebiet liegt im Südwesten Vorderindiens im Bereich der Nilgiriberge, des Kardamomgebirges bis zu den südlichen West-Ghats in Höhen von 800 bis 2100 m. Wie alle Languren ernähren sie sich vorrangig von Blättern, Knospen, örtlich speziell von Akazienzweigen und Blüten. In Gefahrensituationen vermögen sie hohe Laufgeschwindigkeiten mit weiten Sprüngen, etwa zwischen 30 und 40 km/h, zu erreichen. Die Gruppenstärken der Nilgiris können drei bis fünfundzwanzig Tiere umfassen, im Durchschnitt sind es ca. neun. Das Heimatgebiet einer Gruppe kann sich über eine Fläche von 0,6 bis 2,6 km^2 ausdehnen. Örtlich überschreitet die Populationsdichte sogar 100 Tiere pro Quadratkilometer (Poirier 1968); meistens liegt sie jedoch erheblich darunter, zumal der Bestand durch Verfolgungen reduziert worden ist. Im Heimatgebiet des Nilgiri wohnen auch Volksstämme, die diese jagen, da sie nicht den Hindus angehören. Begehrt sind sowohl das Fleisch als auch das Fell. Außerdem wird dem Fleisch, Blut und verschiedenen Organen Heilwirkung nachgesagt. Aber auch Hindus, die in ihrer Glaubensauffassung weniger konsequent sind, sollen sich eifrig an der Affenjagd beteiligen.

Das Freileben des Nilgiri ist wenig erforscht. Nur ein starkes Männchen führt den Trupp an, der etwa bis zu einem Drittel aus Männchen bestehen kann. Einzelne von ihnen verlassen auch die Gruppe oder werden abgedrängt. Auf engem Raum soll es ähnlich wie bei den Hulmans, wenn auch seltener, zu ritualisierten Kämpfen kommen. Verschiedene Gruppen stehen auf weitere Entfernungen miteinander im Rufkontakt.

Die Pflege der Babys erscheint mitunter weniger liebevoll. In Einzelfällen wurde beobachtet, wie Mütter ihre etwa erst einen Monat alten Jungen trotz Schreiens eine Zeitlang an Zweigen hängenließen. Die Neugeborenen weichen in ihrer Farbe stark von der der Alttiere ab; sie sind goldbraun, ähnlich wie die Kinder der Brillenlanguren, gefärbt. Nach Poirier (1968) gibt es ein regelrechtes Baby-Sitting-System (Kindergarten). Ein Weibchen bleibt bei drei oder vier Babys, während andere Weibchen bzw. Mütter auf Futtersuche gehen. Eine wichtige Rolle spielt dabei auch das Erlernen des Sozialverhaltens bereits im Kindesalter, während sich die sorgenden bzw. Aufsicht führenden Weibchen im geeigneten Mutter-Kind-Verhalten üben, besonders halbwüchsige Weibchen, die anfangs noch recht ungeschickt und derb mit den Babys umgehen. In zoologischen Gärten sind Nilgirilanguren immer noch sehr seltene und empfindliche Pfleglinge. Von der IUCN sind sie als bedrohte Tierart registriert.

Weißbartlangur *(Presbytis senex)*. Ebenso wie der Nilgirilangur leichter und schlanker gebaut als der Hulman. Seinen einheimischen Namen «Wandhura» erhielt irrtümlicherweise auch der Bartaffe als Wanderu, der ja bekanntlich zu den Makaken zählt. Die Körperfarbe der Weißbartlanguren variiert von Silbergrau bis Dunkelbraun-grauschwarz; der Kopf zeigt jedoch immer eine braune Tönung. Deutlich hebt sich der breite weiße Backen- und Kinnbart vom dunklen Gesicht ab. Das Vorkommen erstreckt sich über Sri Lanka, wo mehrere Unterarten unterschieden werden. Dort hat er die gleiche Stellung und Bedeutung wie der Hulman auf dem Festland. So ist er nicht nur in Wäldern, sondern auch in unmittelbarer Nähe von menschlichen Siedlungen anzutreffen, aber nur dort, wo er geschützt und geduldet ist. Auch der Weißbartlangur wird örtlich wegen seines wohlschmeckenden Fleisches und nützlichen Felles verfolgt. In seinen Bewegungen und auf der Flucht erweist er sich als sehr schneller Läufer. Er zieht den Aufenthalt auf Bäumen dem auf dem Boden vor. Kontaktrufe zwischen einzelnen Gruppen, ritualisierte Kämpfe auf engem Raum sowie Beißereien, hier mehr als bei anderen Arten, wurden festgestellt. Weißbartlanguren sind auch ernährungsmäßig sehr anpassungsfähig, so wurde z. B. beobachtet, wie eine Anzahl von ihnen Nahrung auf Felsen am Meer suchte, weil in diesem Gebiet alle Bäume gefällt worden waren und nur noch niedriges Gebüsch zum Schlafen vorhanden war. Ansonsten gibt es in der Lebensweise keine Besonderheiten. Außer in indischen zoologischen Gärten sind Weißbartlanguren sehr selten zu sehen, da sie sehr schwierige Pfleglinge sind.

Kappenlanguren (Untergattung *Trachypithecus*)

Die Kappenlanguren nehmen die Stelle der vorderindischen Hulmans in Hinterindien ein. Die zahlreichen Formen, denen wir in dem stark gegliederten Verbreitungsraum von Assam, Bangladesh, Südchina, Nordvietnam bis nach Sumatra, Kalimantan und Java begegnen, sind systematisch nur schwer exakt zu erfassen. Durch tektonische Trennungen ursprünglich zusammenhängender Gebiete in morphologisch isolierte Landschaften und Inseln haben sich im Laufe der Zeit viele geographische Unterarten herausgebildet. Erst in den letzten Jahren hat man die vormals zwölf Arten mit 27 Unterarten in nur noch sieben Arten zusammengefaßt, doch gibt es in dieser Hinsicht noch unterschiedliche Auffassungen. Zudem erschwert die starke Neigung zu Farbvarianten innerhalb der Arten klare Zuordnungen. Typische Merkmale sind unterschiedliche Haarschöpfe auf dem Kopf, weniger kräftig ausgebildete Überaugenbögen und feineres Fell.

Haubenlangur *(Presbytis cristatus)*. Mittel- bis dunkelbraune, z.T. auch rötliche Farbtöne kennzeichnen sein Haarkleid. Auffallend sind die langen Schopfhaare auch an den Kopfseiten, die nach hinten anliegen und teilweise die Ohren überdecken. Auf dem Kopf ist ein fast schwarzes Häubchen angedeutet, besonders bei der Nominatform. Haubenlanguren sind kräftig entwickelte Tiere mit einer Körperlänge von 70 bis 80 cm. Die einzelnen Gruppen umfassen 20 bis 51 Individuen, im Durchschnitt sind es etwa 30. Mit nur 0,2 km^2 Fläche wird das Heimatgebiet einer Gruppe angegeben, unter günstigen Voraussetzungen können bis zu 150 Tiere auf einem Quadratkilometer leben. In den einzelnen Gruppen sind stets die Weibchen in der Mehrzahl. Einzelne Männchen können auch innerhalb der Gruppe Harems bilden. Bei Spannungen oder auch bei zu starkem Populationsdruck innerhalb und zwischen den Gruppen wechseln sie nicht selten die Trupps. Dennoch scheinen ritualisierte Kämpfe und Auseinandersetzungen seltener vorzukommen. Das weiträumige Verbreitungsgebiet dehnt sich über Hinterindien südlich des 12. Breitengrades bis nach Sumatra und Kalimantan aus, eine Unterart sogar bis Java. Auch die Haubenlanguren werden z.T. göttlich verehrt, z.T. aber auch wegen ihres gut schmeckenden Fleisches von Einheimischen gejagt. In zoologischen Gärten zählen Haubenlanguren zu den Seltenheiten, sie werden aber gelegentlich in den süd- und südostasiatischen Tiergärten gezeigt. Nachzucht ist wiederholt gelungen. Mehrere Unterarten sind beschrieben worden:

Haubenlangur *(Presbytis cristatus cristatus)*, südostasiatisches Festland; **Haubenlangur** *(Presbytis cristatus germaini)*, Sumatra, Kalimantan; **Budeng** *(Presbytis cristatus pyrrhus)*, Java und Bali. Früher als getrennte Art geführt, nimmt eine gewisse Sonderstellung ein. Er ist kleiner als die übrigen Unterarten, besitzt ein sehr dunkles bis schwarzes Fell, das von einzelnen weißen Haaren durchsetzt ist, Schopf und auffallende Haube fehlen, Gesicht jedoch von einem kräftigen Bart umgeben. Fell weich mit seidigem Glanz.

Schopflangur *(Presbytis pileatus)*. Die Fellfarbe dieser Art variiert in den einzelnen Regionen erheblich. Im Norden ihres Lebensbereichs tragen sie mittelgraue bis leicht bräunliche Farbtönungen auf der Körperoberseite. Bauch, Brust, Kopfseiten sowie Innenseiten der Gliedmaßen dagegen sind hellrostbraun bis verwaschen orange; das Gesicht ist dunkelgrau bis schwarz. Der Schopf wird von langen dunkelbraunen aufrechtstehenden Haaren gebildet. Andere Formen zeigen z.T. hellere Farben, besonders auf dem Rücken. Südlichere Vertreter sind mit einer Körperlänge von ca. 50 bis 60 cm kleiner als die nördlichen Formen. Ihre Lebensweise entspricht, soweit bekannt, der der anderen Languren. Das Verbreitungsgebiet dehnt sich von Assam über Oberburma bis Yünnan (Südchina) aus. Gleich den Budengs kamen auch Schopflanguren früher mehrfach in zoologischen Gärten vor. Vor etwa 50 Jahren lebte in London ein solches Tier acht Jahre, in San Diego 23 Jahre, was etwa der natürlichen Altersgrenze entsprechen dürfte. Beispielsweise seien folgende Unterarten erwähnt:
Schopflangur *(Presbytis pileatus pileatus)*, Assam; **Durgalangur** *(Presbytis pileatus durga)*, großer dunkler Schopf und lange bräunliche Haare an den Gesichtsseiten. Größte Form. Assam; **Goldlangur** *(Presbytis pileatus geei)*, auch als eigene Art geführt. Trägt dichtes creme-orangefarbenes Fell. Haare an den Gesichtsseiten sehr lang, Gesicht schwarz. Von der IUCN als selten registriert. Grenzgebiet von Bhutan östlich des Sankosh-Flusses, nur noch als kleiner Bestand. Im Gebiet von Assam bis Oberburma werden noch die Formen *Presbytis pileatus brahma* und *Presbytis pileatus tenebricus* unterschieden.

Phayres Langur *(Presbytis phayrei)*. Nur sehr wenig unterscheidet er sich vom Schopflangur. Jedoch zeigt die Haut um die Augen keine dunkle Pigmentierung und erscheint daher weißlich bis fleischfarben. Das Gesicht ähnelt deshalb dem des Brillenlanguren. Über seine Lebensweise sind keine Besonderheiten bekannt. Ist von Bangladesh und Südassam über Burma, Thailand bis in den Süden von Vietnam verbreitet.

In Magen, Darm und Gallenblase vor allem der Kappenlanguren wurden Gebilde aus Kalziumkarbonat oder aus verschluckten kugelförmigen hart zusammengepreßten Haaren gefunden, die als «Magensteine» oder «Bezoarkugeln» bezeichnet werden und fast die Größe von Hühnereiern erreichen. Im indischen Volksglauben und in der chinesischen Volksmedizin gelten diese «Magensteine» – besonders vom Bengallangur – als heilkräftige wundertätige Mittel. Dadurch werden diese Tiere oft rücksichtslos verfolgt. Phayres Languren sind in zoologischen Gärten nur selten zu sehen.

Drei Unterarten, u. a. **Bengallangur** *(Presbytis phayrei barbei)*, geringere Schopfbildung, sehr selten; Bangladesh (Ostbengalen), Südwest-Assam.

Brillenlangur *(Presbytis obscurus)*. Er wird mitunter sehr allgemein als «Blätteraffe» bezeichnet. Das Haarkleid variiert von Graublau bis in schwärzliche Farbtöne; die Körperunterseite ist heller. Der Schwanz erscheint z. T. gelblichgrau verwaschen. Auffallend sind die weißen Ringe um die Augen, denen er seinen Namen verdankt. Ebenfalls eine weiße Zeichnung haben die Hautpartien zwischen Mund und Nase sowie an der Unterlippe. Seine Haarkappe ist geringer ausgebildet. Geschlechtlich unterschiedlich liegt die Körperlänge zwischen 55 und 65 cm, der längere Schwanz mißt bis zu 80 cm; für das Gewicht werden 11 bis 12 kg angegeben. Das Vorkommen erstreckt sich von Südthailand, Tenasserim über die Halbinsel Malakka südlich bis Yohore (Singapur) und die anliegenden Inseln. Bei dunkelfarbigen Arten der Languren weisen die Babys während der ersten Lebensmonate ein hellorangefarbenes Fell auf. Im dritten Lebensmonat beginnt die Umfärbung in das altersähnliche Jungendkleid. Die Kindes- und Jugendentwicklung entspricht etwa der der Hulmans. Die Gruppenstärke beträgt 9 bis 17, im Durchschnitt 13 Tiere. Brillenlanguren werden häufiger in Zoos mit größeren Affensammlungen gehalten.
Die Unterarten weichen nur wenig voneinander ab, davon ist die bekannteste der **Gelbschwanz-Brillenlangur** *(Presbytis obscurus flavicauda)*, Halbinsel Malakka.

Tonkinlangur *(Presbytis francoisi)*. Von dieser Art wie auch noch von den folgenden Kappenlanguren ist die Lebensweise noch sehr wenig bekannt. Besondere Kennzeichen des Tonkinlangurs sind die deutlich weißen Zügel vom Mundwinkel zum Ohr sowie der große Schopf mit zwei Haarwirbeln. Der Körper ist von vorwiegend schwarzer Farbe. Farbvarianten finden sich bei einigen Formen mit hellem bis goldbraunem oder gelblichem Oberkopf; z. T. ist auch der Hals in diese Farbtönung mit einbezogen. Das Verbreitungsgebiet liegt in den nördlichen Gebieten von Laos und Vietnam. Tonkinlanguren wurden bisher nur selten in zoologischen Gärten gezeigt, sie gelten als sehr heikle Pfleglinge. Über Unterarten gibt es keine einheitliche Auffassung. Sanderson und Steinbach (1957) erwähnen noch als Arten:
Presbytis (Trachypithecus) laotum in Laos, *P. (T.) delacouri* im mittleren Vietnam und *P. (T.) poliocephalus* in Laos und im nördlichen Vietnam. Diese Tiere sehen sich bis auf geringe farbliche Abweichungen sehr ähnlich. Es wäre daher durchaus vertretbar, sie hier als Unterarten einzuordnen. Die Einordnung des von den o. a. Autoren weiterhin genannten Langurs der Schanstaaten *Presbytis (Trachypithecus) shanicus* soll hier noch offen bleiben. Möglicherweise könnte er auch dem Phayreslangur als Unterart angegliedert werden.

Weißkopflangur *(Presbytis leucocephalus)*. Über die artliche Abgrenzung gibt es noch keine allgemeingültige exakte Festlegung. Sein Verbreitungsgebiet ist bisher zoologisch kaum erforscht. Erst im Jahr 1966 wurde diese Form von chinesischen Zoologen in der Gebirgsregion von Guangxi (Kwangsi, Südchina) entdeckt. Von seinem schwarzen Haarkleid heben sich die weißen Schultern, Kopf und Füße kontrastreich ab. Über die Lebensweise ist kaum etwas bekannt. Von erfolgreichen Zoohaltungen liegen keine Berichte vor. Der Weißkopflangur steht verwandtschaftlich dem Tonkinlangur sehr nahe, so daß er auch von manchen Zoologen als dessen Unterart zugeordnet wird.

Mentawilangur *(Presbytis potenzani)*. Der Mentawilangur trägt oberseits ein schwarzes Haarkleid, Bauch und Brust sind auffallend gelb bis goldorange, Wangen und Kehle weiß gefärbt. Abseits vom Verbreitungsgebiet der übrigen Kappenlanguren lebt diese Art auf den Mentawi-Inseln, die der Westküste von Sumatra vorgelagert sind, in kleinen Trupps oder einzelnen Familienverbänden bzw. paarweise. Gleich dem Brillenlangur sieht das Neugeborene goldorange aus und paßt sich somit hier unauffällig der Bauch- und Brustfarbe der Mutter an. Über Zoohaltung ist nichts bekannt.

Insellanguren (Untergattung *Presbytis*)

In ihrer Vielfalt stehen sie ihren Vettern auf dem Festland nur wenig nach. Sie sind kleiner als die Kappenlanguren, die Kopf-Rumpf-Länge liegt zwischen 45 und 60 cm, die Schwanzlänge zwischen 50 und 70 cm; das Gewicht beträgt ca. 8 bis 12 kg. Ihr Vorkommen verteilt sich über die südostasiatische Inselwelt. In kleinen Trupps – kaum mehr als 15 Tiere – fühlen sie sich an bestimmte Areale bevorzugter Waldgebiete gebunden und lassen in ihrem territorialen Verhalten gewisse Ähnlichkeiten mit den Meerkatzen erkennen. Sie sind oft wenig scheu und ergänzen ihren Speisezettel in Gärten und Pflanzungen der Einheimischen. Außer Laub nehmen sie auch vielfach reife und unreife Früchte zu sich. Sanderson (1967) beobachtete gelegentlich die Aufnahme von tierischer Zukost. Bei den bisher noch seltenen Zoohaltungen gelang es, die Tragzeit mit ca. 140 Tagen zu ermitteln, die damit unter der der übrigen Languren liegt. In Indonesien erfahren diese Arten nicht selten noch heute in der Religion und Mythologie eine besondere Verehrung. Von den vielen unterschiedlich klassifizierten Arten und Unterarten seien nur einige genannt.

Maronenlangur *(Presbytis rubicundus)*. Von einheitlich rotbrauner bis zu verwaschen weißlich rotbrauner Fellfarbe reicht die große Variationsbreite im äußeren Erscheinungsbild, die eine sichere Artbestimmung erschwert. Der Haarschopf ist kräftig ausgebildet, das Gesicht dunkelgrau. Auffallend hell bis weiß sind die Neugeborenen. Selbst in südostasiatischen Zoos werden sie sehr selten gezeigt. Von den Unterarten seien angeführt:
Maronenlangur *(Presbytis rubicundus rubicundus)*, rötlich bis kastanienbraun. Südliche Gebiete von Kalimantan; **Maronenlangur** *(Presbytis rubicundus carimatae)*, hellbraun bis rotbraun, Bauch und Gesicht weißgrau. Nördliche Teile von Kalimantan.

Roter Langur *(Presbytis melalophus)*. Gelegentlich wird er auch Schwarzkopflangur, in seiner Heimat Simpai genannt. Rücken, vor-

dere Gliedmaßen, Füße und Oberseite des Schwanzes sind dunkelbraun bis schwarz, die übrigen Körperteile hell- bis mittelrotbraun. Der Backenbart und das Kinn heben sich stets in gelblichweißer Farbe ab. Den Kopf ziert ein querliegender Haarkamm. Von Bernstein (1967) liegen einige Beobachtungen aus der freien Natur vor. Im malaiischen Urwald wurden Rote Languren in Gemeinschaft mit Brillenlanguren, Schweinsaffen, Javaneraffen und Weißhandgibbons (Lar) angetroffen. Jede Art hält etwas Abstand von den Nachbargruppen ihrer eigenen Art. Außer von Blättern ernähren sich Rote Languren auch von relativ vielen Früchten und anderer vegetarischer Zukost in kleinen Mengen. Erst in letzter Zeit halten wieder mehrere Zoos mit besseren Erfolgen Rote Languren. Das Verbreitungsgebiet erstreckt sich von der Halbinsel Malakka bis Sumatra. Von den Unterarten seien lediglich genannt:
Roter Langur *(Presbytis melalophus melalophus)*, Süden der Halbinsel Malakka, westliches Sumatra; **Roter Langur** *(Presbytis melalophus chrysomelas)*, eine Farbvariante ist fast völlig schwarz. Der früher als Art bezeichnete **Schulterkreuzlangur** *(Presbytis cruciger)* wird heute lediglich als Farbphase dieser Unterart zugeordnet.

Weißstirnlangur *(Presbytis frontatus)*. Das Haarkleid des Körpers ist von braungrauer Farbe, die Gliedmaßen dagegen sind schwarz. Vor der Haube bildet das Kopfhaar zwei Wirbel. Die nackte Haut der Stirn zeigt eine hellere Farbe. Von seiner Lebensweise ist nur wenig bekannt. Sein Verbreitungsgebiet liegt auf Kalimantan.

Mützenlangur *(Presbytis aygula)*. Eine im Aussehen sehr schöne Art, die auf Java, Kalimantan, Sumatra verbreitet ist. Kenntlich ist der Mützenlangur – auf Sumatra auch «Lutong» genannt – an seiner dunkelgrauen Oberseite, zu der die vom Kinn bis zum Schwanz weiße Unterseite kontrastiert. Hinter dem Haarwirbel auf der Stirn, die weiß mit einem schmalen senkrechten schwarzen Strich gezeichnet ist, erhebt sich eine dichte hohe dunkle Haube. Die Wangen sind mit einer üppigen weißen Krause umgeben, deren Haare mehr nach oben gerichtet sind. Von dem umgebenden Weiß hebt sich kontrastvoll das dunkelgraue bis schwarze Gesicht ab.
Die Lutongs auf Sumatra galten bei den Bataks in den Bergregionen ähnlich den Hulmans in Indien als heilig und genießen noch heute göttliche Verehrung. Auch auf Java zeigen sie sich oft in unmittelbarer Nähe der Siedlungen in Gärten und Pflanzungen. Sanderson (1967) beobachtete, wie Mützenlanguren große Baumschnecken verzehrten. C. v. Linné war nur der Mützenlangur als einziger Schlankaffe bekannt, den er auch in seinem «Systema naturae» anführte. Vorwiegend werden die heiklen Mützenlanguren in Tiergärten ihrer Heimatgebiete, so z. B. in Djakarta, gehalten. Einzelne Unterarten sind an der voneinander abweichenden Gesichtszeichnung zu unterscheiden.
Die bekannteste Unterart ist neben der Nominatform der **Thomas-Mützenlangur** *(Presbytis aygula thomasi)*, schwarzer Strich auf weißer Stirn, Oberlippe rosa. Java, Sumatra.
Nach Sanderson (1957) werden u. a. noch folgende Arten angeführt, die der Vollständigkeit halber hier mit genannt sind:
Presbytis femoralis, Tenasserim (Halbinsel Malakka) über Sumatra bis zur Westküste Kalimantans; *Presbytis hosei*, Kalimantan im Bergland bis über 1200 m Höhe; *Presbytis sabana*, Norden Kalimantans. Bei A. Jolly (1975) nach Napier und Napier (1967) sind diese Formen nicht als Arten angeführt.

Kleideraffen (Gattung *Pygathrix*)

Obwohl den Languren verwandtschaftlich sehr nahestehend, wird den Kleideraffen wegen einiger abweichender Schädelmerkmale sowie besonderer Farbzeichnung eine eigene Gattung mit nur einer Art zuerkannt.

Kleideraffe *(Pygathrix nemaeus)*. In seiner Heimat führt der Kleideraffe den Namen «Duk». Der Körperbau ist kräftig, die Tiere sind jedoch nicht so langgliedrig wie die Languren. Erwachsene Männchen erreichen eine Kopf-Rumpf-Länge von 60 bis 70 cm; die Weibchen bleiben etwas darunter. Als erster hat der französische Naturforscher Buffon die deutlich abgegrenzte lebhafte Farbzeichnung, das «Kostüm» der Kleideraffen, beschrieben. Der Oberkopf ist grau bis bräunlich, zwei orangefarbene Streifen verbinden die äußeren Augenwinkel und Ohren, ein weißgelber und ein kastanienbrauner Ring schmücken den Hals, Körper und Oberarme sind grau, Oberschenkel, Hände und Füße schwarz. Weiße Unterarme sowie rotbraune Unterschenkel, ein weißer Sattelfleck auf dem Rücken und ein weißer Schwanz betonen weiter den farblichen Kontrast. Das kurzhaarige dichte Fell zeigt einen schönen Glanz.
Sie sind fast ausschließlich Blätterfresser. Es wird jeweils ein Jungtier geboren. Da die Weibchen auch während der Schwangerschaft begattungsbereit sind und kopulieren, liegen keine genauen Angaben über die Tragzeit vor.
Das Verbreitungsgebiet der Kleideraffen umfaßt die tropischen Regenwälder von Vietnam, Laos und der Insel Hainan. In zoologischen Gärten ist diese, von der IUCN als gefährdet registrierte Art in den letzten Jahren häufiger anzutreffen. Zwei Unterarten sind bekannt:
Südlicher Kleideraffe *(Pygathrix nemaeus nemaeus)* mit hellem Gesicht. Südvietnam, Südlaos; **Nördlicher Kleideraffe** *(Pygathrix nemaeus nigripes)* mit dunklem Gesicht. Nordvietnam, nördliches Laos.

Nasenaffen (Gattungen *Rhinopithecus, Simias, Nasalis*)

Nach W. Fiedler und H. Wendt (1967) werden die drei selbständigen Gattungen in einem Komplex gesehen und der Status von Untergattungen nicht ausgeschlossen. Die Nasenaffen sind innerhalb der Familie der Schlankaffen gut abzugrenzen. Als Blätterfresser ist ihre Ernährungsweise hochspezialisiert. Typische Merkmale sind die sonderlich gestaltete «menschenähnliche» Nase, der Bau des Schädels und des Fußes, die Übergänge innerhalb der drei Gattungen Stumpfnasenaffen, Pagehstumpfnasenaffen, Nasenaffen zeigen.

Stumpfnasenaffen (Gattung *Rhinopithecus*)

Im Gegensatz zu den vorher genannten Arten sind diese Affen gedrungener gebaut, ebenso erscheint der Schädel massiger; die Oberarme sind relativ lang. Die typische aufgestülpte Stumpfnase besitzen beide Geschlechter. Als Bewohner von hochgelegenen Bergwäldern haben sie sich weitgehend niederen Temperaturen und höherer Feuchtigkeit angepaßt; das Fell ist daher sehr langhaarig und dicht. Der Magen ist besonders voluminös. Es werden zwei bis vier Arten unterschieden.

Goldstumpfnasenaffe *(Rhinopithecus roxellanae)*. Auf altchinesischen Vasen kann man goldfarbene, bunte, menschenähnliche Wesen sehen, die eine auffallend grotesk nach oben gestülpte Nase besitzen. Bereits um 2200 v. u. Z. wurden diese Vasen geschaffen. Noch vor 100 Jahren glaubte man an phantasievolle Fabelwesen, bis der französische Jesuitenpater Armand David ein den Darstellungen entsprechendes Affenfell aus dem chinesischen Grenzgebiet Tibet nach Paris brachte.
Das Fell des prächtigen Tieres ist vom Oberkopf über den Rücken bis zum Schwanz einschließlich der Körperflanken dunkel graphitfarben bis bräunlich. Kopf, Hals, Brust, Bauch, Beine und Innenseiten der Arme heben sich durch ein leuchtendes Gelborange ab. Das nackte Gesicht ist graubraun. Mit einer Körperlänge von ca. 55 bis 78 cm und einer Schwanzlänge von 60 bis 87 cm zählt diese Art zu den größten der Nasenaffen. Das Vorkommen umfaßt einen ausgedehnten Raum vom östlichen Oberburma über Yünnan bis nach Sichuan (Szetschuan) bis in Höhen von 2000 bis 3000 m. Nur sehr schwer sind sie in dem unzugänglichen Gebiet zu entdecken und zu beobachten. In größeren Trupps streifen sie armschwingend und springend in immergrünen Hochwäldern und Bambusdickichten umher, wo sie sich von Blättern, Knospen, Bambustrieben und Früchten ernähren. Obwohl sie im Winter aus den Bergwäldern in tiefer gelegene Täler ziehen, sind diese kälteresistenten Tiere auch schon in verschneiten Wäldern gesehen worden. Das dickere Winterfell wechselt mit einem dünneren Sommerhaarkleid.
Bereits vor langer Zeit mußten alle erbeuteten Goldstumpfnasenfelle gegen Bezahlung an das Kaiserhaus abgeliefert werden. Infolge ihrer großen Seltenheit und äußerst schwierigen Beschaffbarkeit sind Stumpfnasen bisher noch nicht in Europa und Amerika gezeigt worden. In den Zoos von Peking und Shanghai ist es in den sechziger Jahren gelungen, zwei Gruppen von Goldstumpfnasen gut einzugewöhnen und wiederholt zur Zucht zu bringen. Von der IUCN als seltene Tiere registriert. Die systematische Einordnung der verwandten Formen als Arten oder Unterarten der Goldstumpfnasen ist noch ungeklärt.

Brauner Stumpfnasenaffe *(Rhinopithecus bieti)*. Mit einer Körperlänge von ca. 80 cm erreicht oder übertrifft diese Art sogar das Körpermaß der Goldstumpfnase. Stirn, Kopf, Schultern, Rücken, Schwanz, Flanken sowie Arme und Beine zeigen eine braunschwarze Farbe. Die

Goldstumpfnasenaffe *(Rhinopithecus roxellanae)*

Pagehstumpfnasenaffen *(Simias concolor)*

Innenseiten der Gliedmaßen lassen eine rotbraune Tönung erkennen, die an den Oberarmen in ein Grauweiß übergeht. Brust und Bauch sind auch grauweiß; die hellblauen Ringe um die Augen heben sich von der grauen Mundregion ab. Die Braune Stumpfnase bewohnt die Bergwälder in Yünnan (Südchina). Die Art gilt als sehr selten. Über Zoohaltungen liegen bisher keine Mitteilungen vor. Wie bereits erwähnt, ist sie möglicherweise auch eine Unterart der Goldstumpfnase.

Weißmantelstumpfnasenaffe *(Rhinopithecus brelichi)*. Sein Rücken ist grau bis braun und zeigt einen angedeuteten weißen Schultermantel mit längeren Haaren. Arme und Kopfkrone sind gelblich. Der Weißmantelstumpfnasenaffe ist sehr groß und dürfte mit etwa 85 cm die maximale Kopf-Rumpf-Länge erreichen. Er bewohnt die Hochwälder von Guizhou (Kweitschou) bis in den Norden von Sichuan (Szetschuan). Von gelungenen Zoohaltungen liegen keine Informationen vor. Kann auch als Unterart der Goldstumpfnase angesehen werden.

Tonkinstumpfnasenaffe *(Rhinopithecus avunculus)*. Verwandtschaftlich hebt sich diese Art stärker in der Sippe der Stumpfnasenaffen ab, so daß ihr vor Jahren auf Grund besonderer anatomischer Merkmale sogar eine eigene Gattung eingeräumt wurde *(Presbyticus)*. Diese ist jedoch nicht allgemein anerkannt, und so wird hier die Einordnung als Art zunächst beibehalten.

Mit einer Kopf-Rumpf-Länge von 50 bis 55 cm und Schwanzlänge von ca. 65 cm ist der Tonkinstumpfnasenaffe wesentlich kleiner als die nächste Verwandtschaft. Körperoberseite und Gliedmaßen sind schwarz, Bauch und Brust weißgelblich, Kopfvorderseite hellbraun bis gelb, Nackenseiten orangefarben bis braun. Hände und Füße sind kurz und breit. Die spitze Nase ist stark aufgestülpt. Sein Verbreitungsgebiet liegt in den Bergwäldern von Nordvietnam. Zoohaltungen außerhalb Asiens sind nicht bekannt.

Pagehstumpfnasenaffen (Gattung *Simias*)

Pagehstumpfnasenaffe *(Simias concolor)*. Die Gattung *Simias* besteht nur aus einer Art. Erst in den letzten Jahren ist es R. Tilson gelungen, die bis dahin äußerst geringen Kenntnisse über die Existenz dieser Art zu erweitern. Sie kommt nur auf den Inseln Siberut, Sipora und Süd-Pagai vor, die der westlich Sumatra vorgelagerten Mentawai-Inselgruppe zugehören.

Der Pagehstumpfnasenaffe erreicht eine Kopf-Rumpf-Länge von ca. 50 bis 55 cm und besitzt einen nur 15 cm langen nackten Schwanz, der lediglich am Ende dünn behaart ist. Der Schädelbau ähnelt dem der Nasenaffen. Nebeneinander kommen zwei Farbvarianten vor: die eine ist dunkelgrau bis schwarz mit schmalen weißen Stirnstreifen sowie ebensolchen Wangen und Schläfen; die andere ist eine helle Form von goldgelber bis bräunlicher Farbe mit weißer Stirn und weißlich getönten Unterarmen und Unterschenkeln. Das Gesicht ist bei beiden Farbphasen schwarz. Verhältnismäßig klein erscheint das «Stupsnäschen».

Im dichten Regenwald leben diese Affen zurückgezogen und suchen normalerweise nur sehr selten den Boden auf. Paarweise oder im Familienverband mit zwei bis drei Jungen durchstreifen sie ihr Wohngebiet nach begehrten Blattarten, Knospen, Blüten und Früchten. Der stete Fleischmangel hat die Einheimischen zur Jagd auch auf diese Affen veranlaßt. Verfolgungen und großflächige Waldrodungen gefährden den Bestand der ohnehin sehr seltenen Art. Pagehstumpfnasen sind bisher noch nicht in Zoos gehalten worden. Sanderson vermutet mehrere Rassen bzw. Unterarten auf den einzelnen Inseln.

Nasenaffen (Gattung *Nasalis*)

Nasenaffe *(Nasalis larvatus)*. Es ist gar nicht so abwegig, daß die Malayen den Nasenaffen «Orang blanda», also «weißer Mann», nannten. Eine gewisse Ähnlichkeit im Gesicht ist nicht abzuleugnen. Überhaupt haben wir hier eine sonderliche Gestalt unter den Schlankaffen vor uns.

Die Nasenaffen sind von großem kräftigem Wuchs. Ihre Kopf-Rumpf-Länge mißt beim Männchen 66 bis 76 cm, beim Weibchen nur 54 bis 60 cm, die Schwanzlänge liegt zwischen 56 und 70 cm. Starke Männchen erreichen ein Gewicht bis zu ca. 22 kg. «Stupsnäschen» haben nur die Kinder und junge Weibchen. Dagegen besitzen die Männchen mit Beginn der Fortpflanzungsfähigkeit – etwa ab sechs Jahre – häufiger noch mit zunehmendem Alter eine Nase etwa in Form einer «Gurke». Ob dieses sekundäre Geschlechtsmerkmal nur eine Signal- oder Symbolbedeutung hat, ist nicht genau bekannt. Möglicherweise dient es auch als nasaler Schallverstärker. Erwachsene Weibchen sind an ihrer nach vorn gerichteten spitzen Nase erkenntlich. Das Haarkleid ist intensiv bis blaß rotbraun, Kopf und Rücken sind dunkler getönt als die Bauchseite. Die Nasenaffen leben nur auf Kalimantan, wo sie in Waldungen in unmittelbarer Nähe des Wassers, an Flüssen und Seen, bevorzugt aber in Mangrovewäldern an der Küste und in Flußmündungen in größeren Trupps bis zu etwa 20 Tieren, unter denen mehrere erwachsene Männchen sind, angetroffen werden. Träge bewegen sie sich im Geäst, vermögen aber auch notfalls flink zu reagieren, springen dann weit waagerecht über 4 m oder vollführen Fallsprünge bis zu 8 m, bei denen sie Arme, Beine und Schwanz ausgestreckt halten. Als geschickte Schwimmer – sie überqueren selbst breitere Flüsse – können sie sich Gefahren auch durch die Flucht ins Wasser entziehen, notfalls tauchen sie sogar – nachweislich bis zu 28 Sekunden. Abkühlung suchend, paddeln sie mitunter während der heißen Mittagszeit im flachen Wasser.

Die Gruppen sind im Vergleich zu den Languren in der Sozialordnung weniger straff organisiert. Wie nur wenige andere Primaten ist der Nasenaffe auf eine ganz spezielle Nahrung angewiesen, u. a. Blätter von Sonneratia und Blüten der Nipapalmen – typische Gewächse des Mangrovewaldes. Nach Kern (1964) beträgt ihr Anteil ca. 95 Prozent. Hinzu kommen noch verschiedene Knospen, Triebe, Bambusspitzen sowie auch Bitterstoffe enthaltende Früchte. In den Zoos von Frankfurt (Main) und Köln verzehren Nasenaffen gern Mehlwürmer und Heuschrecken, so daß die Aufnahme von etwas tierischer Zukost auch im Freileben angenommen werden kann. Die meiste Zeit des Tages beansprucht die Nahrungssuche. Die voluminöse Blattnahrung erfordert längere Verdauungsphasen. Manche Beobachter geben an, daß Nasenaffen wie Wiederkäuer nochmals den Speisebrei hochwürgen und durchkauen.

Es wird jeweils nur ein Jungtier geboren, dessen Gesicht zunächst bläulich gefärbt ist. Sanderson (1957) gibt nach Freilandschilderungen die Tragzeit mit Vorbehalt mit ca. 166 Tagen und das Geburtsgewicht mit etwa 500 g an. Ähnlich wie bei den Kleideraffen bleiben auch die Nasenaffenpaare während der Schwangerschaft beisammen, in der nach wie vor kopuliert wird, so daß eine exakte Feststellung der Schwangerschaft unsicher bleibt. Die Männchen beteiligen sich bis zu einem gewissen Grade an der Jungenaufzucht und lassen sich von den heranwachsenden Jungen zum Spiel auffordern. Zu den natürlichen Feinden gehören die Krokodile. Angehörige der Dajaks jagen Nasenaffen wegen ihres Fleisches.

Erste befriedigende Haltungs- und auch Zuchterfolge konnten mit Beginn der sechziger Jahre erzielt werden. Um die Jahrhundertwende erwarb erstmals der Zoo in Kairo und 1902 London diese heikle Affenart. Der Zoo von San Diego brachte es von 1956 bis 1960 zu einer «Rekordzeit» von vier Jahren, und 1965 gelang dort als zoologische Sensation die erste Geburt und Aufzucht eines Nasenaffen außerhalb Indonesiens. Während der letzten Jahre sind weitere mehr oder minder erfolgreiche Haltungen mit Nachwuchs bekannt geworden. Von der IUCN als seltene Art registriert. Nach den heutigen Erfahrungen scheint die erfolgreiche Haltung dieser heiklen Pfleglinge nicht nur allein von der spezifischen Nahrung, sondern auch von der biologischen Vollwertigkeit der Ersatznahrung, von kontinuierlicher Veterinärhygiene und optimaler Unterbringung abzuhängen. Unter diesen Voraussetzungen gelang es relativ schnell, nicht vorgeschädigte Tiere einzugewöhnen und an die neue Nahrung zu bringen: neben reichlicher Blätterkost von Ahorn, Weide, Robinie, Haselnuß, Rose, Brombeere, Himbeere, Maulbeere u. a. auch Saisonobst, Möhren, Tomaten, Gurken, Kartoffeln, Reis, Maiskolben u. a. Gemüse. Zwei Unterarten werden angeführt:

Westlicher Nasenaffe *(Nasalis larvatus larvatus)*, West-Kalimantan;
Östlicher Nasenaffe *(Nasalis larvatus orientalis)*, etwas heller in der Fellfarbe. Ost-Kalimantan.

Stummelaffen (Gattung *Colobus*)

«Kolobos» heißt im Griechischen verstümmelt. Der Name bezieht sich auf stummelartige Rudimente der embryonal zunächst normal angelegten Daumen. Daraus läßt sich mit großer Wahrscheinlichkeit ein Anfangsstadium des Hangelkletterns ableiten. Im Körperbau erscheinen die Stummelaffen zumindest zum Teil stämmiger oder gedrungener als die Languren. Die Körpermaße liegen in der Kopf-Rumpf-Länge zwischen 50 und 75 cm, Schwanzlänge zwischen 60 und 100 cm sowie im Gewicht zwischen 10 und 12,5 kg; die Beine sind länger als die Arme. Das Fell einiger Arten wird durch auffällige lange Haartrachten geschmückt.

Über die besondere Ernährungsweise wurde bereits in der Familiencharakteristik der Schlankaffen geschrieben. Es sei hinzugefügt, daß bei den rein vegetarischen Stummmelaffen das Blatteiweiß tierisches

Eiweiß mit Ausnahme einiger essentieller Aminosäuren überflüssig macht. Die Eiweißbilanz dürfte durch die mitverdauten rohfaseraufspaltenden Bakterien im Magen ausgeglichen werden. Dagegen sind Affen, die sich hauptsächlich von eiweißarmen Früchten ernähren, in der Regel mehr auf eiweißreiche tierische Zukost angewiesen.

Wahrscheinlich befand sich die Wiege der Schlankaffen in Asien. Die heutigen Stummelaffen wanderten über Südwestasien und Südosteuropa nach Afrika ein, davon zeugen pliozäne Funde. Heute leben sie nun isoliert voneinander auf zwei Kontinenten. Die Stummelaffen sind quer durch das mittlere Afrika von Senegal und Angola im Westen bis nach Äthiopien und Tansania im Osten mit Ausnahme baumloser Trockengebiete anzutreffen. Ihr Lebensraum ist der tropische Regenwald, in dem sie die mittlere und Wipfelregion bevorzugen. Laufend, armschwingend und springend bewegen sie sich im Gewirr der Äste und Zweige fort. Als Semibrachiatoren (Halbschwinghangler) lassen sie bereits Anfänge bzw. Formen des Schwinghangelns erkennen. Von W. B. Collins mitgeteilte Zahlen aus dem 250 km^2 großen Teil eines Waldreservates in Ghana lassen erkennen, daß die Stummelaffen örtlich zahlreicher sind als alle anderen Affen zusammen. Besonders im Rauchwarenhandel werden die Stummelaffen, und zwar vorrangig die Guerezas, als Scheitel- oder Seidenaffen bezeichnet. Als Feind unter den Tieren ist in erster Linie der Kronenadler zu nennen.

Ähnlich wie die Meerkatzen und Languren sind auch die zahlreichen Formen der Stummelaffen, die heute alle zu den seltenen Arten gezählt werden, straffer zusammengefaßt worden. Ihre Arten lassen sich in drei Gruppen einteilen, die nach Napier und Napier (1967) auch den Status von Untergattungen erhalten können: **Grüner Stummelaffe** *(Colobus verus)* Untergattung *Procolobus*, **Roter Stummelaffe** *(Colobus badius)* Untergattung *Piliocolobus* und **Guereza** (*Colobus* spec.) Untergattung *Colobus*.

Stummelaffen (Untergattung *Procolobus*)

Grüner Stummelaffe *(Colobus verus)*. In der Colobusverwandtschaft ist diese Art mit einer Kopf-Rumpf-Länge von 50 cm und einer Schwanzlänge von 65 cm der kleinste Vertreter und wahrscheinlich die ursprünglichste Art der Stummelaffen. Auch der Kopf ist relativ klein. Seine unscheinbare grünbraune Färbung ohne auffallenden Haarschmuck sowie der nicht so extrem spezialisierte Bau des Verdauungsorgans weisen dem Grünen Stummelaffen einen besonderen Platz zu. Das Gesicht ist nackt oder nur dünn behaart. Anpassungsfähiger als andere Arten bewohnt er verschiedene Waldtypen im Bereich zwischen Sierra Leone und dem westlichen Nigeria vom laubabwerfenden Trocken- bis zum feuchten Sumpf- und Regenwald. Die Kenntnisse über sein Freileben sind noch lückenhaft. Weniger gesellig verbindet er sich zu Trupps von fünf bis zu 20, im Durchschnitt von zehn bis 15 Tieren; mitunter wird er auch nur paarweise angetroffen. Bevorzugt hält er sich in der mittleren und unteren Region des Waldes auf, wo er auch schläft und seine Nahrung sucht. Die Weibchen lassen bereits vor der Geschlechtsreife deutlich Genitalschwellungen erkennen. Das Neugeborene wird – wie bei den Mausmakis – von der Mutter im Mund umhergetragen. Erst einige Wochen nach der Geburt klammert es sich an dem verhältnismäßig kurzen mütterlichen Fell fest. In zoologischen Gärten nur selten zu sehen.

Stummelaffen (Untergattung *Piliocolobus*)

Roter Stummelaffe (*Colobus badius*). Die Kopf-Rumpf-Länge mißt 60 bis 75 cm, die Schwanzlänge kann 95 cm erreichen, das Gewicht liegt zwischen 8 und 11,5 kg. Der Kopf erscheint relativ klein; der Schwanz ist lang oder kurzhaarig ohne Quaste bzw. Schweif. Über ihre Lebensweise liegen nur wenige Angaben vor. Der Aufenthaltsbereich liegt vorwiegend in der mittleren und Wipfelregion des Waldes. Rote Stummelaffen haben sich regelrecht auf solche Bäume spezialisiert, die gerade Laub austreiben, das eiweiß- und zuckerreicher ist als altes. In größeren Gruppen von etwa 30 bis 150 Tieren durchstreifen sie ihren relativ großen Heimatbezirk.

Das Verbreitungsgebiet erstreckt sich über das waldreiche West- und Zentralafrika sowie einige kleine getrennte Regionen in Kenia und Tansania. Wegen der zunehmenden Besiedlung des Landes und der damit verbundenen Waldrodung ist der Lebensraum dieser Tiere ernsthaft gefährdet. Einige beobachtete Gruppen der Roten Stummelaffen am Tana-Fluß (Kenia) hatten im Mittel etwa 18 Individuen, darunter nie mehr als zwei, oft nur ein erwachsenes Männchen. In größeren Waldgebieten umfassen die Verbände 36 bis 40 Tiere. Die Weibchen bringen unabhängig von der Jahreszeit meistens nur aller zwei Jahre ein Junges zur Welt. In Kenia dient das erst in den letzten Jahren eingerichtete Reservat am Unterlauf des Tana mit seinen Galeriewäldern u. a. auch dem Schutz der Roten Stummelaffen und Haubenmangaben.

In einigen Gebieten Westafrikas hielt man diese Colobusaffen für Abgesandte der Götter. Wie die Languren in Indien lassen sich auch diese Tiere von den wärmenden ersten und letzten Sonnenstrahlen bescheinen. In zoologischen Gärten werden Rote Stummelaffen nur sehr selten gezeigt. Von den zahlreichen Unterarten seien angeführt: **Rotkopfstummelaffe** *(Colobus badius rufomitratus)*, Kopf rotbraun, Körper dunkler. Ostafrika und östliches Zaire; **Uhehestummelaffe** *(Colobus badius gordonorum)*, mittleres Ostafrika; **Gabunstummelaffe** *(Colobus badius tholloni)*, Westafrika, Gabun, Kamerun; **Rostroter Stummelaffe** *(Colobus badius ferrugineus)*, Oberseite und Oberkopf schwarzbraun, Hals, Arme, Beine rostrot. Westafrika; **Elliotstummelaffe** *(Colobus badius ellioti)*, Vorderkörper rostrot, Oberseite und Beine dunkler. Westafrika; **Sansibarstummelaffe** oder **Kirks Stummelaffe** *(Colobus badius kirkii)*, von Napier und Napier (1967) als eigene Art angeführt. Auffallende Zeichnung, Rücken und Schwanz rotbraun, Schultern und Arme schwarzbraun, Unterseite weißlichgrau, dunkles Gesicht von weißlicher Krause umgeben. Sehr selten, vom Aussterben bedroht. Auf Sansibar nur 200 Tiere, Umsiedlungsversuche auf das Festland.

Schwarzweiße Stummelaffen oder **Guerezas** (Untergattung *Colobus*)

Viele Formen und Varianten erschweren auch hier eine einheitliche systematische Gliederung. Zwei Arten werden unterschieden: Nördlicher Guereza *(Colobus abyssinicus)* und Südlicher Guereza *(Colobus polykomos)*. Sie besitzen wie die vorhergehenden Arten Gesäßschwielen, die jedoch häufig von Haaren verdeckt sind, und lassen keine auffallenden Genitalschwellungen erkennen. Anfangs wird das Baby von der Mutter in den Armen getragen. Aber schon nach wenigen Tagen klammert es sich an den mütterlichen Bauch- und Schulterhaaren fest und behindert so die Mutter nur noch gering in ihren Bewegungen. Bereits mit etwa sieben bis acht Wochen beginnen die Kinder die erste Blätternahrung aufzunehmen. Die Entwöhnung erfolgt erst nach sieben bis acht Monaten. Sehr zeitig versuchen die Jungen, sich kurz von der immer aufmerksamen Mutter zu entfernen und zu klettern. Die Erziehung zur Selbständigkeit beginnt schon sehr früh. Häufig werden die Babys von anderen Weibchen mit umhergetragen. In der Regel erhält die Mutter ihr Junges bei ängstlichem Schreien oder Hunger wieder zurück. Wahrscheinlich sind solche «Tantenverhältnisse» nicht nur durch das beengte Zooleben bedingt.

Guerezakinder sind sehr spielfreudig. Auch der Vater läßt gutmütig mit sich spielen. Die Fortpflanzungsfähigkeit der Guerezas beginnt mit etwa fünf Jahren; die Tragzeit währt ca. sechs Monate. Haltungszeiten in Tiergärten lassen auf ein Alter bis zu 25 Jahren schließen. Im Freileben dürfte es darunter liegen. Die Nahrung besteht auch hier aus einem sehr hohen Anteil von Blättern, wobei örtlichen Beobachtungen zufolge besonders junge Zweige und Triebe von Nsesewa-Baum (Rauwolfia), Stielfruchteiben (Podocarpus), Riesenwacholder (Juniperus procera), hiervon auch Beeren, u.a. bevorzugt werden. Spezielle Untersuchungen von Guerezamägen, die stets prall gefüllt waren, ergaben Nahrungsmengen bis zu 3 kg, also ein Drittel bis ein Viertel des Körpergewichts erwachsener Tiere. Guerezas kommen nur selten auf den Boden herab.

Nördlicher Guereza *(Colobus abyssinicus; Colobus guereza)*. Besonders die Bergformen der Guerezas zeichnen sich durch lange weiße Seitenmähnen und ebensolche Schwanzquasten oder volle Schweife aus, die sie größer erscheinen lassen. Im Profil wirkt die dicht anliegende Nasenspitze im dunkelgrauen bis schwarzen feinbehaarten Gesicht charakteristisch. Der Körper selbst trägt ein dichtes feines, tiefschwarz glänzendes Fell. Diese Form lebt vorwiegend im Gebiet des Kilimandscharo und Meru in Höhen von 1000 bis 3000 m. Dazwischen leben im Haarschmuck abweichende Formen. So besitzen z.B. in Uganda vorkommende Guerezas nur sehr spärliche Schulterbehänge; in Kenia und Äthiopien haben sie mehr oder minder ausgebildete Schwanzquasten. Das kontrastreich schwarzweiß gezeichnete Haarkleid ist natürlich ein gutes Erkennungssignal für die Tiere der Gruppe untereinander, jedoch für den Beobachter von unten lösen sich die Konturen des Körpers im Wechselspiel von tiefem Schatten und hellem Licht im Gewirr der Zweige völlig auf. Bei Störungen verharren sie vorerst regungslos. Erst im Falle akuter Gefahr stoßen sie Warnlaute aus und flüchten, wobei sie sich als geschickte Kletterer und ausgezeichnete Weitspringer erweisen. Fallsprünge bis zu 12 m sind keine Seltenheit. Beim Absprung strecken die Guerezas zunächst Beine und Arme weit nach vorn aus, winkeln sie dann kurz an und strecken sie kurz vorm Ziel wieder aus, um elastisch im Geäst aufzusetzen. Beim Sprung in die Tiefe wirken die abgestreckten Beine und Arme sowie die abstehende Schultermähne wie Tragflächen oder «Sturzflugbremsen», und der buschige Schwanz dient als Steuer- bzw. Balancierorgan. Das kommt fast einem «Gleitflug» gleich.

Nach W. Ullrich, der sich speziell mit den Guerezas im Merugebiet befaßte, bleiben diese Tiere im wesentlichen ortstreu und die Territorien der einzelnen Familiengruppen abgegrenzt. Selbst bei Flucht verlassen sie kaum ihren Wohnbereich, der durchschnittlich 10 bis 18 ha umschließt, jedoch flächenmäßig von der Kopfzahl der Gruppe – etwa 6 bis 20, im Mittel 8 bis 12 – sowie von der Futterergiebigkeit abhängig ist. Im Tagesablauf werden zu bestimmten Zeiten in der Regel meist gleiche Wechsel eingehalten, die weitgehend mit der Nahrungsaufnahme zusammenhängen. Die Markierung des Territoriums sowie der Zusammenhalt des Verbandes erfolgt in erster Linie akustisch. Bei Begegnungen mehrer Gruppen «bellen» meistens die Männchen kurz und wiederholt, nur selten kommt es zu ritualisierten Kämpfen, die kaum ernsthaft ablaufen. Beim Drohverhalten schütteln die Männchen erregt an Zweigen und springen geräuschvoll durch das Geäst. Ein starkes Männchen als Leitaffe wacht über die relativ lockere Ordnung, versucht durch Drohverhalten – u.a. auch durch steifes Abstrecken der Beine und «Drohkauen» – Störenfriede abzuhalten und deckt bei Gefahr den meist ungeordneten Rückzug der Gruppe.

Paarungsbereite Weibchen kann jedes beliebige Männchen begatten. Diese leben dann in kurzfristigen Gemeinschaftsehen («Kommunalehen») zusammen. Trotz des fehlenden Daumens betreiben auch Stummelaffen als Bestandteil des Sozialverhaltens gegenseitig Haut- und Fellpflege.

Das prachtvolle Haarkleid, besonders der Bergformen der Guerezas, hat die Menschen schon frühzeitig auf sie aufmerksam gemacht. Bereits die alten Römer handelten mit solchen Fellen, und Marco Polo berichtete, daß die Herrscher in Zentralasien hohe Preise dafür bezahlten. Verschiedene afrikanische Volksstämme, so auch die Massai, verwendeten sie als Schmuckelemente. Die Mode in Europa und Amerika entdeckte diese Affenfelle um die Jahrhundertwende. Es kam zur erklärten «Affenmode», der Hunderttausende Guerezas zum Opfer fielen. Allein 1892 werden nur für den europäischen Markt 175000 Felle genannt, so daß sicher der Gesamtverbrauch weit in die Millionen geht. Leider wurden auch während der letzten Jahrzehnte als Folge des steigenden Tourismus noch solche Affenfelle als Souvenirs angeboten. Die Schnellebigkeit und Laune der Mode hat die Guerezas gerade noch vor der völligen Ausrottung bewahrt. In der Mehrzahl haben sich die Bestände wieder einigermaßen erholt, wozu auch die Schutzmaßnahmen, besonders in den Nationalparks und Reservaten, mit beigetragen haben. Das Verbreitungsgebiet dieser Art erstreckt sich in meist feuchten Waldungen der Ebene und Berge von Äthiopien, Kenia, nördlichem Tansania im Osten über den südlichen

Sudan, Republik Zentralafrika, Kamerun bis in das östliche Nigeria im Westen. Nach besserer Kenntnis der Lebensweise und Einführung modernerer tiergartenbiologischer Haltungsmethoden – u. a. Verwendung von tiefgefrostetem Laub im Winter – ist es gelungen, die ursprünglich kurzlebigen Guerezas über wesentlich längere Zeiten hinweg im Zoo zu halten und zu züchten. Sie sind daher heute nicht selten in größeren Zoos zu sehen. Von den vielen Unterarten, die sich durch unterschiedliche Farbzeichnung und «Fellfrisur» erkennen lassen, seien angeführt: **Abessinischer Guereza** *(Colobus abyssinicus abyssinicus)*, mit weißer Schwanzquaste. Äthiopien, Kenia, östliches Uganda; **Kilimandscharoguereza** *(Colobus abyssinicus caudatus)*, lange Schulter- und Lendenmähne, langer voller schweifartiger Schwanz. Von den Massai in Suaheli «Mbega» genannt. Kenia, nördliches Tansania; **Kikuyuguereza** *(Colobus abyssinicus kikuyuensis)*. Ferner wird u. a. auch die Unterart *Colobus abyssinicus palliatus* angegeben.

Südlicher Guereza *(Colobus polykomos)*. In der Grundfärbung unterscheidet er sich von der nördlichen Art durch verschiedenartige Varianten bis zum vollen schwarzen Fell. Die Seitenmähne ist sehr schwach ausgebildet, nicht durchgehend oder fehlt ganz, besonders bei den westafrikanischen Formen. Auch die Gesichtszeichnung zeigt Abweichungen, ebenso wie die Behaarung des meist weißen Schwanzes, der allenfalls eine geringe Andeutung einer Quaste besitzt.
Die wenig bekannte Lebensweise dürfte nicht erheblich von der nördlichen Art abweichen. Sein Verbreitungsgebiet schließt sich an das der nördlichen Art an und reicht bis Nordangola und Südtansania, etwa bis 10 Grad südlicher Breite. Getrennt hiervon kommt noch das Urwaldgebiet von Gambia bis Togo/Benin hinzu. In zoologischen Gärten ist der Südliche Guereza nicht so häufig wie die nördliche Art anzutreffen. Von den verschiedenen Unterarten seien nur einige genannt:
Weißbartguereza *(Colobus polykomos polykomos)*, schwarzes Gesicht von einer dichten weißen Krause umrahmt, grauweißer Streifen an Oberschenkeln. Westafrika; **Angolaguereza** *(Colobus polykomos angolensis)*, breite weiße Krause an den Kopfseiten, Stirn schwarz, kleine weiße Schultermähne, schwarzer Körper zeigt auf dem Rücken eine dunkelgraue Tönung, weißer Schwanz an der Wurzel noch schwarz. Angola, Kongobecken, Shaba, Malawi; **Schwarzer Guereza** oder **«Satansaffe»** *(Colobus polykomos satanas)*, reinschwarz, Schopf z. T. bis in das Gesicht hängend. Nicht zu verwechseln mit dem südamerikanischen zu den Kapuzinerartigen gehörenden Satansaffen! Westafrika, Kamerun, Fernando Póo; **Weißschenkelguereza** *(Colobus polykomos vellerosus)*, dem Weißbartguereza sehr ähnlich. Westafrika.

Menschenaffen und Menschen (Überfamilie Hominoidea)

Die Menschenaffen sind unsere nächsten Verwandten im Tierreich. Der allmähliche Übergang zum Aufrechtgehen auf zwei Beinen, das Freiwerden der Arme und Hände für die Arbeit sowie die ebenso mit dem geselligen Leben verbundene unentbehrliche Kommunikation führten zur Sprache, zur Abstraktion und damit zum vollendeten Denken. Als Voraussetzung trugen sie in kontinuierlicher Wechselwirkung zur ständigen geistigen und gesellschaftlichen Entwicklung bei. Der Mensch war zu einem gesellschaftlichen und schöpferisch-produktiven Wesen geworden. Er ist dennoch Bestandteil der Natur geblieben, und als Glied von ihr beherrscht er sie in zunehmendem Maße und macht sie sich als Existenzgrundlage immer mehr nutzbar.
Mit diesen höchstentwickelten Primaten befassen sich heute nicht nur Biologen bzw. Zoologen, sondern auch Anthropologen, Archäologen, Humanmediziner, Veterinärmediziner, Psychologen, Philosophen und nicht zuletzt Gesellschaftswissenschaftler, jeder unter seinen spezifischen Aspekten. Je näher wir aber auch an die evolutionäre Komponente des Menschen herankommen, um so mehr Vergleiche mit der eigenen «Art» ergeben sich zwangsläufig. Anatomie, Physiologie, Morphologie, Serologie, Ontogenie, Ökologie und Verhalten sind die wichtigsten Kriterien. Man vergleicht, sucht und findet gemeinsame Wurzeln und Parallelen im Bau und in den Funktionen des Körpers und seiner Organe. Jedoch auch als naturverbundene Menschen sprechen wir uns nicht von Emotionen frei, die uns im Wissen, in diesen evolutionären Prozeß direkt einbezogen zu sein und selbst eine solche Entwicklungsstufe darzustellen, doch eigentümlich menschlich oder individuell berühren. Mit der Abstammung von einem für die Menschen und Menschenaffen gemeinsamen Urahnen, also subhumanen Primaten, tragen wir auch dessen stammesgeschichtliches Erbe in ursprünglichen und gewandelten Formen in uns. Das geht den Menschen, gleich welchen Standpunkt er vertritt, unmittelbar an. Dieser Komplex ist aber in seiner Vielfalt und seinen Aspekten zu umfangreich, um in diesem Rahmen in der biologischen Darstellung der Primaten mit einbezogen zu werden. Mit der kurzen Charakteristik der neuen evolutionären Qualität des Lebewesens Mensch (Homo sapiens) sollte nur die Grenze unserer Erläuterungen abgesteckt werden.

Gibbons (Familie Hylobatidae)

Die verwandtschaftliche Stellung der Gibbons war lange Zeit umstritten. Ausgehend von gibbonartigen Affen im mittleren Tertiär, die zu dieser Zeit auch in Europa und Afrika vorkamen und noch nicht die heutige Spezialisierung zeigten, gelangte man zu der Auffassung, daß diese «Vor-Gibbons» Übergangsglieder von den Affen der Alten Welt zu den Menschenaffen darstellten. Ernst Haeckel sah auf Grund menschennaher Merkmale der heutigen Gibbons, wie das aufrechte Laufen auf zwei Beinen, die verblüffende Menschenähnlichkeit des

Gibbonfetus – die langen Arme bilden sich ontogenetisch erst sehr spät aus – die uns in der Primatenverwandtschaft am nächsten stehenden Tiere. Dennoch weisen die Gibbons zu den Menschenaffen zu große Unterschiede auf. Dazu zählen auch noch das Vorhandensein von, wenn auch kleinen, Gesäßschwielen, wie sie den Altweltaffen eigen sind, sowie die geringere Ausbildung der Windungen des Gehirns. Die Gibbons werden wohl als abweichende bzw. selbständige Gruppe den Menschenaffen zugeordnet, haben jedoch eine vom Stammbaum des Menschen sehr früh (ca. vor 25 bis 35 Mill. Jahren) abzweigende, als Schwinghangler hochspezialisierte Entwicklung genommen. Demzufolge stehen die heutigen Gibbons abseits vom Stammbaum des Menschen. Verdeutlicht wird dies auch durch die neuere Klassifizierung der Gibbons als eigene Familie statt bisher als Unterfamilie. Gibbons werden auch als «Langarmaffen» bezeichnet. Tatsächlich sind die Arme als spezialisierte primäre Fortbewegungsorgane sehr lang und kräftig ausgebildet und übertreffen in der Spannweite deutlich die Stehhöhe. Beim Menschen reichen die Arme nur über ein Drittel der Oberschenkel; beim aufrecht stehenden Gibbon jedoch bis zu den Knöcheln. Am Boden läuft oder trippelt der Gibbon mit seitlich oder hochgehobenen leicht gewinkelten Armen, die Hände sind dabei hakenförmig nach unten gebogen. Die gleiche Armstellung zeigt er auch, wenn er auf einem waagerechten Ast geschickt, die langen Arme elegant als Balancierstangen nutzend, entlangläuft. Die Gibbons sind die einzigen hochstehenden Affen, die am Boden von sich aus aufrecht auf zwei Füßen gehen. Das Hangeln mit den Armen im Geäst ist letztlich eine Umkehrung des zweibeinigen Gehens und wird als Brachiation bezeichnet. Gibbons sind echte Waldbewohner und können ohne Bäume gar nicht mehr leben. Mit hoher Geschwindigkeit, in einzelnen Phasen fast 50 km/h erreichend, durchqueren sie fast mühelos das Geäst in der Wipfelregion hoher Bäume, fliegen mit kräftigem Schwung 10 bis 12 m weit zum nächsten Baum oder fallen im Gleitsprung ebensoweit schräg nach unten. Mit vorgestreckten Händen und Füßen finden sie beim elastischen Aufsetzen im Gezweig sofort festen Halt. Je nach Situation geht es im Hangelklettern, Schwinghangeln, Flughangeln oder mit federndem weitem Sprung nach vorn oder in die Tiefe; oft so schnell, daß man den einzelnen Bewegungen gar nicht immer folgen kann. Nur ganz kurz berühren sie häufig die Zweige beim Schwingen, so daß sie scheinbar mehr fliegen als hangeln. Von diesem Schauspiel überwältigt, schrieben bereits vor 1100 Jahren die Lyriker Zhang Chao und Meng Chao: «Er sitzt in den Wolken. Er segelt mit dem Wind und greift nach dem Mond.» Tatsächlich ist der Gibbon ein vollendeter Luftakrobat.

Gleich den Menschenaffen besitzen Gibbons keinen Schwanz. Der relativ kleine rundliche Kopf, der z. T. einen arttypischen Haarschmuck trägt, läßt den Körper größer erscheinen. Ein Knochenkamm auf dem Schädel als vergrößerte Muskelansatzfläche fehlt. Zu respektieren sind die langen, fangartigen Eckzähne, mit denen sie tiefe Wunden reißen können. Die Kopf-Rumpf-Länge der einzelnen Arten liegt zwischen 45 und 90 cm. Auch innerhalb der Arten variiert die Farbe des Haarkleides erheblich; es gibt helle, weißliche, graugelbe bis bräunliche sowie auch dunkle bis schwarze Individuen. Selbst beim gleichen Tier kann sich die Farbe des dichten und weichen Felles im Verlauf des Lebens verändern. Charakteristisch für die einzelnen Arten – außer den Siamangs – sind die verschiedenen weißen Farbzeichnungen im Gesicht. Die Unterarme mit der äußerst langen schmalen, aber kräftigen Hand haben in Anpassung an das fast ausschließliche Baumleben die stärkste Streckung erfahren, wobei sie insgesamt sehr muskulös ausgebildet sind. Im Gegensatz zur Hand des Orangs mit einem kurzen schwachen Daumen ist der des Gibbons länger, wenn auch stark zurückgesetzt, und kann gegebenfalls noch zum Klettern benutzt werden. Die langen Finger haben sich zu vollendeten stabilen Hangelhaken entwickelt. Den Erfordernissen des Schwinghangelns oder der Orientierung in hängender Stellung wird die erstaunliche Beweglichkeit des Schultergelenks gerecht. Es ermöglicht Drehungen von über 180 Grad nach allen Richtungen. Die verblüffende Gewandtheit sowie die scheinbare Schwerelosigkeit beim Schwingen und Springen verdankt der Gibbon auch seinem geringen Gewicht. Mit Ausnahme des Siamangs übersteigt es kaum 10 kg. Die Arme klaftern zwischen 130 und 180 cm. Charkteristisch für alle Gibbons sind ihre lauten, weitschallenden Gesänge, die sicher vorrangig der akustischen Territoriumsmarkierung, der Orientierung und Standortanzeige auch einzelner Tiere dienen. Meistens sind sie als feste Bestandteile des Tagesablaufes morgens und vor Beginn der kurzen Abenddämmerung zu hören. In ihrer Lautgebung unterscheiden sich die Arten deutlicher als in ihrem Aussehen. Auch zwischen Männchen und Weibchen, sogar zwischen den einzelnen Individuen differieren die Gesänge, so daß diese differenzierten, kompliziert aufgebauten Lautfolgen Art, Geschlecht, Alter und Individuum anzeigen. Meistens werden immer wieder die gleichen Schlafbäume aufgesucht, jedoch bauen sie im Gegensatz zu den großen Menschenaffen keine Schlafnester. Die Größe der einzelnen Territorien ist im wesentlichen von der Kopfzahl und der Fruchtbarkeit bzw. vom Futteraufkommen des Gebietes abhängig; sie umfassen demzufolge 12 bis 120 ha, im Durchschnitt etwa 30 bis 40 ha. Diese Wohnbereiche werden gegenüber Fremdlingen verteidigt. Warnrufe, notfalls auch kampfbereites Abwehrverhalten sollen Eindringlinge fernhalten. Blitzschnell erfolgen gelegentlich Angriffe gegen Artfremde. Ihr stets wachsames Verhalten läßt sie schon bei geringen ungewohnten Geräuschen aufmerksam werden. Bei drohenden Gefahren geht es auf und davon.

Gibbons bilden ausschließlich Familiengruppen, die sich jeweils aus dem Elternpaar und den im Abstand von zwei bis drei Jahren geborenen Nachkommen zusammensetzen, im Höchstfall fünf bis sechs Tiere. Die Loslösung von der Familie erfolgt normalerweise im Alter von sechs bis sieben Jahren, also mit Beginn der Fortpflanzungsfähigkeit. Sie leben monogam; meistens bleiben die Paare während der ganzen Lebenszeit beieinander. Die Paarung erfolgt häufig nur an einem Arm hängend, wobei sich die Partner mit den freien Armen und den Beinen umklammern. Die Tragzeit währt ca. 210 bis 212 Tage. Etwa am Ende des zweiten oder zu Beginn des dritten Schwangerschaftsmonats lassen die äußeren Genitalien (Vulva) eine anhaltende Schwellung erkennen; für den Tiergärtner ein wichtiges Signal. Soweit im Zoo beobachtet sichert bzw. fängt die gebärende Mutter das Kind

mit der Hand ab, damit es nicht abstürzt. Das Baby wird liebevoll gepflegt und von der Mutter in den ersten Lebensmonaten im Bauchfell festgeklammert und von ihren Oberschenkeln gestützt umhergetragen. Die Jungen sind, sieht man von weiten Sprüngen ab, mit etwa zehn Monaten voll bewegungsfähig.
Die Kost besteht vorwiegend aus pflanzlichen Stoffen, Mango Beeren, unreife Samen, zarte Blätter, junge Triebe, Knospen, Blüten, Bambusspitzen, aber auch Baumfrösche, Insekten, kleinere Vögel, die sie flink selbst im Fluge erbeuten, sowie Eier usw. werden gefressen.
Die Verbreitung der Gibbons erstreckt sich über Südostasien bis zu den Großen Sundainseln. In buddhistischen Gebieten werden diese Affen fast wie heilige Tiere geschont und auch mancherorts von den Einheimischen voll- oder halbzahm in den Siedlungen gehalten, wo sie eine gute Behandlung erfahren. Verschiedene Stämme, so z. B. die Meo und Karen, stellen ihnen nach. Die Gibbons haben sich bisher unter den hochentwickelten Primaten am besten behaupten können. Der Bestand wird heute noch auf ca. 200000 Tiere geschätzt; er liegt also weit über dem der Schimpansen, Gorillas und Orang-Utans. Hauptfeind ist heute der Mensch, vorrangig durch Vernichtung ihres Lebensraumes. Teilweise werden auch Junggibbons gefangen – die Mutter wird vorher abgeschossen –, um sie dann im Schwarzhandel abzusetzen. Von den Tieren sind es Leoparden, Nebelparder, Charsamarder und seltener Schlangen, die ihnen gefährlich werden können. Aber auch Parasiten, Krankheiten und Unglücksfälle, wie Abstürze, Knochenbrüche, fordern einen gewissen, wenn auch nicht einschneidenden Tribut. Bei Unterschieden in der Abgrenzung von Arten werden allgemein zwei Gattungen anerkannt.

Siamangs (Gattung *Symphalangus*)

Siamang *(Symphalangus syndactylus)*. In der Familie der Gibbons ist der Siamang die weitaus größte Art. Aufrecht stehend erreicht er annähernd 1 m Höhe. Fast im doppelten Maß klaftern seine Arme. Mit maximal 20 kg Körpergewicht übertrifft das Männchen die übrigen Arten fast um das Doppelte. Die Weibchen sind etwas kleiner. Der Unterschied der Armlänge zum Körpermaß ist nicht ganz so groß wie bei den echten Gibbons. Das Fell bleibt stets schwarz gefärbt; nur die Augenbrauen lassen eine braune Tönung erkennen. Das lange Haarkleid wirkt etwas struppig und ungeordnet. Außergewöhnlich ist die Zwischenhaut, die den zweiten und dritten Finger bis zur Hälfte miteinander verbindet. Seine gewaltige Stimme verdankt der Siamang einem auffallenden lautverstärkenden Kehlsack, der beim Schreien bis auf fast Kindskopfgröße aufgebläht wird. Kilometerweit dröhnen dann bei Sonnenaufgang, bei Sonnenuntergang sowie bei Erregungen oder besonderen Geschehnissen seine recht kompliziert aufgebauten und determinierten Lautfolgen mit einem Repertoire von fünf verschiedenen Lauttypen, wobei sich Männchen und Weibchen stimmlich und z. T. im Motiv unterscheiden. Gelegentlich halten sie beim Schreien die Hand vor den Mund. Eine Deutung besagt, daß damit der Drohausdruck des weit geöffneten Mundes beim lauten Schreien gegenüber dem Partner verdeckt bzw. aufgehoben werden soll. Mit Hilfe dieses Lärmwettstreites grenzen die einzelnen Familienverbände ihre Territorien akustisch ab und markieren damit ebenso ihre Nahrungs-, Schlaf- und bestimmte Aufenthaltsplätze. Lautstärkere Gruppen behaupten sich meistens gegenüber lautschwächeren. Die Duette von Männchen und Weibchen dienen der Paarstabilisierung. Die Siamangs werden mitunter auch als «Brüllaffen» der alten Welt bezeichnet.
Die Verbreitung der Siamangs erstreckt sich über die tropischen Regenwälder der Malaiischen Halbinsel und Sumatras bis in Höhen von 2000 m. In der Beweglichkeit erreichen sie infolge ihrer Größe und des höheren Gewichts nicht das Niveau der kleineren und flinkeren Vettern. Im Gegensatz zu ihnen jedoch können sie verhältnismäßig gut schwimmen. Die Kenntnisse über ihre Lebensweise in der Wildnis weisen noch erhebliche Lücken auf. Sie leben paarweise in Familiengruppen bis zu sechs Individuen. Nach Chivers ist das Männchen in die Jungtierpflege einbezogen. Nachts schläft es mit dem jugendlichen Nachwuchs; das Weibchen mit dem Kleinkind. Tagsüber trägt auch das Männchen sehr häufig das Jüngste. In größeren Zoos werden Siamangs gelegentlich gehalten. Auch Zuchterfolge sind vereinzelt zu verzeichnen. Haltungserfolge liegen bereits bei 20 Jahren. Außergewöhnlich ist die Meldung aus dem Grant Park Zoo in Atlanta (USA) über die 1975 und 1976 erfolgten zwei Geburten von Bastarden von einem Weißhandgibbon-Männchen und einem Siamang-Weibchen. Die lebensfähigen Jungtiere ähneln mehr der Siamang-Mutter, ein Kehlsack sei nicht vorhanden. Ob die Bastarde fortpflanzungsfähig sind, steht noch offen. Solche Gattungshybriden sind äußerst selten.
Unterarten werden nicht angeführt. Sanderson erwähnt jedoch eine kleinere Form, die im Bergland von Selangor (Malaysia) leben soll.

Zwergsiamang *(Symphalangus klossi)*. Die systematische Zuordnung der erst 1903 entdeckten Art ist noch nicht eindeutig geklärt. Wahrscheinlich steht der Zwergsiamang der Gattung *Hylobates*, besonders dem Schopfgibbon, näher. Sein Fell ist sehr weich, anliegend und zeigt einen schönen seidigen Glanz. Er erscheint dadurch schlanker. Die Körpermaße erreichen kaum oder gerade die der eigentlichen Gibbons. Das Körpergewicht beträgt beim Männchen bis zu 8 kg. Der Kehlsack ist kleiner. Über die Lebensweise ist so gut wie nichts bekannt.
Das Verbreitungsgebiet beschränkt sich lediglich auf die kleinen westlich Sumatra vorgelagerten Inseln Siberut und Süd-Pagai (Pageh) der Mentawai-Gruppe. Obwohl die Zwergsiamangs von den Einheimischen nicht oder nur wenig gejagt werden, weil sie zu menschenähnlich aussehen und ihr Tod Unglück bringen soll, haben die noch vorhandenen kleinen Bestände dennoch eine empfindliche Reduzierung erfahren. Heute droht durch intensiveren Holzeinschlag die völlige Vernichtung ihres Lebensraumes. Die indonesische Naturschutzbehörde stellte daher 1974 ca. 65 km^2 ursprünglichen Regenwald unter Schutz als Reservat für den Zwergsiamang, die Pagehstumpfnase, den Mentawilangur und andere seltene Tiere. Dieses Teitei-Batti-Schutzgebiet liegt im Saibi-Flußtal inmitten von Siberut. Man kann nur hoffen, daß dadurch mit Unterstützung des WWF (World Wildlife Fund) die Rettung gelingt. Vom Aussterben bedroht! In Zoos äußerst selten gehalten.

Eigentliche Gibbons (Gattung *Hylobates*)

Schopfgibbon *(Hylobates concolor)*. Wesentlich anmutiger und eleganter als die größeren und derberen Siamangs erscheinen die eigentlichen Gibbonarten. Ihre Unterscheidung ist manchmal recht kompliziert. Wie bereits kurz angedeutet, kann die Farbe des Haarkleides außergewöhnlich stark wechseln. Abweichend gefärbte Jugendkleider können sich später ändern oder auch zeitlebens so bleiben. Manche Tiere wechseln ihre Farbe mehrmals. Häufig unterscheiden sich Männchen und Weibchen innerhalb der gleichen Art farblich. So sind vielfach auch in einem Familienverband mehrere Farbvarianten anzutreffen. Der «Gesang» der Gibbons selbst klingt weicher, wohltönender und nicht so aufdringlich wie der der Siamangs.
Der Schopfgibbon, mitunter auch Schwarzgibbon genannt, besitzt abweichend von den übrigen Arten einen Kehlsack, der erheblich kleiner ist als der des Siamangs. Einem Längskamm langer senkrecht stehender Haare mitten auf dem Kopf der Männchen verdankt diese Art ihren Namen. Die Weibchen zeigen je einen kleinen Haarkamm auf den Kopfseiten. Im wesentlichen lassen sich drei Formen bzw. Farbgruppen auch in geographischer Verteilung unterscheiden, die vielleicht den Status als Unterarten verdienen:
1. Beide Geschlechter in der Regel durchgehend schwarz oder dunkelbraun, Küstenregion von Nordvietnam und auf Hainan;
2. Männchen schwarz und Weibchen gelb- bis dunkelbraun mit schwarzem Oberkopf, Landesinnere von Nordvietnam;
3. Männchen schwarz mit weißen Wangen, etwa 40 Prozent der Weibchen werden in fahlgelber Farbe angegeben, vom Westen Nordvietnams über Laos, Ostthailand bis Südvietnam. Diese Form wird bereits folgerichtiger als Unterart **Weißwangengibbon** *(Hylobates concolor leucogenys)* geführt.
In zoologischen Gärten wird nach dem Weißhandgibbon auch der Schopfgibbon nicht selten gezeigt. In den letzten Jahren wurde auch bei dieser Art mehrfach Nachwuchs erzielt.

Hulock *(Hylobates hoolock)*. Diese Art zählt zu den kleineren Formen der echten Gibbons. Ein auffallendes Merkmal ist das helle, meist weiße Stirnband dicht über den Augen, das in der Regel jedoch in der Mitte über der Nase schmal unterbrochen ist. Die Männchen sind stets tiefschwarz; die Weibchen zeigen häufig vom Alter abhängig unterschiedliche Färbung von Schwarz bis Bräunlich oder Grau. Die Babyfarbe ist vorwiegend grau. Besonders lang und dicht ist das Haarkleid, das auch die Gesäßschwielen überdeckt. Trotz seiner geringen Größe steht der Hulock den größeren Vettern in der Stärke seiner Stimme kaum nach. Der Name Hulock leitet sich von seinem zweisilbigen Ruf ab. Auch Hulocks erreichen bei guter Gesundheit ein Alter von über 30 Jahren; im Zoo von Lucknow (Indien) wurde ein Tier 32 Jahre alt.
Die nordwestliche Verbreitungsgrenze der Hulocks, überhaupt aller Gibbons, sind die südlichen Himalajaberge von Bhutan. Nach Südosten hin sind sie über Assam, Burma, Thailand bis in das westliche Laos und Yünnan anzutreffen. In zoologischen Gärten sind Hulocks außerhalb ihres Verbreitungsgebietes nur selten zu sehen.

Weißhandgibbon oder **Lar** *(Hylobates lar)*. Der Lar dürfte wohl der bekannteste Gibbon sein. Sein Haarkleid variiert vom Schwarz bis zum hellen Fahlbraun. Das schwarze bis dunkelgraue Gesicht ist – ein typisches Merkmal – immer von einem hellen, meist weißen Haarkranz umgeben. Hände und Füße sind, wie der Name verrät, oberseits weiß. Häufiger besitzen die Weibchen hellere Farbtöne. Ältere, ursprünglich schwarze Männchen können später eine mittlere braune Farbe annehmen, während fahlbraune Weibchen mit fortschreitenden Jahren nachdunkeln. Sie kommen im südlichen Burma, Tenasserim, Südwestthailand, im Süden der Malaiischen Halbinsel und auf Sumatra vor. Die weitaus meisten Beobachtungen über das Leben der Gibbons in der Wildbahn verdanken wir dem amerikanischen Primatologen Carpenter, der sich als erster auch speziell mit den Weißhandgibbons beschäftigte. Bei den jungen Gibbons unterscheidet er fünf Entwicklungsstufen:
1. Ständiger Kontakt mit der Mutter, Säuglingsalter, Bewegungen beginnen sich erst zu koordinieren.
In der Fortbewegung zunehmende Unabhängigkeit von der Mutter.
2. Milchgebiß vollständig, saugen noch, beteiligen sich am Spiel, geben bereits Warnlaute.
3. Treten nach zwei Jahren in das Alter der Halbwüchsigen ein, von der Mutter unabhängiger, die bereits wieder ein Baby haben kann, Stimmorgane weitgehend entwickelt, klettern, schwinghangeln und spielen.
4. Vollkommen unabhängig, sehr lebhaft und verspielt, in weiten Sprüngen noch nicht genügend geübt, erhalten dabei mitunter noch Hilfestellung.
5. Letzte Halbwüchsigen-Phase, im Habitus noch deutlich als Jungtier zu erkennen, zeigen starke Neigung zu Kampfspielen, Zähne sind noch klein.
Im Jungerwachsenen-Stadium sind sie kaum noch von den Alttieren zu unterscheiden. Die Eckzähne haben noch nicht die volle Größe erreicht. Brustwarzen sind bei beiden Geschlechtern noch klein. Spieltrieb ist nur noch vereinzelt erkennbar. Sie versuchen die Vorherrschaft über die jüngeren Geschwister zu erringen. Beginnende Lockerung der Bindung zum Familienverband im Alter von etwa sechs Jahren, die sich dann mit annähernd sieben Jahren nach Beginn der Fortpflanzungsfähigkeit löst.
Nach meinen Beobachtungen im Zoo wirkt sich die erste Stufe der zwangsläufigen Trennung von der Mutter unmittelbar vor Geburt des nächsten Babys sehr einschneidend aus; dem jüngsten Kind gilt nun die ganze Pflege. Scheinbar verwirrt, ja schockiert, weinerlich und sehr unruhig sucht das ältere immer wieder engen Kontakt zur Mutter, wird aber beharrlich abgewiesen. Ersatzkontakt zum Vater oder zu älteren Geschwistern scheint noch nicht zu befriedigen. Erst nach ein oder zwei Wochen findet es wieder das psychische Gleichgewicht. Dieser Einschnitt fördert natürlich das Selbständigwerden.
Bei guten Haltungserfolgen in den vergangenen 30 Jahren wurde schon vielfach Nachwuchs erzielt. In Menschenhand zahm aufgezogene Gibbons erweisen sich als äußerst zutrauliche und anschmiegsame Wesen, wie es auch W. Fischer beschreibt. Sie sind sehr anpassungsfä-

hig und gelehrig, halten auf Sauberkeit und beziehen ihre menschlichen Betreuer mit in die Haar- und Hautpflege ein. Dieser enge soziale Kontakt, den diese Hausgenossen auch von sich aus suchen, und ihre Anhänglichkeit hat sicher seine Ursache in den starken geselligen Bindungen innerhalb ihres kleinen Familienverbandes. Der Mensch gilt nun als Mutter- oder Familienkumpan, auch über längere Zeit hinweg. Im Erwachsenenalter erkennt der zahme Gibbon nur noch die engsten vertrauten Familienmitglieder an und differenziert dabei noch häufig zwischen den Geschlechtern und dem Alter. Alle anderen werden als Fremdlinge betrachtet, angegriffen und nicht selten sogar gebissen. Zwei Unterarten werden unterschieden:
Weißhandgibbon *(Hylobates lar lar)* Nominatform, Unterburma über Tenasserim bis Sumatra (westliche Form) und **Kappengibbon** *(Hylobates lar pileatus)* mit schwarzer Kopfplatte und schwarzem Brustfleck bei hellen Tieren. Wird von einigen Zoologen als eigene Art betrachtet. Von der IUCN als gefährdet registriert. Südost-Thailand bis Kampuchea (östliche Form).

Ungka *(Hylobates agilis)*. Mit Lar und Silbergibbon sehr nahe verwandt. Das Haarkleid ist weniger lang und dicht, so daß die Gesäßschwielen deutlich sichtbar sind. Ungkas variieren beträchtlich in der Körperfarbe und Gesichtszeichnung, wobei sie nicht selten von schwarzer zu heller, mittel- bis dunkelbrauner Farbe neigen. Aber auch Formen mit helleren Gliedmaßen bei dunklerem Körper sowie auch in umgekehrter Zeichnung sind bekannt. Ähnlich wie beim Lar kann das Gesicht von helleren Haaren eingefaßt sein.
In der Lebensweise stimmt der Ungka weitgehend mit den anderen Arten überein. Seßhaft wie die anderen Gibbons, hält er das ganze Jahr über an bestimmten Grenzen des Territoriums fest. Die Männchen benachbarter Familien fordern sich in flinken Sprüngen heraus; nur sehr selten kommt es dabei zu Beißereien. Mitunter werden bei diesen Schaukämpfen die Männchen von ihren Weibchen durch lautes Schreien «moralisch» unterstützt.
Das Verbreitungsgebiet liegt auf dem südlichen Teil der Malaiischen Halbinsel sowie auf Sumatra. Bei den Einheimischen erfreuen sich die «Unkapati», wie sie in ihrer Heimat genannt werden, großer Beliebtheit. Sie ziehen die jungen Gibbons wie eigene Kinder in der Familie auf. Oft sehr lange halten sich dann die heranwachsenden Tiere noch im Haus oder in unmittelbarer Nähe der Siedlung auf. Dabei ist es erstaunlich, wie weit sie sich der «Hauskost» der Menschen anzupassen vermögen. In zoologischen Gärten sind Ungkas nicht häufig zu sehen. Im Jahre 1944 besaß der Nationalzoo in Washington einen Bastard zwischen Ungka und Kappengibbon, der später auch wieder Junge zur Welt brachte. Sanderson gibt für die Malaiische Halbinsel und für Sumatra je eine Unterart an.

Silbergibbon *(Hylobates moloch)*. Besondere Farbabweichungen sind von ihm nicht bekannt. Sein Haarkleid zeigt meistens eine gleichmäßige mittel-, hell- bis silbergraue Farbe. Über dem schwarzen Gesicht ist auf der Stirn ein mehr oder weniger deutlicher, schmaler heller bis weißer Streifen zu erkennen. Beiderseits der Schläfen fällt ein breiter Schopf auf; das Gesicht ist von einem Haarkranz eingerahmt. Zu finden ist der Silbergibbon auf Kalimantan, Palawan und Java, wo der Bestand infolge dichter Besiedlung stark zurückgegangen ist. Seine Lebensweise unterscheidet sich kaum von Lar und Ungka, die ihm verwandtschaftlich sehr nahe stehen. Auch die Silbergibbons werden gern von den Einheimischen im Haus aufgezogen und bleiben auch später noch häufig im Garten und Dorf. Diese «Haustiere» zeigen sich besonders anschmiegsam und halten zu ihren Betreuern engsten Kontakt. So lassen sie sich überall mit herumtragen, und selbst bei Wanderungen, Reisen und Seefahrten werden sie häufig mitgenommen. In Zoos sind Silbergibbons seltener anzutreffen als der Lar und Schopfgibbon. Es gab schon mehrfach Nachzucht. 1965 kam im Zoo Berlin ein Mischling zwischen Lar und Silbergibbon zur Welt.
Über die Abgrenzung von Unterarten gibt es unterschiedliche Meinungen. Bis zu acht Unterarten sollen sich auf den einzelnen Inseln gebildet haben. Teilweise dürften die Schwierigkeiten in der Untergliederung der Art auf die Einbürgerung verschleppter Tiere zurückzuführen sein. Eine Unterart ist z.B. der **Weißbartgibbon** *(Hylobates moloch albibarbis)*.

149–151 Schopfgibbons *(Hylobates concolor)*. Ein Teil der Weibchen trägt ein sehr helles cremefarbenes Fell mit seidigem Glanz. Nur der Streifen auf der Kopfmitte und die Augenregion heben sich dunkel bis schwarz ab. (Zoologischer Garten Hannover)

Folgende Seiten:

In der Lebensweise zeigen die einzelnen fünf Gibbonarten keine wesentlichen Unterschiede. Alle eigentlichen Gibbons sind sehr schlechte Schwimmer. Zu schnell dringt das Wasser durch das Fell, so daß akute Gefahr des Ertrinkens besteht. Sie meiden daher das nasse Element. Dies ermöglicht die Haltung von Gibbons im Zoo frei auf durch flache Wassergräben getrennten Inseln. (Zoologischer Garten Hannover)

152 Siamang *(Symphalangus syndactylus)*.
Seine gewaltige Stimme verdankt er einem stark auffallenden lautverstärkenden Kehlsack, der beim Schreien bis auf fast Kindskopfgröße aufgebläht wird. (Zoologischer Garten Dresden, Foto: J. Berndt)

153 Schopfgibbon *(Hylobates concolor)*.
Beim Hangeln winkeln die Mütter die Oberschenkel an den Bauch, so daß der Schoß einen guten Schutz, ein regelrechtes «Nest», für das Baby bietet. (Zoologischer Garten Hannover)

154/155 Weißhandgibbons oder **Lars** *(Hylobates lar)*.
Die Jungen der Gibbons wachsen relativ schnell heran. Weibchen sowie Babys treten in beiden Farbvarianten – schwarz und hellbraun – auf. Die weißen Hände und Füße sind gut zu erkennen.
Links: Zoo Duisburg
Rechts: Zoologischer Garten Berlin (West)

Folgende Seiten:

156 Schopfgibbon *(Hylobates concolor)*.
Zum Trinken tauchen die Gibbons mehrmals den behaarten Handrücken ins Wasser, das sie dann von den Haaren absaugen. Die Farbvariante mit weißen Kopfseiten wird von mehreren Autoren auch als Unterart Weißwangengibbon geführt.
(Severočeská Zoologická Zahrada Liberec)

157 Weißhandgibbon oder **Lar** *(Hylobates lar)*.
Der Lar ist die häufigste Gibbonart, die in zoologischen Gärten gezeigt wird. (Severočeská Zoologická Zahrada Liberec)

Menschenaffen (Familie Pongidae)

Obwohl die Merkmale der Menschenaffen in Art und Wesen doch sehr vielgestaltig sind, soll dennoch eine kurze, gemeinsame Darstellung versucht werden. Menschenaffen sind keine zweibeinigen Tiere, jedoch tendieren sie auf direktem Wege dazu, aufrecht zu gehen. Ihre Arme sind wohl länger als die Beine, aber trotzdem noch in erster Linie Kletter-, Hangel- und Lauforgane. Beim Gehen setzen sie nicht mit der vollen Handfläche auf, sondern stützen nur mit dem Handrükken, genauer mit den Knöcheln den Körper ab; das Hauptgewicht liegt auf den Beinen. Anatomische Merkmale, wie die Struktur des Bekkens, die Form der Wirbelsäule, Einzelheiten des Skeletts sowie Anlage und Ausbildung der Muskulatur befähigen wohl zu kurzfristigem Aufrichten, aber nicht zu ständigem bipedem Gehen.
Während sich die schweren Menschenaffen im Geäst der Bäume überwiegend hangelkletternd vorwärts bewegen, laufen die Tieraffen auf stärkeren Zweigen und Ästen wie am Boden auf allen vieren. Die große Zehe ist bei allen Menschenaffen entgegenstellbar wie der Daumen an der Hand. So gibt es erhebliche Unterschiede auch speziell in der Bewegungsart des Körpers. Besonders die Schimpansen haben bereits einen ausgeprägten Präzisionsgriff, bei dem der Daumen teilweise gedreht und gegen die Seite oder Spitze des Zeigefingers gedrückt wird (Napier 1961). Mit der phylogenetischen Aufwärtsentwicklung nahm die Geschicklichkeit und differenzierte Manipulierfähigkeit der Hand zu, die natürlich auch neue physische Qualitäten voraussetzte. Allen Menschenaffen sind noch kräftig ausgebildete Eckzähne eigen, die besonders bei den Männchen sehr respektgebietend und wirksame Waffe sind. Die Tragzeit der Menschenaffen liegt zwischen acht und neun Monaten, und die Phase der Kindheit und Jugendzeit bis zur Fortpflanzungsfähigkeit umfaßt sieben bis achteinhalb Jahre. Die physische und psychische Entwicklung vollzieht sich also schneller als beim Menschen. Für die gleiche Phase benötigen die Tieraffen nur vier bis fünf Jahre. Die Kinderfolge liegt bei den Menschenaffen in der Regel etwa bei drei bis vier Jahren. Entsprechend dem höher entwickelten Gehirn nimmt dessen Wachstum eine längere Zeit in Anspruch. Eine Weiterentwicklung hat auch die visuelle Kommunikation erfahren. Psychische Regungen, Stimmungen, Absichten, Kontaktbedürfnisse, Aggressivität, Demut, Angst, Mut und dgl. werden in vielfältiger und verfeinerter Gesichtsmimik, in der Haltung und Stellung des Körpers, mit Arm- und Handbewegungen, in Tänzen und anderen Bewegungsspielen zum Ausdruck gebracht. Die soziale Fellpflege ist mehr als Hygiene, sie ist «sozialer Zement» der Primaten bis zum Schimpansen hinauf. Eine neue Qualität von großer Tragweite brachte die strukturelle Weiterentwicklung des zwar nicht relativ, so doch absolut gegenüber allen Tieraffen und den Gibbons größeren Gehirns mit sich. Experimente, insbesondere mit Schimpansen, haben für Tiere als unüberschreitbar geltende Grenzen der geistigen Fähigkeiten in Frage gestellt und erstaunliche Assoziationsleistungen erwiesen. Natürlich wird das hohe Leistungsvermögen des Gehirns auch im täglichen Leben der Affen wirksam; es zeigt sich zum Beispiel im Gebrauch und in der Herstellung von Werkzeugen.
Der Mensch ist kein geradlinig direkter Nachkomme der heutigen Menschenaffen; er ist vielmehr ein Sprößling gemeinsamer menschenaffenähnlicher Vorfahren, aus denen sich vor etwa 25 bis 15 Millionen Jahren auch als verschiedene Abkömmlinge die heutigen Menschenaffen entwickelt haben.

158 Silbergibbon *(Hylobates moloch)*.
Sein manierliches Verhalten im Haus und die Gelehrigkeit werden vielfach gerühmt. In Zoos gab es schon mehrfach Nachzucht. (Zoologischer Garten Berlin (West))

Orang-Utans (Gattung *Pongo*)

Orang-Utan *(Pongo pygmaeus)*. Viele Legenden befassen sich mit Tieren, die auf die Menschen einen besonderen Eindruck machten oder ihnen unheimlich vorkamen. Aus südostasiatischen Dschungeln gelangte um die Mitte des 18. Jahrhunderts Kunde von sonderlichen menschenähnlichen Wesen zu uns. Küstenbewohner von Sumatra und Kalimantan erzählten von solchen Gestalten, die sie «Orang-Utan» (Waldmensch) nannten. Die Bewohner jener Gebiete, die noch auf sehr niedriger Zivilisationsstufe stehen, werden von den Malayen auch als «Orang Kubu» bezeichnet. Die Malayen sahen demnach keine offensichtlichen Gegensätze zwischen den auf Bäumen lebenden Orang-Utans und den auf dem Boden wohnenden z.T. noch nomadisierenden Urwaldmenschen. Man glaubt dort, es handele sich bei den Orang-Utans um Menschen, die aufs Sprechen verzichten oder ihre Sprache verleugnen, um nicht arbeiten zu müssen. Deshalb seien sie auch in den tiefsten Urwald geflüchtet. Dieser Name gilt auch heute noch als zoologische Bezeichnung und wurde in viele Sprachen übernommen.
Der Orang-Utan ist stammesgeschichtlich der älteste der vier Menschenaffenarten. Seine Abspaltung aus der gemeinsamen Entwicklungslinie dürfte etwa in der zweiten Hälfte des Oligozäns (mittlere Tertiärzeit), also vor ca. 30 bis 25 Millionen Jahren, erfolgt sein, während dies bei Gorilla und Schimpanse – soweit heute bekannt – erst vor etwa 25 bis 15 Millionen Jahren geschehen ist. Der Orang-Utan ist die einzige in Asien beheimatete Menschenaffenart. Im Pleistozän und gebietsweise wohl auch noch nacheiszeitlich, vor ca. ein bis zwei Millionen Jahren, kam die Gattung *Pongo* auch auf dem südostasiatischen Festland von Indochina, Südchina und bis zum Indus vor, wie es prähistorische Funde bezeugen. Heute ist das Verbreitungsgebiet des Orang-Utan auf Sumatra und Kalimantan begrenzt. Selbst dort ist er nur noch in einigen Gebieten anzutreffen. Die Schätzungen des Bestandes sind unterschiedlich. Keinesfalls dürfte die Anzahl 2500 überschreiten, möglicherweise liegt sie sogar noch erheblich darunter. Aufgerichtet erreicht der männliche Orang-Utan eine Körperhöhe bis zu 1,60 m, das Weibchen dagegen maximal 1,30 m. Auch in der Stärke des Körperbaues bestehen zwischen beiden Geschlechtern auffällige Unterschiede. Das Körpergewicht liegt zwischen ca. 40 kg beim Weib-

chen und maximal 100 kg beim Männchen. Besonders letztere neigen im Zoo infolge mangelnder Bewegung oder zu nährstoffreicher Kost zu hohem Fettansatz, so daß dieses Gewicht noch erheblich überschritten werden kann. Das rost- bis kastanienbraune langhaarige, z. T. etwas zottelig aussehende Fell vergrößert scheinbar den Körperumfang. Bei «Buschi II» im Dresdener Zoo wurden bis zu 1,20 m lange Rückenhaare gemessen. In der Wildbahn dürften solche Längen kaum vorkommen, da sie beim Klettern im dichten Geäst abgestreift werden. In Anpassung an ihre Armhaltung beim Aufenthalt und Klettern auf Bäumen ist der Haarstrich am Unter- und Oberarm zum Ellenbogen gerichtet, so daß bei angewinkelten Armen das Regenwasser über die Haare von beiden Seiten ablaufen kann. Die Arme als Hangelorgane sind sehr lang, kräftig und klaftern bis zu etwa 2,40 m. Als Hangelhaken haben die Hände lange schmale Finger. Der relativ kleine Daumen befindet sich mit erheblichem Abstand von den übrigen Fingern in der Nähe des Handgelenks, so daß die Geschicklichkeit im Greifen und Manipulieren mit kleineren Gegenständen bzw. die «Fingerfertigkeit» weniger ausgeprägt ist als z. B. beim Schimpansen. Im Vergleich zu den anderen Menschenaffen sind die Beine schwächer und relativ etwas kürzer. Nach der Seite lassen sie sich in Anpassung an das Klettern rechtwinklig zum Körper spagatähnlich spreizen. Wie an der Hand der Daumen, so ist auch am Fuß die große Zehe den übrigen relativ langen Zehen entgegenstellbar, so daß der Orang als vollendeter Kletterer den Fuß als Greiforgan benutzen und Äste, hängende Schlingpflanzen und dgl. umklammern kann. Der verhältnismäßig schmale, aber kräftige Schädel sitzt dem Rumpf ohne sichtbaren Hals auf. Zur Vergrößerung der Ansatzfläche für die Kiefermuskulatur ist auf dem Schädel ein Scheitelkamm ausgebildet. Die Augenbrauenwülste über den eng beieinander stehenden Augen treten im Gegensatz zum Schimpansen und Gorilla nur gering hervor. Eine sehr differenziert entwickelte Gesichtsmuskulatur gestattet eine ausdrucksvolle Mimik, vor allem ein sehr variables Lippenspiel. Die Zahl der Zähne entspricht der des Menschen. Der Kehlsack, der aufgebläht bis zu sechs Litern faßt, dient den erwachsenen Orang-Utan-Männchen als Resonanzboden und Luftreservoir bei ihren dumpfen dröhnenden Gesängen, bei deren Anfangsphase zunächst das «Aufpumpen» mit hörbar ist. Etwa im Alter von 12 bis 14 Jahren bilden sich bei den Männchen breite Backenwülste, die durch Anreicherung von derben Fettpolstern unter der Wangenhaut entstehen und dem Gesicht eine scheibenrunde Form verleihen. Das Ausmaß dieser Backenwülste ist individuell unterschiedlich. Jetzt beginnen die Männchen auch ein eigenwilligeres oder solitäres Wesen zu zeigen; sie präsentieren sich als voll entwickelt. Das Gesicht ist fast unbehaart, nur bei den Erwachsenen schmückt es ein Backen- und Kinnbart. Vom Scheitel an ist das Kopfhaar ponyartig zur Stirn gerichtet.

In der Ernährung vermögen sich die Orangs in gewisser Weise dem örtlichen Angebot anzupassen. Vorwiegend fressen sie süße und herbe Früchte der vielen Feigenarten, Bananen, Nüsse, Durianfrüchte, Samen, Knospen, Triebe, Blätter, Blüten, Rinde, daneben auch Echsen, Baumfrösche, Jungvögel, Eier, Insekten u. a. Kleintiere. Reiche Erntezeit kann vorübergehend zu einem gewissen Fettansatz führen. Knappes Angebot zwingt zu ausgedehnteren Streifzügen durch den Wald. Mit der Ausbildung der Backenwülste und der Verlängerung der Körperhaare, besonders auf dem Rücken, beginnt das Männchen auch zu rufen bzw. zu «singen». Dominanzbeziehungen bauen sich auf, aber weniger durch harte Rangkämpfe. Vielmehr sind es meist nur kurze Affairen des Kräftemessens oder Sich-Durchsetzens. Zeitweise lebt es als Einzelgänger und versucht danach erneut, seinen Status in der Dominanz-Hierarchie zu behaupten.

Es gibt leider immer noch sehr wenige Freilandbeobachtungen von Orangs, so daß die Kenntnis von ihrem Leben in der freien Natur noch erhebliche Lücken aufweist. Ein beständiges Familienleben gibt es in der Wildbahn infolge der lockeren Mann-Frau-Bindung nicht. In der Weite des Urwaldes findet das Männchen mehr Abwechslungs- und Entfaltungsmöglichkeiten als das Weibchen, das durch Mutterpflichten für ein oder oft auch zwei Junge (Kleinkind und halbwüchsig im Abstand von etwa 4 Jahren) weit mehr gebunden und beschäftigt ist. Orangs leben also in lockeren, über weite Gebiete verstreuten Gruppen. Die Kopulation – meist in hängender Stellung – kann in voller Harmonie erfolgen, aber auch den Grad einer regelrechten Vergewaltigung erreichen. Etwa vom zweiten bis dritten Monat der Schwangerschaft an ist die Vulva – ähnlich wie bei den Gibbons – erkenntlich geschwollen. Nach einer Tragzeit von ca. acht Monaten wird ein Junges, nur selten zwei, geboren. Das Geburtsgewicht liegt meistens zwischen 1700 und 1900 Gramm. Schon vom ersten oder zweiten Tag an vermag sich das Baby mit Händen und Greiffüßen im Fell der Mutter festzuhalten. Anfangs noch sehr hilflos, bedarf es der intensiven und liebevollen Pflege der Mutter. Die körperliche Entwicklung des Orang-Säuglings unterscheidet sich nur wenig von der des Menschen. Viele Orang-Mütter verhalten sich besonders bei ihren Erstgeburten recht ungeschickt, derb oder sind gar unfähig zur Babypflege, so daß die meisten im Zoo geborenen Orang-Babys in Menschenhand aufgezogen wurden. Bei Geduld zeigt sich nicht selten nach kurzer Zeit deutlicheres Pflegeverhalten bei der Orang-Mutter, und sie lernt mit dem Kind richtig umzugehen.

Im Zoo Dresden konnte im Jahre 1965 erstmals eine aktive Geburtshilfe durch den Vater («Buschi II») beobachtet werden. Mit Beginn der Geburtsanzeichen, wahrscheinlich durch Schleimabgang sexuell stimuliert, bedrängte der Mann das Weibchen («Suma II») – einer Vergewaltigung gleichkommend – sehr stark. Bei Einsetzen der Austreibungsphase, als das Oberteil des Köpfchens vom Baby in der Geburtsöffnung erschien, wandelte sich durch dieses Signal das Verhalten von «Buschi» plötzlich ins Gegenteil. Er saugte sich – «Suma» hatte inzwischen eine nach vorn gebeugte Hockstellung eingenommen – mit seinen großen Lippen an der Schädelkalotte des Jungtiers fest, übte einen sanften Zug aus, umfaßte dann das Kinn und den Hinterkopf mit seinen Lippen, zog ganz vorsichtig weiter, dabei die Preßwehen der Mutter mit ausnutzend, bis das Kind fast voll entwickelt war, nahm es dann wiederum sehr feinfühlig in seine großen derben Hände, um es leicht wiegend abzufangen, damit das Neugeborene nicht zu Boden fiel. Zugleich begann er das Fruchtwasser aus dem Fell des Babys zu saugen. Kurz darauf war deutlich der erste Schrei des Neuankömmlings zu hören: das Signal für «Suma», sich ihrem Kind ebenfalls zuzuwenden. «Buschi» übergab es willig in ihre Arme, und beide beteiligten sich nun gemeinsam an der Trocknung des Felles ihres Sprößlings. Ein überraschender und eindrucksvoller Vorgang, der an ein vernunftbegabtes Verhalten grenzte bzw. z.T. ein solches bereits erkennen ließ. Vorsichtige Versuche «Buschis», das Baby sanft zu berühren, wurden von «Suma» abgewehrt, was er auch respektierte. Die Mutter hatte ihr Kind voll in Besitz genommen. Bei den nachfolgenden Geburten bewährte sich «Buschi» ebenso als geschickte «Hebamme». «Suma» lernte von Kind zu Kind mehr hinzu, gewann Erfahrungen und zeigte sich nicht mehr so ängstlich wie nach der ersten Geburt. Schon bald mußte auch der Vater das Kind «mal halten».

Diese Form der Geburtshilfe konnte in allen Phasen mehrmals beobachtet werden. W. Ullrich hat darüber berichtet; ich hatte ebenfalls das Glück, zweimal dabeizusein. Es ist natürlich verfrüht, dieses spezifische Verhalten zu verallgemeinern, zumal weder aus anderen Zoos noch aus dem Freileben derartiges bisher bekannt geworden ist. Erst während der letzten Jahrzehnte ist die Anzahl der Orang-Utan-Geburten und gelungenen Aufzuchten auf Grund besserer Haltungsbedingungen und Erfahrungen angestiegen, wenn auch viele Jungtiere noch künstlich aufgezogen werden müssen. In einigen Zoos sind bereits Nachzuchten in zweiter Generation zu verzeichnen. Dennoch zählen Orang-Utan-Zuchterfolge noch immer zu den Seltenheiten in den Tiergärten.

Orangs verbringen ihre Nachtruhe auf Bäumen, für die sie sich aus zusammengebogenen und abgebrochenen Zweigen ein Nest bauen. Diese Nachtlager werden je nach örtlicher Struktur des Waldes in Höhen zwischen 10 und 25 m meistens täglich neu angelegt. Das «Nestbauen» wird auch im Zoo am Boden mit großer Geschicklichkeit und Intensität betrieben; ein angeborenes Verhalten, das mit wachsender Erfahrung zu erstaunlicher Fertigkeit führt.

Bis vor wenigen Jahren galten die Orangs auf Grund ihres «phlegmatischen» Wesens, ihres Verhaltensmodus und bislang unbefriedigender Versuchsergebnisse – vor allem auch im Vergleich zu den hohen Lernleistungen der Schimpansen – als kaum geeignet für die Lösung komplizierter Aufgaben. Außerdem erlaubten die damals noch geringen Bestände der wertvollen und empfindlichen Tiere keine ausgedehnten Experimente. In der letzten Zeit führten zielgerichtete Versuche und systematische Verhaltensbeobachtungen an Orangs in zoologischen Gärten jedoch zu sehr aufschlußreichen Ergebnissen. Der amerikanische Primatologe D. M. Rumbaugh stellte als erster die Frage, ob denn tatsächlich unter den großen Menschenaffen der Schimpanse das «intelligenteste» Tier sei. J. Lethmate befaßte sich im besonderen mit dem Problemlöseverhalten der Orangs. Mit Problemlösen wird der Prozeß bezeichnet, bei dem in einer komplexen Situation aus einer Anzahl von Handlungsmöglichkeiten diejenige ausgewählt oder entdeckt wird, die zum Ziel, also zur Lösung, führt (z.B. beim Gebrauch oder Herstellen eines Werkzeugs). So war ein Versuchstier fähig, die relativ komplizierte Kombinationsaufgabe zu lösen, fünf Stöcke miteinander durch Rohre zu verbinden, ohne daß es ihm vorher gezeigt worden war. Die Stöcke wurden durch Abbeißen, Anspit-

Der Orang-Utan *(Pongo pygmaeus)* steckt zwei Objekte zusammen (Doppelstockverfahren), wobei er die Unterlippe zu Hilfe nimmt (nach Lethmate).

zen und Spalten paßfähig gemacht. Als fertiges Werkzeug wurde es dann unmittelbar als nächste Handlung – für den beabsichtigten Erfolg – zum Heranangeln eines weit außerhalb des Käfigs liegenden Leckerbissens benutzt. Die logisch ablaufenden Handlungsphasen wurden in ihrem Funktionswert erkannt. Auch auf eine dabei plötzlich auftretende Situationsänderung wurde sinnvoll reagiert. Solche spontan neu auftretende Handlungsfolgen ließen über Versuch und Irrtum hinaus auf Einsicht schließen (W. Köhler). Das individuelle Problemlöseverhalten ist auch deutlich vom Alter der Tiere abhängig. Während Zwei- bis Dreijährige unterschiedlich lange Lernphasen und Übung benötigen, gelangen bei sechs- bis neunjährigen Orangs fast alle Lösungen schon beim ersten Versuch (mehr Erfahrung, besseres Manipulationsgeschick). In Münster konnten bei einem Orang-Weibchen «selbstbezogene Handlungen unter Spiegelbenutzung» nachgewiesen werden. Mit Hilfe eines Spiegels entfernte es zielgerichtet mit Wasser einen Farbfleck aus dem Gesicht.

Der Grund, weshalb Orangs bisher in ihrer Waldheimat kaum beim Werkzeuggebrauch beobachtet worden sind, dürfte wohl in der bereits erwähnten sehr lückenhaften Kenntnis ihres Verhaltens im Wildleben zu suchen sein, zumal im dichten Urwald Beobachtungen ohnehin sehr erschwert sind. Die hochspezialisierte arborale Lebensweise scheidet also als Begründung hierfür aus, zumal Orangs auch häufiger den Boden aufsuchen, als früher angenommen wurde. Auf alle Fälle sind bereits Potenzen für logisch kombinierte Handlungsketten für gezielten Werkzeuggebrauch, also Kriterien für ein einsichtiges Verhalten vorhanden.

Beständige Haltungserfolge in der Obhut des Menschen sind erst seit etwa 50 Jahren zu verzeichnen. Obwohl z. B. von 1898 bis 1907 in Dresden mit dem Orang-Männchen «Peter» ein wesentlicher Fortschritt verbucht werden konnte, gab es doch bei den weitaus meisten Versuchen immer wieder Fehlschläge. Erst dem Dresdener Zoodirektor Prof. G. Brandes gelang mit der Aufzucht eines Orang-Säuglings bis zum erwachsenen Backenwülster («Buschi») die Beweisführung, daß sich diese empfindlichen Pfleglinge in unseren Breiten auch längere Zeit halten lassen. Brandes erwarb 1927 die Orang-Mutter «Suma» mit dem unmittelbar vorher während der Schiffsreise durch das Rote Meer geborenen Baby «Buschi». Brandes' neuartige biologisch begründete Haltungsmethoden bewährten sich bestens und galten bald als Vorbild für viele europäische und amerikanische Zoos. Mit dem bis dahin größten Haltungserfolg wurde Brandes zum Begründer der modernen Menschenaffenhaltung. Seitdem erreichten Orangs nunmehr in Obhut des Menschen Lebensalter bis zu 30 und 40 Jahren. Den Haltungsrekord hält derzeit der Zoo von Philadelphia. Die Orang-Großmutter «Guarina» starb 1976 im Alter von 56 Jahren. Ihr Partner «Guas» wurde sogar 57 Jahre alt! Das Paar zeugte neun Jungtiere. Über 50 Jahre lang lebte es in der Obhut des Menschen. Das Internationale Zuchtbuch für den Orang-Utan wies für 1980 insgesamt 776 Orangs in über 160 Kollektionen der Welt aus. Davon waren 377 wild und 399 in Obhut des Menschen geboren! Etwa 550 Orangkinder mögen bisher in Tiergärten das Licht der Welt erblickt haben; allein 1979 waren es 55, wenn auch nicht bei allen die Aufzucht gelang.

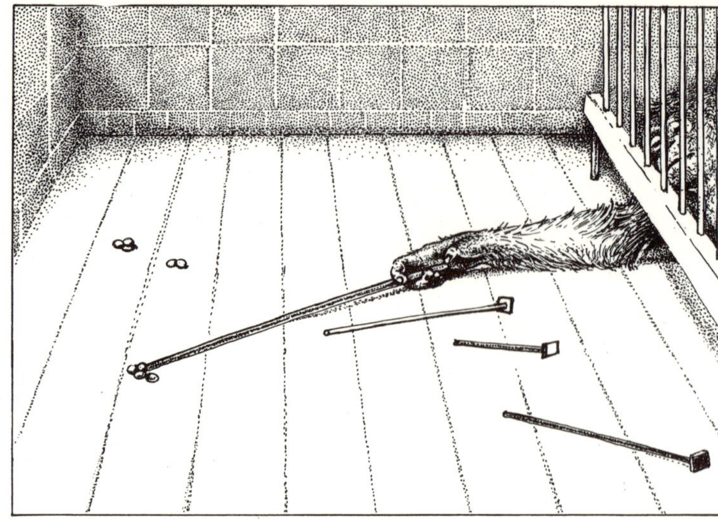

Über drei Zwischenziele hat der Orang-Utan *(Pongo pygmaeus)* das längste Werkzeug erreicht, mit dem er den Köder heranholen kann (nach Lethmate).

Mit den steigenden Zuchterfolgen in den Zoos wurde die Frage laut, inwieweit selbständig gewordene «Zoo-Orangs» wieder in das Freileben ihrer Heimat eingegliedert werden können. Eine solche Möglichkeit ist natürlich nicht ausgeschlossen. Fang und Export sind schon seit langem von der indonesischen Regierung verboten. Der Internationale Verband der Direktoren Zoologischer Gärten (IUDZG) untersagte allen Zoos den Ankauf von illegal aus Malaysia gebrachten Orangs. Nur in Ausnahmefällen werden noch staatliche Ausfuhrlizenzen erteilt. Einen hohen Tribut forderten frühere Fangmethoden. Um in den Besitz der meist allein gefragten Jungtiere zu kommen, mußten die Mütter abgeschossen werden. Dabei kamen nicht selten auch die Jungen zu Schaden, oder sie starben infolge unsachgemäßer Pflege auf dem Transport. Eine größere Erfolgschance bot die Methode, eine Gruppe von Orangs auf wenige Bäume zusammenzutreiben, ringsherum die Bäume zu fällen und die Tiere vom letzten Baum mit Netzen und Keschern zu fangen. Jedoch ging es bei dieser Methode auch nicht ganz ohne Verluste ab. Ab und zu fallen auch heute noch vereinzelt Tiere Holzfällern in die Hände und werden verkauft, obwohl auch dies verboten ist. Die moderne Unsitte, Tiere der Wildnis zu «Haustieren» umfunktionieren zu wollen, führte bis zur Gegenwart dazu, daß skrupellose und profitsüchtige Tierfänger Jagd auf die begehrten Menschenaffen machen, um diese an Liebhaber zu verkaufen. Die geographisch stark gegliederte Struktur Indonesiens und Malaysias erschwert die Kontrolle und begünstigt Schmuggel und Schwarzhandel. Der rapide Rückgang der Bestände wurde für die internationalen Tierschutzorganisationen zu einem Alarmsignal. In enger Kooperation mit dem World Wildlife Fund (WWF), der IUCN und regionalen Organisationen, z. B. der Frankfurter Zoologischen Gesellschaft, wurden mehrere Rehabilitationsstationen ins Leben gerufen, um illegal erworbene und gehaltene Orangs wieder an die Wildnis zurückzugewöhnen. So entstand 1964 unter Leitung von A. G. Gorotud die Rückführungsstation oder «Affenschule» von Sepilok im Gebiet von Sabah auf Kalimantan. Eine weitere Einrichtung entstand 1973 bei Bohorok im Langkat-Schutzgebiet (Nordsumatra), die von M. Borner geleitet wurde. Die ersten Anfänge (1961) gehen jedoch auf Barbara Harrison vom Sarawak-Museum auf Kalimantan zurück, die ungesetzlich gefangen gehaltene und beschlagnahmte Orangs mit unterschiedlichem Erfolg auf das Leben in der Wildbahn vorbereitete. Die bisherigen Erfolge stimmen wohl optimistisch, sind aber noch nicht ausreichend. Noch gibt es für diese Aufgabe genügend «illegale» und beschlagnahmte Orangs im eigenen Land, bevor Zoo-Orangs aus der Nachzucht in die Rehabilitationsstationen gebracht werden können. Bis dahin sollten hierfür noch mehr Orangs in den Zoos «auf Vorrat und als Ersatz» gezüchtet werden.

Der Orang-Utan ist von der IUCN im Red Data Book als vom Aussterben bedrohte Art registriert. Zwei Unterarten, die sich morphologisch – weil auch individuell erheblich variierend – nicht leicht unterscheiden lassen, sind bekannt:

Sumatra-Orang-Utan *(Pongo pygmaeus abeli)*, voneinander getrennte Gebiete im nördlichen Sumatra; **Borneo-Orang-Utan** *(Pongo pygmaeus pygmaeus)*, voneinander getrennte Gebiete auf Kalimantan.

Um den Köder zu erreichen, hat der Orang-Utan *(Pongo pygmaeus)* eine Kiste daruntergestellt (nach Lethmate).

Heulen symbolisches Fressen Aufrechtstehen Werfen mit Pflanzenteilen Brusttrommeln

Ausdrucksverhalten eines Gorilla *(Gorilla gorilla)*

Gorillas (Gattung *Gorilla*)

Gorilla *(Gorilla gorilla)*. Schon lange, bevor 1855 der erste lebende Gorilla nach Europa gelangte, waren ihm schauderhafte Berichte von Afrikareisenden vorausgegangen. Als «schwarze Bestie, tückischer Waldteufel, angriffslustiges schwarzes Ungetüm» drang er in die Vorstellungswelt der biologisch noch ungenügend gebildeten Menschen ein. Noch zu Beginn dieses Jahrhunderts wurde er zum Modell der Horrorfigur «King Kong». Erst später entdeckten Forscher und Tiergartenbiologen die wirkliche Natur des Gorillas.

Im Gegensatz zu den asiatischen Menschenaffen sind Gorillas und Schimpansen vorwiegend am Boden lebende Tiere. Obwohl aus einer ursprünglich gemeinsamen Wurzel hervorgegangen, zeigen sie doch auffallende Unterschiede. Etwa zu Beginn des Pleistozäns dürften sich die beiden Entwicklungslinien herausgebildet haben.

Gorillas haben kurze breite Hände und Füße, die sich kaum noch zum Schwinghangeln eignen. Die längeren Arme verleihen dem Tier eine von vorn nach hinten abfallende Rückenlinie. Ebenso wie bei den übrigen Menschenaffen ist auch hier die große Zehe opponierbar wie der Daumen an der Hand; der Fuß tritt mit der gesamten Sohlenfläche auf. Mit seiner imponierenden kraftstrotzenden Gestalt ist der Gorilla der größte derzeit lebende Primat. Er erreicht eine Standhöhe bis etwa 1,75 m; bei voll gestrecktem Körper und durchgedrückten Knien sogar über 2 m (max. 2,20 m). Die Arme klaftern bis zu 2,75 m; der Brustumfang kann etwa 1,75 m erreichen. Mit 70 bis zu 140 kg beträgt das Gewicht der erheblich kleineren Weibchen nur die Hälfte der bis maximal 300 kg wiegenden Männchen. Bei Zoo-Gorillas sind in einzelnen Fällen infolge erhöhten Fettansatzes durch mangelhafte Bewegung oder zu hoch konzentrierte Kost bereits bis zu 375 kg festgestellt worden. Das Gewicht des Gehirns von voll erwachsenen männlichen Gorillas erreicht etwa 685 Gramm. Relativ klein erscheinen die tiefliegenden rotbraunen Augen. Graphitfarben bis schwarz ist das Haarkleid. Im Alter von 10 bis 12 Jahren nimmt das Rückenfell bei Männchen eine silbergraue Farbe an (Silberrücken). Sowohl das nackte Gesicht als auch die haarlosen Hände und Füße sind schwarz, ebenso die Brust älterer Männchen. Die Geschlechtsreife tritt beim Männchen etwa mit acht bis neun und beim Weibchen mit sieben bis acht Jahren ein. Mit 245 bis 255 Tagen ist die Schwangerschaft ermittelt worden. Da Gorillaweibchen auch normalerweise verhältnismäßig runde Bäuche haben, kann eine Trächtigkeit nicht selten bis zur Geburt verborgen bleiben, andererseits werden aber auch leicht falsche Hoffnungen erweckt bzw. «blinder Alarm» ausgelöst. Das Geburtsgewicht liegt zwischen 1800 und 2400 Gramm. Zwillingsgeburten kommen nur sehr selten vor. Die Anlage für das Pflegeverhalten ist wohl den Müttern angeboren, jedoch die Technik der Babypflege muß erst durch Erfahrungen erlernt werden. Dieser Prozeß geschieht im Familienverband. Beim ersten Kind stellt sich die junge Mutter häufig noch etwas ungeschickt, manchmal sogar auch ängstlich an.

In den Zoo gelangen die Gorillas fast ausschließlich im Alter von zwei bis vier Jahren und wachsen meist in gleichen Altersgruppen auf. Von wem sollen sie dann die praktische Babypflege lernen? Die Jungmütter, nicht selten auch ältere, wissen mit ihren Babys nichts anzufangen und wehren sie z. T. sogar ab. So geschieht es, daß häufig Gorillakinder künstlich von Menschenhand aufgezogen werden müssen. Auch die Männchen müssen erst die «sexuelle Technik» sowie das Vorspiel und spezifische Kontaktverhalten von den Erwachsenen lernen. Die Männchen haben einen sehr kleinen Penis. Sichere oder vollständige Kopulationen sind daher nur schwer zu beobachten. So scheint es auch kein Zufall zu sein, daß der erste Zoo-Zuchterfolg bei Gorillas – wesentlich später als bei anderen Menschenaffen – im Jahre 1956 im Zoo von Columbus (USA) gelang. In Basel erfolgte 1959 die erste Gorillageburt in Europa, und inzwischen ist bereits die zweite Zoogeneration reproduktiv geworden; in Frankfurt (Main) kam 1983 bereits das 14. Baby seit 1965 zur Welt, 1967 sogar Zwillingsmädchen. Im Zoo Basel

Treten

Seitwärtsschleudern

Pflanzenausreißen

Bodentrommeln

gelang 1961 erstmals eine selbständige natürliche Gorilla-Aufzucht. Auch in einigen USA-Zoos gibt es heute Nachwuchserfolge. Dennoch zählen Gorillageburten nach wie vor zu den seltensten Zuchterfolgen bei Menschenaffen.

Um sexuell unerfahrene Paare zur Fortpflanzung zu bringen–die meisten Zoos können sich noch keine größeren Zuchtgruppen leisten –, wurde vor Jahren in Basel ein «Lehrfilm» gedreht, der das Paarungsverhalten in der Praxis in allen Phasen zeigt. Da Menschenaffen bildliche Eindrücke wahrnehmen, darauf reagieren und das Gesehene häufig auch selbst nachahmen können, versuchte man mit dem Vorführen dieses Films, paarungsfähige Gorillas zur Aktivität anzuregen. Dabei ist natürlich zu berücksichtigen, daß auch bei Gorillas, wie bei vielen anderen Tieren, eine individuelle Partnerwahl erfolgt. Jedoch können die bisherigen Ergebnisse nicht ohne Einschränkungen als erfolgversprechend bezeichnet werden.

In diesem Zusammenhang gibt es auch Unsicherheiten in der Bestimmung des Geschlechts bei jungen und halbwüchsigen Gorillas. Weder an primären noch an sekundären Merkmalen ist es äußerlich verläßlich zu erkennen. Dort, wo beim Schimpansen und Orang-Utan das jeweilige Geschlecht ohne Zweifel festzustellen ist, erhebt sich beim Gorilla inmitten eines kleinen schwarzen nackten Hautfeldes ein kurzes stiftförmiges Gebilde, das ebenso ein Penis wie aber auch eine Klitoris sein könnte. Als bei den beiden Berggorillas im Zoo Köln Zweifel an der Geschlechtsangehörigkeit auftauchten, wandte Dr. M. Gorgas die Haarfollikelmethode an, auch als «Olympiatest» bezeichnet. Im Follikel eines ausgezupften Haares sind in den Zellen die Chromosomen mikroskopisch gut erkennbar. Männliche und weibliche Zellen unterscheiden sich bekanntlich in ihrer Ausstattung mit X- und Y-Chromosomen, so daß dieser Test eine exakte Bestimmung des Geschlechts ermöglicht. Mehrere Jahre lang galt im Baseler Zoo der Gorilla «Achille» als männlich. Bei einer Magenoperation zur Entfernung eines verschluckten Kugelschreibers entdeckten die Chirurgen gleichzeitig Eierstöcke. Inzwischen hat «Achilla» mehrere Babys geboren. Der erste durch künstliche Besamung gezeugte Gorilla ist 1980 im Zoo von Memphis (USA) zur Welt gekommen.

Das Verbreitungsgebiet der Gorillas umfaßt heute Teile von Kamerun, Gabun, Kongo, den Südwesten der Zentralafrikanischen Republik und den Nordwesten von Zaire, in denen der Flachlandgorilla lebt. Weit davon entfernt hat der Berggorilla im Inneren Afrikas an voneinander getrennten Stellen in den westlichen Territorien von Uganda, Rwanda-Burundi und im Grenzbereich von Zaire auf den vulkanischen Gebirgsmassiven seine Heimat. Gorillas sind typische Urwaldbewohner. Noch mehr als die Schimpansen halten sie sich vorwiegend auf dem Boden auf, obwohl sie auch gut klettern können. Wie alle Menschenaffen können auch Gorillas nicht schwimmen. Es ist schon recht schwierig, über längere Zeit hinweg die Lebensweise und den Tagesrhythmus der Gorillas umfassend zu erforschen. Dichtes Gebüsch behindert oft die Beobachtungen. Flachlandgorillas bewohnen ausschließlich geschlossene Urwälder mit feuchtwarmem Klima, in denen sie größere Lichtungen sowie Randgebiete weitgehend meiden, jedoch das gute Nahrungsangebot von naheliegenden Pflanzungen nicht verschmähen. Von der Lebensweise der Berggorillas ist heute mehr bekannt als von der des Flachlandgorillas.

Erst 1902 von dem Deutschen v. Beringe entdeckt und ursprünglich von dem Berliner Zoologen Matschie 1903 als selbständige Art beschrieben, leben die Berggorillas in Höhen zwischen 2300 und 4000 m im zentralen äquatorialen Afrika. Vorrangig zu ihrem Schutz wurde 1925 in der Nähe des Edwardsees der 315000 ha große Albert-Nationalpark gegründet. In dem Hochgebirgsbereich herrscht ein relativ rauhes Klima. Verschiedene Vegetationstypen bedecken je nach Höhenlage das Gebirgsland: Bergregenwald, Bambuszone, Buschwald, Baumheiden; Äste und Stämme sind vielfach mit Flechten und Moosen bewachsen. Erst im Bereich niedrigen Pflanzenwuchses fehlen die schwarzen Riesen. In Anpassung an dieses Klima besitzt der Berggorilla ein wesentlich dichteres und längeres Fell. Auch das Gesicht ist stärker behaart. Die Farbe neigt zu einem tieferen Schwarz als beim Flachlandgorilla. Erwachsene Männchen zeigen ebenfalls wie ihre Artgenossen des Flachlandes einen silbergrauen Rücken. Die rein vegetarische Nahrung der Gorillas setzt sich vor allem aus Schößlingen, Keimblättern, Laub, Rinde, Wurzeln sowie verschiedenen Früchten und Sämereien zusammen. Von dieser relativ nährstoffarmen Kost mit hohem Rohfaseranteil werden natürlich große Mengen verzehrt, so daß die Tiere längere Zeit für ihre ausgedehnten Mahlzeiten benötigen. Dem muß natürlich auch im Zoo Rechnung getragen werden. Häufig nehmen sie hier auch Nahrung tierischen Ursprungs zu sich (Eier, Weißfleisch, Quark und dgl.). Infolge des hohen Wassergehaltes der vegetarischen Kost ist der Wasserbedarf gering.

George B. Schaller hat 26 Monate mitten zwischen Berggorillas gelebt und sie aus unmittelbarer Nähe beobachtet. Zum Schluß hatten sich sechs Gorillagruppen völlig an seine Anwesenheit gewöhnt. Obwohl im allgemeinen scheu, scheinen diese Gorillas sich auch gern in der Nähe menschlicher Siedlungen, Straßen und Pflanzungen aufzuhalten. Infolge Rodung des Hochwaldes bieten die nachwachsenden jungen Bäume und der dichte Unterwuchs, von den Plantagen und Feldern ganz abgesehen, mehr und bessere Nahrung. So ist höchstwahrscheinlich die Populationsdichte der Gorillas im Inneren der Urwälder geringer als in der Nähe von Siedlungen und kultivierten Gebieten. Die Gruppen der Berggorillas können 3 bis 30 Individuen zählen. Meistens sind es jedoch 12 bis 20, z. B. im Gebiet von Kabara. Diese können sich z. B. aus einem oder mitunter auch zwei Silberrückenmännchen – von denen natürlich eins die Spitzenposition behauptet –, zwei jung erwachsenen Männchen, sechs bis sieben Weibchen, drei Halbwüchsigen und schließlich etwa fünf Kindern zusammensetzen. Dort, wo Gorillas wenig Erfahrungen mit den Menschen gemacht haben, ist ihre Neugier dann mitunter größer als die Neigung zur Flucht. Der Ranghöchste, ein starker gewaltiger Gorillamann, visiert einen Fremden sehr deutlich an, nähert sich sogar, wenn er keine unmittelbare Gefahr erkennt, bis auf etwa 10 m, und stößt dann meistens einige dumpfe Schreie aus. Das ist ein Signal für die Weibchen und Jungen, sich um ihren Führer zu sammeln. Noch eine Zeit bleibt der Fremdling genau im Blickfeld der Gruppe; passiert nichts Außergewöhnliches, so löst sich die Spannung, und die Tiere gehen wieder ihrer üblichen Beschäftigung nach, bei der sie gestört worden waren. Wähnt sich jedoch der mächtige Silberrückenmann in Gefahr, so reagiert er mit respekteinflößenden durchdringenden Schreien, richtet sich auf und trommelt in kurzen Intervallen mit seinen kompakten Händen laut schallend und dröhnend auf seine nackte Brust, wobei auch zwischendurch Holzstücke oder Zweige ziellos hochgeworfen werden. Mit diesem Imponier- bzw. Drohgehabe will er den Eindringling zum freiwilligen Rückzug bewegen. Weicht dieser trotzdem nicht zurück, so kann es zu Scheinangriffen kommen. Ungestüm rennt der Gorilla auf den Menschen zu, stoppt aber fast immer wenige Meter davor oder saust an ihm vorbei. Dies dürfte auch eine Erklärung dafür sein, daß in früheren Jahren Gorillas vielleicht aus « Notwehr » und Angst abgeschossen wurden. Vor Scheinangriffen Flüchtende können den Gorilla stimulieren, sie zu verfolgen und in die Beine oder hintere Körperpartien zu beißen. Da er aber nur kurz zubeißt und gleich wieder losläßt – sein Gebiß mit den kräftig ausgebildeten Eckzähnen ist nicht zu unterschätzen –, gelingt es meistens, ihn zu vertreiben, oder er zieht sich von selbst wieder zurück. Auf alle Fälle sollte man dem Gorilla nicht scharf in die Augen blicken. Für ihn bedeutet das Drohung, auch wenn er sich ohne Zwang abwendet. Bei Mißtrauen oder bei Bedrängnis mit drohender Absicht fixiert er sein Gegenüber in gleicher Weise. Ein Verhalten, das in ähnlicher Form auch dem Menschen eigen ist.

Innerhalb der Gruppe wie auch bei Begegnungen mit anderen Gruppen gibt es kaum einmal Kämpfe. Ein kurzes, scharfes Anvisieren genügt, um ohne Anwendung von Gewalt den Blick wieder abzuwenden und der momentanen Beschäftigung weiter nachzugehen. Absichtliches Wegsehen bedeutet Beschwichtigung. Als « Benno », ein attraktives großes Gorillamännchen im Dresdener Zoo, während der Zeit seines jungen Mannesalters der Pflegerin gegenüber wohl nicht bösartig, aber im Überschwang seiner Kräfte etwas derb wurde, wehrte sie sich artgerecht und biß ihn deutlich spürbar in die Finger. « Benno » war darüber so verdutzt und entsetzt, daß er seitdem die bislang ungeahnte « Wehrfähigkeit » der Pflegerin respektierte und seine Kraftanwendung ihr gegenüber stark reduzierte oder ganz unterließ.

Auch die im Zoo zu beobachtenden « Tischmanieren » sind wesentlich anders als z. B. bei den Schimpansen. Der Gorilla sitzt ordentlich vor seiner Futterportion, wählt mit den Fingern zunächst die bevorzugten Anteile aus, führt sie ohne jede Hast zum Mund, beißt ab, kaut und schluckt die gut dosierten Bissen ab; erst dann wird das nächste Stück wiederum genießerisch und mit sichtlichem Appetit gegessen.

Ein sehr bedeutsames Ergebnis dieser Freilandforschungen war das völlig neue Wesensbild vom Gorilla. Trotz seiner imposanten, kraftstrotzenden und respekteinflößenden Gestalt ist der Gorilla in seinem Verhalten ein friedliches und sanftes Wesen. Schaller hat bei seinen intensiven Beobachtungen noch viele Erkenntnisse gewinnen und Fakten sammeln können. Die Gorillas halten sich tagsüber fast ausschließlich am Boden auf. Nur die Nachtzeit verbringen sie im niederen Geäst der Bäume, wo sie sich allabendlich meist aus zusammengebogenen Zweigen ein Schlafnest bauen. Die erwachsenen Männchen bleiben am Boden und richten ihr Nest unter den Schlafbäumen der Horde. Auch im Zoo wird diese angeborene Fähigkeit zum Nestbau gern, aber meist ohne jede Notwendigkeit ausgeübt.

Im Gegensatz zu vielen anderen Affenarten ist das Sexualverhalten bei Gorillas von untergeordneter Bedeutung. Ein ritualisiertes Verhalten im Rahmen der Bedeutungsveränderung der ursprünglichen Funktion, z. B. Genitalpräsentieren, Aufreiten mit verschiedenen

159 Sumatra-Orang-Utan *(Pongo pygmaeus abeli)*
Nicht, daß «Djaka» mit «leeren Händen» einem Gläubiger gegenübersteht, sondern sie zeigt ihre zum Hangeln bestens angepaßten langen Hände, deutlich sind die relativ kleinen Daumen erkennbar (Zoologischer Garten Dresden)

160 Sumatra-Orang-Utan *(Pongo pygmaeus abeli)*. Deutlich sind beim männlichen Tier der Bart am Kinn und an der Oberlippe sowie der voluminöse Kehlsack zu erkennen. (Zoologischer Garten Dresden)

161/162 Orang-Utans *(Pongo pygmaeus)*. Das kräftige Gebiß ist mit langen starken Eckzähnen ausgestattet. Die Haut der Backenwülste zeigt eine fein gefältelte Struktur. (Zoologischer Garten Frankfurt/M.)

Folgende Seiten:

163 Borneo-Orang-Utan *(Pongo pygmaeus pygmaeus)*. Das Ausmaß der für Orang-Männchen typischen Backenwülste ist individuell unterschiedlich. Das Gesicht ist fast unbehaart, nur bei den Erwachsenen schmückt es ein Backen- und Kinnbart. Vom Scheitel an ist das Kopfhaar meistens ponyförmig zur Stirn gerichtet. (Zoologischer Garten Köln)

164 Sumatra-Orang-Utan *(Pongo pygmaeus abeli)*. Die Kindheit der Orang-Utans währt etwa drei Jahre. Mit dem 7. Lebensjahr endet dann die Jugendzeit. Das Jungtier wird liebevoll von der Mutter aufgezogen. (Zoologischer Garten Dresden)

165 Sumatra-Orang-Utan *(Pongo pygmaeus abeli)*.
Gut vertrauten Tierpflegern erlaubt «Uschi», ihr Baby für kurze Zeit in die Hände zu nehmen. Dabei wird es gut an den Menschen gewöhnt.
(Zoologischen Garten Dresden)

166/167 Orang-Utans *(Pongo pygmaeus)*.
Im Jugendalter weichen die Gesichtszüge noch deutlich von denen der erwachsenen Orang-Utans ab. Weibchen und junge Männchen besitzen keine Backenwülste. (Zoologischer Garten Berlin (West))

168 Orang-Utan *(Pongo pygmaeus)*.
Frei auf Bäumen kommt die «Bewegungs- und Klettertechnik» voll zur Entfaltung.
(Zoologischer Garten Berlin (West))

177 Flachlandgorillas *(Gorilla gorilla gorilla)*.
Alle Gorillas zeigen individuell unterschiedliche Gesichtszüge, so daß sie kaum untereinander zu verwechseln sind.
(Zoologischer Garten Frankfurt/M.)

178/179 Flachlandgorillas *(Gorilla gorilla gorilla).*
Oben links: Bei künstlicher Aufzucht – wie dies noch häufig der Fall ist – lassen sich mit etwa gleichaltrigen Menschenkindern interessante Entwicklungsvergleiche ziehen. (Zoologischer Garten Frankfurt/M.)
Unten links: Mit sichtlichem Wohlbehagen genießt das Gorillaweibchen die Körperpflege selbst mit harter Bürste. (Zoo Duisburg)

180 Berggorilla *(Gorilla gorilla beringei).*
Auffallend ist die stärkere Behaarung auch im Gesicht des Weibchens zu erkennen. (Zoologischer Garten Köln)

181 Bonobo oder **Zwergschimpanse** *(Pan paniscus)*.
Bonobo-Mutter bei der Babypflege, die mit großer Sorgfalt erfolgt.
(Zoologischer Garten Frankfurt/M.)

182–184 Schimpansen *(Pan troglodytes)*.
Links: Mit aufgerichteter Körperhaltung bringen Schimpansenmännchen immer aufgeregtes Verhalten zum Ausdruck. «Huu-huu»-Laute mit vorgeschobenen Lippen können sich je nach Stimmung bis zum lauten Schreien und Kreischen steigern. (Zoologischer Garten Berlin (West))
Oben: Mit unmißverständlichem Drohgehabe, Fußestampfen, Lärmen sowie mit Stock- und Zweigewerfen verschafft sich das kräftige Schimpansenmännchen «Jacky» den nötigen Respekt. (Zoologischer Garten Dresden)

185–187 Schimpansen *(Pan troglodytes).*
Mit ihrem äußerst beweglichen Gesicht bringen Schimpansen neben spezifischen Lauten und Gesten auch ihre Gefühle zum Ausdruck. Die Motivationen der jeweiligen Gefühlsäußerungen stimmen in ihrer Notwendigkeit nicht immer mit denen der Menschen überein, so daß es zu Fehldeutungen kommen kann.
Oben links: staunen, gespannt abwartend. (Zoo Duisburg)
Oben rechts: gereizt, teils drohend. (Zoologischer Garten Hannover)
Unten rechts: aufmerksam. (Zoo Duisburg)

188/189 Schimpansen *(Pan troglodytes).*
«Schnutemachen» bei freudiger Erregung und Begrüßung. Konfliktstimmung zwischen Freude und Angst. (Zoo Duisburg)

190–192 Schimpansen *(Pan troglodytes)*.
Junge Schimpansen sind immer zu temperamentvollen Spielen aufgelegt. Dazu benötigen sie die Partnerschaft ihrer Artgenossen oder ersatzweise den Tierpfleger im Zoo. (Colmårdens Djurpark)

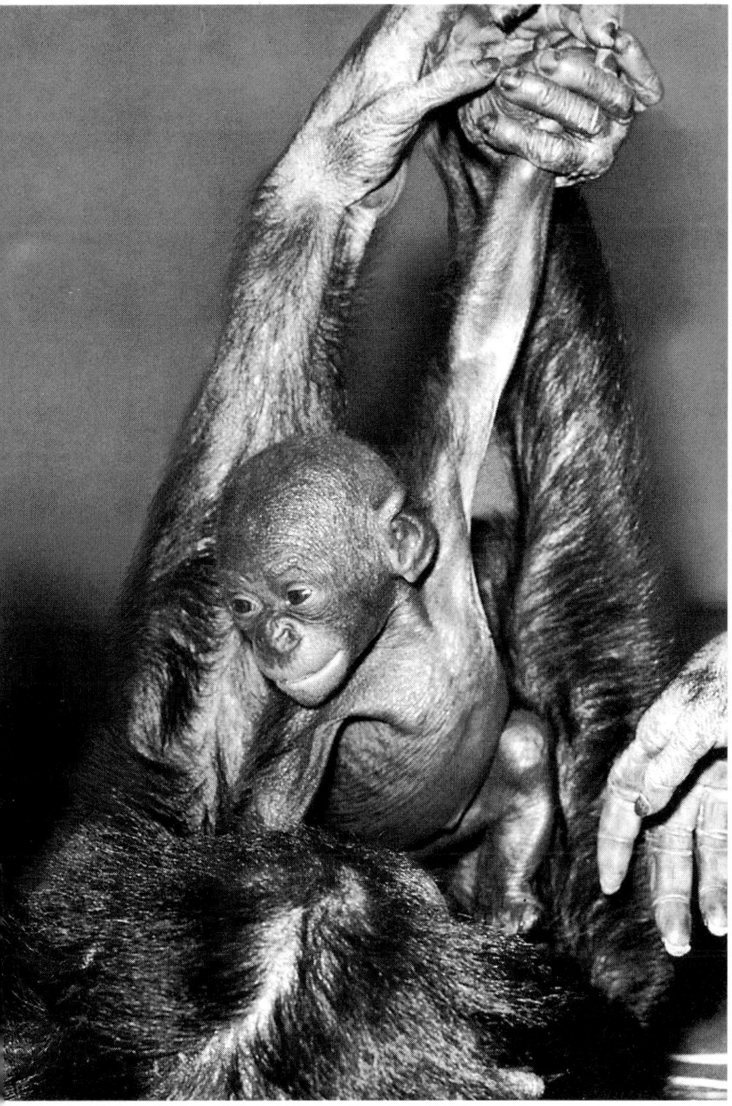

193–195 Bonobos oder **Zwergschimpansen** *(Pan paniscus)*.
Wie die Gorillamütter bewegen auch die Bonobos ihre Babys in gymnastischen Übungen.
Das Bonobokind ist dem Menschenbaby sehr ähnlich. (Zoologischer Garten Frankfurt/M.)

Folgende Seiten:

196/197 Schimpansen *(Pan troglodytes)*.
Linke Seite: wütend, trotzig schreiend. (Zoologická Zahrada Brno)
Rechte Seite: Furcht, schreiend, der Jüngere klammert sich ängstlich erregt am Artgenossen an. (Zoologická Zahrada Brno)

sozialen Motivationen, ist kaum zu beobachten. Die ansonsten relativ schweigsamen schwarzen Tiere erweisen sich jedoch bei der Paarung meist auch in der Lautäußerung aktiver. Die Kindheitsentwicklung vollzieht sich verhältnismäßig schnell. Mit einem Jahr hat sich das Gewicht des ersten 1965 in Frankfurt (Main) geborenen Jungen «Max» etwa verachtfacht; im fünften Monat vermochte er auf allen vieren zu laufen. Die Erziehung übernimmt die Mutter, auch die soziale Einführung in die Gesellschaft. Sie animiert Bekannte, ihr Kind zu bewundern, zu begrüßen. «Sie demonstriert geradezu ihre mütterliche Zärtlichkeit und ihr Wohlgefallen an dem kleinen Schlingel-Wesen.» Das sind keine emotionalen Vermenschlichungen, wenn sich solche hochstehenden Tiere erwiesenermaßen menschenähnlich verhalten. Sie besitzen höchstwahrscheinlich bereits Gefühlsregungen, um mit H. Hediger zu sprechen, die allerdings nicht unter hochentwickeltem gesellschaftlichem Einfluß menschlicher Prägung und bewußter Ethik stehen.

Im Freileben bringen die Gorillaweibchen im Abstand von etwa vier Jahren ein Baby zur Welt. Wird ihr Kind im Zoo künstlich aufgezogen, kann die nächste Geburt schon wieder nach eineinhalb bis zwei Jahren folgen. Junge Gorillas spielen gern Ringelreihentanz, Haschen, Klettern, Schwingen, Rutschen, schlagen mit Vorliebe Purzelbäume oder stülpen sich Zweige über den Kopf. Das Spiel Gleichaltriger miteinander ist für die Ausbildung und Entwicklung des Sozialkontaktes und für das spätere Gemeinschaftsleben in der Gruppe äußerst wichtig. Aus dem Familienverband geht erst ein «richtiger» Gorilla hervor, der auch ein normales Verhalten zu seinen Partnern zeigt. Diese Fähigkeit ist offensichtlich auch eine wichtige Voraussetzung zur sozialen Einstimmung und zum Vorspiel sowie gekonnten Vollzug einer erfolgversprechenden Kopulation. Einzeln gehaltene Affen, vor allem solche von Kind an isoliert voneinander untergebrachte Tiere, zeigen Fehlverhalten, sind auf einzelne Menschen geprägt oder werden zu Neurotikern. Langeweile führt häufig zu absonderlichem Verhalten und zu anomaler Beschäftigung mit sich selbst.

Es ist kein Zufall, daß die erste Zoogeburt eines Gorillas erst so spät (1956) erfolgte. Der Erwerb von mehreren Gorillas oder gar einer vollen Zuchtgruppe ist eine sehr kostspielige Angelegenheit und infolge der internationalen Schutzbestimmungen heute nur noch selten möglich. Nach neuesten Forschungsergebnissen über die Ursachen noch zu geringer Nachwuchsraten im Zoo bei Menschenaffen im Yerkes Primate Center in Atlanta (USA) 1980 werden u. a. zu enge Räumlichkeiten für die Unterbringung dieser großen Affen angeführt. Dadurch unterliegen infolge der erhöhten Populations- bzw. Gruppendynamik rangmäßig untergeordnete Partner einem Dauerstreß und seien deshalb unfruchtbar. Trennwandversuche, bei denen in der Zeit erhöhter Empfängnisbereitschaft (Follikelsprung) die sonst getrennten Weibchen, dem eigenen Triebe folgend, von allein zum Männchen gehen können, sollen bereits zu Teilerfolgen geführt haben. Auch im Rang hochstehende Weibchen sollen häufiger Geburten bringen als tiefer stehende. Die größten Sorgen bereiten immer noch die Gorillamännchen. So haben z. B. von 62 Männchen in insgesamt 48 amerikanischen Zoos 1978 und 1979 nur 13 Nachwuchs gezeugt.

Mit etwa 22 verschiedenen Lauten verständigen sich die Gorillas untereinander. Im Zoo von San Francisco hat das befähigte Gorillamädchen «Koko» bis zum Alter von sechseinhalb Jahren 645 verschiedene Zeichen der amerikanischen Taubstummensprache erlernt. 375 Wörter davon benutzt sie regelmäßig als «Alltagswortschatz». Unter Anleitung ihrer Betreuerin und Lehrerin, Penny Paterson (1978), verwendet «Koko» nicht nur gelernte Ausdrücke, sondern bildet sogar selbständig neue Zeichenwörter, ein Beweis für ihre diesbezügliche Kombinationsfähigkeit sowie von Anfängen des elementaren Abstrahierens. Trotz aller Mitteilsamkeit hat natürlich auch «Koko», wie bei allen anderen ähnlichen Experimenten, ein großes und entscheidendes Handikap: sie ist nicht in der Lage, besonders auf Grund der anatomischen Beschaffenheit der Stimmorgane und des Fehlens eines Sprachzentrums im Gehirn, verständliche menschliche Laute zu formen. Anders als bei Schimpansen ist bisher bei freilebenden Gorillas noch kein Gebrauch von Werkzeugen, z. B. Stöcken, Steinen, festgestellt worden.

Der bisher zooälteste Gorilla «Massa» in Philadelphia zählte Ende 1980 bereits 50 Jahre. In der Wildbahn dürfte die Lebenserwartung erheblich darunter liegen. Als Feind im Tierreich kommt nur der Leopard in Frage; er soll mitunter nachts kleine Gorillas wegholen. Allerdings gibt es nur sehr wenig nachgewiesene Fälle. Die Bestandsangaben für den Flachlandgorilla im Freileben gehen verständlicherweise weit auseinander. Mehr als 15000 bis 18000 dürften es kaum noch sein. Seine Existenz gilt als bedroht. Die Zahl der Berggorillas liegt lediglich zwischen 500 und 3000 (?). Letztere gehören zu den am stärksten gefährdeten Formen. Die Verdrängung der Gorillas hat in erster Linie in der Abholzung der Wälder seinen Grund. Schutzzonen, besonders der Berggorillas, sind der Albert-Nationalpark, der Kahuzi-Biega-Nationalpark und das Gorilla-Schutzgebiet Kigezi.

In zoologischen Gärten zählen Gorillas auch noch heute wie zuvor zu den kostbarsten und seltensten Tieren. Nach der Bestandserfassung der Gorillas in der Obhut des Menschen (Census of rare animals in captivity 1980) werden für den westlichen Flachlandgorilla insgesamt 488 in 113 Tiergärten und für den östlichen Flachlandgorilla 12 in 4 Tiergärten angegeben. Während der letzten Jahre zeigen die Gorilla-Geburten in den Zoos eine steigende Tendenz an.

Der Zoo in Barcelona hält seit Jahren einen Albino-Gorilla, der auf den Namen «Copito de nieve» (Schneeflocke) hört. Mitte der sechziger Jahre etwa zweijährig in den Urwäldern von Rio Muni (Äquatorial-Guinea) gefangen, wuchs der Albino im Zoo ganz normal auf. Bereits 1973 wurde er Vater. Sein Sprößling besitzt die übliche dunkle Körperfarbe (A. J. Riopelle 1970). Wie schon angedeutet, werden heute beim Gorilla drei Unterarten differenziert:

Westlicher Flachlandgorilla *(Gorilla gorilla gorilla)*, westliches Äquatorialafrika in Gebieten von Kamerun, Gabun, Kongo, der Zentralafrikanischen Republik (SW) und von Zaire (NW); **Östlicher**

198 Vor dem Affenkäfig.

Flachlandgorilla *(Gorilla gorilla graueri)*, erkennbare Unterschiede zu den beiden anderen Unterarten im Schädel- und Körperbau. Westlich der Virunga-Vulkankette vom Nordwesten des Tanganjikasees über das bewaldete Hügelgebiet im Osten Zaires, des Kayonza-Waldes im Südwesten Ugandas bis in verstreut liegenden Gebieten westlich der Virunga-Vulkane Nyiragonga und Nyianulagira. **Berggorilla** *(Gorilla gorilla beringei)*, stärker behaart. Virunga-Vulkankette, SW-Uganda, Mt. Kahuzi-Gebiet, die hohe Gebirgsregion nördlich und nordöstlich vom Kiwusee.

Schimpansen (Gattung *Pan*)

Schimpanse *(Pan troglodytes)*. Schimpansen sind die menschenähnlichsten Menschenaffen. Von den ursprünglichen gemeinsamen Ahnen der Menschenaffen und der Menschen haben sie sich geringer entfernt als die übrigen Arten.

Der erste Schimpanse, der erste Menschenaffe überhaupt, gelangte bereits 1641 mit dem holländischen Seefahrer Nicolas Tulp nach Europa. Bis in das 19. Jahrhundert hinein war man sich häufig nicht im klaren, ob es sich jeweils um Schimpansen oder Gorillas handelte. Anfangs wußte man noch gar nicht, daß es in Afrika drei Arten dieser großen Menschenaffen gab. Seitdem hat sich bis in die letzten beiden Jahrzehnte hinein das Bild vom Schimpansen erheblich gewandelt. Zu den experimentellen Arbeiten, Intelligenztests und dem Studium seines Soziallebens in Forschungszentren und zoologischen Gärten – z.B. die Koehlersche Menschenaffenstation auf Teneriffa (1912 bis 1920), das Yerkes Regional Primate Center in Atlanta (USA) oder auch die von J.P. Pawlow in Suchumi (UdSSR) gegründete Forschungsstation – kamen dann später, besonders während der sechziger Jahre, die intensiven Beobachtungen und Untersuchungen an wildlebenden Schimpansen mit den aufsehenerregenden neuen Erkenntnissen. Hier seien vor allem die englische Zoologin Jane van Lawick-Goodall, der Holländer A. Kortlandt, der mit wilden Schimpansen u.a. hinsichtlich des Werkzeuggebrauchs experimentierte, und die Forschungen V. und F. Reynolds im Budongo-Wald in Uganda (1963/64) genannt. Zunächst jedoch einige zoologische Daten. Schimpansen erreichen eine Körperlänge von 70 bis 95 cm. Gestreckt aufrechtstehend messen Männchen bis 170 cm, Weibchen bis etwa 140 cm, obwohl mitunter auch unter letzteren sehr starke Tiere vorkommen. Die kräftigen Arme sind länger als die stämmigen muskulösen Beine. Mit der entgegenstellbaren großen Zehe eignet sich der Fuß sehr gut als Greiforgan und befähigt die Tiere zum geschickten und flinken Klettern. Ebenso wie die Gorillas sind sie Knöchelgeher, stützen sich also beim vierhändigen Gehen mit den Fingerrücken ab. Mitunter gehen die Schimpansen kurze Strecken aufrecht. Hierbei werden jedoch die Knie nicht durchgedrückt, so daß sie kleiner erscheinen. Das schwarzbraune oder meistens schwarze Haarkleid ist dicht und wird bei Erregung gesträubt. Gesicht, Hand- und Fußflächen sowie After und Geschlechtsregion sind nackt. Im Kindheits- und Jugendalter zeigt die nackte Haut fast immer eine helle Farbe, die dann später dunkel, selbst fast schwarz wird oder auch fleckig bleibt. Sehr kräftig ist das Gebiß

Mit gymnastischen Bewegungsübungen ermutigt die Gorillamutter ihr Kind zu aktiver Betätigung (nach Lang, Schenkel und Siegrist).

ausgebildet – 32 Zähne wie beim Menschen –, mit dem tiefe Wunden gerissen werden können. Starke Schimpansenmännchen erreichen ein Gewicht bis zu 80 kg; Weibchen wiegen bis 53 kg, seltener bis 60 kg. Wohl in extremster Form unter allen Primaten bildet sich bei der Schimpansin die Genitalschwellung aus. Die äußere Geschlechtsregion einschließlich Aftergegend schwillt während der Zeit des Follikelsprungs etwa bis kindskopfgroß an, ist nackt und hellrosa-fleischfarben. Wie beim Menschen erstreckt sich der Sexualzyklus, in dem sich Oestrus- und Menstruationsphase in ständigem Wechsel vollziehen, über 28 Tage. Der Beginn der Geschlechtsreife liegt beim Weibchen in der Regel zwischen sieben und acht Jahren, beim Männchen zwischen acht und neun Jahren, wobei die erste Fortpflanzung meistens ein Jahr später erfolgt. Etwa bis zum 40. Lebensjahr reicht die Periode der weiblichen Fruchtbarkeit, wie es an «Paty», einer Schimpansin des Yerkes-Labor in Orange Park auf Florida, nachgewiesen werden konnte. Normalerweise bringen Schimpansen, wenn sie ihr Junges selbst aufziehen, etwa aller drei bis vier Jahre ein Kind zur Welt. In der Zwischenzeit erfolgt wie bei den anderen Menschenaffen keine Konzeption. Nur bei Verlust des Nachwuchses während der beiden ersten Lebensjahre kommt es ähnlich wie bei den Orang-Utans bereits früher wieder zu Geburten. Die Tragzeit liegt zwischen 240 und 255 Tagen. Geburtshilfe wird je nach Situation von anderen Weibchen der Gruppe geleistet, oder die Gebärende tut es selbst, je nach Erfahrung. Dabei wird die Öffnung der Vagina mit den Fingern gespreizt und das Baby dann vorsichtig durch Ziehen zur Austreibung gebracht. Das Geburtsgewicht liegt durchschnittlich zwischen 1800 und 2200 Gramm. Auch einige Zwillingsgeburten sind bekannt geworden. Bis zum Alter von vier bis sechs Jahren bleibt der Mutterkontakt erhalten.

Gute Haltung und Plege einschließlich ständiger veterinärmedizinischer Betreuung – bei Menschenaffen werden in die ärztliche Behandlung auch Humanmediziner mit einbezogen – haben die Lebenserwartung der Schimpansen wie überhaupt aller Menschenaffen in menschlicher Obhut bedeutend erhöht. Aus Chicago wird von einem 46jährigen Schimpansenmännchen berichtet (Jones 1968), das nur geringe Anzeichen von Senilität zeigen soll. In der Wildnis vermindert sich das Durchschnittsalter dagegen durch Krankheit, Verletzungen, Verfolgungen und andere Einflüsse. Nur in sehr wenigen Fällen sind greisenhafte Schimpansen, deren Alter natürlich nur geschätzt werden konnte, im Freileben beobachtet worden.

Von den vielen anatomisch-physiologischen Ähnlich- und Gemeinsamkeiten mit dem Menschen sei das Blut angeführt. Seine Proteine sind u.a. ein wichtiges Kriterium für den Grad verwandtschaftlicher Beziehungen nahestehender Lebewesen. Hier besteht eine tatsächliche «Blutsverwandtschaft». Das Serumeiweiß im Blut von Gorilla und Schimpanse ist wesentlich ähnlicher im Vergleich zu dem des Orang-Utans, wie von J. Schmitt in Frankfurt (Main) festgestellt wurde. Zwischen Schimpansen- und Bonoboblut gibt es nur unbedeutende Unterschiede. Jedoch das Serumeiweiß im Bonoboblut steht dem des Menschen näher als das des Schimpansen. Gleichermaßen ähnelt auch das Schimpansenhirn in seinen Windungen und der Feinstruktur dem des Menschen. In seiner Masse liegt das Gewicht des Menschenhirns beim Mann zwischen 1350 und 1500 Gramm, wogegen das des Schimpansen im Durchschnitt nur ca. 400 Gramm erreicht. Dennoch haben die Menschenaffen – abgesehen von der Sonderstellung des Menschen – die höchsten und entwicklungsfähigsten Eigenschaften.

Die Verbreitung der Schimpansen ist auf das äquatoriale Afrika begrenzt, im Westen von Guinea bis zur Elfenbeinküste und getrennt davon von Kamerun, Gabun über das nördliche Zaire bis nach Uganda, Rwanda, Burundi zum Tanganjikasee. In verschiedenen Gebieten wurden sie während der letzten Jahrzehnte bereits ausgerottet. Heute unterscheiden wir regional zwei Gruppen von Schimpansen, die sich in ihrem Biotop erheblich voneinander unterscheiden: Populationen in geschlossenen oder nur gering aufgelockerten Waldformationen und solche in lichteren Randzonen von Wäldern sowie in der offenen Landschaft, in der Savanne. In Anpassung an die unterschiedlichen ökologischen Bedingungen haben sich Veränderungen in der Lebensweise, speziell im Verhalten herausgebildet, die zudem in evolutionärer Sicht interessante Tendenzen aufzeigen. Kortlandt (1967) hat einen Stoffleoparden auf den Pfad von wilden Schimpansen gesetzt. Als die Affen ankamen, sträubten sie ihr Fell, schrien, drohten und schlugen mit Stöcken auf ihn, wobei sehr heftige Schläge seinen Rücken trafen, die zu gefährlichen Verletzungen hätten führen können. Waldschimpansen wären wahrscheinlich auf die Bäume geflüchtet, wogegen Populationen der offenen Landschaft der Situation bzw. den Erfordernissen gemäß eher Stöcke und Steine zum Angriff, zur Drohung oder Abwehr benutzen. Die Schimpansen haben ein breiteres Spektrum an Anlagen und Befähigungen, als normalerweise zur Anwendung kommt. Die offene Landschaft mit ihrem vielfältigeren Geschehen, Abwechslungen, größeren Gefahren stellt höhere Anforderungen und fördert die Höherentwicklung der Sinne und psychischen Leistungen. Dagegen gewährt der dichte Wald mehr Ruhe und Sicherheit, verlangt weniger Findigkeit und Überlebensaktivität. Auch im Freileben bedienen sich Schimpansen bestimmter Werkzeuge aus eigenem Antrieb im selbständigen Erfahrungs- und Lernprozeß. Halme oder dünne Zweige werden als «Termitenangeln» zurechtgebissen oder geknickt. Auch Honig wurde so aus Bienennestern herausgestochert. Sie zerkauen Blätter zu elastischen Knäueln und benutzen sie dann als Trinkschwämme. Steine und Stöcke finden wirklich gezielt als Wurf-, Schlag- und Klopfgeräte Verwendung; Kinder spielen gelegentlich damit. Auch als «Geruchshilfen» werden Stöcke gebraucht, z.B. um zu prüfen, ob Termitenlöcher besetzt sind. Blätter dienen nicht selten zum Abwischen von Kot und Schmutz vom Körper. Gegenstände können auch Waffen sein. Schimpansen bauen Schlafnester auf Bäumen, nur ganz selten am Boden. Mit dem Alter verbessert sich die Nestbaukunst wie auch anderes manipulatives Verhalten. Jungtiere werden nicht allein im Nest gelassen.

Als vorwiegende Pflanzenfresser verzehren Schimpansen Früchte, Blätter, Blüten, junge Rinde, markige Stengel u.a. Von Insekten sind es meistens Termiten und Ameisen, die, wie bereits angedeutet, mit Halmen oder Stöckchen, in die sich diese Kerbtiere verbeißen, aus den Gängen herausgezogen und von diesen Angeln abgelutscht werden.

Die entgegengestreckte Hand des ranghöheren Schimpansenmännchens wirkt beruhigend auf das Weibchen...

Schimpansen fressen nur das, was sie kennen. So werden z.B. Ölpalmenfrüchte, die Schimpansen in Westafrika bevorzugt fressen, in anderen Gegenden verschmäht; die einen sind Eierliebhaber, andere beachten sie gar nicht. Die Schimpansen in offener Landschaft fingen sogar Säugetiere, wie kleine Buschschweine, junge Paviane, neugeborene Antilopen, selbst ein Roter Stummelaffe wurde unter den Opfern festgestellt (Kawabe 1966). Sie teilten das Fleisch ohne Streit untereinander und fraßen es langsam. Nach jedem Bissen wird ein Büschel von Blättern als Beikost genommen. Die Jagd, die nur gelegentlich erfolgt, wird in der Regel gemeinschaftlich betrieben. Beim Überwältigen und Töten des Opfers verhalten sich besonders starke Männchen wie reißende große Katzen oder schlagen die Beute hart auf den Boden auf. Die erfolgreichen Jäger bedienen sich mitunter vorrangig mit Fleisch. Doch selbst dominante Tiere nehmen die Nahrung nicht weg, sondern setzen sich mit ausgestreckter Hand und vorgeschobener flehender Unterlippe hinzu. Das Fleisch wird häufig stückweise verteilt, wobei bettelnde Weibchen meistens kürzer ausgehen.

Zum Werkzeuggebrauch in Form von Knüppeln und Steinen – in der Veranlagung vorhanden – dürften die Schimpansen auch bei der Jagd befähigt sein. Kortlandt (1963) behauptet, daß die frühen Menschenaffen mehr Werkzeuge und Waffen benutzt haben als die jetzigen. An der manipulativen und geistigen Kraft des Schimpansen sei vieles rückläufig. Es gibt auch unterschiedliche Meinungen darüber, weshalb Menschenaffen im Freileben nicht mehr Objekte manipulieren, als sie es unter Obhut des Menschen tun. Der Mensch fördert und lenkt zielgerichtet und intensiv den Lernprozeß des Schimpansen, bereitet Lernsysteme vor, leitet an, nutzt methodisch das Neugierdeverhalten und die Manipulierlust. Belohnungen und Anreiz durch Futter und dgl. stimulieren die Lernaktivität. In der Natur sind es lediglich die üblichen Sozialkontakte, die als Ursache und Auslöser des einfachen Lernens, z.B. Nachahmen, Übertragen von Erfahrungen, Notsituationen, die schneller zu Reaktionen zwangen, in Frage kommen.

Wertvolle Ergebnisse in der Forschung des Verhaltens von Schimpansen brachten die Untersuchungen von Jane van Lawick-Goodall. Nur mit geringen Unterbrechungen arbeitete sie zehn Jahre lang im Reservat am Gombe-Fluß nahe dem Nordostufer des Tanganjikasees in Tansania. Ihre Beobachtungen und Untersuchungen galten von 1960 einer Gruppe von ca. 50 Schimpansen, deren anfänglicher Argwohn sich mit der Zeit bald in erstaunliches Vertrauen umwandelte. «Am Ende begrüßten sie mich fast wie einen der Ihren», berichtet die engagierte Verhaltensforscherin.

Die von Jane van Lawick-Goodall (1971) beobachtete Schimpansengemeinschaft bildete keine zusammenhängende Gruppe, sondern gliederte sich in mehrere Sippen von ca. drei bis sechs Tieren. An Konzentrationspunkten, wie an Futterstellen, sammelten sich jedoch Gruppen von 20 und mehr an. Das Primat führte dort ein kräftiges aggressives Männchen, mitunter aber auch ein schwächeres, das seine körperliche Unterlegenheit durch besondere Schlauheit und Raffinesse ausglich. Zu überraschend menschenähnlichen Gebaren kommt es bei Begegnungen von untereinander bekannten Schimpansen während ihrer Streifzüge. Da gibt es Umarmungen, kußartige Mundberührungen, Entgegenstrecken der Hand oder Händeschütteln, gutmütiges Schulterklopfen. Körperlicher Kontakt läßt Sicherheit und Geborgenheit empfinden. Andererseits kommt es ebenso zu Drohverhalten von seiten der Männchen, das sowohl Angst auslösen als auch zu Angriffen, aber auch zu ernsthaften Kämpfen führen kann. Beschwichtigungen, noch mehr Demutsgebärden, z.B. das Entgegenhalten des Hinterteils, «entschärfen» meistens das Verhalten aggressiver Männ-

. . . und wird unterwürfig von diesem geküßt.

chen. Die Unterlegenen suchen entweder Schutz bei Vertrauten der Gemeinschaft oder flüchten, verlassen jedoch den Sozialverband nur widerwillig. Häufig läßt dann der Unterlegene seine Wut über die Degradierung an einem noch schwächeren Mitglied der Gruppe aus, was als «Radfahrerreaktion» bezeichnet wird. Daß Schimpansen in ihrer Sippe um Vorherrschaft, ein Weibchen oder mitunter auch um Nahrung kämpfen, ist bekannt. Solche Rangrivalitäten kommen öfter vor, wobei es nur selten harte Handgreiflichkeiten, gefährliche Beißereien und ernsthafte Verletzungen gibt. Im allgemeinen ist der Zusammenhalt in der Sippe gut. Anders scheint es zwischen den Angehörigen verschiedener Gruppen zu sein. Aus unbekannten Gründen hatte sich die von Jane van Lawick-Goodall in den sechziger Jahren beobachtete Schimpansengemeinschaft zwischen 1970 und 1972 in zwei Gruppen geteilt. Zunächst blieben die Begegnungen beider Horden an den Reviergrenzen noch ohne offene Feindseligkeiten. Die Männchen drohten höchstens. In den folgenden Jahren brachen jedoch regelrechte kriegerische Gewalttätigkeiten aus. In kürzeren oder längeren Zeitabständen wurden immer wieder Männchen sowie auch Weibchen gefangen und durch zahlreiche Bisse und Schläge getötet. 1977 war die eine Gruppe völlig ausgerottet. Der Grund für das totale aggressive Verhalten war keineswegs klar. Bei dieser innerartlichen Aggression spricht I. Eibl-Eibesfeldt (1975) von einem «kriegerischen Konflikt».

Wiederholt wurde beobachtet (Suzuki 1971), daß einzelne Weibchen die Kinder anderer, meist einzeln angetroffener Schimpansinnen geraubt, getötet und verspeist hatten. Zu aggressiven Auseinandersetzungen kann es auch kommen, wenn sich getrennt lebende Gruppen begegnen. Meistens bleibt es jedoch beim Lärmen, Imponieren, Drohen und Scheinangriffen oder, je nach Situation, beim Ausweichen und Rückzug. Einzelne junge Weibchen, besonders wenn sie sich im Oestrus befinden, dürfen auch fremde Gruppen ohne Abwehr besuchen. Eine Statushierarchie ist offensichtlich vorhanden, wenn sie auch nicht immer voll zum Ausdruck kommt. Schimpansen können also sehr aggressiv sein. Schon die Vielzahl der beschwichtigenden Verhaltensweisen, die Grußgebärden und Gesten des Um-Frieden-Bittens deuten darauf hin; z. B. strecken Rangniedere die Hand aus, wenn sie einen Ranghöheren in einer kritischen Situation beschwichtigen wollen. Wird sie vom Überlegenen berührt, so ist der Unterlegene beruhigt. Umarmen, Betätscheln, «Lausen», Zusammenkauern, sexuelles Präsentieren der Gesäßregion usw. sind weitere Beschwichtigungen bzw. Gesten der Unterlegenheit. Imponier- oder Drohverhalten dient der optischen Erhöhung oder Übertreibung des Selbstwertes, der Einschüchterung des Gegners. Zur Erhöhung des akustischen Eindrucks wird auf hohlen Stämmen, leeren Gefäßen und dröhnenden Wänden getrommelt. Damit im Zusammenhang steht wohl auch der Drang aufzufallen und beachtet zu werden, der besonders in menschlicher Obhut zu erkennen und z.B. bei Dressurvorführungen genutzt wird. «Jacki», ein Schimpansenmännchen im Dresdener Zoo, stand exponiert hoch auf dem Klettergestell, wartete, sah sich um, ob er auch bewundert wurde, um dann in überbetont protziger Haltung abzuspringen. Gab es Beifall oder gar anfeuernde Zurufe, dann wiederholte er seine Vorführung bis zur Ermüdung oder Erschöpfung. Oft beschwichtigte ihn das Weibchen anschließend. Bei all diesen Erregungssituationen sind häufig Peniserektionen zu beobachten, die jedoch nicht in sexuelle Zusammenhänge zu bringen sind, eher «Imponiersymbol»-Bedeutung haben.

D. Morris (1962, 1971) unternahm mit «Congo» ausgedehnte Versuche im Zeichnen und Malen und kam zu dem interessanten Ergebnis, daß Schimpansen nicht nur aus bloßem, wahllosem Betätigungsdrang malen. «Congo» erledigte seine Aufgaben mit höchster Konzentration und mit lustbetonten Lauten und wußte auch, wenn sein «Kunstwerk» fertig war. Schimpansen haben einen klar umgrenzten, erkennbaren Formensinn und sogar einen individuellen Stil und variieren auch Formen, zeichnen Muster nach oder vervollständigen diese. Auch bevorzugte Themen, wie strahlenartige Strichmuster oder elementare bunte Farbkompositionen, sind zu unterscheiden. Mißbrauch wurde mit den Bildern des Schimpansen «Pierre», die 1964 in Schweden unter dem Namen Pierre Brassau zur Ausstellung kamen, getrieben. Sie wurden sogar ernsthaft kommentiert und z. T. verkauft. Auch B. Rensch und J. Döhl (1969, 1975) analysierten die «Malkunst» ihrer klugen Schimpansin «Julia», bei der sie gestaltende Grundelemente erkennen konnten. Alle Tiere malten offensichtlich lustbetont.

Hier sei nochmals an die «klassischen» Köhlerschen Intelligenzprüfungen an Menschenaffen während des ersten Weltkrieges auf Teneriffa erinnert. Seine berühmten Experimente, Schimpansen zu lehren, Kisten aufeinander zu stellen oder zwei Stöcke ineinander zu stecken, um eine Banane zu erreichen, beruhten auf reiner Lerntheorie, und er versuchte damit die Gestalt-Theorie des Lernens zu beweisen.

Schimpansen zeigen je nach Stimmung einen sehr lebhaften Wechsel des Gesichtsausdrucks, wie Lachen, Lächeln, Freude, Aufmerksamkeit, Mißstimmung, Ärger, Weinen, Trauer, Angst, Wut usw. Die Psychologin N. Kohts zeigte einem jungen Schimpansen eine breite Skala von gefühlsbetonten Gesichtsausdrücken an sich selbst, auf die er verständnisvoll reagierte.

Über die psychologischen Leistungen der Schimpansen ist bereits unter verschiedenen Aspekten gesprochen worden. Ihre Lerndisposition, d. h. das genetisch vorbestimmte Lernvermögen, ist sehr umfangreich. Es wird von vielfältigen Umweltgeschehnissen, von Gefahren, Neugierde, Spieltrieb, Betätigungsdrang usw. stimuliert und intensiviert. Die erstaunliche, wenn auch individuell differenzierte Gedächtniskapazität erhöht den Anwendungsgrad des Erlernten und befähigt die Tiere mit neuen, auch komplizierten Situationen folgerichtig fertig zu werden; sie werden auch geübter im Lösen vielschichtiger Aufgaben und sind sogar in der Lage, «Erfindungen» zu machen. Die Komponente des erlernten, mehr variablen Verhaltens ist dann wesentlich größer als die des angeborenen, mehr stereotypen Verhaltens. In diesem Zusammenhang sei vermerkt, daß vom Babyalter an einzeln künstlich aufgezogene Schimpansen kein natürliches Sozialverhalten erlernt haben. Eine spätere Eingewöhnung in einen artspezifischen Sozialverband gelingt nur in wenigen Fällen. Diese Sonderlinge verstehen kein artspezifisches Kontaktverhalten, reagieren meistens auf Kontaktgesten falsch und lösen dadurch Aggressivität und Abwehr bei der Gruppe aus. Ernsthafte Bißverletzungen sind dabei nicht selten. In der großen Schimpansengruppe des Tierparks in Arnhem (Niederlande) hat man den Versuch unternommen, nicht angenommene Neugeborene solchen «artgerechten» Adoptivmüttern anzuvertrauen, die mit Babys gut umgehen können. Die Kinder wachsen auf diese Weise im Sozialverband auf. Bei Schimpansen spielt das soziale Lernen, wie Absehen, Nachmachen, Beobachten, auch Erziehen usw., eine sehr wichtige Rolle.

Unter Laborbedingungen vollbringen Schimpansen höhere Lernleistungen als im Freileben, da hier andere Voraussetzungen und Bedingungen herrschen. In zahlreichen Laborversuchen haben die Psychologen die Komplexheit des Lernens bei Schimpansen in exakt kontrollierten und nichtsozialen Situationen analysiert und auch meßbare Ergebnisse erzielt. Die bereits genannte Schimpansin «Julia» führte erfolgreich komplizierte Labyrinthversuche durch. Rensch und Döhl (1968) sprechen in diesem Zusammenhang von deutlichen Ansätzen zur Fähigkeit, vorausschauend zu handeln. Die gleiche Äffin war ebenso in der Lage, eine größere Anzahl in unterschiedlicher Reihenfolge angeordneter Kästen mit fünf selbst auszuwählenden verschiedenen Werkzeugen folgerichtig zu öffnen; ein ausgesprochenes Erfassen kausaler und logischer Zusammenhänge. Sie entwickelte ihre Taktik visuell, und sie zog Schlüsse, um ungewöhnliche Kästen mit Miniaturschlüsseln in ebensolchen Schlössern zu öffnen, wobei sie eine verblüffende Fingerfertigkeit entwickelte, speziell beim Manipulieren mit winzigen Schrauben. Überhaupt scheint die Beschäftigung mit Schlössern für Schimpansen sehr interessant zu sein, wie mitunter böse Überraschungen im Zoo beweisen. Im Yerkes Regional Primate Center in Atlanta lernte eine Gruppe von Schimpansen die Benutzung von Automaten. Die Tiere begriffen sehr bald, die verschiedenfarbigen Münzen entsprechend ihrer Kaufkraft unterschiedlich hoch zu bewerten, nachdem sie merkten, daß mit der einen eine größere oder mit einer anderen nur eine kleinere Futterportion dem Automaten zu entnehmen war. Hatten sie sich sattgefressen, horteten einige der Gruppe regelrecht ihr «Geld» (J. B. Wolfe). Andere wiederum, die ihre Münzen schon restlos ausgegeben hatten oder einen größeren Appetit besaßen, begannen bei den «Sparern» zu betteln.

Die sehr gelehrige, im Varieté gewesene Äffin «Butschi» im Dresdener Zoo bewies sogar Lehrbefähigung. Ihrem Sohn «Fips» brachte sie einen Teil ihres Varietérepertoirs bei, wie Handstand, Brücke u. a., aber auch einige Dummheiten, so z. B. zielgerichtetes Spucken und Urinieren auf Besucher.

Die Vielzahl der Experimente kann hier bei weitem nicht vollständig angeführt werden. Um unabhängig und unbeeinflußt von Laborbedingungen Verhaltensforschungen an Menschenaffen betreiben zu können, werden alljährlich vom Frühjahr bis zum Herbst Schimpansen auf einer waldigen Insel in einem See bei Pskov (Nordwesten der UdSSR) ausgesetzt. Mitarbeiter des Leningrader Institutes für Physiologie der Akademie der Wissenschaften der UdSSR befassen sich hier speziell mit Anpassungsfähigkeiten, dem Werkzeuggebrauch und Kommunikationssystem bei Menschenaffen. Die Tiere leben auf der Insel völlig frei und haben sich den natürlichen Umweltbedingungen angepaßt, bauen Schlafnester und sind weitgehend akklimatisiert.

Zur «Sprache» der Schimpansen sei noch einiges gesagt. Ihr umfangreiches und hochentwickeltes Kommunikationssystem mit Hilfe von Lauten, Gesten, Mimik, Geruch, Berührung und dgl. ist bekannt. Jede Mitteilung oder Verständigung setzt sich in der Regel aus Motivation und Emotion, Signal, Bedeutung und Funktion zusammen (Smith 1968). Das ist die erste Ebene des Signal- oder Kommunikationssystems. Die zweite Ebene ist die Sprache, die lediglich dem Menschen eigen ist. Aber bei den Schimpansen sind in Ansätzen einzelne Bedingungen der zerebralen Ausbildung und Leistung vorhanden. Die hohen Hirnleistungen sowie das menschenähnliche Verhalten der Schimpansen in vielen Situationen veranlaßten nach dem zweiten Weltkrieg amerikanische Neurobiologen und Psychologen zu systematischen Sprachexperimenten. C. und K. Hayes zogen von 1947 bis 1954 das Schimpansenmädchen « Viki » wie das eigene Kind im Haushalt auf. Aber nur unter größter Mühe gelang es, « Viki » vier Wörter beizubringen: mama, papa, cup (trinken) und up (rauf, in der Bedeutung « Huckepack »), die sie, z. T. auch nur schwer verständlich artikulierte. Die auf die Artikulation der Sprache angepaßte Anatomie des Kehlkopfes, der Zunge und des Gaumens beim Menschen ist bei den Schimpansen nicht vorhanden. Eine geeignetere Methode wandten B. und R. Gardner von der Universität Nevada (USA) 1966 bis 1970 mit der jungen Schimpansin « Washoe » an. Sie benutzten die American Sign Language (ASL), die Taubstummensprache, die auf der Basis der höheren geistigen Fähigkeiten des Menschen aufgebaut und inhaltlich verständlich ist, d. h. demzufolge auch begriffliches Denken oder zumindest begriffliche Vorstellungsverknüpfung (Assoziation) voraussetzt. Was « Washoe » zuerst lernte, waren Eigennamen und Namen der Gegenstände aus ihrer Umwelt; es folgten Verben, Pronomen und ebenso einige syntaktische Partikeln, die über die Beziehung der Begriffe zueinander aussagen. Sie erlernte in vier Jahren über 132 ASL-Zeichen, die sie immer wieder von sich aus richtig anwendete, ohne daß sie ihr erneut vorgemacht werden mußten, und die sie auch erstaunlicherweise selbständig in neue Zusammenhänge einsetzte. « Washoe » bewies dabei deutlich elementare Stufen, zumindest aber Vorstufen des Abstraktionsvermögens, das ebenso in ausgeprägter Form wie auch die Übertragungsfähigkeit Voraussetzung jeder Sprache ist. H. Terrace (1980) von der Columbia Universität New York kam nach exakter Überprüfung verschiedener eigener Ergebnisse zu der Schlußfolgerung, daß trotz verblüffender Einzelleistungen von einer echten Sprache, die selbst der menschlichen nur sehr begrenzt nahekommt, nicht die Rede sein kann. Der kalifornische Psychologe D. Premack schloß seinen Forschungsbericht mit dem lakonischen Satz: « Da der Mensch nötig ist, dem Schimpansen Sprache beizubringen und nicht umgekehrt, mögen wir weiterhin Einzigartigkeit beanspruchen. »

Obwohl die Bestandszahlen der Schimpansen heute noch nicht alarmierend sind, zwingt ihre rückläufige Tendenz dennoch zu wirksamen Schutzmaßnahmen. In ihrem Verbreitungsgebiet sind sie teils bereits ausgestorben (Rwanda, Burundi, Benin), in einigen Ländern nur noch sehr selten (Sierra Leone, Togo, Ghana), in anderen Gebieten z. T. noch gesichert, aber nur noch in relativ wenigen Teilen häufig vorkommend (Guinea, Kamerun, Gabun, Kongo?, Zaire). Insgesamt dürfte der Bestand 50000 kaum überschreiten. Ähnlich wie Orang-Utans in ihrer Heimat hat man auch Schimpansen – illegal eingeführte, beschlagnahmte und Zoonachzucht – ins Freiland überführt. Bereits 1966 brachte B. Grzimek zunächst 10 halbwüchsige Schimpansen auf die 240 km² große Insel Rubondo im Viktoriasee, die zusammen mit weiteren kleineren Inseln 1977 vom Wildschutzgebiet zum Nationalpark – dem nunmehr 10. von Tansania – erhoben wurde. Nach anfänglichen Schwierigkeiten infolge der bisherigen Gewöhnung an Menschen und ihres komplizierten Sozialverhaltens kann dieser Aussetzungsversuch jetzt als gelungen bezeichnet werden. Inzwischen haben sich die « Einwanderer » bereits in zweiter Generation fortgepflanzt.

Mit einem Halm stochert der Schimpanse *(Pan troglodytes)* im Termitenhügel herum. Die Insekten bleiben am Halm haften und werden vom Schimpansen abgeleckt.

Auch im westafrikanischen Gambia werden aus menschlichem Gewahrsam stammende Schimpansen für das Freileben in der Wildnis vorbereitet. Unter Leitung von Stella Brewer erhalten die «Heimkehrer» ein regelrechtes Waldtraining und holen nach, was sie an Verhalten in der Natur zu erlernen haben, also was nicht angeboren ist. Nur so besteht Hoffnung, in der Wildnis zu bestehen und zu überleben.

Schimpansen können sich verschiedenen Lebensräumen anpassen und haben auch das weiteste Verbreitungsgebiet unter den Menschenaffen. Im Ruwenzorigebirge können sie bis zu 3000 m Höhe angetroffen werden. Auffallend ist, daß es innerhalb der Art sehr große Unterschiede in allen Körpermerkmalen gibt (Körper- und Gesichtsform, Größe, hell- oder dunkelgesichtig, bärtig, bartlos und dgl., von der Geschlechts- und Altersabhängigkeit abgesehen). Je nach Überzahl dieser oder jener Typen in den einzelnen Gebieten unterscheiden manche Systematiker drei bis vier sehr fragwürdige Unterarten. Genannt seien:

Tschego *(Pan troglodytes troglodytes)*, **Gemeiner oder Maskenschimpanse** *(Pan troglodytes verus)* und **Ost- oder Langhaar-Schimpanse** *(Pan troglodytes schweinfurthi)*, in zoologischen Gärten als häufigster Menschenaffe zu sehen. Infolge seiner relativ hohen Anpassungsfähigkeit und seines verhältnismäßig geringen Preises wird er an vielen Stellen unter unzureichenden Bedingungen gehalten, unter denen diese empfindsamen und intelligenten Tiere meist verkümmern. Trotz strengerer internationaler Schutzbestimmungen gelingt es immer noch, Schimpansenbabys auch für Privatleute in den Handel zu bringen.

Bonobo oder **Zwergschimpanse** *(Pan paniscus)*. Die Entdeckung dieser Menschenaffen geht auf das Jahr 1928 zurück. Erst während der letzten 25 Jahre wurde in menschlicher Obhut Näheres über das Verhalten dieser wohl menschenähnlichsten Affenart bekannt. Über die Lebensweise in der Wildnis liegen jedoch nur sehr geringe Kenntnisse vor.

Die Bonobos sind ca. 1 m groß und von schlanker Körpergestalt; das Gewicht überschreitet kaum 50 kg, bei Weibchen bleibt es weit darunter. Die Stirn ist höher und stärker gewölbt, das Gesicht von schwarzer Farbe mit hellem Kinn und hellen Augenlidern sowie rötlichen Lippen. Die Ohren sind kleiner, und das Gebiß ist noch menschenähnlicher als das der Schimpansen. Die äußeren Geschlechtsorgane der Weibchen sind mehr bauchwärts gelegen. Dementsprechend gibt es auch Verhaltensunterschiede bei der Begattung, die nach R. Kirchshofer und Pournelle im Liegen oder in Hockstellung erfolgt, wobei in den meisten Fällen das Weibchen den Partner zur Kopulation animiert. Es streckt sich am Boden aus und umfängt das Männchen mit den Armen.

Das Verbreitungsgebiet der Bonobos liegt mitten in Afrika, in den unzugänglichen Regenwäldern zwischen dem mittleren Zaire (Kongo) und dem Unterlauf des Kasai. Wahrscheinlich leben sie nur in kleineren Verbänden von drei bis fünf Tieren. Die Nacht verbringen diese Tiere in Schlafnestern, die häufig in hohen Bäumen zwischen 20 und 30 m Höhe angelegt werden. Neben der vorwiegend pflanzlichen Nahrung stehen aber auch Insekten und kleinere Wirbeltiere auf dem Speisezettel.

In ihrer Stimme weichen Bonobos ebenfalls von ihren größeren Vettern ab. Nach H. Mitchell (1976) «können die Zwergschimpansen mehr mit ihrer Stimme machen als andere Schimpansen. Sie haben einen größeren Lautreichtum, und zuweilen lachen sie geradezu heraus. Sie gehen weit besser auf meine Anregungen ein. Sie sind intelligenter und weit freundlicher gegenüber Menschen.» Im Wesen zeigen sie sich wesentlich empfindlicher als ihre robusteren Vettern. Seit Jahren werden im Yerkes Regional Primate Research Center in Atlanta (USA) unter Leitung von G.H. Bourne exakte Forschungen über Verhalten, Blutchemie und Fortpflanzung an Bonobos betrieben. Weil die direkte Ausfuhr dieser Tiere aus Zaire verboten ist, erhielt das Yerkes Center nur fünf Bonobos vom Institute for Research of Central Africa in Zaire geliehen.

Über die Fortpflanzung sind bereits in wenigen Zoos, in denen Bonobos gehalten werden, wertvolle Beobachtungen gemacht worden. Die Geburt geschieht im wesentlichen wie bei den Schimpansen. Über das Alter liegen nur wenige Einzelangaben vor. Im Zoo San Diego wurde ein Bonobo 21 Jahre alt und lebte davon über 20 Jahre in menschlicher Obhut. Eine Äffin in Frankfurt (Main) hatte 1981 ein Alter von ca. 28 Jahren. Im Jahre 1980 lebten 34 Bonobos in 8 zoologischen Gärten; bereits fünfmal wurde Nachwuchs erzielt. Bonobos gehören zu den von der IUCN als gefährdet ausgewiesenen Tieren.

Anhang

Systematik der Primaten

Ordnung	**Herrentiere**	**Primates**
Unterordnung	Halbaffen	Prosimiae
Teilordnung	Spitzhörnchenartige	Tupaiiformes
Familie	Spitzhörnchen	Tupaiidae
Unterfamilie	Buschschwanztupaias	Tupaiinae
Gattung	Tupaias	*Tupaia*
Art	Gewöhnliches Spitzhörnchen	*– glis*
	Günthers Spitzhörnchen	*– minor*
	Gebirgsspitzhörnchen	*– montana*
	Nicobar Spitzhörnchen	*– nicobarica*
	Javaspitzhörnchen	*– javanica*
Gattung	Malaiische Tupaias	*Tana*
Art	Tana	*– tana*
Gattung	Indische Tupaias	*Anathana*
Art	Elliots Tupaia	*– ellioti*
Gattung	Philippinentupaias	*Urogale*
Art	Everetts Spitzhörnchen	*– everetti*
Gattung	Bergtupaias	*Dendrogale*
Art		*– murina*
		– melanura
Unterfamilie	Federschwanztupaias	Ptilocercinae
Gattung	Federschwanztupaias	*Ptilocercus*
Art	Federschwanz- oder Fahnenschwanz-Spitzhörnchen	*– lowii*
Teilordnung	Lemurenartige	Lemuriformes
Familie	Eigentliche Lemuren oder Makis	Lemuridae
Unterfamilie	Katzenmakis	Cheirogaleinae
Gattung	Zwergmakis	*Microcebus*
Art	Mausmaki	*– murinus*
	Coquerels Zwergmaki	*– coquereli*
Gattung	Echte Katzenmakis	*Cheirogaleus*
Art	Großer Katzenmaki	*– major*
	Mittlerer Katzenmaki oder Fettschwanzmaki	*– medius*
	Kleiner Katzenmaki oder Büschelohriger Katzenmaki	*– trichotis*
Gattung	Phaner	*Phaner*
Art	Gabelstreifiger Katzenmaki	*– furcifer*

Unterfamilie	Mittelgroße Lemuren	Lemurinae
Gattung	Echte Makis	*Lemur*
Art	Brauner Maki	*– fulvus*
	Mohrenmaki	*– macaco*
	Mongozmaki	*– mongoz*
	Kronenmaki	*– coronatus*
	Katta	*– catta*
	Rotbauchmaki	*– rubriventer*
Gattung	Halbmakis	*Hapalemur*
Art	Grauer Halbmaki	*– griseus*
	Breitschnauzenhalbmaki	*– simus*
Gattung	Varis	*Varecia*
Art	Vari	*– variegata*
Gattung	Wieselmakis	*Lepilemur*
Art	Großer Wieselmaki	*– mustelinus*
	Kleiner Wieselmaki oder Rotschwänziger Wieselmaki	*– ruficaudatus*
		– dorsalis
		– rufescens
		– leucopus
		– microdon
		– septentrionalis
Familie	Indriartige	Indriidae
Gattung	Sifakas	*Propithecus*
Art	Larvensifaka	*– verreauxi*
	Diademsifaka	*– diadema*
Gattung	Wollmakis	*Avahi*
Art	Wollmaki oder Avahi	*– laniger*
Gattung	Indris	*Indri*
Art	Indri	*– indri*
Familie	Fingertiere	Daubentoniidae
Gattung	Fingertiere	*Daubentonia*
Art	Fingertier oder Aye Aye	*– madagascariensis*
Teilordnung	Loriartige	Lorisiformes
Familie	Loris	Lorisidae
Gattung	Schlankloris	*Loris*
Art	Schlanklori	*– tardigradus*
Gattung	Plumploris	*Nycticebus*
Art	Plumplori oder Cougang	*– coucang*
	Kleiner Plumplori	*– pygmaeus*
Gattung	Bärenmakis	*Arctocebus*
Art	Bärenmaki oder Goldpotto	*– calabarensis*
Gattung	Pottos	*Perodicticus*
Art	Potto	*– potto*

Familie	Galagos oder Bush-Babys	Galagidae
Gattung	Galagos	*Galago*
Art	Senegalgalago, Steppengalago oder Moholi	*– senegalensis*
	Riesengalago oder Komba	*– crassicaudatus*
	Buschwaldgalago oder Allengalago	*– alleni*
	Zwerggalago oder Demidoffgalago	*– demidovii*
	Westlicher Kielnagelgalago	*– elegantulus*
	Östlicher Kielnagelgalago	*– inustus*

Teilordnung	Koboldmakiartige	Tarsiiformes
Familie	Koboldmakis	Tarsiidae
Gattung	Koboldmakis	*Tarsius*
Art	Philippinen-Koboldmaki	*– syrichta*
	Sunda-Koboldmaki oder Westlicher Koboldmaki	*– bancanus*
	Celebes-Koboldmaki oder Östlicher Koboldmaki	*– spectrum*

Unterordnung	Affen	Simiae

Teilordnung	Neuweltaffen oder Breitnasenaffen	Platyrrhina
Familie	Kapuzinerartige	Cebidae
Unterfamilie	Nacht- und Springaffen	Aotinae
Gattung	Nachtaffen	*Aotes*
Art	Nachtaffe	*– trivirgatus*
Gattung	Springaffen oder Titis	*Callicebus*
Art	Witwenaffe	*– torquatus*
	Roter Springaffe	*– cupreus*
	Grauer Springaffe	*– moloch*
	Schwarzköpfiger Springaffe oder Maskentiti	*– personatus*
Unterfamilie	Sakiaffen	Pithecinae
Gattung	Schweifaffen oder Sakis	*Pithecia*
Art	Zottelschweifaffe oder Mönchsaffe	*– monacha*
	Blaßkopfsaki	*– pithecia*
Gattung	Bartsakis	*Chiropotes*
Art	Satansaffe	*– satanas*
	Rotrückensaki	*– chiropotes*
	Weißnasensaki	*– albinasa*
Gattung	Kurzschwanzaffen oder Uakaris	*Cacajao*
Art	Roter Uakari	*– rubicundus*
	Scharlachgesicht oder Kahlkopfuakari	*– calvus*
	Schwarzkopfuakari	*– melanocephalus*
	Schwarzer Uakari	*– roosevelti*
Unterfamilie	Kapuzineraffen	Cebinae
Gattung	Totenkopfäffchen	*Saimiri*
Art	Totenkopfäffchen	*– sciureus*
	Gelbes Totenkopfäffchen	*– oerstedii*
	Madeirafluß-Totenkopfäffchen	*– madeirae*
	Schwarzköpfiges Totenkopfäffchen	*– boliviensis*
Gattung	Kapuziner	*Cebus*
Art	Weißschulterkapuziner	*– capucinus*
	Weißstirnkapuziner	*– albifrons*
	Brauner Kapuziner	*– nigrivittatus*
	Gehaubter Kapuziner	*– apella*
Unterfamilie	Brüllaffen	Alouattinae
Gattung	Brüllaffen	*Alouatta*
Art	Guatemalabrüllaffe	*– villosa*
	Mantelbrüllaffe	*– palliata*
	Roter Brüllaffe	*– seniculus*
	Brauner Brüllaffe	*– fusca*
	Rothandbrüllaffe	*– belzebul*
	Schwarzer Brüllaffe	*– caraya*
Unterfamilie	Klammerschwanzaffen	Atelinae
Gattung	Wollaffen	*Lagothrix*
Art	Wollaffe	*– lagothricha*
	Gelbschwanzwollaffe	*– flavicauda*
Gattung	Spinnenaffen	*Brachyteles*
Art	Spinnenaffe	*– arachnoides*
Gattung	Klammeraffen	*Ateles*
Art	Geoffroy-Klammeraffe	*– geoffroyi*
	Braunkopf-Klammeraffe	*– fusciceps*
	Goldstirn-Klammeraffe	*– belzebuth*
	Schwarzer Klammeraffe	*– paniscus*
Familie	Springtamarins	Callimiconidae
Gattung	Springtamarins	*Callimico*
Art	Goelditamarin	*– goeldii*
Familie	Krallenaffen	Callithricidae
Gattung	Marmosetten	*Callithrix*
Art	Weißbüscheläffchen	*– jacchus*
	Gelbkopfbüscheläffchen	*– flaviceps*

Art	Schwarzpinseläffchen	– *penicillata*
	Weißohrseidenäffchen	– *aurita*
	Weißgesichtseidenäffchen	– *leucocephala*
	Weißschulterseidenäffchen	– *humeralifer*
	Weißnackenseidenäffchen	– *albicollis*
	Santaremäffchen	– *santaremensis*
	Gelbfußäffchen	– *chrysoleucos*
	Silberäffchen	– *argentata*
Untergattung	Zwergseidenäffchen	*Callithrix (Cebuella)*
Art	Zwergseidenäffchen	– *pygmaea*
Gattung	Löwenäffchen	*Leontideus*
Art	Goldgelbes Löwenäffchen	– *rosalia*
	Goldkopflöwenäffchen	– *chrysomelas*
	Rotsteißlöwenäffchen	– *chrysopygus*
Gattung	Eigentliche Tamarins	*Saguinus*
Untergattung	Mohrenäffchen	*Saguinus (Saguinus)*
Art	Mohrentamarin	– *tamarin*
	Rothandtamarin	– *midas*
Untergattung	Schnurrbarttamarins	*Saguinus (Tamarinus)*
Art	Schwarzrückentamarin	– *nigricollis*
	Braunrückentamarin	– *fuscicollis*
	Weißlippentamarin	– *weddeli*
	Goldmanteltamarin	– *tripartitus*
	Rotmanteltamarin	– *illigeri*
	Weißer Tamarin	– *melanoleucus*
	Schnurrbarttamarin oder Bartäffchen	– *mystax*
	Lönnbergtamarin	– *pluto*
	Rio-Napo-Tamarin	– *graellsi*
	Rotkappentamarin	– *pileatus*
	Rotbauchtamarin	– *labiatus*
	Kaiserschnurrbarttamarin	– *imperator*
Untergattung	Nacktgesichttamarins oder Manteläffchen	*Saguinus (Marikina)*
Art	Manteläffchen	– *bicolor*
Gattung	Pinché- oder Perückenäffchen	*Oedipomidas*
Art	Lisztäffchen	– *oedipus*
	Geoffroy- oder Panamaperückenäffchen	– *geoffroyi*
	Weißfußäffchen	– *leucopus*

Teilordnung	Altweltaffen oder Schmalnasen	Catarrhina
Überfamilie	Hundsaffen	Cercopithecoidea
Familie	Meerkatzenartige	Cercopithecidae
Gattung	Makaken	*Macaca (Macaca)*
Art	Magot oder Berberaffe	– *sylvana*
Untergattung	Lyssodes	*Macaca (Lyssodes)*
Art	Bärenmakak	– *arctoides*
	Rotgesichts- oder Japanmakak	– *fuscata*
Untergattung	Rhesusaffen	*Macaca (Rhesus)*
Art	Rhesusaffe	– *mulatta*
	Berg- oder Assamrhesus	– *assamensis*
	Formosamakak oder Formosarhesus	– *cyclopis*
Untergattung	Silenus	*Macaca (Silenus)*
Art	Wanderu oder Bartaffe	– *silenus*
	Schweinsaffe	– *nemestrina*
Untergattung	Hutaffen	*Macaca (Zati)*
Art	Indischer Hutaffe	– *radiata*
	Ceylon-Hutaffe	– *sinica*
Untergattung	Javaneraffen	*Macaca (Cynomolgus)*
Art	Javaneraffe	– *irus*
Untergattung	Celebesmakaken	*Macaca (Gymnopyga)*
Art	Mohren- oder Schwarzmakak	– *maura*
Gattung	Schopfmakaken	*Cynopithecus*
Art	Schopfmakak	– *niger*
Gattung	Paviane	*Papio*
Art	Bärenpavian oder Tschakma	– *ursinus*
	Gelber Babuin	– *cynocephalus*
	Grüner oder Anubispavian	– *anubis*
	Guinea- oder Sphinxpavian	– *papio*
	Mantelpavian oder Hamadryas	– *hamadryas*
Gattung	Backenfurchen- oder Stummelschwanzpaviane	*Mandrillus*
Art	Mandrill	– *sphinx*
	Drill	– *leucophaeus*
Gattung	Dscheladas	*Theropithecus*
Art	Dschelada	– *gelada*
Gattung	Mangaben	*Cercocebus*
Art	Halsbandmangabe	– *torquatus*
	Mantelmangabe	– *albigena*
	Schopfmangabe	– *aterrimus*
	Haubenmangabe	– *galeritus*
Gattung	Meerkatzen	*Cercopithecus*
Art	Grüne Meerkatze	– *aethiops*
	Monameerkatze	– *mona*
	Kronenmeerkatze	– *pogonias*
	Diademmeerkatze	– *mitis*
	Vollbartmeerkatze	– *l'hoesti*
	Dianameerkatze	– *diana*
	Brazzameerkatze	– *neglectus*
	Kleine Weißnasenmeerkatze	– *petaurista*
	Große Weißnasenmeerkatze	– *nictitans*
	Rotbauchmeerkatze	– *erythrogaster*
	Blaumaulmeerkatze	– *cephus*
	Hamlynmeerkatze	– *hamlyni*

Untergattung	Meerkatzen	*Cercopithecus (Miopithecus)*
Art	Zwergmeerkatze oder Talapoin	*– talapoin*
Gattung	Meerkatzen	*Cercopithecus*
Art	Schwarzgrüne Meerkatze oder Sumpfmeerkatze	*– nigroviridis*
Gattung	Husarenaffen	*Erythrocebus*
Art	Husarenaffe	*– patas*
Familie	Schlankaffen	Colobidae
Gattung	Languren	*Presbytis*
Untergattung	Languren	*Presbytis (Semnopithecus)*
Art	Hulman	*– entellus*
Untergattung	Purpurgesichtslanguren	*Presbytis (Kasi)*
Art	Nilgirilangur	*– johni*
	Weißbartlangur	*– senex*
Untergattung	Kappenlanguren	*Presbytis (Trachypithecus)*
Art	Haubenlangur	*– cristatus*
	Schopflangur	*– pileatus*
	Phayres Langur	*– phayrei*
	Brillenlangur	*– obscurus*
	Tonkinlangur	*– francoisi*
	Weißkopflangur	*– leucocephalus*
	Mentawilangur	*– potenzani*
Untergattung	Insellanguren	*Presbytis (Presbytis)*
Art	Maronenlangur	*– rubicundus*
	Roter Langur	*– melalophus*
	Weißstirnlangur	*– frontatus*
	Mützenlangur	*– aygula*
Gattung	Kleideraffen	*Pygathrix*
Art	Kleideraffe	*– nemaeus*
Gattung	Stumpfnasenaffen	*Rhinopithecus*
Art	Goldstumpfnasenaffe	*– roxellanae*
	Brauner Stumpfnasenaffe	*– bieti*
	Weißmantel-stumpfnasenaffe	*– brelichi*
	Tonkinstumpfnasenaffe	*– avunculus*
Gattung	Pagehstumpfnasenaffen	*Simias*
Art	Pagehstumpfnasenaffe	*– concolor*
Gattung	Nasenaffen	*Nasalis*
Art	Nasenaffe	*– larvatus*
Gattung	Stummelaffen	*Colobus*
Untergattung	Stummelaffen	*Colobus (Procolobus)*
Art	Grüner Stummelaffe	*– verus*
Untergattung	Stummelaffen	*Colobus (Piliocolobus)*
Art	Roter Stummelaffe	*– badius*
Untergattung	Schwarzweiße Stummelaffen oder Guerezas	*Colobus (Colobus)*
Art	Nördlicher Guereza	*– abyssinicus*
	Südlicher Guereza	*– polykomos*
Überfamilie	Menschenaffen und Menschen	Hominoidea
Familie	Gibbons	Hylobatidae
Gattung	Siamangs	*Symphalangus*
Art	Siamang	*– syndactylus*
	Zwergsiamang	*– klossi*
Gattung	Eigentliche Gibbons	*Hylobates*
Art	Schopfgibbon	*– concolor*
	Hulock	*– hoolock*
	Weißhandgibbon oder Lar	*– lar*
	Ungka	*– agilis*
	Silbergibbon	*– moloch*
Familie	Menschenaffen	Pongidae
Gattung	Orang-Utans	*Pongo*
Art	Orang-Utan	*– pygmaeus*
Gattung	Gorillas	*Gorilla*
Art	Gorilla	*– gorilla*
Gattung	Schimpansen	*Pan*
Art	Schimpanse	*– troglodytes*
	Bonobo oder Zwergschimpanse	*– paniscus*
Familie	Mensch	Hominidae
Gattung	Mensch	*Homo*
Art	Mensch	*– sapiens*

Untergattungen (Wissenschaftliche Namen in Klammern) wurden angeführt, Unterarten blieben unerwähnt.
In Anlehnung an die Systematik in Grzimeks Tierleben (Kindler Verlag Zürich 1967)

Literaturverzeichnis

ALBRECHT, H., and S. C. DUNNETT: *Chimpanzees in Western Africa.* München 1971

ALTMANN, J.: *Baboon Mother, and Infants.* Cambrigde Mass., London 1980

ALTMANN, S. A.: *Social Communication among Primates.* Chicago & London 1967

ALTMANN, S. A., and J. ALTMANN: *Baboon Ecology.* In: Bibliotheca Primatologica, 7 (1970)

ALTMANN-SCHÖNBERNER, D.: *Beobachtungen über Aufzucht und Entwicklung des Verhaltens beim Großen Löwenäffchen, Leontocebus rosalia.* In: Der Zoolog. Garten, N. F., 31 (1965)

ANGST, W.: *Aggression bei Affen und Menschen.* Berlin, Heidelberg, New York 1980

ANGST, W.: *Das Ausdrucksverhalten des Javaneraffen Macaca fascicularis Raffles.* In: Fortschritte der Verhaltensforschung 15 (1974)

ANGUS, SHANNON: *Water-Contact Behavior of Chimpanzees.* In: Folia Primatologica, 14 (1971)

ANKEL, F.: *Einführung in die Primatenkunde.* Stuttgart 1970

ANONYMUS: *En el Parque Zoológico de Barcelona nace otro Gorilla.* In: Zoo Revista del Parque Zoológico de Barcelona, 32 (1978)

ASANOW, S., u. W. LIPPERT: *Bemerkungen zum Verhalten einer Mantelpaviangruppe (Papio hamadryas) gegenüber einer Mutter mit Zwillingen.* In: Der Zoolog. Garten, N. F., 46 (1976)

ASHTON, E. H., and R. L. HOLMES: *Perspectives in primate biology.* In: Zeitschr. f. Tierpsych., 58 (1982)

ATTENBOROUGH, D.: *Tiersuche auf Madagaskar.* Zürich 1962

AUTRUM, H.: *Menschliches Verhalten als biologisches Problem.* München 1976

AVELING, R., u. C. AVELING: *Ein Hoffnungsschimmer für die sanften Riesen.* In: Das Tier, 21 (1981), H. 9

BADRIAN, A., u. N. BADRIAN: *Dem Geheimnis der Bonobos auf der Spur.* In: Grzimeks Tier, Sielmanns Tierwelt, 22 (1982), H. 5

BALDWIN, J. D.: *The Social Organisazion of a Semifree Ranging Troop of Squirrel Monkeys (Saimiri sciureus).* In: Folia Primatologica, 14 (1971)

BARASH, D. P.: *Soziobiologie und Verhalten.* Berlin und Hamburg 1980

BARNETT, S. A.: *«Instinct» and «Intelligence» the science of behaviour in animals and Man.* London 1967

BASILEWSKI, G.: *Haltung und Zucht der Madagaskar Makis in Gefangenschaft.* In: Freunde des Kölner Zoo, 8 (1965), H. 1

BAUMGÄRTEL, W.: *König im Gorillaland.* Stuttgart 1960

BAUMGÄRTEL, W.: *Unter Gorillas.* Berlin 1977

BERGER, G.: *Backenwülster – Zum Aussterben verurteilt?* In: Wissenschaft und Fortschritt, 13 (1963)

BERGER, G.: *Künstliche Aufzucht von Tupaias (Tupaia tana).* In: Freunde des Kölner Zoo, 9 (66/67), H. 4

BERGER, G.: *Orang-Utans.* In: Priroda, 1 (1966)

BERNSTEIN, I. S.: *Activity Patterns in a Gelada Monkey Group.* In: Folia Primatologica, 23 (1975)

BERNSTEIN, I. S.: *A field study of the pigtail monkey (Macaca nemestrina).* In: Primates, 8 (1977)

BERNSTEIN, I. S.: *The lutong of Kuala Selangar.* In: Behavior, 26 (1968)

BERTRAND, M.: *The behavioral repertoire of the stumptail macaque.* In: Bibliotheca Primatologica, 11 (1969)

BLAFFER-HRDY, S.: *The Langurs of Abu.* Cambridge 1977

BOCK, D.: *Die letzten Berggorillas.* In: Der Zoolog. Garten, N. F., 1 (1928)

BOETTICHER, H. v.: *Die Halbaffen und Koboldmakis.* Neue Brehm-Bücherei, Wittenberg Lutherstadt 1958

BÖTTCHER, A. R.: *Die Affensache.* Berlin o. J.

BORNER, M.: *Rubondo, ein Nationalpark mausert sich.* In: Das Tier, 20 (1980), H. 10

BORNER, M., u. B. STONEHOUSE: *Orang-Utan, Orphans of the forest.* London 1979

BORNER-LOEWENSBERG, M.: *Ein Orang wird vom Baum geholt.* In: Das Tier, 17 (1977), H. 2

BOURNE, G. H.: *Das Volk der Affen.* München 1971

BOURNE, G. H.: *Die Affen von Gibraltar.* In: Das Tier, 20 (1980), H. 12

BOURNE, G. H., u. M. COHEN: *Die sanften Riesen.* München 1977

BRANDES, G.: *Buschi. Vom Orang-Säugling zum Backenwülster.* Leipzig 1939

BRANDES, G.: *Die Menschenaffen.* In: Mitteil. aus dem Zoolog. Garten Dresden, 1912

Breeding Primates. Intern. Sympos. on Breeding Non-Human Primates for Laboratory Use. Editor: BEVERIDGE, W. I. B. Berne 1971; Basel, München, Paris, London, New York, Sydney 1972

Brehms Neue Tierenzyklopädie. Säugetiere 2. Freiburg, Basel, Wien 1978

Brehms Tierleben. Hrsg. OTTO ZUR STRASSEN, Säugetiere 4, Leipzig 1922

BRENTJES, B.: *Riesen des Altertums – Gorgonen und Gorillas.* In: Der Zoodirektor erzählt, 16/1964

BREUER, G.: *Mann und Frau bei Tier und Mensch.* In: Naturwiss. Rundschau, 32 (1979)

BREWER, ST.: *Die Affenschule. Neue Wege der Wildtierforschung.* Wien, Hamburg 1978

BROWN, K., and D. S. MACK: *Food Sharing among Captive Leontopithecus rosalia.* In: Folia Primatologica, 29 (1978)

BUCHHOLTZ, CHR.: *Das Lernen bei Tieren.* Stuttgart 1973

BUDNITZ, N., and K. DAINIS: *Lemur catta: Ecology and Behavior.* In: Lemur Biology (1975)

BÜRGER, M., U. SEDLAG u. R. ZIEGER; *Zooführer.* Leipzig, Jena, Berlin 1980

CAMPBELL, B. G.: *Entwicklung zum Menschen.* Stuttgart 1972

CARRINGTON, R.: *Säugetiere.* Time-Life International (Nederland) N. V. 1965

CHALMERS, N. R.: *The visual and vocal communication of free-living mangabeys in Uganda.* In: Folia Primatologica, 9 (1968)

CHANCE, M. R. A., and C. J. JOLLY: *Social groups of monkeys, apes and men.* London 1970

CHIARELLI, A. B.: *Taxonomy Atlas of Living Primates.* London and New York 1972

CHIVERS, D. J.: *Communication within and between family groups of Siamang (Symphalangus syndactylus).* In: Behaviour, 57 (1976)

CHIVERS, D. J.: *The Siamang in Malaya. A Field Study of a Primate in Tropical Rain Forest.* Contributions to Primatology 4. Basel, München, Paris, London, New York, Sydney 1974

CHIVERS, D. J., J. J. RAEMAEKERS, and F. P. G. ALDRICH-BLAKE: *Long-Term Observations of Siamang Behaviour.* In: Folia Primatologica, 23 (1975)

CIOCHON, R. L., and A. B. CHIARELLI (Editors): *Evolutionary Biology of the New World Monkeys and Continental Drift.* New York, London 1980

CLUTTON-BROCK, T. H. (Editor): *Primate Ecology.* London, New York, San Francisco 1977

COE, CH. L., and L. A. ROSENBLUM: *Annual Reproductive Strategy of the Squirrel Monkey (Saimiri sciureus).* In: Folia Primatologica, 29 (1978)

COIMBRA-FILHO, A. F., and A. R. MITTERMEIER (Editors): *Ecology and behaviour of neotropical primates.* 1, Rio de Janeiro 1981

COUSINS, D.: *The Breeding of Gorillas, Gorilla gorilla, in Zoologicae Collections.* In: Der Zoolog. Garten, N. F., 46 (1976)

Dathe, R.: *Familienähnlichkeiten bei den Sumatra-Orang-Utans, Pongo pygmaeus abeli, im Tierpark Berlin.* In: Milu 5 (1980), H. 1/2

Dathe, R., H. H. Dathe u. R. Nagel: *Beobachtung zur Mutter-Kind-Beziehung beim Orang-Utan (Pongo pygmaeus).* In: Der Zoolog. Garten, N. F., 46 (1976)

Dembrowski, J.: *Die Psychologie der Affen.* Berlin 1956

De Vore, I., u. S. Eimerl: *Die Primaten.* Time-Life International (Nederland) N. V. 1966

De Waal, F. B. M.: *Exploitative and familiarity-dependent support strategies in a colony of semi-free living Chimpanzees.* In: Behaviour, 66 (1978)

Dietrich, G.: *Affen helfen bei der Ernte.* In: Das Tier, 20 (1980), H. 4

Dittrich, L.: *Beobachtungen an freigekommenen Guerezaaffen (Colobus polykomos caudatus Thomas 1885).* In: Der Zoolog. Garten, N. F., 32 (1966)

Dittrich, L.: *Tupaias im Tropenhaus.* In: Der Zoofreund, 24 (1977)

Die Welt der wilden Tiere. Bd. Affen, München 1981

Dixson, A. F.: *The Natural History of the Gorilla.* New York 1981

Dobzhansky, Th.: *Die Entwicklung zum Menschen.* Hamburg und Berlin 1958

Döhl, J.: *Über die Fähigkeit einer Schimpansin, Umwege mit selbständigen Zwischenzielen zu überblicken.* In: Zeitschr. f. Tierpsych., 25 (1968)

Döhl, J., u. D. Podolczak: *Versuche zur Manipulierfreudigkeit von zwei jungen Orang-Utans (Pongo pygmaeus) im Frankfurter Zoo.* In: Der Zoolog. Garten, N. F., 43 (1973)

Dorst, J., u. P. Dandelot: *Säugetiere Afrikas.* Hamburg, Berlin 1970

Doyle, G. A., and S. K. Bearder: *The Galagos of South Africa.* Primate Conservation, New York, San Francisco, London 1977

Dunbar, R. J. M., and M. F. Nathan: *Social Organization of the Guinea Baboon, Papio papio.* In: Folia Primatologica, 17 (1972)

Edey, M. A.: *Vom Menschenaffen zum Menschen.* Time-Life Intern. (Nederland) N. V. 1975.

Eibl-Eibesfeldt, I.: *Krieg und Frieden.* München, Zürich 1975

Eimerl, S., u. I. De Vore: *Die Primaten.* Time-Life Intern. (Nederland) N. V. 1966

Epple, G.: *Vergleichende Untersuchungen über Sexual- und Sozialverhalten der Krallenaffen (Hapalidae).* In: Folia Primatologica, 8 (1967)

Ewer, R. F.: *Ethologie der Säugetiere.* Hamburg und Berlin 1976

Fädrich, H., u. J. Fädrich: *Zooführer Säugetiere.* Stuttgart 1973

Fauna. II, III, VII, IX. München 1971

Fiedler, W.: *Übersicht über das System der Primaten.* In: Primatologia 1 (1956)

Fischer, F.: *Das Jahr mit den Gibbons.* Wittenberg Lutherstadt 1965

Fischer, W.: *Einige Ergänzungen zur Haltung und Entwicklung des Schopfgibbons Hylobates (Nomascus) concolor (Harlan).* In: Milu 5 (1980), H. 1/2

Fossey, D.: *Making Friends with Mountain Gorillas.* National Geograph. Mag., 137 (1970), No. 1

Fossey, D.: *More years with Mountain Gorillas.* National Geograph. Mag., 140 (1971)

Frantz, J.: *Beobachtungen bei einer Löwenäffchen-Aufzucht.* In: Der Zoolog. Garten, N. F., 28 (1963)

Freeman, D.: *The Great Apes.* London, New York, Sydney, Toronto 1979

Galdikas-Brindamour, B.: *Orangutans, Indonesia's «People of the Forest».* In: National Geograph. Mag., 148 (1975), No. 4

Gardner, R. A., and B. T. Gardner: *Teaching sign language to a chimpanzee.* In: Science, 165 (1969)

Gautier-Hion, A.: *L'organisation sociale d'une bande de Talapoins (Miopithecus talapoin) dans le Nord-Est de Gabun.* In: Folia Primatologica, 12 (1970)

Gautier-Hion, A., et J. P. Gautier: *Croissance maturité sexuelle et sociale reproduction chez les cercopithécinés forestier africains.* In: Folia Primatologica, 26 (1976)

Gautier-Hion, A., et J. P. Gautier: *Le Singe de Brazza: Une stratégie originale.* In: Zeitschr. f. Tierpsych., 46 (1978)

Geddes, H.: *Gorilla.* Wiesbaden 1956

Gehring, C. B.: *Grußverhalten und Erkennen vertrauter Personen sowie weitere Verhaltensweisen einer Kapuziner-Gruppe (Cebus apella) im Zoo.* In: Der Zoolog. Garten, N. F., 46 (1976)

Gensch, W.: *Einige Bemerkungen zum Wachstum des weiblichen Gorillas «Dima» im Zoologischen Garten Dresden.* In: Der Zoolog. Garten, N. F., 32 (1966)

Georg, M.: *Baden ja, schwimmen nein.* In: Das Tier, 20 (1980), H. 5

Gerster, G.: *Sumatra: Kleine Nebelparder töten Orang-Utans!* In: Das Tier, 15 (1975), H. 4

Gewalt, W.: *Bahala, Ein Gorilla lebt in unserer Küche.* Stuttgart 1964

Gorgas, M.: *Berggorillas – eine Aufgabe für Zoo und Naturschutz.* In: Freunde des Kölner Zoo, 12 (1969), H. 3

Gorgas, M.: *Geschlechtsbestimmung bei Gorillas mit der Haarfollikel-Methode («Olympiatest»).* In: Zeitschr. d. Kölner Zoo, 16 (1973), H. 3

Gorgas, M.: *Zur Problematik der Aufzucht von Orang-Utans im Zoo.* In: Zeitschr. d. Kölner Zoo, 15 (1972), H. 3

Govan, J. A.: *The Non-Human Primates and Human Evolution.* Detroit 1957

Gronefeld, G.: *Das Haus der Urwaldgeister.* In: Das Tier, 17 (1977), H. 7

Gronefeld, G.: *Roboter ersetzen Menscheneltern. Neue Wege bei der Aufzucht von Lisztaffen.* In: Das Tier, 19 (1979), H. 12

Gronefeld, G.: *Verstehen wir die Tiere?* Braunschweig 1963

Groves, C. P.: *Gorillas. The World of Animals.* London 1970

Grzimek, B.: *Flug ins Schimpansenland.* Stuttgart 1952

Grzimek, B.: *Schreiend raste der Gorilla auf mich zu!* In: Das Tier, 14 (1974), H. 7

Grzimeks Tierleben. X und XI Herrentiere (Primaten). Zürich 1968

Gschwend, J.: *Ich blickte wilden Berggorillas in die Augen.* In: Das Tier, 12 (1972), H. 6

Gucwinski, A.: *Acclimatization of Young Lowland Gorillas (Gorilla g. gorilla) in Wrocław Zoological Garden During Years 1970–1978.* In: Der Zoolog. Garten, N. F., 51 (1981)

Hall, K. L. R.: *Variations in the Ecology of the Chacma Baboon, Papio ursinus. The Primates.* Symposia of the Zoological Society of London, 10 (1963)

Haltenorth, Th., u. H. Diller: *Säugetiere Afrikas und Madagaskars.* München, Bern, Wien 1977

Handgebrauch und Verständigung bei Affen und Frühmenschen. Hrsg.: Rensch, B. Bern und Stuttgart 1968

Hansen, H.: *Sozial- und Territorialverhalten des Senegalgalagos (Galago senegalensis).* In: Zeitschr. d. Kölner Zoo, 21 (1978/79), H. 3

Harcourt, A. H., and K. J. Stewart in New Scientist, Vol. 76, 1977: *Chimpanzee, Gorilla and man.* In: Naturwiss. Rundschau, 31 (1978) von H.-H. Vogt

Harrington, J.: *Field Observations of Social Behavior of Lemur f. fulvus.* In: Lemur Biology (1975)

Harrington, J. E.: *Diurnal Behavior of Lemur mongoz at Ampijoroa, Madagaskar.* In: Folia Primatologica, 29 (1978)

Harrison, B.: *Education to Wild Living of young Orang-Utans at Bako National Park, Sarawak*

Harrisson, B.: *Kinder des Urwalds.* Wiesbaden 1964

Harrisson, B.: *Orang-Utan.* London 1962

HASSELBACHER, W.: *Ein Orang Utan, namens Karl.* In: Das Tier, 22 (1982), H. 1
HAUSFATER, G.: Predatory behavior of Yellow Baboon. In: Behaviour, 56 (1976)
HAUSWIRTH, F.: *Hanuman. Eine Erzählung von den heiligen Affen Indiens.* Erlenbach-Zürich und Leipzig o. J.
HAYES, C.: *The ape in our house.* New York 1951
HEBERER, G., W. HENKE u. H. ROTHE: *Der Ursprung des Menschen.* Stuttgart 1975
HECK, H.: *Die Hellabrunner Schimpansenzucht. Das Tier und wir.* München 1939
HEDIGER, H.: *Ausverkauf der letzten Affen.* In: Das Tier, 16 (1976), H. 7
HEDIGER, H.: *Sprechen Sie yerkisch? Die neueste Umgangssprache mit Schimpansen.* In: Das Tier, 19 (1979), H. 1
HEDIGER, H.: *Vierbeinige Schelme. Auch Tiere haben Humor.* In: Das Tier, 19 (1979), H. 5
HEMMER, H.: *Beobachtungen zur Sozialbiologie madagassischer Lemuren.* In: Zeitschr. d. Kölner Zoo, 22 (1979), H. 2
Herr über die Kreatur – Mensch und Tier im Bild der Geschichte. Textredaktion: MÉRY, F., u. J. BOUDET, Bern, München, Wien, 1964
HICK, U.: *Aus der Kölner Lemuren-Sammlung.* In: Freunde des Kölner Zoo, 10 (1967), H. 2
HICK, U.: *Aus der Kölner Saki-Sammlung.* In: Freunde des Kölner Zoo, 9 (1966), H. 3
HICK, U.: *Das erste Jahr im neuen Lemurenhaus.* In: Zeitschr. d. Kölner Zoo, 17 (1974), H. 4
HICK, U.: *Einige Beobachtungen zur Fortpflanzung und Jugendentwicklung von Katta (Lemur catta), Mongozmaki (Lemur mongoz mongoz), Kronenmaki (Lemur mongoz coronatus) und Weißkopfmaki (Lemur fulvus albifrons).* In: Freunde des Kölner Zoo, 12 (1969), H. 3
HICK, U.: *Erstmalig gelungene Zucht eines Bartsakis im Kölner Zoo.* In: Freunde des Kölner Zoo, 11 (1968), H.2
HICK, U.: *Hand-rearing a Ring-tailed Lemur, Lemur catta, and a Crowned Lemur, Lemur mongoz coronatus, at Cologne Zoo.* The Internat. Zoo Yearbook, 16, London 1976
HICK, U.: *Nasenaffen (Nasalis larvatus larvatus) im Kölner Zoo.* In: Freunde des Kölner Zoo, 9 (1966/67), H. 4
HICK, U.: *Wir sind umgezogen.* In: Zeitschr. d. Kölner Zoo, 16 (1973), H. 4
HICK, U.: *Zucht und Haltung von Kleideraffen (Pygathrix nemaeus nemaeus* LINNAEUS 1771*) im Zoologischen Garten Köln.* In: Freunde des Kölner Zoo, 13 (1970), H. 3
HIDEYUKI, O.: *Verkrüppelte Affen warnen die Menschheit.* (japanisch) In: Das Tier, 19 (1979), H. 2
HILL, W. C. O.: *Evolutionary Biology of the Primates.* London and New York, 1972
HILL, W. C. O.: *Primates – Comparative Anatomy and Taxonomy.* Vol. 1–6. Edinburgh 1953–1955
HILLARY, E., u. D. DOIG: *Schneemenschen und Gipfelstürmer.* Wiesbaden 1963
HINDE, R. A.: *Animal behavior: A synthesis of ethology and comparative psychology.* New York 1966
HINDE, R. A.: *Das Verhalten der Tiere. Eine Synthese aus Ethologie und vergleichender Psychologie.* Frankfurt 1973
HOFER, H.: *Über den Gesang des Orang-Utan (Pongo pygmaeus).* In: Der Zoolog. Garten, N. F., 41 (1971/72)
HOFER, H., u. G. ALTNER: *Die Sonderstellung des Menschen.* Stuttgart 1972
HUXLEY, T. H.: *Zeugnisse für die Stellung des Menschen in der Natur.* Stuttgart 1970

ILLIES, J: *Die Affen und wir. Ein Vergleich zwischen Verwandten.* ro ro ro tele 29, Reinbek Hamburg
ILLIES, J.: *Zoologie des Menschen.* München 1971
ITANI, J.: *On the Acquisition and Propagation of a new food habit in the troop of Japanese monkeys at Takasakiyama.* In: Primates, 1 (1958)
ITANI, J.: *The social construction of national troops of Japanese monkeys in Takasakiyama.* In: Primates, 4 (1963)
ITANI, J.: *Vocal communication in the wild Japanese monkey.* In: Primates, 4 (1963)
ITANI, J., and A. SUZUKI: *The social unit of Chimpanzees.* In: Primates, 8 (1967)
IZAWA, K., and T. NISHIDA: *Monkeys living in the northern limit of their distribution.* In: Primates, 4 (1963)

JACKSON, P.: *Die Schimpansenschule.* In: Das Tier, 20 (1980), H. 9
JANTSCHKE, F.: *Affenliebe kann auch schädlich sein. Wie Orang-Utans ihre Babys erziehen.* In: Das Tier, 20 (1980), H.8
JANTSCHKE, F.: *Die Schneeaffen vom Höllental.* In: Das Tier, 17 (1977), H. 4
JANTSCHKE, F.: *Orang-Utans in zoologischen Gärten.* München 1972
JANTSCHKE, F.: *Schade um den schönen Gorilla.* In: Das Tier, 15 (1975), H. 1
JANTSCHKE, F.: *Schimpansen bleiben voller Rätsel.* In: Das Tier, 19 (1979), H. 2
JANTSCHKE, F.: *Sind Paviane gar nicht so gefährlich?* In: Das Tier, 20 (1980), H. 6
JANTSCHKE, F.: *Wie alt werden Affen?* In: Das Tier, 18 (1978), H. 4
JAY, PH.: *The common langur of North India.* In: Primate Behavior (1965)
JOHNSON, M.: *Congorilla.* Leipzig 1940
JOHST: Biologische Verhaltensforschung am Menschen. Berlin 1976
JOLLY, A.: *A world like our own. Man and nature in Madagascar.* New Haven, London 1980
JOLLY, A.: *Die Entwicklung des Primatenverhaltens.* Stuttgart 1975
JOLLY, A.: *Lemur Behavior.* Chicago and London 1966
JONES, C., and S. J. PI: *Comparative Ecology of Gorilla gorilla (Savage and Wyman) and Pan troglodytes (Blumenbach) in Rio Mundi, West-Africa.* In: Bibliotheca Primatologica, 13 (1971)
JONES, C., and J. SABATER PI: *Comparative Ecology of Cercocebus albigena (Gray) and Cercocebus torquatus (Ker) in Rio Mundi, West-Africa.* In: Folia Primatologica, 9 (1968)
JONES, M. L.: *Studbook of the Orang Utan Pongo pygmaeus.* San Diego 1980
JUNTKE, CHR.: *Über die künstliche Aufzucht und Entwicklung von 5 Schimpansengeschwistern.* Vorbericht von BÜRGER, M. In: Der Zoolog. Garten, N. F., 50 (1980)
JUPPENPLATZ, P.: *Die Dschungelakrobaten (Gibbons).* In: Der Stern, Hamburg 1980

KAINZ, F.: *Die «Sprache» der Tiere.* Stuttgart 1961
KAWABE, M.: *One observed case of hunting behavior among wild chimpanzees living in the savanna woodland of Western Tanzania.* In: Primates, 7 (1966)
KAWAI, M.: *Ecological and sociological Studies of Gelada Baboons.* In: Contributions to Primatology, 16 (1979)
KAWAI, M.: *Newly acquired precultural behavior of the natural troop of Japanese monkeys on Koshima Islands.* In: Primates, 6 (1965)
KAWATA, B.: *Notes on Comparative Behavior in Three Primate Species in Captivity.* In: Der Zoolog. Garten, N. F., 50 (1980)
KEITER, M. D., and L. P. PICHETTE: *Reproductive Behavior of Captive Subadult Lowland Gorillas (Gorilla g. gorilla).* In: Der Zoolog. Garten, N. F., 49 (1979)
KIRCHSHOFER, R.: *Die erste Geburt eines Zwergschimpansen in einem Zoo.* In: Umschau, 62 (1962)
KIRCHSHOFER, R.: *Gorillazucht in zoologischen Gärten und Forschungsstationen.* In: Der Zoolog. Garten, N. F., 38 (1970)

Kirchshofer, R.: *Stammesgeschichte der Primaten.* In: Mitteil. aus dem Frankfurter Zoo, 33 (1978)

Kleemann, G.: *Die peinlichen Verwandten.* Stuttgart 1966

Klös, U.: *Kann der Orang-Utan (Pongo pygmaeus L.) in der Freiheit überleben?* In: Bongo (1979), H. 3

Klose, H. & I.: *Gorilla Twins Gorilla g. gorilla Born at Frankfurt Zoo.* Internat. Zoo Yearbook, 8, London 1968

Köhler, W.: *Intelligenzprüfungen an Menschenaffen.* Berlin, Göttingen, Heidelberg 1963 (Nachdruck 1921)

Kohs, N.: *Untersuchungen über die Erkenntnisfähigkeit des Schimpansen aus dem zoophysiologischen Laboratorium des Museum Darwinianum in Moskau.* Moskau 1923

Kolar, K.: *Einige Mitteilungen über Fortpflanzung und Jugendentwicklung von Galago senegalensis in Gefangenschaft.* In: Der Zoolog. Garten, N. F., 31 (1965)

Kortlandt, A.: *Experimentation with Chimpanzees in the wild. Neue Ergebnisse der Primatologie.* Stuttgart 1967

Kortlandt, A.: *New Perspectives on Ape and Human Evolution.* Amsterdam 1972

Kortlandt, A., and M. Kooij: *Protohominid Behaviour in Primates (Preliminary Communication).* The Primates (Symp. Zoolog. Soc. London, No. 10) 1963

Krieg, H.: *Zwischen Anden und Atlantik.* München 1948

Krishnan, M.: *An ecological Survey of the larger Mammals of Peninsula India (Monkeys).* In: Journal of the Bombay Natural History Society, 68 (1971)

Krüger, G. R. F.: *Coco und Pucker, die Berggorillas (Gorilla g. beringei) des Kölner Zoo – ein Epilog.* In: Zeitschr. d. Kölner Zoo, 22 (1979), H. 3

Kuhn, H.-J.: *Die Geschichte der Säugetiere Madagaskars.* In: Zeitschr. d. Kölner Zoo, 15 (1972), H. 1

Kummer, H.: *Social Organisation of Hamadryas Baboons. A field study.* Basel, New York 1968

Kummer, H.: *Sozialverhalten der Primaten.* Heidelberg, Berlin 1975

Laidler, K.: *The talking ape.* London 1980

Lambrecht, J.: *Duettgesang beim Siamang Symphalangus syndactylus.* In: Zeitschr. f. Tierpsych., 27 (1970)

Lang, E. M.: *Goma, das Gorillakind.* Rüschlikon-Zürich 1961

Lang, E. M.: *Ein Colobus-Bastard.* In: Der Zoolog. Garten, N. F., 43 (1973)

Lang, E. M., R. Schenkel u. E. Siegrist.: *Gorilla – Mutter und Kind.* Basel, Hamburg, Wien 1965

Lasley, B. L., J. F. Kennedy, P. T. Robinson, M. H. Bogart and K. Benirschke: *A Study of Reproductive Failure in a Pigmy Chimpanzee.* In: Der Zoolog. Garten, N. F., 47 (1977)

Lawick-Goodall, J. van: *Chimpanzees.* In: National Geograph. Mag., 155 (1979). *Bericht über Kannibalismus und Völkermord bei Schimpansen von K. Simon.* In: Naturwissensch. Rundschau, 32 (1979)

Lawick-Goodall, J. van: *Infant Killing and Cannibalism in Free-Living Chimpanzees.* In: Folia Primatologica, 28 (1977)

Lawick-Goodall, J. van: *My Life Among Wild Chimpanzees.* In: National Geograph. Mag., 130 (1963)

Lawick-Goodall, J. van: *Schimpansen erbeuten Menschenkinder.* In: Das Tier, 12 (1972), H. 7

Lawick-Goodall, J. van: *Wilde Schimpansen.* Reinbek bei Hamburg 1971

Lemmon, R. S.: *All About Monkeys.* New York and Toronto 1958

Lethmate, J.: *Problemlöseverhalten von Orang-Utans (Pongo pygmaeus).* Berlin und Hamburg 1977

Linden, E.: *Die Kolonie der sprechenden Schimpansen.* Wien, München 1980

Lippert, W.: *Beobachtungen zum Schwangerschafts- und Geburtsverhalten beim Orang-Utan (Pongo pygmaeus) im Tierpark Berlin.* In: Folia Primatologica, 21 (1974)

Lippert, W.: *Erfahrungen bei der Aufzucht von Orang-Utans (Pongo pygmaeus) im Tierpark Berlin.* In: Der Zoolog. Garten, N. F., 47 (1977)

Lorenz, K.: *Antriebe tierischen und menschlichen Verhaltens.* München 1971

Lorenz, K.: *Das sogenannte Böse. Zur Naturgeschichte der Aggression.* Wien 1963

Lorenz, K.: *Die angeborenen Formen möglicher Erfahrung.* In: Zeitschr. f. Tierpsych., 5 (1943)

Lorenz, K.: *Vergleichende Verhaltensforschung.* Wien und New York 1979

Lorenz, R.: *Zur Haltung des Springtamarins Callimico goeldii (Thomas 1904) in Deutschland.* In: Der Zoolog. Garten, N. F., 32 (1966)

Love, J. A.: *A Note on the Birth of a Baboon (Papio anubis).* In: Folia Primatologica, 29 (1978)

Luckett, W. P., and F. S. Szalay: *Phylogeny of the Primates (a multidisziplinary Approach).* New York and London 1975

Maier, W.: *Neue Ergebnisse der Systematik und der Stammesgeschichte der Cercopithecoidea.* In: Zeitschr. f. Säugetierkde., 35 (1970)

Malinow, M. R.: *Biology of the Howler Monkey (Alouatta caraya).* In: Bibliotheca Primatologica, 7 (1968)

Marais, E. N.: *Meine Freunde, die Paviane.* Berlin o. J.

Marler, P., u. W. J. Hamilton III: *Tierisches Verhalten.* Berlin 1972

Marsh, C. W.: *Comparative Aspects of Social Organization in the Tana River Red Colobus, Colobus badius rufomitratus.* In: Zeitschr. f. Tierpsych., 51 (1979)

Martin, C.: *Ein Fünkchen Hoffnung für den Regenwald.* In: Das Tier, 21 (1981), H. 1

Martin, R. D.: *Breeding endangered Species in Captivity.* London, New York, San Francisco 1975

McKinnon, J.: *Auf der Suche nach dem roten Affen.* Zürich 1974

Menzel, E. W. jr., D. Premack and G. Woodruff: *Map Reading by Chimpanzees.* In: Folia Primatologica, 29 (1978)

Merfield, F. G., with H. Miller: *Gorillas were my Neighbours.* London, New York, Toronto 1956

Meves, Chr.: *Wie erzieht man seine Kinder richtig?* In: Das Tier, 14 (1974), H. 6

Milton, K.: *The Foraging Strategy of Howler Monkeys.* New York 1980

Mizuhara, H.: *Sozial changes of Japanese monkeys troops in Takasakiyama.* In: Primates, 4 (1964)

Montagna, W.: *Non-human primates in biomedical research.* Minneapolis 1976

Morris, D.: *Biologie der Kunst.* Düsseldorf 1963

Morris, D.: *Der Menschenzoo.* München 1972

Morris, D.: *Der nackte Affe.* München, Zürich 1968

Morris, D., and R. Morris: *Men and apes.* London 1966

Morris, R., and D. Morris: *Der große Affenspiegel (eine Kulturgeschichte der Affen).* München 1970

Moynihan, M.: *The New World Primates.* Princeton, N. J. 1976

Nadler, R. D., and B. L. Tilford: *Agonistic Interactions of Captive Female Orang-Utans with Infants.* In: Folia Primatologica, 28 (1977)

Napier, J. R., and P. H. Napier: *A Handbook of Living Primates.* London and New York 1967

Napier, J. R., Prue: *Affen und Menschenaffen*

Nash, L. T.: *The development of the mother-infant relationship in wild baboons (Papio anubis).* In: Animal Behavior, 26 (1978)

NEUBÜSER, H.: *Geburten von Nachtaffen im Zoo Frankfurt.* In: Der Zoolog. Garten, N.F., 26 (1961)
NEUGEBAUER, W.: *The status and management of the Pygmy chimpanzee Pan paniscus in European Zoos.* Internat. Zoo Yearbook, 20, London 1980
NEVILLE, M.K.: *The Population Structure of Red Howler Monkeys (Alouatta seniculus) in Trinidad and Venezuela.* In: Folia Primatologica, 17 (1972)

OATES, J.F.: *The Social Life of a Black-and-white Colobus Monkey, Colobus guereza.* In: Zeitschr. f. Tierpsych., 45 (1975)
OSBORN, R.M.: *Observations on the Behaviour of the Mountain Gorilla.* The Primates (Symposia of the Zoological Society of London No. 10) 1963

PARKER, C.E.: *Bob Orangutan, From a Sarawak Jungle to a College Education.* In: ZOONOOZ, XLII (1969), No. 3
PATTERSON, F.: *Conversations with a Gorilla.* In: National Geograph. Mag., 154 (1978), No. 4
PETERS, G.: *Die Lemurensammlung des Zoo Tananarive, Madagaskar.* In: Zeitschr. d. Kölner Zoo, 18 (1975), H. 3
PETTER, J.-J.: *The Aye-Aye.* Primate Conservation, New York, San Francisco, London 1977
PETTER, J.-J.: *The lemurs of Madagaskar.* In: De Vore, I.: Primate Behavior, Field Studies of Monkeys and Apes. New York 1965
PETTER, J.-J., and A. PEYRIERAS: *Preliminary Notes on the Behavior and Ecology of Hapalemur griseus.* In: Lemur Biology (1975)
PETTER, J.-J., A. SCHILLING and G. PARIENTE: *Observations on Behavior and Ecology of Phaner furcifer.* In: Lemur Biology (1975)
PETZSCH, H.: *Urania Tierreich, Säugetiere.* Leipzig 1967
POGLAYEN-NEUWALL, I: *Zur Fortpflanzungsbiologie und Jugendentwicklung von Potos flavus (Schreber 1774).* In: Der Zoolog. Garten, N.F., 46 (1976)
POGLAYEN-NEUWALL, J., u. J. POGLAYEN-NEUWALL: *Brüllaffen: Können wir ihre Geheimnisse noch rechtzeitig entschleiern?* In: Das Tier, 17 (1977), H. 1
POIRIER, F.E.: *Nilgiri langur (Presbytis johnii) territorial behavior.* In: Primates, 9 (1968)
POIRIER, F.E.: *The Nilgiri langur (Presbytis johnii) troop: Its composition, structure, formation, and change.* In: Folia Primatologica, 10 (1969)
POIRIER, F.E.: *The St. Kitts Green Monkey (Cercopithecus aethiops sabaeus): Ecology, Population, Dynamics and Selected Behavioral Traits.* In: Folia Primatologica, 17 (1972)
POLLOCK, J.J.: *Field Observations on Indri indri. A Preliminary Report.* In: Lemur Biology (1975)
POOK, A.G., and G. POOK: *A Field Study of the Socio-Ecology of the Goeldi's Monkey (Callimico goeldii) in Northern Bolivia.* In: Folia Primatologica, 35 (1981)
PORTMANN, A.: *Das Tier als soziales Wesen.* Zürich 1953
POURNELLE, G.H.: *Geburt eines Nasenaffen (Nasalis larvatus orientalis) im San Diego Zoo.* In: Freunde des Kölner Zoo, 9 (1966), H. 2
PRATER, S.H.: *Indian Animals.* Bombay 1971
Primate Conservation. Editor: RAINIER III. OF MONACO, G.H. BOURNE. New York 1977
Primatologia (Handbuch der Primatenkunde). I-IV. Herausgeber: HOFER, H., A.H. SCHULTZ, D. STARCK. Basel, München, Paris, London, New York, Sydney 1956–1973
Proceedings of the Second Internat. Congress of Primatology. 1–3
PUSCHMANN, W.: *Wildtiere in Menschenhand, Säugetiere.* Berlin 1975
PUSTORINO, F., u. A. DATURI: *Die Welt der Tiere, Affen.* Freiburg, Basel, Wien 1978

RAEMAEKERS, J.: *Ecology of Sympatric Gibbons.* In: Folia Primatologica, 31 (1979)
RAHAMAN, H.: *The Langurs of the Gir Sanctuary (Gujarat) – A preliminary Survey.* In: Journal of the Bombay Natural History Society, 70 (1973), No. 2
Recent Advances in Primatology. 1–4. Editor: CHIVERS, D.J. London, New York, San Francisco 1978
REMANE, A.: *Die Geschichte der Menschenaffen.* In: HEBERER, G. (Herausgeber): Menschliche Abstammungslehre. Fortschritte der Anthropogenie 1863–1965. Stuttgart 1965
RENSCH, B.: *Gedächtnis, Begriffsbildung und Planhandlungen bei Tieren.* Berlin und Hamburg 1973
RENSCH, B.: *Homo sapiens. Vom Tier zum Halbgott.* Göttingen 1970
RENSCH, B., u. J. DÖHL: *Spontane Aufgabenlösungen durch einen Schimpansen.* In: Zeitschr. f. Tierpsych., 24 (1967)
RENSCH, B., u. K.C. DUECKER: *Manipulierfähigkeit eines jungen Orangutans und eines jungen Gorillas. Mit Anmerkungen über das Spielverhalten.* In: Zeitschr. f. Tierpsych., 23 (1966)
REYNOLDS, V.: *Budongo.* Wiesbaden 1966
RICHARD, A., and R. HEIMBUCH: *An Analysis of the Social Behavior of Three Groups of Propithecus verreauxi.* In: Lemur Biology (1975)
RICHARD, A., and R. SUSSMAN: *Future of the Malagasy Lemurs: Conservation or Extinction?* In: Lemur Biology (1975)
RIOPELLE, A.J.: *Growing up with Snowflake.* In: National Geograph. Mag., 138 (1970), No. 4
ROSENBLUM, L.A.: *Primate Behavior.* New York and London 1970
ROSENBLUM, L.A., and R.W. COOPER: *The Squirrel Monkey.* New York, London 1968
ROTHE, H.: *Beobachtungen zur Geburt beim Weißbüscheläffchen (Callithrix jacchus Erxleben 1777).* In: Folia Primatologica, 19 (1973)
ROTHE, H.: *Further observations on the delivery behaviour of the common marmoset (Callithrix jacchus).* In: Zeitschr. f. Säugetierkde., 39 (1974)
RUBY, G.: *Ein Nasenaffe in der Kinderklinik.* In: Das Tier, 19 (1979), H. 8
RÜHMEKORF, E.: *Haubenlanguren (Presbytis cristatus germaini Milne-Edwards 1876) im Zoo Hannover.* In: Der Zoolog. Garten, N.F., 34 (1967)
RÜHMEKORF, E.: *Lautäußerungen beim Siamang (Symphalangus syndactylus).* In: Der Zoolog. Garten, N.F., (1963/64)
RUMBAUGH, D.M.: *Gibbon and Siamang.* 1–4. Basel, München, Paris, London, New York, Sydney 1972–1976
RUMBAUGH, D.M.: *The Birth of a Lowland Gorilla at the San Diego Zoo.* In: ZOONOOZ, 38 (1965), No. 9
RUMBAUGH, D.M.: *The Siamang Infant, Sarah, Its Growth and Development.* In: ZOONOOZ, 40 (1967), No. 3
RUSSELL, C., u. W.M.S. RUSSELL: *Unsere Vettern, die Affen. (Ursprung und Erbe der Gewalt).* Hamburg 1971
RUSSELL, L.M.: *Meine Freunde, die Affen.* Stuttgart 1950
RYALS, D., and K. KAWATA: *Behavior of the Common Woolly Monkey, Lagothrix lagotricha, in Captivity.* In: Der Zoolog. Garten, N.F., 49 (1979)

SABATER PI, G.: *Beitrag zur Biologie des Flachlandgorillas (Gorilla gorilla Savage et Wyman).* In: Der Zoolog. Garten, N.F., 30 (1960)
SÄLZLE, K.: *Tier und Mensch, Gottheit und Dämon.* München, Basel, Wien 1965
SALZERT, W.: *In Deutschlands erstem Affenpark (Magots).* In: Der Zoofreund, 18 (1976)
SALZERT, W.: *Selbstbewußtsein und Frechheit sind wichtiger als Körperkraft.* In: Das Tier, 16 (1976), H. 9
SANDERSON, I.T.: *Knaurs Tierbuch in Farben. Säugetiere.* Zürich, München 1956
SANDERSON, I.T., u. G. STEINBACHER: *Knaurs Affenbuch.* Zürich 1957
SAUER, E.G.: *Zur Biologie der Zwerg- und Riesengalagos.* In: Zeitschr. d. Kölner Zoo, 17 (1974), H. 2

SCHALLER, G. B.: *The Mountain Gorilla.* Chicago 1963

SCHALLER, G. B.: *Unsere nächsten Verwandten.* Bern, München, Wien 1965

SCHARPF, G.: *Orang-Utan warf sein Baby an die Wand.* In: Das Tier, 14 (1974), H. 11

SCHMIDBAUER, W.: *So schlau sind Schimpansen wirklich!* In: Das Tier, 14 (1974), H. 9

SCHMIDT, C.: *Der Affe ist los.* In: Grzimeks Tier, Sielmanns Tierwelt, 21 (1981), H. 10

SCHMIDT, C.: *Javaneraffen auf Bali: Heiligkeit ist keine Lebensversicherung.* In: Grzimeks Tier, Sielmanns Tierwelt, 22 (1982), H. 4

SCHMITT, J.: *Immunbiologische Untersuchungen bei Primaten.* In: Bibliotheca Primatologica, 8 (1968)

SCHNEIDER, H.-E.: *Primaten als Versuchstiere – eine verpflichtende Notwendigkeit.* In: Der Zoolog. Garten, N. F., 49 (1979)

SCHRIER, A. M., H. F. HARLOW and F. STOLLNITZ: *Behavior of Nonhuman Primates.* 1 and 2. New York, London 1965

SCHRIER, A. M.: *Learning-Set Formation and Transfer in Rhesus and Talapoin Monkeys.* In: Folia Primatologica, 17 (1972)

SCHULTZ, A.: *Die Primaten.* In: Die Enzyklopädie der Natur. Lausanne 1971

SCHWEISHEIMER, W.: *Neue Forschungen über Zwergschimpansen.* In: Naturwissensch. Rundschau, 29 (1976), H. 8

SCHWEISHEIMER, W.: *Zärtlichkeit ist wichtiger als Muttermilch.* In: Das Tier, 18 (1978), H. 6

SEIFERT, S.: *Die neue Gibbonanlage im Leipziger Zoo.* In: Panthera (1974)

SEITZ, E.: *Die Bedeutung geruchlicher Orientierung beim Plumplori (Nycticebus coucang Boddaert 1785).* In: Zeitschr. f. Tierpsych., 26 (1969)

SEYFARTH, R. M., and D. L. CHANEY: *The Ontogeny of Vervel Monkey Alarm Calling Behavior.* In: Zeitschr. f. Tierpsych., 54 (1980)

SHOEMAKER, A. H.: *Observations on Howler Monkeys, Alouatta caraya, in Captivity.* In: Der Zoolog. Garten, N. F., 48 (1978)

SIEK, J. B.: *Patterns of Food Sharing among Mother and Infant Chimpanzees at Gombe National Park, Tanzania.* In: Folia Primatologica, 29 (1978)

SIG, H.: *Differentiation of Female Positions in Hamadryas One-Male-Units.* In: Zeitschr. f. Tierpsych., 53 (1980)

SIMON, K. H.: *Leakey und der Ursprung des Menschengeschlechts.* In: Naturwiss. Rundschau, 29 (1976)

SIMON, K.: *Die Primaten sterben aus. Bericht vom 7. Kongreß der Internationalen Gesellschaft für Primatologie in Bengalur 1979* (aus Nature, Vol. 277, 1979). In: Naturwiss. Rundschau, 33 (1980)

SMALL, M. F.: *Comparative Social Behavior of Adult Female Rhesus Macaques and Bonnet Macaques.* In: Zeitschr. f. Tierpsych., 59 (1982)

SPRANKEL, H.: *Zucht von Tupaia glis DIARD 1820 in Gefangenschaft.* In: Naturwiss. Rundschau, 47 (1960)

STARCK, D.: *Die Säugetiere Madagaskars, ihre Lebensräume und ihre Geschichte.* Wiesbaden 1974

STARING, E. D.: *Indiens Languren verlieren den Heiligenschein.* In: Das Tier, 21 (1981), H. 4

STEINEMANN, P.: *Geheimnisvolle Zookinderstube.* Zürich 1963

STEINEMANN, P.: *Meine Tierkinder im Zoo.* Zürich 1955

STILLER, H., u. M. STILLER: *Tierversuch und Tierexperiment.* Hannover 1977

STREBBINS, G. L.: *Evolutionsprozesse.* Jena 1968

STRUHSAKER, TH.: *Affenkämpfe im Urwald von Kibale.* In: Das Tier, 16 (1976), H. 1

STRUHSAKER, TH.: *Infanticide and Social Organization in the Redtail Monkey (Cercopithecus ascanius schmidti) in the Kibale Forest, Uganda.* In: Zeitschr. f. Tierpsych., 45 (1977)

STRUHSAKER, T. T.: *Correlates of ecology and social organization among African Cercopithecines.* In: Folia Primatologica, 11 (1969)

STRUHSAKER, T. T.: *Social structure among vervet Monkeys (Cercopithecus aethiops).* In: Behavior, 29 (1967)

SUGIYAMA, Y.: *Social Organiz. of Chimpanzees in the Budongo Forest, Uganda.* In: Primates, 9 (1968)

SUZUKI, A.: *An ecological study of wild Japanese monkeys in snowy areas focused on their food habits.* In: Primates, 6 (1965)

TAKAHATA, Y.: *The Socio-Sexual Behavior of Japanese Monkeys.* In: Zeitschr. f. Tierpsych., 59 (1982)

TATTERSALL, I., and R. SUSSMAN: *Notes on Topography, Climate, and Vegetation of Madagascar.* In: Lemur Biology (1975)

TEMBROCK, G.: *Tierstimmenforschung.* Die Neue Brehm-Bücherei, Bd. 250. Wittenberg Lutherstadt 1977

TEMBROCK, G.: *Verhaltensforschung.* Jena 1964

The Rhesus Monkey. E 1/2. Editor: BOURNE, G. H. New York, London 1975

THEWS, K.: *Verhaltensforschung (Aktuelles Wissen).* Gütersloh, Berlin, München, Wien 1972

TILFORD, B. L., and R. D. NADLER: *Male Parental Behavior in a Captive Group of Lowland Gorillas (Gorilla gorilla gorilla).* In: Folia Primatologica, 29 (1978)

TILSON, R.: *Der unbekannte Affe (Pageh-Stumpfnase).* In: Das Tier, 19 (1979), H. 5

TILSON, R. L.: *Family Formation Strategies of Kloss's Gibbons.* In: Folia Primatologica, 35 (1981)

TINBERGEN, N.: *Tiere und ihr Verhalten.* Time-Life International (Nederland) N. V. 1966

TUTTLE, R.: *The Functional and Evolutionary Biology of Primates.* Chicago, New York 1972

UHLMANN, K.: *Der Orang-Utan – ein myologischer Außenseiter.* Verhandlungen Anatomische Gesellsch., 67 (1973)

ULLRICH, W.: *Affen ernst genommen.* Radebeul 1968

ULLRICH, W.: *Das Verhalten des Schimpansen, Pan tr. troglodytes Blumenbach 1799, beim Sprung.* In: Säugetierkdl. Mitteil., 2 (1954)

ULLRICH, W.: *Geburt und natürliche Geburtshilfe beim Orang-Utan.* In: Der Zoolog. Garten, N. F., 39 (1970)

ULLRICH, W.: *Tiere recht verstanden.* Leipzig, Jena, Berlin 1968

ULLRICH, W.: *Zur Biologie und Soziologie der Colobusaffen.* In: Der Zoolog. Garten, N. F., 25 (1961)

ULLRICH, W., u. E. TYLINEK: *Seltene Tiere stellen sich vor.* Leipzig 1971

ULMER, F. A.: *First Orang-Utan Born in Rare Mammal House.* America's First Zoo, Philadelphia, 18 (1966), No. 3

ULMER, F. A.: *Massa – Dean of Captive Gorillas.* America's First Zoo, Philadelphia, 18 (1966), No. 3

VALERIO, D. A., R. L. MILLER and J. R. M. INNES: *Macaca mulatta.* New York, London 1969

VOGEL, CHR.: *Ökologie, Lebensweise und Sozialverhalten der Grauen Languren in verschiedenen Biotopen Indiens.* In: Fortschritte der Verhaltensforschung, 17 (1976)

VOGEL, CHR.: *Zum biologischen Selbstverständnis des Menschen.* In: Naturwiss. Rundschau, 30 (1977)

VOGT, J. L.: *The Social Behavior of a Marmoset (Saguinus fuscicollis) Group III. Spatial Analysis of Social Structure.* In: Folia Primatologica, 29 (1978)

VOSS, H.: *Bibliographie der Menschenaffen.* Jena 1955

WAAL, F. B. M. de: *Schimpansin zieht Stiefkind mit der Flasche auf.* In: Das Tier, 20 (1980), H. 1

Welt der wilden Tiere. Affen. Time-Life International (Nederland) N. V. 1981

WENDT, H.: *Auf Noahs Spuren. Die Entdeckung der Tiere.* Hamm 1956

WENDT, H.: *Der Affe steht auf.* Reinbek bei Hamburg 1971

WENDT, H.: *Die Entdeckung der Tiere.* München 1980

WENDT, H.: *Wir und die Tiere.* Rüschlikon-Zürich 1954

WICKLER, W.: *Stammesgeschichte und Ritualisierung.* München 1970
WILLIAMS, L.: *Der Affe, wie ihn keiner kennt.* Wien, München, Zürich 1968
WIRTH, R.: *Auf der Suche nach Madagaskars Geisteraffen.* In: Das Tier, 20 (1980), H. 7
WOOD, P., L. VACZEK, D. J. HAMBLIN u. J. N. LEONHARD: *Der Weg zum Menschen.* Time-Life International (Nederland) B. V. 1976
WRANGHAM, R. W.: *An ecological model of female-bonded primate groups.* In: Behaviour, 75 (1980)

YAMADA, M.: *A study of blood relationship in the natural society of the Japanese macaque.* In: Primates, 4 (1963)
YAMADA, M.: *Five natural troops of Japanese monkeys in Shodoshima Island I: Distribution and social organization.* In: Primates, 7 (1966)
YERKES, R. M.: *Chimpanzees. (A laboratory colony).* London, Oxford 1943
YERKES, R. M.: *Gorilla Census and Study.* Journal of Mammalogy 1951
YERKES, R. M. & A. W. YERKES: *The Great Apes.* New Haven, London, Oxford 1953
YLLA: *Animals in India.* Lausanne 1958
YOSHIBA, K.: *An ecological study of hanuman langurs, Presbytis entellus.* In: Primates, 8 (1967)

ZIEMER, L. K.: *Functional Morphology of Forelimb Joints in the Wooly Monkey Lagothrix lagotricha.* In: Contributions to Primatology, 14 (1978)
ZIMMER, D. E.: *Unsere erste Natur. Die biologischen Ursprünge menschlichen Verhaltens.* München 1980
ZIMMERMANN, E., P. ZIMMERMANN u. A. ZIMMERMANN: *Soziale Kommunikation bei Plumploris (Nycticebus coucang).* In: Zeitschr. d. Kölner Zoo, 22 (1979), H. 1
ZIMMERMANN, E., P. ZIMMERMANN u. A. ZIMMERMANN: *Vergleich einiger Kommunikationsformen fünf nonhumaner Primatenarten.* In: Zeitschr. d. Kölner Zoo, 23 (1980), H. 1
ZISWILER, V.: *Bedrohte und ausgerottete Tiere.* Berlin, Heidelberg, New York, 1965

Die Autoren der einzelnen Kapitel in Grzimeks Tierleben, Bd. X und XI, Herrentiere, sind: DE VORE, I.; EIBL-EIBESFELDT, I.; FIEDLER, W.; GRZIMEK, B.; HARRISSON, B.; HEMMER, H.; HEINEMANN, T.; ITANI, J.; KAWAI, M.; KIRCHSHOFER, R.; KOLAR, K.; KORTLANDT, A.; SCHALLER, G. B.; THENIUS, E.; WASHBURN, S. L.

Das International Zoo-Yearbook Vol. 1–21, 1960–1981, London, herausgegeben von JARVIS, C.; MORRIS, D.; LUCAS, J.; DUPLAIX-HALL, N. u. OLNEY, P. J. S. gibt u. a. über internationale Zuchtbücher, Zuchterfolge bei Affen im Zoo, geschützte und seltene Affenarten in der Obhut des Menschen und dgl. ausführlich Auskunft.

Empfohlen sind weiterhin die wertvollen, aktuellen Informationen über den Tierbestand der einzelnen zoologischen Gärten in ihren Wegweisern sowie die von größeren Zoos herausgegebenen eigenen wissenschaftlichen Zeitschriften und Jahresberichte.

Sachwortverzeichnis

Die kursiv gedruckten Zahlen verweisen auf Abbildungsnummern.

Abstraktion 172, 217, 223
Aggressivität 81, 125, 133, 157, 162, 185, 222
Akumbo 32
Albino-Gorilla 216
Allengalago 58
Allesfresser 31, 57, 85, 129, 136
Alouatta (Brüllaffen) 84
Alpha-Tier 160, 161
Amboanala 53
American Committee for International Wild Life Protection 23
Analdrüsen 49
Anathana (Indische Tupaias) 29
Angolaguereza 172
Angwantibo 56
Anubispavian 132
Aotes (Nachtaffen) 62
Apella 83
Arctocebus (Bärenmakis) 56
Assamrhesus 126
Assoziationen 159, 185, 223
Ateles (Klammeraffen) 85
Avahi (Wollmakis) 53
Aye Aye 21, 53, 54

Babuin, Gelber 132, *79*, *80*, *81*, *82*
Backenfurchenpaviane *(Mandrillus)* 134
Bären/makak 95, *66*
—maki 56
—makis *(Arctocebus)* 56
—pavian 132
Bart/äffchen 91
—affe 127, *65*, *72*, *75*, *76*
—sakis *(Chiropotes)* 64
Baumwollköpfchen 92
Begrüßungsverhalten 133
Bengallangur 164
Berberaffe 93, *94*
Berg/gorilla 218, *175*, *180*
—hulman 163
—rhesus 126
—tupaias *(Dendrogale)* 29
—wollaffe 85
Blaßkopfsaki 63
Blätteraffe 161, 165
Blau/affe 140, *111*
—maulmeerkatze 158
Bokumbulo 50

Bonnet Monkey 128
Bonobo 23, 24, 224, *181*, *193–195*
Borneo-Orang-Utan 189, *163*
Brachiation 173
Braun/kopf-Klammeraffe 86
—rückentamarin 91
Brazzameerkatze 140, *116*, *117*
Breitschnauzenhalbmaki 50
Brillenlangur 165, *127*
Brüllaffe 83
—, Brauner 84
—, Roter 84
—, Schwarzer 84
Brüllaffen *(Alouatta)* 84
Budeng 164, *130*
Buschwaldgalago 58
Bush-Baby 57, *30*

Cacajao (Kurzschwanzaffen oder Uakaris) 64
Callicebus (Springaffen oder Titis) 62
Callimico (Springtamarins) 87
Callithrix (Marmosetten) 88
Cebuella (Zwergseidenäffchen) 89
Cebus (Kapuziner) 62
Celebes-Koboldmaki 59
—makaken *(Gymnopyga)* 129
Cercocebus (Mangaben) 136
Ceylon/hulman 163, *122*, *123*
— -Hutaffe 128
Chiropotes (Bartsakis) 64
Colobus (Schwarzweiße Stummelaffen, Guerezas) 171
Colobus (Stummelaffen) 169
Coquerels Sifaka 52
Cotton/-heads 92
— -tops 92
Cougang 55
Cynopithecus (Schopfmakaken) 129

Daubentonia (Fingertiere) 53
Demidoffgalago 58
Demuts/gebärde 220
—geste 131
—verhalten 133, 137
Dendrogale (Bergtupaias) 29
Diademmeerkatze 139
—, Doggets 140
—, Echte 140
—, Stuhlmanns 140
Diademsifaka 52
—, Schwarzer 53
Dianameerkatze 140, *113*
—, Eigentliche 140
Dominanz/beziehungen 186
—verhalten 81

Drill 135, *96*
Droh/gähnen 131
—gebärde 92, 158
—verhalten 50, 62, 63, 81, 88, 128, 133, 171, 192, 220, 221
Dschelada 135, *93*, *98*, *99*, *100*
—, Schwarzer 135
Dscheladas *(Theropithecus)* 135
Duft/drüsen 88
— —feld 52
—marke 55
Duk 166
Durgalangur 164
Durukuli 62

Einführung, soziale 217
Elliotstummelaffe 170
Ensego 10
Erdaffe 160
Ersatzmutter 126
Erythrocebus (Husarenaffen) 160
Eulenkopfmeerkatze 19, 158, *118*, *119*
Evolution 7, 61

Fahnenschwanz-Spitzhörnchen 29
Farbausstattung, signalhafte 134
Faunaffe 83
Fédération Mondiale pour la Protection des Animaux 23
Federschwanz/-Spitzhörnchen 29
—tupaias *(Ptilocercus)* 29
Fehlverhalten 217
Festlandsfederschwanz 30
Fettschwanzmaki 31, *8*
Fingertier 20, 53, *54*
Fingertiere *(Daubentonia)* 53
Flachlandgorilla, Östlicher 218
—, Westlicher 217, *170*, *171–174*, *176*, *177*, *178*, *179*
Formosa/makak 127
—rhesus 127
Forschung, biologisch-medizinische 16, 17, 126

Gabunstummelaffe 170
Galago 20
Galago (Galagos) 57
Galagos *(Galago)* 57
Gebirgsspitzhörnchen 29
Gedächtniskapazität 222
Gelb/fußäffchen 89
— kopfbüscheläffchen 88
—schwanz/-Brillenlangur 165
— —wollaffe 85
Geoffroy/äffchen 92
— -Klammeraffe 86

Gibbon *21*
Gibbons, Eigentliche *(Hylobates)* 175
Goelditamarin 87, *50*
Gold/kopf/affe 63
— —löwenäffchen 90
— —saki 63
— langur 164
— manteltamarin 91
— potto 56
— rhesus 125
— stirn-Klammeraffe 86
— stumpfnasenaffe 167
— uakari 64
Gorilla 21, 23, 190
Grooming 82
Gruppen/disziplin 131
—dynamik 217
Guatemalabrüllaffe 84
Guereza 22, 23, 170
—, Abessinischer 172
—, Nördlicher 171, *140*
—, Schwarzer 172
—, Südlicher 172, *147*
Guerezas *(Colobus)* 171
Guineapavian 133
Halbmaki, Grauer 50, *27*, *29*
Halsbandmangabe 136, *106*
Hamadryas 133
Hamlynmeerkatze 158, *118*, *119*
Hauben/langur 164
—mangabe 137
Hautpflege, soziale 136
Hirnleistungen 6, 7, 82
Hulman 21, 161, 162, *120*, *121*
—, Vorderindischer 163
Hulock 175
Husarenaffe 23, 160
Husarenaffen *(Erythrocebus)* 160
Hutaffe, Indischer 128
Hutaffen *(Zati)* 128
Hylobates (Eigentliche Gibbons) 175

Imponier/gehabe 192
—gesten 88
—verhalten 81, 221
Indri 52, *53*
Indri (Indris) 53
Indris *(Indri)* 53
Insektenfresser 27, 28, 32
Insellanguren *(Presbytis)* 165
Intelligenz/leistungen 19, 128
— test 218
Internationale Gesellschaft für Primatologie 25
Internationaler Verband der Direktoren von Zoologischen Gärten (IUDZG) 23, 189

International London Convention for the Protection of African Flora and Fauna 23, 30
— Society for the Protection of Animals 23
— Union for Conservation of Nature and Natural Resources (IUCN) 23
— Zoo Yearbook 24
IUCN 54, 64, 85, 88, 90, 92, 127, 164, 166, 167, 176, 189, 224

Japanmakak 11, 95, *67*, *77*
Javaneraffe 19, 128, *1*, *13*, *74*
Javaneraffen *(Cynomolgus)* 128
Javaspitzhörnchen 29

Kahlkopfuakari 64, *42*, *43*
Kaiserschnurrbarttamarin 91, *59*, *60*
Kämpfe, ritualisierte 86, 131, 171
Kappen/gibbon 176
—languren *(Trachypithecus)* 164
—sifaka 52
Kapuziner 20, 22, 23
—, Brauner 82
—, Gehaubter 83
— *(Cebus)* 82
Kasi 163
Katta 23, 49, *21–24*
Katzenmaki, Büschelohriger 31
—, Gabelstreifiger 32
—, Großer 31
—, Kleiner 31
—, Mittlerer 31, *8*
Kielnagelgalago, Dunkler 58
—, Heller 58
—, Östlicher 58
—, Westlicher 58
Kikuyuguereza 172
Kilimandscharoguereza 172, *145*, *146*
Klammeraffe 18, 20, *58*
—, Schwarzer 86, *57*
Klammeraffen *(Ateles)* 85
Klammerreflex 126
Kleideraffe 24, 166, *129*, *131*, *132*, *133*
—, Südlicher 166
Kleideraffen *(Pygathrix)* 166
Koboldmaki 18, 20, 59
—, Östlicher 59
—, Westlicher 59
Koboldmakis *(Tarsius)* 58
Kolobos 169
Komba 57
Kombinationsfähigkeit 188, 217
Kommunikation 62, 81, 88, 172, 185
Kommunikationssystem 61, 222
Kongo-Weißnasenmeerkatze 157
Kontakthalten 84, 138
Kontakt/ruf 49
—verhalten 133, 137, 190, 222
Kronen/maki 49, *13*, *14*, *20*
—meerkatze 139
— —, Eigentliche 139
—sifaka 52
Kurzschwanzaffen *(Cacajao)* 64

Lagothrix (Wollaffen) 85
Lang/armaffen 173
— haarschimpanse 224
Langur, Phayres 164
—, Roter 165, 166, *128*, *134*, *135*
Languren *(Presbytis, Semnopithecus)* 161
Lar 175, *154*, *155*, *157*
Larvensifaka 52
Lehrbefähigung 222
Leistungen, psychische 219
—, psychologische 222
Leontideus (Löwenäffchen) 90
Lepilemur (Wieselmakis) 50
Lern/disposition 222
–prozeß 220
Lion-Tailed-Macaque 127
Lisztäffchen 92, *61*, *63*
Lönnbergtamarin 91
Loris (Schlankloris) 55
Löwen/äffchen 20
— —, Goldgelbes 24, 90, *64*
— — *(Leontideus)* 90
—schwanzmakak 127
Lows Federschwanz 30
Lutong 166
Lyssodes *(Lyssodes)* 95

Macaca (Makaken) 93
Madagaskar-Lemuren 30, 31
Madeirafluß-Totenkopfäffchen 81
Magot 11, 22, 93
Makaken *(Macaca)* 93
Makarta 10
Maki, Brauner 32
—, Sanfords 32
Malbrouk 138
Mandrill 23, 134, *92*, *94*, *95*, *97*
Mandrillus (Backenfurchen- oder Stummelschwanz-paviane) 134
Mangaben *(Cercocebus)* 136
Manipulieren 186, 222
Manipulier/fähigkeit 61, 86, 185, 220
Männchen, dominantes 82, 125, 126, 128, 129, 131
Mantel/äffchen 92
— — *(Marikina)* 91
— —, Martins 92
—brüllaffe 84
Mantel/mangabe 136, *103*
—pavian 18, 133, *83*, *84*, *85*, *86–88*, *89–90*
Marburger Affenseuche 17
Marikina (Nacktgesichtstamarins oder Mantel-äffchen) 91
Markierungsverhalten 49, 50
Marmosetten *(Callithrix)* 88
Maronenlangur 165
Masken/schimpanse 224
— titi 63
Mausmaki 31, *6*, *7*
Mayottemaki 32, *16*, *17*
Mbega 172
Meerkatze 10, 19, 21, 22
—, Campbells 138
—, Erxlebens 139
—, Gelbgrüne 138
—, Graugrüne 138, *102*
—, Grüne 19, 138, *108–110*
—, Lalandes 139
—, Schwarzgrüne 159
—, Weißgrüne 138
Meerkatzen *(Cercopithecus)* 137
Mentawilangur 23, 165
Microcebus (Zwergmakis) 31
Milne-Edwards Diademsifaka 53
Mirikina 62
Moholi 57
Mohren/äffchen *(Saguinus)* 90
—makak 19, 129
—maki 18, 32, *10*, *18*
—tamarin 91
Mona, Lowes 139
—meerkatze 139, *114*
— —, Eigentliche 139
Mönchsaffe 63, *38*, *39*, *41*
Mongozmaki 23, 49, *19*, *28*
Mutation 13
Mutter/attrappe 126
— -Kind-Verhalten 163
—kontakt 158
Mützenlangur 166

Nachtaffe 62, *36*
Nachtaffen *(Aotes)* 62
nachtaktiv 55, 58
Nacktgesichtstamarins *(Marikina)* 91
Nasalis (Nasenaffen) 166, 169
Nasenaffe 169, *136–138*, *139*, *148*
—, Östlicher 169
—, Westlicher 169
Nasenaffen *(Rhinopithecus, Simias, Nasalis)* 157, 166
Neugierdeverhalten 220

Nilgirilangur 163, *124*, *125*, *126*
Nisnas 160, *101*
Nycticebus (Plumploris) 55

Ockermanteläffchen 92
Oedipomidas (Pinché- oder Perückenäffchen) 92
opponierbar 60, 87
Orang blanda 169
— -Kubu 185
— Melaju 10
— Pendek 10
— -Utan 10, 22, 23, 24, 185, *21*, *161*, *162*, *166–168*
— -Utans *(Pongo)* 185
Orientierung, geruchliche 29
Ost-Schimpanse 224

Pageh-Stumpfnase 23, 160
Pagehstumpfnasen/affe 168
— —affen *(Simias)* 168
Pan (Schimpansen) 218
Panama/-Klammeraffe 86
—perückenäffchen 92
Papio (Paviane) 130
Patas 160
Pavian 19, 21, 22, 23
—, Grüner 132
Paviane *(Papio)* *130*
Perodicticus (Pottos) 56
Perrier-Diademsifaka 53
Perückenäffchen *(Oedipomidas)* 92
Pflegeverhalten 186
Philippinenmakak 129
Pilocolobus (Stummelaffen) 170
Pinchéäffchen *(Oedipomidas)* 92
Pithecia (Schweifaffen oder Sakis) 63
Plesiadapis 27
Plumplori 55, *31*, *32*
—, Kleiner 56
Plumploris *(Nycticebus)* 55
Pongo 10
Pongo (Orang-Utans) 185
Populations/dichte 63, 128, 163, 192
—druck 162, 164
—dynamik 217
Potto 20, 56
Pottos *(Perodicticus)* 55
Presbytis (Insellanguren) 165
Presbytis (Languren) 161
Preuß-Meerkatze 140
Primaten/evolution 130
—station 20
—zwerge 31
Problemlöseverhalten 187, 188
Procolobus (Stummelaffen) 170
Propithecus (Sifakas) 51
Prozeß, evolutionärer 172
Ptilocercus (Federschwanztupaias) 29
Purpurgesichtslanguren *(Kasi)* 163
Pygathrix (Kleideraffen) 166

Rang/ordnung 49, 162
—rivalität 221
—stellung, soziale 135
Red Data Book 23, 189
Regional Primate Research Center 17, 18, 22, 218, 224
Rhesusaffe 18, 21, 125, *68–71*
Rhesus (Rhesusaffen) 96
Rhesusaffen *(Rhesus)* 96
Rh-Faktor 17
Rhinopithecus (Nasenaffen) 166
Riesen/galago 57
—maki 30
Rio-Napo-Tamarin 91
Rollaffen 82
Roloway 140, *115*
Rot/bauch/maki 49
— —meerkatze 158
— —tamarin 91
— gesichtsmakak 95, *67*, *77*
— hand/brüllaffe 84
— —tamarin 91
—kappentamarin 9
—kopfstummelaffe 170
—manteltamarin 91
—nasenmeerkatze 158, *107*
— —, Sclaters 158
—rückensaki 64, *44–46*, *47*
—steißlöwenäffchen 90
—stirnmaki 32
Ruf-Kontakt 163

Saguinus (Eigentliche Tamarins) 90
Saimiri (Totenkopfäffchen) 81
Sakis *(Pithecia)* 63
Sansibarstummelaffe 170
Santaremäffchen 89
Satansaffe 64, 172
Savannenpavian 133
Scharlachgesicht 64, *42*, *43*
Scheinangriff 192, 221
Scheitelaffe 12, 170
Schimpanse 19, 21, 22, 23, 223, *182–184*, *185–187*, *188*, *189*, *190–192*, *196*, *197*
Schimpansen *(Pan)* 218
Schlank/lori 55
—loris *(Loris)* 55
Schmidt-Weißnasenmeerkatze 157
Schneemensch 11, 163
Schnurrbart/meerkatze 158
—tamarin 19, 91
—tamarins *(Tamarinus)* 91
Schopf/gibbon 175, *149–151*, *153*, *156*
—langur 164
—makak 129, *73*, *78*
—makaken *(Cynopithecus)* 129
—mangabe 136, *104*
Schwarz/fuß/hulman 163
— —meerkatze 139
—kopf/maki 32, *8*, *11*
— —uakari 64
—makak 129
—nasen-Husarenaffe 160
—pinseläffchen 88
—rückentamarin 91
Schulterkreuzlangur 166
Schweifaffen *(Pithecia)* 63
Schweinsaffe 19, 127
Seiden/affe 12, 170
—diademsifaka 53
Semibrachiator 83, 170
Semnopithecus (Languren) 161
Senegalgalago 57
Sexualverhalten 83, 192
Siamang 174, *152*
Siamangs *(Symphalangus)* 174
Sifaka 51
Sifakas *(Propithecus)* 51
Signal, optisches 138
—bedeutung 49, 60, 130, 157, 169
—organ 51
Silber/äffchen 89
— —, Schwarzschwänziges 89
—gibbon 176, *158*
—rücken 190
Silenus *(Silenus)* 127
Simias (Nasenaffen) 166
Simias (Pagehstumpfnasenaffen) 168
Sozial/bindung 82, 133
—funktion 162
—kontakt 125, 131, 217, 220
—leben 218
—ordnung 129, 137, 169
—status 88
—struktur 134, 161
—system 130
—verband 157, 221, 222
—verhalten 22, 81, 83, 132, 163, 222, 223
Sphinxpavian 133
Spinnenaffe 85
Spitzhörnchen 18, 20, *5*, *28*
—, Gewöhnliches 28
—, Günthers 29
—, Nicobar 29

Springaffe, Grauer 63
—, Roter 63
—, Schwarzköpfiger 63
Springaffen *(Callicebus)* 62
Springtamarins *(Callimico)* 87
Status 128
—hierarchie 221
—spiel 125
Steppengalago 57
Streß 17, 81, 217
Stummelaffe, Grüner 170
—, Kirks 170
—, Rostroter 170
—, Roter 170, *142*, *143*, *144*
Stummelaffen *(Colobus)* 169
— *(Procolobus, Pilocolobus)* 170
—, Schwarzweiße *(Colobus)* 171
Stummelschwanzpaviane 134
Stumpfnasenaffe, Brauner 167
Sumatra-Orang-Utan 189, *159*, *160*, *164*, *165*, *169*
Sumpfmeerkatze 159
Sunda-Koboldmaki 59
Symphalangus (Siamangs) 174

Tagesrhythmus 137, 162, 191
Talapoin 158
Tamarin, Weißer 91, *51*
Tamarins, Eigentliche *(Saguinus)* 90
Tamarinus (Schnurrbarttamarins) 91
Tana (Malaiische Tupaias) 29
Tantalusmeerkatze 139
Tanten/verhältnis 81, 125, 171
Tarsius (Koboldmakis) 58
Territoriums/abgrenzung 53, 55
—markierung 50, 63, 173
Theropithecus (Dscheladas) 135
Thomas-Mützenlangur 166
Titis *(Callicebus)* 62
Tonkin/langur 165
—stumpfnasenaffe 168
Totenkopfäffchen 18, 19, 23, 81, *53*
—, Gelbes 81
—, Schwarzköpfiges 81
— *(Saimiri)* 81
Trachypithecus (Kappenlanguren) 164
Tschakma 132
Tschego 10, 224
Tupaia (Tupaias) 28
Tupaias *(Tupaia)* 28
—, Indische *(Anathana)* 29
—, Malaiische *(Tana)* 29

Uakari, Roter 64
—, Schwarzer 81
—, Weißer 64
Uakaris *(Cacajao)* 64
Uhehestummelaffe 170
Ungka 176
Unkapati 176

Van der Deckens Sifaka 52
Vari 50, *25*, *33*, *35*
—, Roter 50, *26*, *34*
—, Schwarzweißer 50
Varikandana 50
Verehrung, kultische 9
Verhalten, aggressives 221
—, einsichtiges 188
—, manipulatives 219
—, ritualisiertes 125, 192
Verhaltensweisen, beschwichtigende 221
Verreaux's Sifaka 52
Vliesmaki, Östlicher 53
—, Westlicher 53
Vollbartmeerkatze 140
—, Eigentliche 140

Waldmensch 10, 185
Waluwy 32
Wanderu 23, 24, 127, *65*, *72*, *75*, *76*
Wandhura 163
Washington Convention 24
Webbipavian 132
Weiß/bart/gibbon 176
— —guereza 172, *141*
— —langur 163
—büscheläffchen 88, *55*, *56*
—fußäffchen 92
—gesichtsseidenäffchen 88
—handgibbon 23, 175, 176, *154*, *155*, *157*
—kehlmeerkatze 140, *112*
—kopf/affe 62
— —langur 165
— —maki 32, *12*, *15*
— —saki 63, *37*, *40*
—lippentamarin 91
—mantelstumpfnasenaffe 168
—nackenseidenäffchen 89
—nasen-Husarenaffe 160, *101*
— —meerkatze, Buettikofers 157
— — —, Eigentliche Große 158
— — —, — Kleine 157
— — —, Große 157, *105*
— — —, Kleine 157
— — —, Martins Große 158
— — —, Stämpflis 157
— —saki 64, *48*, *49*
Weiß/ohrseidenäffchen 88
—pinseläffchen 88
—schenkelguereza 172
—schulter/kapuziner 82
— —seidenäffchen 88
—stirn/kapuziner 82
— —langur 166
—wangengibbon 175
Werkzeuggebrauch 82, 188, 217, 218, 220, 222
Wieselmaki, Großer 51
—, Kleiner 51
—, Rotschwänziger 51
Wieselmakis *(Lepilemur)* 50
Witwenaffe 63
Wollaffe 85, *52*, *54*
—, Brauner 85
—, Grauer 85
Woll/affen *(Lagothrix)* 85
—maki 53
—makis *(Avahi)* 53
World Wildlife Fund (WWF) 23, 174, 189

Yeti 11, 163

Zati (Hutaffen) 128
Zoologische Gesellschaft von 1858 Frankfurt (Main) 23, 189
Zottelschweifaffe 63, *38*, *39*, *41*
Zweifarbenäffchen 92, *62*
Zwerg/galago 58, *30*
—maki, Coquerels 31
—makis *(Microcebus)* 31
—meerkatze 158
—schimpanse 224, *181*, *193–195*
—seidenäffchen *(Cebuella)* 89